全国环境影响评价工程师职业资格考试系列参考资料

环境影响评价技术方法试题解析

（2017 年版）

彭飞翔 主编
贾生元 主审

中国环境出版社·北京

图书在版编目（CIP）数据

环境影响评价技术方法试题解析：2017年版/彭飞翔主编.—3版. —北京：中国环境出版社，2017.2
全国环境影响评价工程师职业资格考试系列参考资料
ISBN 978-7-5111-3081-5

Ⅰ. ①环… Ⅱ. ①彭… Ⅲ. ①环境影响—评价—资格考试—题解 Ⅳ. ①X820.3-44

中国版本图书馆CIP数据核字（2017）第027311号

出版人 王新程
责任编辑 黄晓燕
文字编辑 李兰兰
责任校对 尹 芳
封面制作 宋 瑞

更多信息，请关注
中国环境出版社
第一分社

出版发行 中国环境出版社
（100062 北京市东城区广渠门内大街16号）
网 址：http://www.cesp.com.cn
电子邮箱：bjgl@cesp.com.cn
联系电话：010-67112765（编辑管理部）
联系电话：010-67112735（第一分社）
发行热线：010-67125803，010-67113405（传真）
印 刷 北京中科印刷有限公司
经 销 各地新华书店
版 次 2015年3月第1版 2017年2月第3版
印 次 2017年2月第1次印刷
开 本 787×960 1/16
印 张 22.25
字 数 430千字
定 价 61.00元

编 写 人 员

主　　编　彭飞翔

副 主 编　贾生元　徐　颂

参编人员　张艳君　吴煜洁　石　翔　包洪福　刘　威

崔　勇　张芝兰　王健华　张　峰　张　羽

阮关心　叶　田　石瑾斌　靳　杰　韩　冰

张　滨　丁铁南　常　红　刘希洁　黄培坤

查玉含　李　丽　岳治杰　杨一鸣　胡伟伟

韩　非　张晓飞　康国栋　杨雅雯　张　闯

李彦君

前　言

为加强环境影响评价管理，提高环境影响评价技术人员水平和工作质量，原人事部和国家环境保护总局于 2005 年开始实施环境影响评价工程师职业资格制度。伴随着环境影响评价工作的不断深入发展，对环境影响评价人员的需求也不断增加，越来越多有志于从事环境影响评价工作的人士纷纷投身于这一领域。

在全部四科考试中，“环境影响评价技术方法”是广大考生认为难度较大的一科。为帮助考生省时高效、有的放矢、抓住重点复习技术方法，积极应考，同时又对环境影响评价实际工作有所帮助，我们结合实际工作并在总结历年技术方法考试真题的基础上，编撰了这本参考书。本书既适用于考生，也适用于从事环境影响评价工作的技术人员，也可供从事环境管理工作的人员参考。

本书力争在拓展解题思路、夯实答题能力方面为考生提供参考。在全面分析考试大纲以及教材变化、准确把握考试新动向的基础上，剖析试题的含义。具体体现在:

命题规律解读　通过对试题的点评解析，最大限度地揭示命题规律，帮助考生理顺备考思路。

命题重点破解　通过对历年试题的点评解析，归纳出关键知识点、重要知识点、主要知识点、常考知识点、关联知识点、高频考点，并尽量延伸相关知识点，旨在帮助应试者掌握基础知识，并尽快升华和提高。

全真试题解答　通过给出历年试题的参考答案和点评解析，旨在提高考生的答题技巧和水平。

本书由彭飞翔主编，贾生元研究员审稿。本书 2015 版出版后，读者提出了诸多有益的意见和建议。在本次再版时，编者对有关试题及答案进行了修订，同时增充了 2016 年的考题。在本书的再版过程中，得到了北京飞翔飞专业环保培训中心张滨、宋健行、杨士波、金悦、张丽的帮助，谨致谢意。上海格林曼环境技术有限公司各位同仁也给予编者鼎力支持，张艳君、吴煜洁、石翔曾参与了本书的编排，特此致谢。另外，感谢中国环境出版社第一分社社长黄晓燕和编辑李兰兰的大力支持，感谢贾生元研究员的审核、鼓励和帮助。由于时间仓促和编者水平有限，书中难免存在疏漏和不足，望广大读者和同行不吝赐教，真心希冀将建议和意见反馈给编者，以期在后续的修编再版工作中予以改正。作者电子邮箱：pengfeixiang0711@163.com。

愿本书能帮助考生考出理想的成绩，不仅能通过考试，而且还能全面梳理环境影响评价方面的相关知识，提高环境影响评价业务水平，进而为环境影响评价工作和环境保护事业的发展锦上添花！

彭飞翔

2017 年 2 月于北京

目 录

第一章　工程分析

第一节　污染型项目工程分析

一、单项选择题（每题的备选项中，只有一个最符合题意）

1. 技改扩建项目工程分析中应按（　）统计技改扩建完成后污染物排放量。（2005 年考题）

A. 技改扩建前排放量+技改扩建项目排放量

B. 现有装置排放量+扩建项设计排放量

C. 技改扩建前排放量－“以新带老”削减量+技改扩建新增排放量

D. 技改后产生量－技改后排放量

2. 用于计算污染产生量的物料衡算法是基于（　）。（2005 年考题）

A. 清洁生产原理　　B. 投入和产出原理

C. 物质不灭原理　　D. 质量守衡定律

3. 环境影响报告中用的工艺流程图与项目可行性研究报告中所用的工艺流程图最重要的区别是（　）。（2005 年考题）

A. 必须用形象流程图　　B. 必须标明工艺控制点

C. 必须标明污染源　　D. 必须标明所有设备

4. 某工程项目工艺废水生产量 2 000 t/d，COD 1 500 mg/L；生活污水 200 t/d，COD 250 mg/L。两种废水均送污水处理厂处理，污水处理厂进水 COD 为（　）。（2005 年考题）

A. 875 mg/L　　B. 1 363 mg/L

C. 1 372 mg/L　　D. 1 386 mg/L

某建设项目水平衡图如下，根据下图回答第 5 题至第 8 题。（2005 年考题）

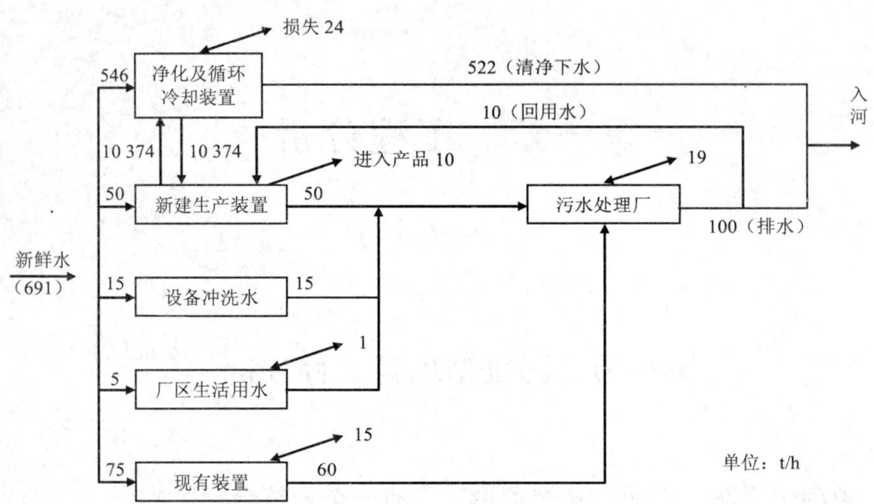

5. 根据给出的水平衡图，全厂工业用水重复利用率为（　　）。

A. 94.0%　　B. 93.8%　　C. 95.6%　　D. 94.5%

6. 根据给出的水平衡图，污水回用率为（　　）。

A. 1.4%　　B. 12.7%　　C. 1.6%　　D. 7.8%

7. 根据给出的水平衡图，全厂水的循环利用率为（　　）。

A. 94.6%　　B. 95.0%　　C. 93.7%　　D. 97.0%

8. 在上述水平衡图中，污水处理厂排水的 COD 浓度限值为 100 mg/L，清净下水 COD 浓度为 50 mg/L，年操作小时为 8 000 h，COD 排放总量为（　　）。

A. 103.2 t/a　　B. 80.0 t/a　　C. 210.0 t/a　　D. 288.8 t/a

9. 某工程使用固体物作为冶金造渣剂，用量为 100 kg/h，在工艺过程中，95%进入废渣，5%进入气体，除尘器除尘率 99%，排入大气的烟尘量是（　　）。（2006 年考题）

A. 0.02 kg/h　　B. 0.03 kg/h　　C. 0.04 kg/h　　D. 0.05 kg/h

10. 某工程烟囱排放的烟气温度 273℃，含尘浓度 200 mg/m^3，标准状态时烟尘浓度为（　　）。（2006 年考题）

A. 300 mg/m^3　　B. 400 mg/m^3　　C. 500 mg/m^3　　D. 600 mg/m^3

11. 某风机房设备运行时，机房围护结构内侧声级为 90 dB，已知围护结构的组合隔量（传输损失）为 40 dB，设该机房声场近似于扩散声场，则机房围护结构外侧噪声级为（　　）。（2006 年考题）

A. 34 dB　　B. 40 dB　　C. 44 dB　　D. 50 dB

某项目水平衡图如下：

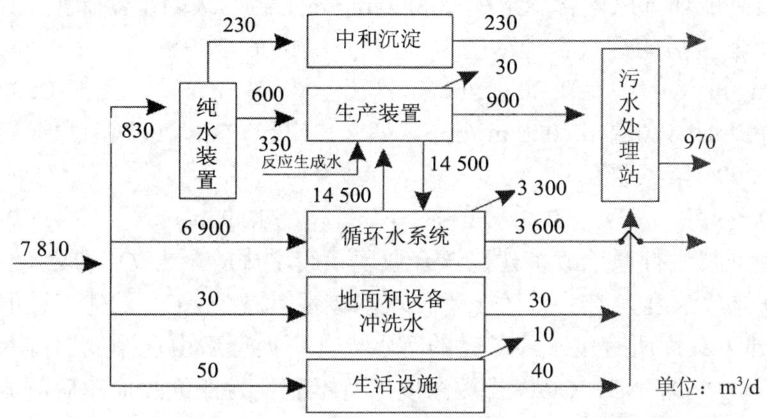

12. 根据水平衡图计算，该项目污水处理率为（　）。（2006 年考题）

A. 12.4%　　B. 15.4%　　C. 25.0%　　D. 33.3%

13. 根据第 12 题所示水平衡图计算，该项目水的循环利用率为（　）。（2006 年考题）

A. 65.0%　　B. 67.8%　　C. 52.1%　　D. 58.0%

14. 某工程使用煤制合成气，原料煤耗量为 6 000 kg/h，煤的含硫量为 2%，煤中硫的加工去向见下图：

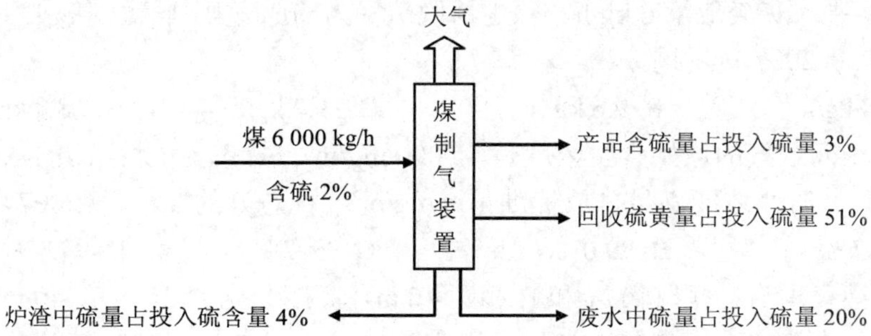

运用硫平衡核算排入大气中的二氧化硫量为（　）。（2006 年考题）

A. 26.4 kg/h　　B. 42.2 kg/h　　C. 21.1 kg/h　　D. 52.8 kg/h

15. 某企业新鲜水补充量 400 m^3/h，循环水量 10 000 m^3/h，外排废水量 300 m^3/h，损失量 50 m^3/h，产品带走量 50 m^3/h，原料带入水忽略不计，该企业水的循环利用率为（　）。（2006 年考题）

A. 89.2%　　B. 90.2%　　C. 94.2%　　D. 96.2%

16. 某装置的烟气原始含尘浓度 20 000 mg/m^3，经两级除尘器除尘，效率分别为98%和 90%，除尘后的烟气含尘浓度为（　）。(2006 年考题)

A. 20 mg/m^3　　B. 30 mg/m^3　　C. 40 mg/m^3　　D. 50 mg/m^3

17. 已知某烟囱气量 60 000 m^3/min，烟囱口直径 8 m，该烟囱的烟气出口速度是（　）。(2006 年考题)

A. 13.9 m/s　　B. 15.9 m/s　　C. 19.9 m/s　　D. 20.9 m/s

18. 某企业拟进行原址改扩建，该企业现状废水排放量为 Q_0，废水经处理后达标排放 COD 排放浓度为 C_0；技改工程使现状废水量减少 ΔQ，扩建工程的废水量为 Q_1，按改扩建方案，所有废水经扩建的污水处理厂处理后由现排放口排入河流的废水排放总量为 $Q_1+Q_0-\Delta Q$，COD 排放浓度保持不变。为评价改扩建后河流预测点水质达标状况，应采用（　）作源强进行预测并与该关心点现状水质叠加。(2006 年考题)

A. $Q_1 \cdot C_0$　　B. $(Q_1+Q_0) \cdot C_0$

C. $(Q_1+Q_0-\Delta Q) \cdot C_0$　　D. $(Q_1-\Delta Q) \cdot C_0$

19. 在排污企业排放污染物核算中，通过监测并计算核定日平均水污染物排放量后，按（　）计算污染物年排放总量。(2007 年考题)

A. 建设单位所属行业平均年工作天数　　B. 建设单位年工作的计划天数

C. 建设单位年工作的实际天数　　D. 行业排放系数

20. 某燃煤锅炉烟气采用碱性水膜除尘器处理。已知燃煤量 2 000 kg/h，燃煤含硫量 1.5%，进入灰渣硫量 6 kg/h，除尘器脱硫率为 60%，则排入大气中的二氧化硫量为（　）。(2007 年考题)

A. 4.8 kg/h　　B. 9.6 kg/h　　C. 19.2 kg/h　　D. 28.8 kg/h

21. 某车间烟气的原始含尘浓度是 15 000 mg/m^3（标态），除尘器的除尘效率至少达到（　）时，才能满足排放标准 100 mg/m^3（标态）的要求。(2007 年考题)

A. 98.5%　　B. 99.0%　　C. 99.2%　　D. 99.3%

22. 某建设项目，排气筒 A 和 B 相距 40 m，高度分别为 25 m 和 40 m，排放同样的污染物。排气筒 A、B 排放速率分别为 0.52 kg/h 和 2.90 kg/h，其等效排气筒排放速率是（　）。(2007 年考题)

A. 1.71 kg/h　　B. 1.83 kg/h　　C. 2.95 kg/h　　D. 3.42 kg/h

23. 工程分析中将没有排气筒的源或高度低于（　）排气筒的源定为无组织排放源。(2008 年考题)

A. 15 m　　B. 20 m　　C. 25 m　　D. 30 m

24. 某工业项目使用液氨为原料，每年工作 8 000 h，用液氨 1 000 t（折纯），其中 96%的氨进入主产品，3.5%的氨进入副产品，0.3%的氨进入废水，剩余的氨全部以无组织形式排入大气。则用于计算卫生防护距离的氨排入参数是（　　）。（2008 年考题）

A. 0.15 kg/h　　B. 0.25 kg/h　　C. 0.28 kg/h　　D. 0.38 kg/h

25. 某厂燃煤锅炉烟气排放量为 2×10^4 m^3/h（标态），SO_2 浓度为 800 mg/m^3，排放浓度符合国家规定的排放标准要求，假定锅炉全年运行 7 200 h，该厂 SO_2 排放总量控制指标建议值可为（　　）。（2008 年考题）

A. 384 kg/d　　B. 18 kg/h　　C. 140.16 t/a　　D. 115.20 t/a

26. 某锅炉燃煤量 100 t/h，煤含硫量 1%，硫进入灰渣中的比例为 20%，烟气脱硫设施的效率为 80%，则排入大气中的 SO_2 量为（　　）。（2008 年考题）

A. 0.08 t/h　　B. 0.16 t/h　　C. 0.32 t/h　　D. 0.40 t/h

27. 某废水处理站采用二级处理工艺，进入量为 10 000 m^3/d，COD 浓度为 1 500 mg/L；一级 COD 去除率为 80%，二级 COD 去除率为 70%。则该处理站外排 COD 是（　　）。（2008 年考题）

A. 0.45 t/d　　B. 0.90 t/d　　C. 10.80 t/d　　D. 3.75 t/d

28. 某电镀企业使用 $ZnCl_2$ 作原料，已知年耗 $ZnCl_2$ 100 t（折纯）；98.0%的锌进入电镀产品，1.90%的锌进入固体废物，剩余的锌全部进入废水中；废水排放量 15 000 m^3/a，废水中总锌的浓度为（　　）。（Zn 原子量：65.4，Cl 原子量：35.5）（2008 年考题）

A. 0.8 mg/L　　B. 1.6 mg/L　　C. 3.2 mg/L　　D. 4.8 mg/L

29. 某化工项目废水处理场进水量为 10 000 m^3/d，进水 COD 浓度为 1 500 mg/L，COD 总去除率为 90%，废水回用率为 50%，该项目废水处理场外排 COD 量为（　　）。（2009 年考题）

A. 0.75 t/d　　B. 1.5 t/d　　C. 7.5 t/d　　D. 15 t/d

30. 某企业实施改扩建工程，评价范围内相关工程氯气排放量见下表。该企业氯气的总排放量为（　　）。（2009 年考题）

相关工程	氯气排放量/（kg/a）
企业已建工程	500
企业扩建工程	300
企业已建工程改造削减	200
区域替代削减	150
评价区内其他在建项目	250

A. 800 kg/a　　B. 700 kg/a

C. 600 kg/a　　D. 450 kg/a

31. 某燃煤锅炉烟气产生量为 100×10^4 m^3/h，NO_x 初始浓度为 900 mg/m^3，脱硝效率 70%，NO_x 排放量为（　）。（2009 年考题）

A. 1.26 t/h　　B. 0.63 t/h

C. 0.54 t/h　　D. 0.27 t/h

32. 某企业新鲜水用量 500 m^3/d，间接冷却水循环量 7 000 m^3/d，锅炉回用水量 200 m^3/d，该企业水的重复利用率为（　）。（2009 年考题）

A. 90.9%　　B. 93.3%

C. 93.5%　　D. 97.4%

33. 某项目生产工艺过程中 HCl 使用量 100 kg/h，其中 90%进入产品、8%进入废液、2%进入废气。若废气处理设施 HCl 的去除率为 99%，则废气中 HCl 的排放速率是（　）。（2009 年考题）

A. 0.01 kg/h　　B. 0.02 kg/h

C. 0.08 kg/h　　D. 0.10 kg/h

34. 某企业锅炉燃油量为 10 000 t/a，含硫量为 1%；若 SO_2 总量控制指标为 40 t/a，则该锅炉脱硫设施的效率至少应大于（　）。（2009 年考题）

A. 90%　　B. 80%

C. 70%　　D. 60%

35. 一台燃煤采暖锅炉，实测烟尘排放浓度为 150 mg/m^3，过剩空气系数为 2.1，折算为过剩空气系数 1.8 的烟尘排放浓度为（　）。（2009 年考题）

A. 128 mg/m^3　　B. 175 mg/m^3

C. 270 mg/m^3　　D. 315 mg/m^3

36. 某项目污水处理站进水 COD 浓度为 900 mg/L，采用生化—絮凝处理工艺，其 COD 去除率分别为 80%和 50%，则该污水处理站出水 COD 浓度为（　）。（2009 年考题）

A. 90 mg/L　　B. 100 mg/L

C. 180 mg/L　　D. 360 mg/L

37. 某企业 15 m 高排气筒颗粒物最高允许排放速率为 3.50 kg/h，受条件所限排气筒高度仅达到 7.5 m，则颗粒物最高允许排放速率为（　）。（2009 年考题）

A. 3.50 kg/h　　B. 1.75 kg/h

C. 0.88 kg/h　　D. 0.44 kg/h

38. 某装置产生浓度为 5%的氨水 1 000 t/a，经蒸氨塔回收浓度为 15%的浓氨水 300 t/a，蒸氨塔氨气排放约占氨总损耗的 40%，进入废水中的氨为（　）。（2010 年考题）

A. 2 t/a　　B. 3 t/a

C. 5 t/a　　D. 15 t/a

39. 分析污染型项目生产工艺过程中水污染物产生量时，应绘制物料平衡图、水平衡图以及（　　）。（2010 年考题）

A. 废水处理工艺流程图　　B. 项目总平面图

C. 水环境功能区划图　　D. 生产工艺流程图

40. 某污水处理站采用“物化+生化”处理工艺。已知废水进水 COD 浓度为 800 mg/L、出口 COD 浓度不高于 80 mg/L，如“物化”处理单元 COD 去除率是 60%，则“生化”处理单元 COD 去除率至少应达到（　　）。（2010 年考题）

A. 70%　　B. 75%

C. 80%　　D. 83.3%

41. 某企业循环水系统用水量为 1 000 m^3/h，新鲜水补水量为用水量的 5%，循环水系统排水量为 30 m^3/h，循环水利用率为（　　）。（2010 年考题）

A. 95.0%　　B. 95.2%

C. 97.0%　　D. 98.0%

42. 某企业 A 车间废水量 100 t/d，废水水质为 pH 值 2.0、COD 浓度 2 000 mg/L，B 车间废水量也为 100 t/d，废水水质为 pH 值 6.0、COD 浓度 1 000 mg/L，上述 A、B 车间废水纳入污水站混合后水质为（ ）。（2010 年考题）

A. pH 值 4.0、COD 1 500 mg/L　　B. pH 值 4.0、COD 1 800 mg/L

C. pH 值 2.3、COD 1 500 mg/L　　D. pH 值 3.3、COD 1 800 mg/L

43. 某项目采用甲苯作溶剂，废气中甲苯产生量 100 kg/h，废气采用两级净化，活性炭吸附去除率为 90%，水洗塔去除率为 5%，废气中甲苯最终量为（　　）。（2010 年考题）

A. 5.0 kg/h　　B. 9.5 kg/h

C. 10.0 kg/h　　D. 95.0 kg/h

44. 某拟建项目设计排气筒高度为 7.5 m，二甲苯排放浓度为 40 mg/m^3，排放速率为 0.2 kg/h。排放标准规定二甲苯最高允许排放浓度为 70 mg/m^3，15 m 排气筒的最高允许排放速率为 1.0 kg/h。该排气筒二甲苯的（　　）。（2011 年考题）

A. 排放浓度超标，排放速率超标　　B. 排放浓度超标，排放速率达标

C. 排放浓度达标，排放速率超标　　D. 排放浓度达标，排放速率达标

45. 某拟建项目锅炉烟尘产生量为 90 000 t/a，允许排放总量为 2700 t/a，设计除尘效率至少应达到（　　）。（2011 年考题）

A. 80%　　B. 90%

C. 95%　　D. 97%

46. 某装置产生的废气中 NH_3 浓度为 5 000 mg/m^3，采用两级吸收处理，一、二

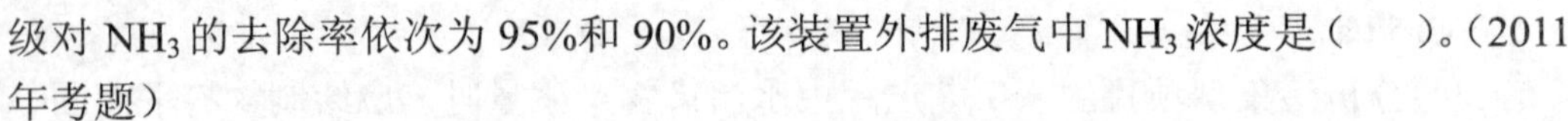

级对 NH_3 的去除率依次为 95%和 90%。该装置外排废气中 NH_3 浓度是（　　）。（2011 年考题）

A. 12.5 mg/m^3　　B. 25 mg/m^3

C. 50 mg/m^3　　D. 75 mg/m^3

47. 某厂现有工程 SO_2 排放量为 300 t/a。扩建工程 SO_2 产生量为 200 t/a，脱硫效率 75%，"以新带老"削减量为 75 t/a。扩建工程完成后全厂 SO_2 排放量为（　　）。（2011 年考题）

A. 50 t/a　　B. 125 t/a

C. 275 t/a　　D. 350 t/a

48. 排气筒出口内截面面积为 9.62 m^2，烟气出口速度为 20 m/s，烟气出口温度为 95℃，标准状态下的烟气量是（　　）。（2011 年考题）

A. 142.7 m^3/s　　B. 259.3 m^3/s

C. 285.4 m^3/s　　D. 518.5 m^3/s

49. 化工项目生产污水处理场工艺方案应包括运行可靠性论证和（　　）。（2012 年考题）

A. 处理工艺的技术可行性分析　　B. 投资费用的来源分析

C. 拟建项目的产品方案论证　　D. 生活污水排放量计算

50. 多晶硅切片加工项目的生产工艺为硅锭→剖方定位→切片→纯水清洗→电烘干，其中切片工序循环使用碳化硅及聚乙二醇切割液，产生废水的工序是（　　）。（2012 年考题）

A. 剖方定位工序　　B. 切片工序

C. 清洗工序　　D. 烘干工序

51. 某燃煤锅炉 SO_2 现状排放量 90.0 t/a。拟对锅炉增设脱硫设施，脱硫效率由现状的 50%增至 80%。项目技改后，SO_2 排放总量为（　　）。（2012 年考题）

A. 90.0 t/a　　B. 45.0 t/a

C. 36.0 t/a　　D. 18.0 t/a

52. 某市集中供热锅炉房安装 5×58 MW 锅炉，采暖期 4 用 1 备，非采暖期一般 2 台运行，个别时间 1 台运行。单台锅炉烟气量约 120 000 m^3/h（标态），采用静电除尘+湿法脱硫净化烟气，对烟囱配置的最优方案是设置（　　）。（2012 年考题）

A. 5 座 60 m 高出口直径 1.6 m 烟囱

B. 4 座 60 m 高出口直径 1.6 m 烟囱

C. 3 座 80 m 高出口直径 2.0 m 烟囱

D. 1 座 80 m 高双管集速烟囱，单管出口直径 2.0 m

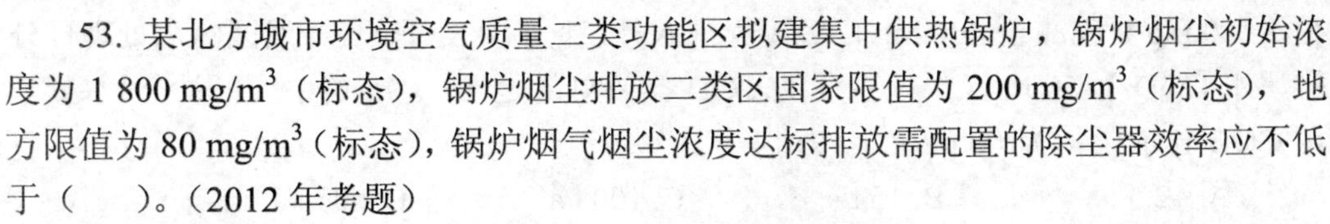

53. 某北方城市环境空气质量二类功能区拟建集中供热锅炉，锅炉烟尘初始浓度为 1 800 mg/m^3（标态），锅炉烟尘排放二类区国家限值为 200 mg/m^3（标态），地方限值为 80 mg/m^3（标态），锅炉烟气烟尘浓度达标排放需配置的除尘器效率应不低于（　　）。（2012 年考题）

A. 95.6%　　B. 93.3%

C. 92.2%　　D. 88.9%

54. 当地环保局对河段排污混合区长度及宽度有限制。根据区域总量分配方案，项目排污河段尚有 COD 排放指标 50 t/a，按混合区允许长度及宽度预测的项目 COD 排放量分别为 10 t/a 和 15 t/a，按达标排放计算的排放量为 8 t/a，则该项目允许的 COD 排放量为（　　）。（2012 年考题）

A. 8 t/a　　B. 10 t/a

C. 15 t/a　　D. 50 t/a

55. 某季节性生产的榨糖厂，每年旱季生产 6 个月。按照设计流量条件计算的 COD 允许排放量为 30 t/月，则核定该厂的 COD 总量指标为（　　）。（2013 年考题）

A. 90 t/a　　B. 180 t/a

C. 360 t/a　　D. 720 t/a

56. 某项目再生烟气二氧化硫排放浓度按 850 mg/m^3 设计，年二氧化硫排放量为 2 670 t。根据“十二五”规划要求，此类排放源的排放浓度应不高于 400 mg/m^3。则该源的二氧化硫排放总量应核算为（　　）。（2013 年考题）

A. 2 670 t　　B. 1 414 t

C. 1 256 t　　D. 1 130 t

57. 某项目对含 1%氯化钠的工艺水溶液进行纳滤浓缩除盐，已知除盐水的收率为 60%，浓母液含氯化钠为 2.4%，则稀溶液含氯化钠浓度为（　　）。（2013 年考题）

A. 0.05%　　B. 0.07%

C. 0.08%　　D. 0.12%

58. 某污水处理厂生化系统剩余污泥量为 150 m^3/d，含水率 99%，经浓缩后含水率降至 97%，浓缩后的污泥量为（　　）。（2013 年考题）

A. 100 m^3/d　　B. 75 m^3/d

C. 50 m^3/d　　D. 45 m^3/d

59. 某企业年工作时间 7 200 h，在生产过程中 HCl 废气产生速率为 0.8 kg/h，废气收集系统可将 90%的废气收集至洗涤塔处理，处理效率为 85%，处理后的废气通过 30 m 高排气筒排放，则该企业 HCl 的无组织排放量约为（　　）。（2014 年考题）

A. 0.58 t/a　　B. 0.78 t/a　　C. 0.86 t/a　　D. 1.35 t/a

60. 某企业年工作时间 250 d，废水日产生量为 1 000 m^3，经厂内预处理 COD

由 2 000 mg/L 削减至 400 mg/L 后接管排入开发区污水处理厂。开发区污水处理厂外排尾水 COD 为 50 mg/L。该企业的 COD 排放总量是（　）。（注：开发区污水处理厂 COD 排放限值为 60 mg/L）（2014 年考题）

A. 12.5 t/a　　B. 15 t/a　　C. 100 t/a　　D. 500 t/a

61. 某企业工业取水量为 10 000 m^3/a，生产原料中带入水量为 1 000 m^3/a，污水回用量为 1 000 m^3/a，排水量为 25 000 m^3/a，漏水量为 100 m^3/a，则该企业的工业用水重复利用率是（　）。（2014 年考题）

A. 8.0%　　B. 9.1%　　C. 10.0%　　D. 28.6%

62. 技改扩建项目工程分析中，污染物排放量统计无须考虑的是（　）。（2014 年考题）

A. 现有工程排放量　　B. 拟建工程排放量

C. 区域污染源削减量　　D. “以新带老”削减量

63. 某拟建项目排放口的上游有一榨糖厂，仅旱季生产 6 个月，该糖厂允许 COD 排放量为 180 t/a。点源调查时确认该糖厂旱季贡献的 COD 排放负荷是（　）。（2014 年考题）

A. 10 t/月　　B. 15 t/月

C. 30 t/月　　D. 45 t/月

64. 污水处理场（站）未封闭的油水重力分离设施释放异味物质主要源于（　）。（2015 年考题）

A. 质量蒸发　　B. 空气吹脱

C. 蒸汽吹脱　　D. 热量蒸发

65. 某油品专用汽车储罐，容积 100 m^3，用底部装车方式装入相对密度 0.75 的油品 60 t。假设罐内气体非甲烷总烃浓度 9 g/m^3 不变，则该次装车非甲烷总烃排出量为（　）。（2015 年考题）

A. 900 g　　B. 720 g

C. 675 g　　D. 540 g

66. 采用萃取工艺生产植物油的过程中，能减少有机溶剂排放的豆粕干燥工艺是（　）。（2015 年考题）

A. 自然通风干燥　　B. 通风加热干燥

C. 循环气回收干燥　　D. 带式通风干燥

67. 某粉料装车释放气收集处理系统，收集单元对废气的收集效率为 90%，处理单元对颗粒物的处理效率为 99%，则该收集处理系统的颗粒物去除效率为（　）。（2015 年考题）

A. 99%　　B. 94.5%

C. 90%　　D. 89.1%

68. 某油品配送库扩建汽油罐区，工程分析应统计的无组织排放污染物是（　　）。（2015 年考题）

A. SO_2　　B. H_2S

C. VOCs　　D. NH_3

69. 某污水处理厂产生的污泥原始含水率为 96%，欲将污泥量降为原来的 10%，应将污泥的含水率降低到（　　）。（2016 年考题）

A. 40%　　B. 50%

C. 60%　　D. 70%

70. 某煤间接液化项目年操作时间 8 000 h，建设 10 台气化炉，每年检修 1 次。气化炉开车时不合格粗煤气送高压火炬处理，每年持续 3.5 h。单台气化炉开车时火炬产生的二氧化硫约 5 t/h。该项目气化炉开车二氧化硫年排放量约为（　　）。（2016 年考题）

A. 210 t/a　　B. 175 t/a

C. 50 t/a　　D. 35 t/a

71. 某企业年操作时间 300 d，工艺废水产生量为 1 000 t/d，COD 浓度 1 000 mg/L；生活污水产生量为 100 t/d，COD 浓度 300 mg/L。两种废水混合后送厂污水站处理，COD 的去除效率为 90%，处理后 40%外排。该企业污水中 COD 的排放量为（　　）。（2016 年考题）

A. 12.36 t/a　　B. 18.54 t/a

C. 27.81 t/a　　D. 30.90 t/a

二、不定项选择题（每题的备选项中至少有一个符合题意）

1. 某废液焚烧处理装置如图所示，其产生的污染物有（　　）。（2005 年考题）

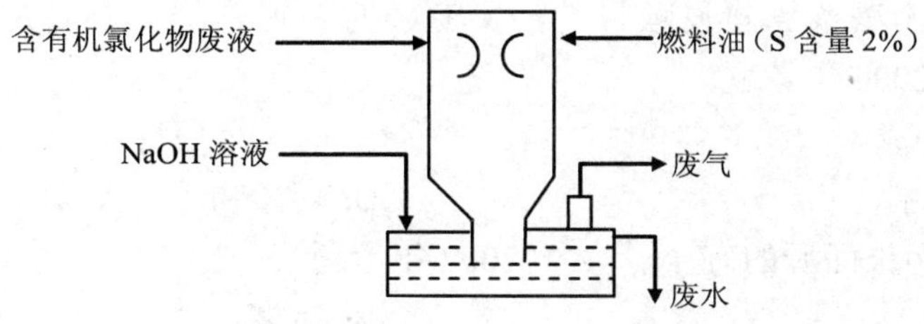

A. SO_2　　B. HCl　　C. Cl^-　　D. NH_3-N

2. 某拟建项目工艺流程如下图所示，生产工艺产生的污染物有（　　）。（2005 年考题）

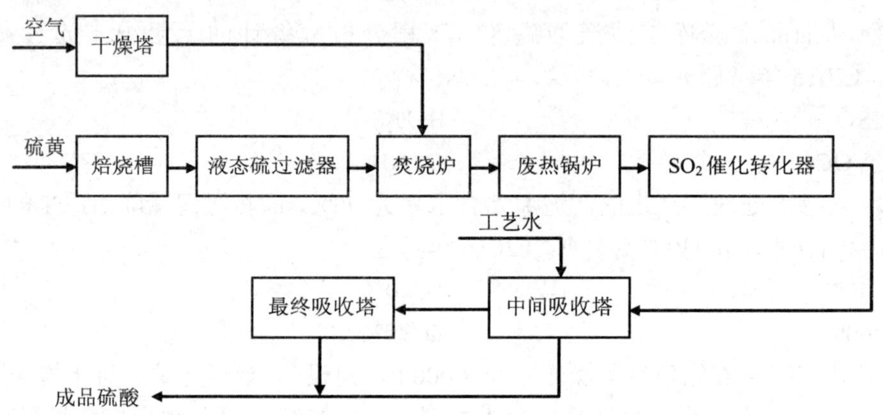

A. 硫酸尾气　　B. 硫磺过滤残渣

C. 废催化剂　　D. 废水

3. 建设项目环境影响评价中，无组织排放源强估算方法有（　　）。（2005 年考题）

A. 物料衡算法　　B. 反推法

C. 类比法　　D. 排放标准限值估算法

4. 工业项目耗水量包括（　　）。（2006 年考题）

A. 产品带走的水量　　B. 反应生成水量

C. 循环水系统补充水量　　D. 装置和地面冲洗水量

E. 净化系统耗水量

5. 在进行建设项目工程分析时，获得噪声源源强数据的途径有（　　）。（2006 年考题）

A. 现场实测法　　B. 类比测量法

C. 引用已有数据　　D. 引用设备铭牌数据

6. 采用类比法核算建设项目的污染源强时，通常类比项目应与建设项目的（　　）相似。（2006 年考题）

A. 产品构成　　B. 工程一般特征

C. 环境条件　　D. 污染物排放状况

7. 属大气污染面源的有（　　）。（2007 年考题）

A. 车间　　B. 工棚

C. 露天堆料场　　D. 15 m 以下排气筒

E. 锅炉房 20 m 高度的烟囱

8. 在工业污染型项目的工程分析中，应具备的基本图件有（　）。(2007 年考题)

A. 工厂平面布置图　　B. 工艺流程图

C. 物料平衡图　　D. 环境监测布点图

E. 评价范围图

9. 污染型建设项目的工程分析应给出（　）等项内容。(2007 年考题)

A. 工艺流程及产污环节　　B. 污染物源强核算

C. 项目周围污染源的分布及源强　　D. 清洁生产水平

E. 环保措施与污染物达标排放

10. 污染型项目的工程分析结果，应能直接评价是否满足（　）的要求。(2008 年考题)

A. 污染物排放达标　　B. 环境质量达标

C. 清洁生产水平　　D. 污染物排放总量控制分析

11. 在污染型项目的工程分析中，应具备的基本图件有（　）。(2008 年考题)

A. 项目平面布置图　　B. 工艺流程图

C. 环境监测布点图　　D. 评价范围图

12. 某废水处理站工艺流程图如下：

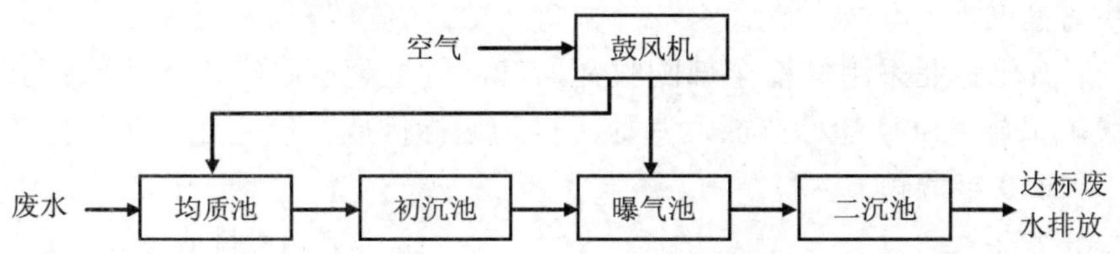

产生固体废物的排污节点有（　）。(2008 年、2010 年考题)

A. 均质池　　B. 初沉池

C. 曝气池　　D. 二沉池

13. 采用类比法进行调查时，在分析对象与类比对象之间可类比的有（　）。(2008 年考题)

A. 工程特征　　B. 管理模式

C. 污染物排放特征　　D. 环境条件

14. 对于污染型项目，一般从其厂区总平面布置图中可以获取的信息有（　）。(2009 年考题)

A. 采用的工艺流程　　B. 建（构）筑物位置

C. 主要环保设施位置　　D. 评价范围内的环境敏感目标位置

15. 环境影响评价中，在（　）的情况下需进行非正常工况分析。(2009 年考题)

A. 正常开车、停车 B. 工艺设备达不到设计规定要求

C. 部分设备检修 D. 环保设施达不到设计规定要求

16. 某建设项目有两个物料分离工序，工艺流程方案见下图，合理的工艺流程有（ ）。（2010 年考题）

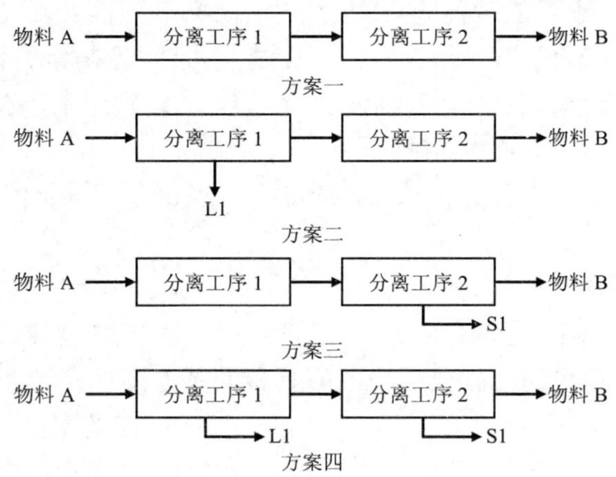

A. 方案一 B. 方案二

C. 方案三 D. 方案四

17. 某石化企业采用气柜全部回收瓦斯气，气柜超压时经火炬排放；其自备热电厂无脱硫措施，SO_2 超标排放，其他污染物达标排放。该企业非正常排放工况包括（ ）。（2010 年考题）

A. 正常生产 B. SO_2 超标排放

C. 正常装置开车、停车 D. 瓦斯气经火炬燃烧排放

18. 分析工业污染型项目总图布置方案合理性时，应考虑（ ）。（2010 年考题）

A. 项目选址 B. 周围环境敏感点位置

C. 气象、地形条件 D. 污染源的位置

19. 下列污染物排放中，属于无组织排放的有（ ）。（2010 年考题）

A. 装置检修吹扫气经高架火炬排放 B. 高度 20 m 的厂房天窗排放

C. 无排气筒排放 D. 高度大于 15 m 的排气筒排放

20. 某河流控制断面重金属铜的水质目标为 1.0 mg/L，该断面允许负荷按设计枯水流量 10 m^3/s 确定，控制断面以上铜的非点源污染可以忽略不计。近期枯水期断面实测铜浓度 0.8 mg/L，同步实测流量 20 m^3/s。可以推断出目前控制断面以上铜负荷（ ）。（2010 年考题）

A. 超过断面允许负荷 60% B. 超过断面允许负荷 20%

C. 未超过断面允许负荷 D. 尚可增加 20%负荷

21. 在污染型项目生产工艺流程图中可以标识出（　　）。(2011 年考题)

A. 主要产污节点　　B. 清洁生产指标

C. 污染物类别　　D. 污染物达标排放状况

22. 污染型建设项目工程分析应包括的内容有物料平衡、水平衡、热平衡，以及（　　）。(2011 年考题)

A. 产品方案　　B. 污染物种类

C. 污染物源强核算　　D. 事故的环境危害分析

23. 合成氨生产工艺流程及产污节点图中，可以表示出（　　）。(2012 年考题)

A. 氨的无组织排放分布　　B. 生产工艺废水排放位置

C. 生产废气排放位置　　D. 固体废物排放位置

24. 在生活垃圾焚烧项目的工程分析中，应明确交代的相关内容有（　　）。(2012 年考题)

A. 垃圾低位发热量　　B. 厨余垃圾所占比例

C. 垃圾含水率　　D. 垃圾收集方式

25. 某煤制烯烃项目，以下工程投资可全部列入环保投资的有（　　）。(2013 年考题)

A. 厂区绿化　　B. 生活供水系统

C. 污水处理厂　　D. 高架火炬系统

26. 某电镀企业包括除油、镀铬、镀锌、镀铜等生产线，铬酸雾经收集、碱洗吸收后排放，则需要单独收集处理的含第一类污染物废水有（　　）。(2013 年考题)

A. 除油废水　　B. 镀铬废水

C. 镀铜废水　　D. 铬酸雾吸收废水

27. 石化企业的挥发性有机物无组织排放源有（　　）。(2015 年考题)

A. 反应釜搅拌轴密封点　　B. 有机固体物料仓库

C. 废水生物处理池　　D. 含油废水储罐

28. 工程分析中应给出环境影响预测的污染源参数有（　　）。(2015 年考题)

A. 产污节点图　　B. 污染源坐标和源强

C. 污染物年排放时间　　D. 污染物年排放总量

29. 某项目总排水量大于新鲜水用量，增加的水量可能来源于（　　）。(2015 年考题)

A. 物料带入水量　　B. 重复用水量

C. 循环用水量　　D. 反应生成水量

30. 恒压反应釜中甲、乙两种挥发性有机物混合液为理想溶液，摩尔比 1∶1。釜底加热时，从安全泄放口排出气体中两种有机物的浓度关系为（　　）。(2015 年

考题）

A. 与反应釜内甲乙两种物质的质量比相同

B. 与反应釜内甲乙两种物质的摩尔比相同

C. 蒸汽压大的物质摩尔浓度大于蒸汽压小的物质摩尔浓度

D. 蒸汽压大的物质摩尔浓度小于蒸汽压小的物质摩尔浓度

31. 某创新科技成果进行产业转化，拟建一条生产线，可采用的工程分析方法有（　　）。（2015 年考题）

A. 现场实测　　B. 物料衡算

C. 实验法　　D. 同行专家咨询法

32. 储存含油污水的储罐异味物质排放的主要排放方式有（　　）。（2015 年考题）

A. 大呼吸　　B. 小呼吸

C. 连续排放　　D. 空气吹脱

33. 分析企业自建污水处理站总平面布置的合理性，应考虑的因素有（　　）。（2015 年考题）

A. 常年主导风向　　B. 企业发展规划

C. 建筑物之间的距离　　D. 受纳水体水质

34. 下列工况中，属于非正常排放的有（　　）。（2016 年考题）

A. 部分设备检修时排放　　B. 设备偶发的瞬时排放

C. 开、停车时排放　　D. 储罐呼吸排放

35. 石化项目可能的挥发性有机物无组织排放源有（　　）。（2016 年考题）

A. 物料输送管道连接点　　B. 空分装置排气口

C. 含油污水处理场　　D. 油品装卸站

36. 某技改扩建项目拟依托原有公辅工程，其治理措施可行性分析应考虑的因素有（　　）。（2016 年考题）

A. 能力匹配性　　B. 工艺可行性

C. 经济合理性　　D. 现行环保政策相符性

37. 估算废气无组织排放源排放量的方法有（　　）。（2016 年考题）

A. 物料衡算法　　B. A-P 值法

C. 类比法　　D. 反推法

参考答案

一、单项选择题

1. C【点评解析】本题主要考查技改扩建项目工程分析中污染物排放的“三本账”计算方法，即技改扩建前排放量－“以新带老”削减量+技改扩建新增排放量。考生务必理解并灵活运用。

2. D【点评解析】本题主要考查物料衡算法的原理。考生须理解其本质不是重量平衡。投入和产出是方法不是原理；物质不灭指物质永恒存在，其遵循质量守衡定律，只不过其未强调平衡。

3. C【点评解析】本题主要考查工程分析中产污环节的分析。环评中工艺流程图与项目可行性研究报告中所用的工艺流程图最重要的区别是必须标明污染源。

4. D【点评解析】（2 000×1 500＋200×250）/（2 000＋200）＝1 386.36（mg/L）。

这是一道具有代表性的源强计算题。虽然计算比较简单，但是其为环评的计算基本功，需要亲自动手列式计算，它不仅是技术方法题，而且案例分析问题中类似提问屡次出现，无非计算的废水种类多一些。

5. B【点评解析】本题主要考查全厂工业用水重复利用率的计算。其关键是要抓住工业用水重复利用量。全厂工业用水重复利用率为：（10 374＋10）/（10 374＋10＋691）×100%＝93.76%≈93.8%。

6. C【点评解析】本题主要考查污水回用率的计算。其关键是要抓住污水回用量和排放量。另外，一定要搞清楚清净下水也属于污水。污水回用率为：10/（10＋100＋522）×100%＝1.58%≈1.6%。

7. C【点评解析】本题仍然考查全厂水的循环利用率的计算。计算过程十分简单，关键仍然是抓住循环利用量。提高重复利用率或循环利用率是节水的重要途径。全厂水的循环利用率为：10 374/（10 374＋691）×100%＝93.75%≈93.7%。

8. D【点评解析】本题主要考查 COD 排放总量的计算。其关键是要搞清量纲换算。COD 排放总量为：（100×100＋522×50）×8 000×10^{-6}＝288.8（t/a）。

9. D【点评解析】本题主要考查大气污染物源强的计算方法。排入大气的烟尘量为：100×5%×（1−99%）＝0.05（kg/h）。解题关键是要列对公式。根据《大气污染物综合排放标准》，大气污染物源强主要通过排放浓度与排放速率两种方式表示，要求二者均应达标。

10. B【点评解析】本题主要考查对标准状态概念的理解。标准状态是指温度为 273 K、压力为 101 325 Pa 时的状态。根据公式 $P_1V_1/T_1=P_2V_2/T_2$，浓度 C 与 V 成反比，故标准状态时烟尘浓度为：1/（1/2）C＝$2C$＝2×200＝400（mg/m^3）。

11. C【点评解析】本题主要考查室内和室外声级差的计算。机房围护结构外侧噪声级为：90−40−6＝44（dB）。关键是要考虑 6 dB。室内和室外声级差的计算如下：

当声源位于室内，设靠近开口处（或窗户）室内和室外的声级分别为正，L_1 和 L_2。若声源所在室内声场近似扩散声场，且墙的隔声量远大于窗的隔声量，则室内和室外的声级差为：

$$NR = L_1 - L_2 = TL + 6$$

式中：TL——窗户的隔声量，dB；

NR——室内和室外的声级差，或称插入损失，dB。

12. C【点评解析】本题主要考查污水处理率的计算。其关键是首先要抓住污水产生量，其次要抓住污水处理量。污水处理率为：（970＋230）/（970＋230＋3 600）×100%＝25%。循环排污水虽然是清净下水，但是还属于污水范畴，只是在地面水评价等级判定中不计入污水排放量而已，考生务必理解记忆。

13. A【点评解析】本题主要考查项目水的循环利用率的计算。其关键是要抓住项目水的循环利用量。水的循环利用率为：14 500/（14 500＋7 810）×100%＝65%。

14. D【点评解析】本题实际考查硫平衡核算。只要列出衡算公式，即可算出，关键是还要乘以 2（二氧化硫与硫的分子量之比）。排入大气中的二氧化硫量为：6 000×2%（1−4%−20%−51%−3%）×2＝52.8（kg/h）。

15. D【点评解析】本题主要考查水的循环利用率的计算。其关键是要抓住水的循环利用量。水的循环利用率为：10 000/（10 000＋400）×100%＝96.2%。此类问题已考过多次，考生应充分理解。

16. C【点评解析】本题主要考查废气源强的计算。其关键是列对算式，串联的除尘器效率相乘。除尘后的烟气含尘浓度为：20 000×（1−98%）×（1−90%）＝40（mg/m^3）。

17. C【点评解析】本题主要考查烟囱的烟气出口速度计算公式。此为最基本的公式，烟气出口速度为：60 000/（$60\times\pi\times4^2$）＝19.9（m/s）。

18. D【点评解析】本题主要考查改扩建项目贡献源强的核算。由于关心点现状水质已包括该企业现状废水排放量 Q_0 的影响，故应采用贡献量（$Q_1-\Delta Q$）• C_0 作源强进行预测（贡献值），并与该关心点现状水质叠加。

19. C【点评解析】本题主要考查计算污染物年排放总量的方法。应按年工作的实际天数计算污染物年排放总量。

20. C【点评解析】本题实际考查二氧化硫源强核算。只要列出衡算公式，即可算出。排入大气中的二氧化硫量为：（2 000×1.5%−6）（1−60%）×2＝19.2（kg/h）。考生务必记住，大气污染物排放速率的单位是 kg/h。

21. D【点评解析】本题主要考查除尘效率计算公式。（15 000−100）/15 000＝99.3%。此类计算十分简单，乃初中阶段数学常用公式。考生务必理解记忆。

22. D【点评解析】本题主要考查等效排气筒排放速率的计算。两者相加即可，0.52＋2.9＝3.42（kg/h）。另外，等效排气筒高度为：$\sqrt{(25^2+40^2)/2}$ =33.4 m。案例分析考试经常涉及。注意，排放速率可以两数直接相加，而排放浓度却不可直接相加。

23. A【点评解析】本题主要考查无组织排放源的概念。考生务必记忆，为重要知识点。

24. B【点评解析】本题实际考查废气源强的计算。其关键是列对算式，用于计算卫生防护距离的氨排入参数为：1 000×10^3×（1−96%−3.5%−0.3%）/8 000＝0.25（kg/h）。

25. D【点评解析】本题实际考查二氧化硫总量核算。只要列出衡算公式，即可算出。该厂 SO_2 排放总量控制指标建议值可为：2×10^4×800×7 200×10^{-9}＝115.20（t/a）。随着排污许可证制度的全面实施，污染物排放总量的核算更为重要和常用。

26. C【点评解析】本题实际考查二氧化硫源强核算。只要列出衡算公式，即可算出，关键是要乘以 2。排入大气中的 SO_2 量为：100×1%×（1−20%）×（1−80%）×2 ＝ 0.32（t/h）。

27. B【点评解析】本题实际考查 COD 源强核算。只要列出衡算公式，即可算出。该处理站外排 COD 为：10 000×1 500×10^{-6}×（1−80%）×（1−70%）＝0.90（t/d）。

28. C【点评解析】本题实际考查废水污染物源强核算。只要列出衡算公式，即可算出。首先，要进行 $ZnCl_2$ 中 Zn 的折算，65.4/（65.4+2×35.5）×100＝48（t），其次废水中总锌的浓度为：48×10^6×（1−98%−1.9%）/15 000＝3.2（mg/L）。

29. A【点评解析】本题实际考查废水污染物总量的计算。其关键是列对算式，该项目废水处理场外排 COD 量为：1 000×10^{-6}×1 500×（1−90%）×（1−50%）＝0.75（t/d）。

30. C【点评解析】本题实际考查废气污染物总量“三本账”的计算。其关键是列对算式，该企业氯气的总排放量为：500＋300−200＝600（kg/a）。区域替代削减和评价区内其他在建项目为区域总量核算因子，与核算该企业的排放量无关。

31. D【点评解析】本题实际考查废气污染物总量的计算。其关键是列对算式，NO_x 排放量为：100×10^4×900×10^{-9}×（1−70%）＝0.27（t/h）。

32. C【点评解析】本题主要考查项目水的重复利用率的计算。其关键是要抓住项目水的重复利用量。该企业水的重复利用率为：（7 000＋200）/（7 000＋200＋500）×100%＝93.5%。再次重复出现，可见此类计算在考试中出现的频率之高。

33. B【点评解析】本题实际考查废气污染物源强核算。只要列出衡算公式，即可算出。废气中 HCl 的排放速率是：100×2%×（1−99%）＝0.02（kg/h）。工程分析是环境影响评价工作的基础，而工程分析的实质就是核算污染源的源强。因此，此类考题出现频率高就不足为怪了。

34. B【点评解析】本题主要考查锅炉脱硫设施效率的计算。关键是要乘以 2（S 转换 SO_2 的系数），该锅炉脱硫设施的效率至少应大于：（10 000×1%×2−40）/（10 000×1%×2）＝80%。

35. B【点评解析】本题主要考查燃煤采暖锅炉的过剩空气系数概念。过剩空气系数 1.8 的烟尘排放浓度为：150×（2.1/1.8）＝175（mg/m^3）。过量空气系数是燃料燃烧时实际空气消耗量与理论空气需要量之比值，用α表示。折算公式：折算排放浓度=实测浓度×（实测过量空气系数/国家规定的过量空气系数）。可见，实际过剩空气系数越大，排放的污染物浓度越大。因此，并非加大鼓入的风量就能降低污染物浓度。

36. A【点评解析】本题实际考查 COD 源强核算。只要列出衡算公式，即可算出。该污水处理站出水 COD 浓度为：900×（1−80%）×（1−50%）＝90（mg/L）。

37. D【点评解析】本题主要考查最高允许排放速率的外推法。关键是要知道外推法的公式，某排气筒高度低于标准表列排气筒高度的最低值，用外推法计算其最高允许排放速率，按下式计算：$Q＝Q_c（h/h_c）^2$。颗粒物最高允许排放速率为：3.5×（7.5/15）^{2}×50%＝0.44（kg/h）。

38. B【点评解析】本题实际考查废水污染物源强（总量）的计算。其关键是列对算式，进入废水中的氨为：（1 000×5%−300×15%）×（1−40%）＝3（t/a）。

39. D【点评解析】本题实际考查工程分析中的产污环节分析内容。分析污染型项目生产工艺过程中水污染物产生量时，首先应绘制生产工艺流程图，分析其产生废水的节点。废水处理工艺流程图是分析废水处理的图件，不能分析水污染物产生量。

40. B【点评解析】本题实际考查 COD 源强核算与去除率的关系。只要列出方程式，问题就迎刃而解。该污水处理站出水 COD 浓度为：800×（1−60%）×（1−X）＝80，X＝75%。

41. B【点评解析】本题主要考查水的循环利用率的计算以及水平衡计算。其关键一是要抓住项目水的循环利用量 1 000，二是要计算新鲜水补水量 1 000×5%=50。该企业水的循环利用率为：1 000/（1 000＋50）×100%＝95.2%。

42. C【点评解析】本题主要考查混合水质计算。由于 A、B 车间废水量相等，混合后水质为其平均浓度，pH 值不可以平均。两强酸等体积混合时，混合液的 $pH=pH_{小}+0.3$＝2.0＋0.3＝2.3；两强碱等体积混合时，混合液的 $pH=pH_{大}-0.3$。

43. B【点评解析】本题实际考查废气污染物排放速率的计算。其关键是列对算式，废气中甲苯最终量为：100×（1−90%）×（1−5%）＝9.5（kg/h）。

44. C【点评解析】本题主要考查最高允许排放速率的外推法。关键是要知道外推法的公式，某排气筒高度低于标准表列排气筒高度的最低值，用外推法计算其最高允许排放速率，按下式计算：$Q=Q_c(h/h_c)^2$。最高允许排放速率为：$1.0\times(7.5/15)^2\times50\%=0.125$（kg/h）。排气筒二甲苯排放速率为 0.2 kg/h，显然超标。此题与前面的 37 题为同类考点的考题。

45. D【点评解析】本题实际考查除尘效率的计算。设计除尘效率至少应达到：（90 000−2 700）/90 000×100%＝97%。

46. B【点评解析】本题实际考查废气污染物源强的计算。其关键是列对算式，该装置外排废气中 NH_3 浓度是：5 000×（1−95%）×（1−90%）＝25（mg/m^3）。同类知识点已考过多次，考生务必掌握并灵活运用。

47. C【点评解析】本题实际考查废气污染物排放量“三本账”的计算。其关键是列对算式，扩建工程完成后全厂 SO_2 排放量为：300＋200×（1−75%）−75＝275（t/a）。同类知识点已考过多次，尤其是案例分析考试，考生务必掌握并灵活运用。

48. A【点评解析】本题主要考查标准状态下的烟气量。关键是要换算为标态（0℃），计算较简单：9.62×20×273/（273＋95）＝142.7（m^3/s）。其实只要概念清楚，推理就知道答案。

49. A【点评解析】本题主要考查污水处理场工艺方案技术经济论证内容。显然，处理工艺的技术可行性分析为重点内容。投资费用的来源分析和拟建项目的产品方案论证不属于环保设施内容，生活污水排放量计算为工程分析内容。此知识点非常重要，有可能在案例分析考试中出现，考生务必理解记忆。

50. C【点评解析】本题主要考查产污环节的分析。显然，产生废水的工序是清洗工序。切片工序完成后部分切割液（含碳化硅及聚乙二醇）会附在半成品中，纯水清洗会把这部分切割液清洗干净，故会产生废水。

51. C【点评解析】本题主要考查 SO_2 排放总量的计算。关键是公式要列对，并反推产生量，90/（1−50%）×（1−80%）＝36.0（t/a）。同类知识点已考过多次，考生务必掌握并灵活运用。

52. D【点评解析】本题实际考查锅炉房烟囱设置的规定。关键是新建锅炉房只能设一根烟囱。燃煤、燃油（燃轻柴油、煤油除外）锅炉房烟囱高度的规定：每个新建锅炉房只能设一根烟囱，烟囱高度应根据锅炉房装机总容量，按下表规定执行。

燃煤、燃油（燃轻柴油、煤油除外）锅炉房烟囱最低允许高度

锅炉房装机总容量	MW	<0.7	0.7～<1.4	1.4～<2.8	2.8～<7	7～<14	14～<28
	t/h	<1	1～<2	2～<4	4～<10	10～<20	20～≤40
烟囱最低允许高度	m	20	25	30	35	40	45

53. A【点评解析】本题主要考查锅炉除尘器效率的计算。锅炉烟气烟尘浓度达标排放需配置的除尘器效率应不低于：（1 800−80）/1 800＝95.6%。关键是在国家污染物排放标准与地方污染物排放标准同时存在情况下优先采用地方限值标准（国家要求地方污染物排放标准必须严于国家污染物排放标准）。

54. A【点评解析】本题实际考查污染物排放总量的建议指标。显然，达标排放是基础，同时须满足当地环保局的要求，并从严要求，按达标排放计算的排放量 8 t/a 作为该项目允许的 COD 排放量。

55. B【点评解析】本题主要考查 COD 总量指标核算。关键是按实际生产时间核算污染物排放总量，该厂的 COD 总量指标为 6×30＝180（t/a）。

56. C【点评解析】本题主要考查二氧化硫排放总量的核算。显然，应按“十二五”规划要求的浓度核算，即：（400/850）×2 670＝1 256（t）。

57. B【点评解析】本题主要考查物料衡算法，有一定难度。关键要理解其工艺流程和物料走向，浓母液是排放的，稀溶液是留住的。假定水溶液的水量为 1，稀溶液含氯化钠浓度为 X，则氯化钠平衡关系式为：1×1%＝1×60%×X＋1×40%×2.4%，反推 X＝（1%−40%×2.4%）/60%＝0.067%≈0.07%。

58. C【点评解析】本题主要考查污泥平衡法。浓缩后的污泥量为：150×（1−99%）/（1−97%）＝50 m^3/d。关键抓住污泥量不变。

59. A【点评解析】本题主要考查废气无组织排放的概念。无组织排放是相对于有组织排放而言的，主要针对废气排放，表现为生产工艺过程中产生的污染物没有进入收集和排气系统，而通过厂房天窗或直接弥散到环境中。工程分析中将没有排气筒或排气筒高度低于 15 m 排放源定为无组织排放。由于题中排气筒高度 30 m＞15 m，所以不属于无组织排放，而没有通过 30 m 高排气筒排放的（1−90%）即是无组织排放，故该企业 HCl 的无组织排放量为 7 200×0.8×（1−90%）= 576 kg≈0.58 t。

60. A【点评解析】本题主要考查 COD 排放总量的计算。从题中可知，最后从开发区污水处理厂外排尾水 COD 为 50 mg/L，则该企业的 COD 排放总量=废水日产生量×开发区污水处理厂外排尾水 COD 浓度×年工作时间天数=1 000×250×50×10^{-6}=12.5（t/a）。关键是指排入外环境的 COD 排放总量，而不是接管排入开发区污水处理厂的 COD 排放总量。

61. B【点评解析】本题主要考查工业用水重复利用率的计算公式。

$$该企业的工业用水重复利用率=\frac{重复利用水量}{重复利用水量+取用新水量}\times 100\%$$

$$=\frac{1000}{1000+1000}\times 100\%=9.1\%$$

关键是要抓住重复利用水量，本题只有污水回用量；取用新水量只能是企业工业取水量，生产原料中带入水量不能计入。

62. C【点评解析】本题主要考查技改扩建项目新老污染源“三本账”。在技改扩建项目工程分析中，在统计污染物排放量时，应算清新老污染源“三本账”，即技改扩建前污染物排放量、技改扩建项目污染物排放量、技改扩建完成后（包括“以新带老”削减量）污染物排放量，其相互的关系可表示为：技改扩建前排放量–“以新带老”削减量+技改扩建项目排放量=技改扩建完成后排放量。

63. C【点评解析】本题主要考查 COD 排放负荷计算。由题中所给数据可知，该糖厂旱季贡献的 COD 排放负荷＝年排放量÷生产月数＝180÷6＝30（t/月）。

64. A【点评解析】本题主要考查气体挥发的原理。液体闪蒸不完全，有一部分液体在地面形成液池，并吸收地面热量而汽化热量蒸发；当热量蒸发结束，转由液池表面气流运动使液体蒸发，称之为质量蒸发。污水在油水重力分离设施处理过程中，污水中的异味物质烃类、硫化氢等经质量蒸发作用释放。

65. B【点评解析】本题主要考查大呼吸废气排放量的计算。非甲烷总烃废气体积为 60÷0.75＝80 m^3，则该次装车非甲烷总烃排出量为 80×9＝720 g。关键要搞清楚废气体积与油品装入量相等，与储罐容积无关。

66. C【点评解析】本题主要考查减少挥发性有机溶剂排放的措施。通风带来挥发性有机溶剂流失，而循环气回收干燥，载体气体循环，可减少物料损失，从而减少挥发性有机溶剂的排放。

67. D【点评解析】本题主要考查污染物去除效率的计算。该收集处理系统的颗粒物去除效率为 90%×99%＝89.1%。

68. C【点评解析】本题主要考查污染物识别。显然，汽油罐区主要排放油气，即非甲烷总烃，亦即 VOCs。

69. C【点评解析】本题实际考查简单的物料衡算。设污泥的含水率为 X,（1–X）/（1–96%）＝10，解得 X＝60%。另外，可以理解污泥原始含泥率为 4%，污泥的含泥率提高到 40%，污泥的含水率则降低到 60%。

70. B【点评解析】本题实际考查二氧化硫年排放量的计算。二氧化硫年排放量约为 3.5×10×5＝175（t/a）。

71. A【点评解析】本题实际考查混合废水 COD 排放量的计算。COD 的排放量为（1 000×1 000＋100×300）$\times 10^{-6}$×300×（1−90%）×40%＝12.36（t/a）。

二、不定项选择题

1. ABC【点评解析】本题实际考查产排污环节分析。由于废液含氯和燃料油含S，A、B、C 三项污染物直接产生，废气中有 SO_2、HCl，废水中有 Cl^-。废液焚烧处理过程中虽有氮气参与，但只产生 NO_x，不会产生 NH_3-N，即有总氮产生。

2. ABC【点评解析】本题主要考查生产工艺流程产排污分析。该题有一定难度，主要是要对硫酸生产工艺有所了解。由于成品硫酸由工艺水吸收二氧化硫，水全部进入到成品中，故无废水排放，成品硫酸一般为稀硫酸（一定百分比）。

3. ABC【点评解析】本题主要考查无组织排放源强估算方法。无组织排放源强估算方法有物料衡算法、反推法、类比法这三种方法。排放标准限值是污染物排放控制标准，不能作为估算方法。

4. ACDE【点评解析】本题实际考查工业项目耗水量的定义。反应生成水量由于不是耗水，故不计入，但水平衡要计入。考生务必理解。

5. ABCD【点评解析】本题实际考查获得噪声源源强数据的途径。引用设备铭牌数据属于引用已有数据，考生务必理解。获得噪声源数据有两个途径：类比测量法；引用已有的数据。首先应考虑类比测量法（对类比对象进行测量获得源强）。评价等级为一级，必须采用类比测量法；评价等级为二级、三级，可引用已有的噪声源声级数据。

（1）类比测量：在噪声预测过程中，应选取与建设项目的声源具有相似的型号、工况和环境条件的声源进行类比测量，并根据条件的差别进行必要的声学修正。

为了获得声源声级的准确数据，必须严格按照现行国家标准进行测量。

环境影响评价工作中应当说明声源声级数据的测量方法标准。

（2）引用已有的数据：引用类似的声源声级数据，必须是公开发表的、经过专家鉴定并且是按有关标准测量得到的数据。环境影响评价工作中应当指明被引用数据的来源。

6. BCD【点评解析】本题主要考查工程分析的类比法的类比条件。工程分析目前可供选用的方法有类比法、物料衡算法和资料复用法。类比法是用与拟建项目类型相同的现有项目的设计资料或实测数据进行工程分析的一种常用方法。采用此法时，为提高类比数据的准确性，应充分注意分析对象与类比对象之间的相似性和可比性。如：

（1）工程一般特征的相似性。所谓一般特征包括建设项目的性质、建设规模、车间组成、产品结构、工艺路线、生产方法、原料、燃料成分与消耗量、用水量和设备类型等。

（2）污染物排放特征的相似性。包括污染物排放类型、浓度、强度与数量，排放方式与去向以及污染方式与途径等。

（3）环境特征的相似性。包括气象条件、地貌状况、生态特点、环境功能以及区域污染情况等方面的相似性。因为在生产建设中常会遇到这种情况，即某污染物在甲地是主要污染因素，在乙地则可能是次要因素，甚至是可被忽略的因素。

类比法也常用单位产品的经验排污系数去计算污染物排放量。但是采用此法必须注意，一定要根据生产规模等工程特征和生产管理以及外部因素等实际情况进行必要的修正。

7. ABC【点评解析】本题实际考查大气污染面源的范围。关键是 15 m 以下排气筒，即是点源，但其排放量计入面源。本题欠严谨，应是多个 15 m 以下排气筒才构成面源，单个 15 m 以下排气筒应属于点源。

8. ABC【点评解析】本题主要考查工业污染型项目的工程分析中应具备的基本图件。环境监测布点图和评价范围图为报告书总论章节中内容。在工业污染型项目的工程分析中，应具备的基本图件有：工厂平面布置图、工艺流程图、物料平衡图、水平衡图等。注意：工程概况是工程分析的基础。一般而言，要说明工程概况应提供必要的基础图件，工程分析是在工程概况的基础上，进一步识别环境影响源（包括污染源、生态影响源、环境风险源），并核算其强度。

9. ABDE【点评解析】本题主要考查污染型建设项目工程分析的基本工作内容。共六项内容，还有工程概括和总图布置方案分析。此题知识点非常重要，在案例分析考试中经常出现。项目周围污染源的分布及源强是环境现状调查中污染源调查内容。见下表说明。

工程分析基本工作内容

工程分析项目	工作内容
1. 工程概况	工程一般特征简介 物料与能源消耗定额 项目组成
2. 工艺流程及产污环节分析	工艺流程及污染物产生环节
3. 污染物分析	污染源分布及污染物源强核算 物料平衡与水平衡 无组织排放源强统计及分析 非正常排放源强统计及分析 污染物排放总量建议指标
4. 清洁生产水平分析	清洁生产水平分析

工程分析项目	工作内容
5. 环保措施方案分析	分析环保措施方案及所选工艺及设备的先进水平和可靠程度 分析与处理工艺有关技术经济参数的合理性 分析环保设施投资构成及其在总投资中占有的比例
6. 总图布置方案分析	分析厂区与周围的保护目标之间所定防护距离的安全性 根据气象、水文等自然条件分析工厂和车间布置的合理性 分析环境敏感点（保护目标）处置措施的可行性

10. AC【点评解析】本题主要考查污染型项目的工程分析内容。污染型项目的工程分析包括污染物排放达标、清洁生产水平分析等。环境质量达标是环境质量现状评价内容。污染物排放总量控制分析需要结合环保措施、环境影响以及行政管理要求进行，是独立的专题。

11. AB【点评解析】本题主要考查工业污染型项目的工程分析中应具备的基本图件。环境监测布点图和评价范围图为报告书总论章节中内容。在污染型项目的工程分析中，应具备的基本图件有：项目平面布置图、工艺流程图、物料平衡图、水平衡图等。本题与第 8 题相似。

12. BD【点评解析】本题主要考查产生固体废物的排污节点。只有沉淀池会产生沉渣和剩余污泥，即初沉池和二沉池。均质池是污水混合，曝气池是通空气与水混合，均不会产生污泥等固体废物。

13. ACD【点评解析】本题主要考查工程分析的类比法的类比条件。本题与第 6 题相似。

14. BC【点评解析】本题主要考查厂区总平面布置图中可以获取的信息。从其厂区总平面布置图中可以获取的信息有建（构）筑物位置以及主要环保设施位置，如污水处理站、焚烧炉等。采用的工艺流程专门在工艺流程图中说明，评价范围内的环境敏感目标位置在评价范围图中说明，一般范围比较大。

15. ABCD【点评解析】本题主要考查工程分析中非正常工况分析内容。考生务必理解记忆。非正常工况包括：正常开车、停车及设备检修，工艺设备达不到设计规定要求，环保设施达不到设计规定要求等。

16. D【点评解析】本题实际考查生产工艺流程产污环节的分析。由于有两个物料分离工序，物料分离工序必有固废（废液、废渣）产生，故合理的工艺流程只有方案四。

17. CD【点评解析】本题主要考查非正常排放工况。其自备热电厂无脱硫措施，SO_2 超标排放，不属于非正常排放工况，关键要抓住其短期排放的特征，考生务必理解记忆。非正常排污包括两部分：① 正常开车、停车或部分设备检修时排放的污染物。② 其他非正常工况排污是指工艺设备或环保设施达不到设计规定指标运行时的排污。因为这种排污不代表长期运行的排污水平，所以列入非正常排污评价中。此类异常排污分析都应重点说明异常情况产生的原因、发生频率和处置措施。

18. BCD【点评解析】本题实际考查总图布置方案合理性分析内容。项目选址需要综合比较，主要与外环境相关。总图布置方案合理性分析内容包括：分析厂区与周围的保护目标之间所定防护距离的安全性；根据气象、水文等自然条件分析工厂和车间布置的合理性；分析环境敏感点（保护目标）处置措施的可行性。

19. BC【点评解析】本题主要考查无组织排放的定义或概念。不经过排气筒排放的或低于 15 m 的排气筒排放，为无组织排放。装置检修吹扫气经高架火炬排放和高度大于 15 m 的排气筒排放属于有组织排放。天窗排放不经过排气筒排放，也属于无组织排放。

20. A【点评解析】本题实际考查允许负荷。关键列对计算公式，（0.8×20−1.0×10）/1.0×10＝60%，即超过断面允许负荷 60%。

21. AC【点评解析】本题主要考查对污染型项目生产工艺流程图的理解。显而易见，可以标识出主要产污节点和污染物类别。清洁生产指标和污染物达标排放状况在生产工艺流程图中是看不出的。

22. ABC【点评解析】本题主要考查污染型建设项目工程分析应包括的内容。考生务必理解记忆，在案例分析考试中经常出现。事故的环境危害分析是环境风险评价内容。见第 9 题说明。

23. BCD【点评解析】本题主要考查生产工艺流程产污分析。由于氨的无组织排放是生产装置的跑冒滴漏，涉及空间的概念；因此，在合成氨生产工艺流程及产污节点图中，无法表示出。合成氨生产工艺流程及产污节点图中，可以表示出生产工艺废水排放位置、生产废气排放位置、固体废物排放位置。

24. ABC【点评解析】本题主要考查生活垃圾焚烧项目的工程分析内容。垃圾收集方式与欲焚烧的生活垃圾无关，但垃圾运输方式需交代。垃圾低位发热量、垃圾含水率、厨余垃圾所占比例与产污源强相关。

25. ACD【点评解析】本题主要考查工程投资可全部列入环保投资的设施。厂区绿化、污水处理厂和高架火炬系统属于环保设施或措施，生活供水系统不属于环保设施。

26. BD【点评解析】本题主要考查含第一类污染物废水。镀铜废水和除油废水中的总铜、石油类属于第二类污染物。含铬废水为含第一类污染物废水，即镀铬废水、铬酸雾吸收废水。

27. ACD【点评解析】本题主要考查挥发性有机物无组织排放源的识别。呈气态污染物逸散的污染源可能构成挥发性有机物无组织排放源。有机固体物料仓库排放的是粉尘（颗粒物），一般是密闭保存；如果是露天式堆场，则有粉尘的无组织排放。

28. BC【点评解析】本题主要考查环境影响预测的污染源参数。产污节点图只是在工艺流程图上标明污染源，不能给出污染源参数。其他三项均是污染源参数，但预测除需要污染源坐标和评价因子源强外，还需要年排放小时数；然而，有评价因子源强就不需要污染物年排放总量了。

29. AD【点评解析】本题主要考查水平衡的原理。某项目总排水量大于新鲜水用量，说明还要其他投入水量，增加的水量可能来源于物料带入水量或反应生成水量，需要计入水平衡计算。

30. C【点评解析】本题主要考查挥发性有机物的浓度计算原理。从安全泄放口排出气体中有机物的浓度主要取决于其饱和蒸汽压。饱和蒸汽压大的容易挥发，在气体组分中占有份额大。由于不知道摩尔质量（分子量），无从比较质量比。

31. ABC【点评解析】本题主要考查工程分析的方法。工程分析的方法有：类比法、物料衡算法、资料复用法、实测法和实验法。同行专家咨询法不是工程分析的方法，只是一种手段。实测法指通过选择相同或类似工艺实测一些关键的污染参数。某创新科技成果进行产业转化前，一定有中试或小试，可采用现场实测获取类比的污染源强数据。

32. ABC【点评解析】本题主要考查储罐无组织排放的主要排放方式。大呼吸来自储罐加料时液面上升导致有机气体排出。小呼吸指没有卸料加料情况下，温度波动造成的泄漏。小呼吸是连续排放的，一直存在排放的。空气吹脱是有外力作用的。

33. ABC【点评解析】本题主要考查污水处理站总平面布置合理性的考虑因素。（1）处理构筑物应尽可能按流程顺序布置，应将管理区和生活区布置在夏季主导风向上风侧，将污泥区和进水区布置在夏季主导风向下风侧。（2）处理构筑物的间距应以节约用地、缩短管线长度为原则，同时满足各构筑物的施工、设备安装和各种管道的埋设、养护维修管理的要求，并按远期发展合理规划。（3）污泥处理构筑物的布置应保证运行安全、管理方便，宜布置成单独的组合。（4）污泥消化池与其他处理构筑物的间距应大于 20 m，储气罐与其他构筑物的间距应根据容量大小按有关规定确定，具体设计要求应符合《城镇燃气设计规范》（GB 50028）的规定。

34. ABC【点评解析】本题主要考查非正常排放的情形。非正常排放指非正常工况下的污染物排放，如点火开炉、设备检修、污染物排放控制措施达不到应有效率、工艺设备运转异常等情况下的排放。储罐呼吸排放属于无组织排放。实际工作中，虽然环境影响评价关注污染物的正常排放，但非正常排放这种特殊状态也是环境影响评价特别关注的。此类考题已反复考过多次，考生须特别注意！

35. ACD【点评解析】本题主要考查识别挥发性有机物无组织排放源。对于石化项目，物料输送管道连接点可能的“跑冒滴漏”、含油污水处理场的废气逸散、油品装卸站的大小呼吸损失均为挥发性有机物无组织排放源。空分装置主要是分离氧气和氮气，不属于挥发性有机物。一般而言，无组织排放是应严格控制的，即使有无组织排放，如能实现收集后集中处理的应尽可能集中处理。但实际中，要绝对避免无组织排放是困难的。

36. ABCD【点评解析】本题主要考查治理措施可行性分析的内容。无外乎技术可行性、经济合理性、达标排放可靠性。能力匹配性和现行环保政策相符性属于技术可行性范畴。

37. ACD【点评解析】本题主要考查估算废气无组织排放源排放量的方法。方法有物料衡算法、类比法、反推法。A-P 值法为估算开发区大气环境容量的方法。

第二节　生态影响型项目工程分析

一、单项选择题（每题的备选项中，只有一个最符合题意）

1. 非污染生态影响型建设项目环境影响报告书中，施工期工程分析要针对项目施工对生态影响的（　）进行说明并作出分析。（2005 年、2009 年考题）

A. 途径、强度、时限和范围　　B. 途径、方式、强度、时限和范围

C. 途径、方式、时限和范围　　D. 途径、方式、强度

2. 某河流拟建引水式电站，将形成 6 km 长的减水河段。减水河段内无其他水源汇入，仅有取水口一个，取水量为 2 m^3/s。若减水河段最小生态需水量为 10 m^3/s，则电站至少应下放的流量为（　）。（2010 年考题）

A. 2 m^3/s　　B. 8 m^3/s

C. 10 m^3/s　　D. 12 m^3/s

3. 某新建公路拟经过国家重点保护植物集中分布地，工程方案中应优先考虑的保护措施是（　）。（2010 年考题）

A. 迁地保护　　B. 育种种植

C. 货币补偿　　D. 选线避让

4. 在鱼道设计中必须考虑的技术参数是（　）。（2010 年考题）

A. 索饵场分布　　B. 水流速度

C. 河流水质　　D. 鱼类驯化

5. 某炼油项目填海 7 hm^2，配套建设成品油码头及罐区，并对航道疏浚。施工期海域评价专题的主要评价因子是（　）。（2013 年考题）

A. 成品油　　B. 悬浮物

C. 重金属　　D. 溶解氧

6. 下列生态影响型项目工程分析内容不属于初步论证的是（　）。（2013 年考题）

A. 环境保护措施的有效性

B. 建设项目选址选线、施工布置和总图布置的合理性

C. 清洁生产和区域循环经济的可行性

D. 建设项目与法律法规、产业政策、环境政策和相关规划的符合性

二、不定项选择题（每题的备选项中至少有一个符合题意）

1. 某水库月初蓄水量为 $4.5\times10^4\ m^3$，当月入库水量 $8.4\times10^4\ m^3$，库面降水量 $0.1\times10^4\ m^3$，出库水量 $5\times10^4\ m^3$，月末蓄水量 $4.6\times10^4\ m^3$，库底无渗漏。上述信息表明（　）。（2005 年考题）

A. 入库水量或出库水量有误　　B. 水量统计数据不完整

C. 尚未计入水面蒸发损失　　D. 月末蓄水量应进行更正

2. 下列工程需要进行运营期满后环境影响分析的有（　）。（2006 年考题）

A. 造林工程　　B. 矿山建设工程

C. 公路主体工程　　D. 垃圾填埋场

3. 在下列建设项目或规划中，（　）应划入可能产生“重大环境影响”之列。（2007 年考题）

A. 跨流域调水工程　　B. 工业区改建规划

C. 市区道路改建工程　　D. 跨区域输变电工程

4. 对弃渣场进行工程分析时需明确（　）等。（2008 年考题）

A. 弃渣场的数量　　B. 弃渣场的占地类型及其面积

C. 生态恢复方案　　D. 弃渣方式

5. 生态影响型建设项目工程分析中，应纳入生态影响源项分析的有（　）。（2008 年考题）

A. 占地类型和面积　　B. 取弃土场位置和土石方量

C. 移民安置方案　　D. 生态恢复

6. 水电建设项目中，工程分析的内容包括（　）。（2008 年考题）

A. 施工场地布置　　B. 大坝阻隔

C. 淹没和占地　　D. 工程运行方式

7. 公路项目某桥梁拟跨越敏感水体，水环境影响评价的工程分析应考虑（　）。（2009 年考题）

A. 施工方案　　B. 桥梁结构设计

C. 事故风险　　D. 桥面径流

8. 高速公路项目临时工程包括（ ）。（2009 年考题）

A. 施工道路　　B. 施工场地

C. 服务区　　D. 取弃土场

E. 物料堆场

9. 生态影响型建设项目工程分析中，应纳入生态影响源项分析的有（ ）。（2009 年考题）

A. 取弃土场位置和土石方量　　B. 占地类型和面积

C. 移民安置方案　　D. 生态恢复

10. 生态影响型项目工程分析应包括的内容有工程建设性质、工程投资及（ ）等。（2010 年考题）

A. 占地类型和面积　　B. 施工方案

C. 弃渣量　　D. 施工废水排放量

11. 某铁路项目山区路段邻近自然保护区，该保护区的主要保护对象对声音极为敏感。工程分析中应给出（ ）。（2010 年考题）

A. 弃渣场数量及位置　　B. 保护对象的生活习性

C. 桥梁数量及位置　　D. 爆破工艺

12. 在非污染型建设项目环境影响评价中，需特别关注项目影响区的（ ）。（2011 年考题）

A. 植被特征　　B. 土地利用现状

C. 土地利用规划　　D. 生态敏感目标的位置

13. 某石灰石矿山原矿区已开采完毕，将外延扩建新矿区，工程分析时应分析（ ）。（2012 年考题）

A. 新矿区征用的土地量　　B. 原矿山的渣场

C. 新矿区办公楼的建筑面积　　D. 原矿山采矿机械设备

14. 油气开发项目工程分析除运营期外，还应包括的时段有（ ）。（2012 年考题）

A. 勘察设计期　　B. 施工期

C. 试运营期　　D. 退役期

15. 某煤制天然气项目拟选址于西部干旱地区山前冲洪积扇上，厂址可行性分析需要关注的问题有（ ）。（2014 年考题）

A. 厂址区域地层防渗性能　　B. 区域水资源利用平衡

C. 污水处理工艺比选　　D. 生产工艺比选

16. 某沿海经济开发区建设 30 万 t 级原油码头项目，可能对海洋环境产生影响的阶段有（ ）。（2014 年考题）

A. 水文调查期 B. 建设施工期

C. 生物调查期 D. 正常运行期

17. 高速公路建设项目工程分析中，勘察期应重点关注（ ）。（2014 年考题）

A. 项目与沿线自然保护区的位置关系 B. 施工方式和施工时间

C. 与城镇规划的关系 D. 交通噪声影响

18. 陆地油田开发过程中，钻井泥浆处置不当可能会造成（ ）。（2014 年考题）

A. 土壤污染 B. 辐射污染

C. 地表水污染 D. 地下水污染

19. 某高速公路建设项目工程分析应包括的时段有（ ）。（2016 年考题）

A. 施工准备期 B. 施工期

C. 运行期 D. 退役期

20. 某日调节水电站运营期工程分析中，对坝下河道水生态影响分析应关注的有（ ）。（2016 年考题）

A. 水库来水量 B. 下泄流量

C. 河水流速 D. 河水水位

21. 下列属于水库建设项目工程分析内容的有（ ）。（2016 年考题）

A. 坝址方案对比 B. 施工方式

C. 水库淹没占地 D. 鱼类调查计划

22. 高速公路建设项目建设期对生态环境的影响主要有（ ）。（2016 年考题）

A. 植被破坏 B. 水土流失

C. 动物迁途通道阻碍 D. 景观破坏

参考答案

一、单项选择题

1. B【点评解析】本题主要考查生态影响型项目工程分析的技术要点。一般应对项目建设可能造成生态环境影响的活动（影响源和影响因素）的途径、强度、范围、方式进行分析，施工期当然还应有时限的。

2. D【点评解析】本题实际考查引水式电站下泄最小流量。对于水库水电项目，保证坝下最低流量（生态基流）是非常重要的。要有法律法规的观点，优先次序是生活用水、生态用水、工农业生产用水。同时，保证坝下最低流量也是水库水电项目竣工验收很重要的指标。电站至少应下放的流量为取水口取水量 2 m^3/s＋最小生态需水量 10 m^3/s＝12 m^3/s（只有考虑坝下被取走的水量，从而下泄较多的水量，才能保障 10 m^3/s 的河道最小生态需水量，否则就不够了）。生态需水量在历年的案例分析考试中屡次出现，考生务必理解。

3. D【点评解析】本题实际考查对重点保护植物集中分布地应采取保护措施的次序。首先选线避让，其次迁地保护，不得已育种种植，货币补偿不是措施。首先考虑避让重点保护野生植物集中分布区、重点保护野生动物栖息地、自然保护区等特殊和重要生态敏感区是环境影响评价的基本要求。此类考试内容在历年的案例分析考试中也屡次出现。

4. B【点评解析】本题主要考查鱼道设计中必须考虑的技术参数。水流速度才是技术参数，必须保持一定流速才可使鱼顺利通过。索饵场分布和河流水质是考虑的相关因素。鱼道设计技术参数与鱼类驯化无关。

5. B【点评解析】本题主要考查施工期海域评价专题的主要评价因子。显然，由于施工期有航道疏浚，悬浮物是施工期影响评价的主要评价因子。

6. A【点评解析】本题主要考查生态影响型项目工程分析内容中初步论证内容。由于主要从宏观上进行论证，环境保护措施的有效性属于具体微观的内容，需经过环境影响评价之后分析。初步论证的主要内容有：①建设项目与法律法规、产业政策、环境政策和相关规划的符合性；②建设项目选址选线、施工布置和总图布置的合理性；③清洁生产和区域循环经济的可行性，提出替代或调整方案。

二、不定项选择题

1. BC【点评解析】本题主要考查水库的水平衡。由于尚未计入水面蒸发损失，因此水量统计数据不完整。关键是水库的水平衡分析不能缺项，重要因素不能遗漏。

2. BD【点评解析】本题主要考查需要进行运营期满后（即退役期）环境影响分析的项目。运营期满后（退役期），矿山建设工程主要是生态影响，垃圾填埋场有渗滤液和臭气影响。造林工程和公路主体工程运营期满后环境影响很小，一般不关注。

3. ABCD【点评解析】本题实际考查《建设项目环境保护分类管理名录》（国家环境保护总局令第 14 号）。但国家环境保护总局第 14 号令已被 2008 年 10 月 1 日起施行的环境保护部 2 号令《建设项目环境影响评价分类管理名录》替代。可能产生“重大环境影响”的项目需要编制环境影响报告书，在这一点上两者没有变化。市区道路改建工程涉及环境敏感区——居民区、学校、医院等，需要编制环境影响报告书。需要注意的是，环境保护部 2 号令也在修订之中，且已完成面向社会征求意见工作待发布，在修订版征求意见稿中城市道路已确定为“报告表”，而非报告书。当然，具体情况应看实际发布稿中的规定。

4. ABCD【点评解析】本题主要考查对弃渣场进行工程分析时需明确的内容。

考生须注意以生态影响为主的项目工程分析与污染型项目有所不同，由于工程分散，对于具体工程一定要明确生态恢复方案或计划。弃土弃渣场：包括设置点位、每个场的弃土弃渣量，弃土弃渣方式，占地类型与数量，事后复垦或进行生态恢复的计划等。弃土弃渣场的合理选址是环评重要论证内容之一，在工程分析中需说明弃渣场坡度、径流汇集情况等，以及拟采取的安全设计措施和防止水土流失措施等。对于采矿和选矿工程，其弃渣场尤其是尾矿库是专门的设计内容，是在一系列工程地质、水文地质工作的基础上进行选择的，环评中也作为专题进行工程分析与影响评价。

5. ABC【点评解析】本题主要考查生态影响源项分析的内容。生态影响的“源”始于占地，占地类型和面积、取弃土场位置和土石方量涉及水土流失影响，无疑是生态影响源项分析内容；关键是移民安置方案涉及移民区的占地类型和面积，也属于生态影响源项分析的内容。生态恢复属于另一项重要内容，即生态措施而非影响“源”。

6. ABCD【点评解析】本题主要考查水电建设项目工程分析的内容。考生须注意以生态影响为主的建设项目工程分析与污染型项目有所不同，由于工程分散，对生态有影响的工程内容均应包括。在案例分析考试中经常出现。工程分析的内容包括大坝阻隔、工程运行方式、施工场地布置、淹没和占地等。

7. ABCD【点评解析】本题主要考查公路项目水环境影响评价的工程分析应考虑的内容。此类知识点在历年的案例分析考试中已出现过多次，考生务必理解。为防范危险化学品运输带来的环境风险，对跨越饮用水水源二级保护区、准保护区和二类以上水体的桥梁，应在桥梁上设置防撞护栏、桥面径流水收集系统，并在桥梁两侧设置事故池，对发生污染事故后的桥面径流进行处理，确保饮用水安全。桥梁施工期将产生SS，对河流水体中的鱼类有影响。因此，水环境影响评价的工程分析应考虑施工方案、桥梁结构设计、桥面径流、事故风险等。

8. ABDE【点评解析】本题主要考查高速公路项目临时工程的内容。服务区属于永久占地，其他均属于临时工程。此类知识点在历年的案例分析考试中已出现过多次，考生务必理解，这也是高速公路项目需要关注的重要工程内容。

9. ABC【点评解析】本题主要考查生态影响源项分析的内容。占地类型和面积、取弃土场位置和土石方量涉及水土流失影响，无疑是生态影响源项分析内容；关键是移民安置方案涉及移民区的占地类型和面积，也属于生态影响源项分析的内容。本题与第5题基本相同，只是次序有所调整。

10. ABCD【点评解析】本题主要考查生态影响型项目工程分析的内容。生态影响型项目工程分析的基本内容有：（1）工程概况（包括占地类型和面积）；（2）施工规划（包括施工方案）；（3）生态影响源分析（包括弃渣量）；（4）主要污染物与源强分析（包括施工废水排放量）；（5）替代方案分析。

11. ACD【点评解析】本题主要考查生态影响型项目（铁路项目）具体工程分析的内容。显然，除了一般性问题，还应有特殊问题。保护对象的生活习性应是环境现状调查内容。工程分析的内容包括弃渣场数量及位置、桥梁数量及位置、爆破工艺。

12. ABCD【点评解析】本题主要考查生态建设项目环境影响评价中需特别关注的影响对象。在以生态影响为主的建设项目环境影响评价中，需特别关注项目影响区的生态相关因素，即植被特征、土地利用现状、土地利用规划、生态敏感目标的位置。

13. ABC【点评解析】本题主要考查改扩建项目的工程分析内容。由于是改扩建项目，应说明扩建项目的工程情况，还应交代原矿山存在的环境问题，但不需要原矿山采矿机械设备（此题不严谨，如果延伸的新矿山采用与原矾山同样的机械设备，则说明开采工艺相同，原矿山的环境影响是可以用来类比新矿山的。考虑原矿山采矿机械设备也是必要的）。生态影响型建设项目影响源识别：生态影响型建设项目除了主要产生生态影响外，同样会有不同程度的污染影响，其影响源识别主要从工程自身的影响特点出发，识别可能带来生态影响或污染影响的来源，包括工程行为和污染源。影响源分析时，应尽可能给出定量或半定量数据。工程行为分析时，应明确给出土地征用量、临时用地量、地表植被破坏面积、取土量、弃渣量、库区淹没面积和移民数量等。污染源分析时，原则上按污染型建设项目要求进行，从废水、废气、固体废弃物、噪声与振动、电磁等方面分别考虑，明确污染源位置、属性、产生量、处理处置量和最终排放量。对于改扩建项目，还应分析原有工程存在的环境问题，识别原有工程影响源和源强。

14. ABD【点评解析】本题主要考查工程分析的影响时段。油气开采项目工程分析涉及勘察设计期、施工期、运营期和退役期四个时段，各时段影响源和主要影响对象存在一定差异。试运营期是验收时段（2016 年，环保部已取消工程竣工环境保护设施试运行的行政许可），不是工程分析的影响时段。

15. ABCD【点评解析】本题主要考查厂址可行性分析需要关注的问题。由于外界环境条件的限制，需考虑内部和外界的因素。该项目属于煤制天然气项目（生产工艺复杂），而且拟选址于西部干旱地区山前冲洪积扇，因此厂址可行性分析必须包括生产工艺比选、污水处理工艺比选、厂址区域地层防渗性能以及区域水资源利用平衡。

16. BD【点评解析】本题主要考查项目对海洋环境产生影响的阶段。海洋工程在建设、运行期间，通常可能发生事故或者其他突发性事件，造成海洋环境污染。题中，“30 万 t 级原油码头建设项目”属于海洋工程，因此可能对海洋环境产生影响的阶段有建设施工期和正常运行期。水文调查期和生物调查期属于环评工作的现状调查时期，不属于建设项目对环境产生影响的范畴。

17. AC【点评解析】本题主要考查高速公路建设项目工程分析中勘察期应重点关注的问题。公路项目的勘察设计期工程分析的重点是选址选线和移民安置。详细说明工程与各类保护区、区域路网规划、各类建设规划和环境敏感区的相对位置关系及可能存在的影响。一般重点关注宏观层面问题，施工方式和施工时间和交通噪声影响为具体的微观层面问题，即为项目建设阶段和运行阶段的环境影响问题。

18. ACD【点评解析】本题主要考查钻井泥浆处置不当可能会造成的环境影响问题。在油气开采项目中，对钻井工程更应注意钻井泥浆的处理处置、落地油处理处置、钻井套管防渗等措施的有效性，避免土壤、地表水和地下水受到污染。无辐射源。

19. BC【点评解析】本题主要考查高速公路建设项目工程分析应包括的时段。对于高速公路建设项目来说，根据 HJ 19—2011，工程分析应包括勘察设计期、施工期和运营期，并以施工期和运营期为主。

20. BCD【点评解析】本题主要考查坝下河道水生态影响分析应关注的内容。对于日调节水电站，下泄流量、下游河段河水流速和水位日内变化较大，对下游河道的航运和用水设施影响明显。

21. ABC【点评解析】本题主要考查水库建设项目工程分析内容。对于水电项目，勘察设计期工程分析以坝体选址选型、电站运行方案设计合理性和相关流域规划符合性为主。施工期工程分析，应在掌握施工内容、施工量、施工时序和施工方案的基础上，识别可能引发的环境问题。运营期的影响源应包括水库淹没高程及范围、淹没区地表附属物名录和数量、耕地和植被类型与面积、机组发电用水及梯级开发联合调配方案等方面。鱼类调查计划属于环境现状调查内容。

22. AB【点评解析】本题主要考查高速公路建设项目建设期对生态环境的影响。施工期是公路工程产生生态破坏和水土流失的主要阶段，应重点考虑工程用地、桥隧工程和辅助工程（施工期临时工程）所带来的环境影响和生态破坏。运营期主要考虑交通噪声、管理服务区“三废”、线性工程阻隔和景观、风险事故等方面的影响。

第三节 事故风险源项分析

一、单项选择题（每题的备选项中，只有一个最符合题意）

1. 在建设项目环境风险评价中，通常按（　　）估算危险化学品泄漏量。（2007年考题）

A. 一般可能发生的事故　　B. 95%可信事故

C. 概率为 10^{-4} 的事故　　D. 最大可信事故

2. 按照建设项目环境风险评价技术导则要求，“源项分析”中危险化学品的泄漏量是指（　　）的泄漏量。（2008年考题）

A. 各主要功能单元最大可信事故　　B. 重大危险源最大可信事故

C. 各主要功能单元重大风险源重大事故　　D. 重大危险源重大事故

3. 在建设项目环境风险评价中，重大危险源需根据（　　）判断。（2009年考题）

A. 涉及的不同种类危险物质的毒性　　B. 涉及的不同种类危险物质的数量

C. 发生重大事故的可能性　　D. 发生重大事故时对环境的危害程度

4. 在建设项目环境风险评价中，识别重大危险源需根据功能单元内（　　）判断。（2010年考题）

A. 危险物质毒性　　B. 危险物质数量

C. 发生重大事故的概率　　D. 发生重大事故时对环境的危害程度

5. 假设某石化厂储罐中的苯泄漏至储罐围堰中，泄漏苯的蒸发量计算应采用（　　）。（2010年考题）

A. 闪蒸量估算公式和热量蒸发估算公式　　B. 热量蒸发公式和质量蒸发公式

C. 液体泄漏速度计算公式和热量蒸发公式　　D. 液体泄漏速度计算公式

6. 在建设项目环境风险评价的“源项分析”中，需计算危险化学品的（　　）。（2011年考题）

A. 重大危险源特大事故的泄漏量　　B. 重大危险源最大可信事故的泄漏量

C. 重大安全事故的泄漏量　　D. 重大危险源重大事故的泄漏量

7. 某液氨管道出现 10 分钟的液氨泄漏，其后果计算应采用的模式是（　　）。（2013年考题）

A. 估算模式　　B. 多烟团模式

C. 分段烟羽模式　　D. 高斯烟羽模式

8. 某甲醇生产装置甲醇精馏单元采用三塔精馏工艺，自动控制每塔的流量。建

设项目环境风险评价中，下列事故风险源项单元划分，正确的是（　　）。（2014 年考题）

A. 单塔分别作为危险单元　　B. 两塔组合作为危险单元

C. 三塔整体作为一个危险单元　　D. 甲醇生产装置整体作为一个危险单元

9. 下列状况中，属于项目装置区内甲苯输送管道环境风险事故的是（　　）。（2016 年考题）

A. 管道接头突发泄漏　　B. 输送泵控制性停车

C. 管道检修探伤期间停运　　D. 管道被撞击弯曲变形

二、不定项选择题（每题的备选项中至少有一个符合题意）

1. 属于环境风险源项的有（　　）。（2007 年考题）

A. 系统故障导致高浓度 SO_2 事故排放　　B. 氨从储罐大量泄出

C. 污水处理站事故排放　　D. 运输液氯的槽车事故泄漏

2. 建设项目环境风险分析中，泄漏液体的蒸发总量应包括（　　）。（2009 年考题）

A. 闪蒸蒸发量　　B. 热量蒸发量

C. 蒸汽蒸发量　　D. 质量蒸发量

3. 定量环境风险评价方法包括（　　）。（2010 年考题）

A. 经验判定法　　B. 因素图法

C. 事件树分析法　　D. 故障树分析法

4. 在事故风险源项分析过程中，应考虑的情景包括（　　）。（2011 年考题）

A. 开车、停车过程　　B. 环保设施发生故障

C. 生产设施发生泄漏　　D. 正常稳定运行

5. 在风险识别中，有毒有害物质放散起因有（　　）。（2013 年考题）

A. 火灾　　B. 爆炸

C. 泄漏　　D. 非正常工况排放

6. 铅锌冶炼厂对地下水存在潜在重金属污染风险的场所有（　　）。（2014 年考题）

A. 生产装置区　　B. 物料装卸区

C. 生产废水处理站区　　D. 职工生活区

7. 下列自然或人为活动中，可能成为生态风险源的有（　　）。（2014 年考题）

A. 地质灾害　　B. 外来物种引入

C. 生物技术应用　　D. 农田土壤改良

8. 某聚氯乙烯项目，以电石为原料，乙炔与氯化氢在汞触媒作用下生成氯乙烯

单体，聚合生产产品聚氯乙烯。该项目事故风险源项分析应包括（　）。（2016 年考题）

A. 生产控制室　　B. 聚合单元

C. 氯化氢输送管道　　D. 电石存放库

参考答案

一、单项选择题

1. D【点评解析】本题主要考查事故风险源项的选择。最大可信事故为环境风险的事故风险源项，即概率不为零、对环境影响最大的事故情形。在建设项目环境风险评价中，通常按最大可信事故估算危险化学品泄漏量。“最大可信事故”这 6 个字要牢记。

2. A【点评解析】本题实际考查事故“源项分析”的内容。其关键是要抓住最大可信事故；与此同时，其分析对象是各主要功能单元。重大危险源存在于各主要功能单元中。但不是所有功能单元都会构成重大危险源。

3. B【点评解析】本题主要考查重大危险源的概念。显而易见，危险物质的数量是唯一判据，除以其临界量，就是其系数，大于 1 即为重大危险源。

4. B【点评解析】本题实际考查重大危险源的判定依据。危险物质的数量是唯一判据，除以其临界量，就是其系数，大于 1 即为重大危险源。危险物质毒性与临界量相关，一般来说，危险物质毒性越大，临界量就越小。本题与第 3 题基本相同。

5. B【点评解析】本题主要考查泄漏液体蒸发量计算应采用的公式及其理解。其由三部分组成，按照时间次序，首先热量蒸发，其次质量蒸发。蒸发量主要由后两部分组成，液体蒸发总量的计算公式：

$$W_{\mathrm{P}} = Q_1 t_1 + Q_2 t_2 + Q_3 t_3$$

式中：W_{P}——液体蒸发总量，kg；

Q_1——闪蒸蒸发速度，kg/s；

Q_2——热量蒸发速度，kg/s；

t_1——闪蒸蒸发时间，s；

t_2——热量蒸发时间，s；

Q_3——质量蒸发速度，kg/s；

t_3——从液体泄漏到液体全部处理完毕的时间，s。

6. B【点评解析】本题实际考查事故“源项分析”的内容。其关键是要抓住最大可信事故；与此同时，其分析对象是重大危险源。

7. B【点评解析】本题主要考查风险后果计算应采用的模式。有毒有害物质在大气中的扩散，对于瞬时或短时间事故，采用多烟团模式或分段烟羽模式、重气体扩散模式等计算。当事故排放源项持续时间较长时（几小时至几天），可采用高斯烟羽（即分段烟羽模式）公式计算。

8. C【点评解析】本题主要考查事故风险源项单元划分。事故源项分析通常按功能划分建设项目工程系统，一般建设项目有生产运行系统、公用工程系统、储运系统、生产辅助系统、环境保护系统、安全消防系统等。将各功能系统划分为功能单元，每一个功能单元至少应包括一个危险性物质的主要贮存容器或管道；并且每个功能单元与所有其他单元有分隔开的地方，即有单一信号控制的紧急自动切断阀。甲醇精馏单元即为甲醇生产装置功能系统的功能单元。因此，题中需将三塔整体作为一个危险单元。

9. A【点评解析】本题主要考查环境风险事故的识别。环境风险事故主要指有毒有害物质的泄漏、火灾和爆炸。其他三项均是非正常工况。

二、不定项选择题

1. BD【点评解析】本题主要考查环境风险源项的分析。属于环境风险源项的有氨从储罐大量泄出、运输液氯的槽车事故泄漏。系统故障导致高浓度 SO_2 事故排放和污水处理站事故排放属于非正常工况。一定要区别环境风险和非正常工况的不同，关键是抓住环境风险不受人控制，属于概率事件。

2. ABD【点评解析】本题主要考查泄漏液体蒸发总量的组成。其由三部分组成，显然蒸汽蒸发量不是液体，可以排除。见单项选择题第 5 题说明。

3. CD【点评解析】本题主要考查环境风险评价源项分析方法。在建设项目环境风险评价导则附录 B 中，见下说明：

（1）根据环境风险识别，视危险源具体情况，按 6.2 节的推荐，选取定性和定量分析方法进行源项分析。

（2）定性分析方法，包括类比法、加权法、因素图法等，首推类比法。

（3）定量分析方法，包括道化学公司火灾、爆炸危险指数法（七版）、事件树分析法、故障树分析法等。

4. C【点评解析】本题主要考查在事故风险源项分析过程中应考虑的情景。开车、停车过程、环保设施发生故障属于非正常工况，正常稳定运行属于正常工况。应考虑的情景只有生产设施发生泄漏。

5. ABC【点评解析】本题主要考查有毒有害物质放散起因。显然，火灾、爆炸、泄漏属于起因。非正常工况排放属于工程分析内容。

6. ABC【点评解析】本题主要考查对地下水存在潜在重金属污染风险的场所。

有重金属物料、储存、加工存在的场所即有重金属污染风险。显然，只有职工生活区不涉及，无地下水存在潜在重金属污染风险。

7. ABC【点评解析】本题主要考查生态风险源的源项。生态风险的概念是由人体健康风险演变而来的，是对人体健康风险的拓展，即将受体范围由人类转向包括人类在内的生态系统。人们通常所说的环境风险可以认为是生态风险的一个发展较为完善的子系统，环境风险更多地关注污染物带来的风险，生态风险将这一范围拓展至自然灾害（如生物入侵、滑坡、地震、火灾、洪水等）、人类活动（如土地利用、生物技术应用等）更广的范围。生态风险通常指引起重大生态灾难，导致生态退化、物种灭绝等情况。农田土壤改良只是局部的、无根本性改变的活动。

8. BC【点评解析】本题主要考查事故风险源项分析内容。事故风险源项分析主要针对危险物质。生产控制室无危险物质存在；电石存放库的电石为固体物质，相对危险性较小。对于聚氯乙烯项目来说，氯化氢和氯乙烯为事故风险评价因子。

第二章　环境现状调查与评价

第一节　自然环境与社会环境调查

一、单项选择题（每题的备选项中，只有一个最符合题意）

1. 环境影响评价工作中，社会经济状况调查应收集的资料有（　　）。（2014 年考题）

A. 地震安全评价报告　　B. 人口数据

C. 经济统计数据　　D. 水土保持报告

2. 建设项目环境影响评价工作中，自然环境现状调查应附的图件是（　　）。（2014 年考题）

A. 最冷月气温变化图　　B. 大比例尺地形图

C. 建设项目地理位置图　　D. 周围地区土壤剖面图

3. 下列内容中，属于社会环境现状调查的是（　　）。（2016 年考题）

A. 地理位置　　B. 人口分布

C. 气象气候　　D. 生态环境

二、不定项选择题（每题的备选项中至少有一个符合题意）

1. 在建设项目环境影响评价中，社会环境现状调查应收集的资料包括（　　）。（2008 年考题）

A. 文物古迹及分布　　B. 人口及分布

C. 主要动植物名录及分布　　D. 经济发展概况

2. 建设项目环境影响评价中，环境现状调查与评价得出的结果有（　　）。（2008 年考题）

A. 项目区土地利用状况　　B. 环境质量状况

C. 项目对环境敏感目标的影响　　D. 项目实施存在的环境制约因素

3. 对于山林、草原、农地等进行非点源调查时，应调查（　　）。（2008 年考题）

A. 化肥流失率　　B. 农药施用量

C. 生物多样性　　D. 化肥施用量

4. 根据《建设项目环境保护分类管理名录》，应确定为环境敏感区的有（　　）。（2008 年考题）

A. 基本农田保护区　　B. 天然湿地

C. 鱼类产卵场　　D. 文教区

5. 利用遥感资料可给出的信息有（　　）。（2008 年考题）

A. 植被类型及其分布　　B. 土地利用类型及其面积

C. 土壤类型及其分布　　D. 群落结构及物种组成

6. 城市非点源负荷调查主要包括（　　）。（2009 年考题）

A. 初期暴雨径流量　　B. 初期暴雨径流污染物浓度

C. 雨水径流特点　　D. 设计枯水流量

7. 利用遥感资料可给出的信息有（　　）。（2010 年考题）

A. 植被类型及其分布　　B. 地形

C. 群落结构及物种组成　　D. 土地利用类型及其面积

8. 制订植被样方调查方案时，应根据不同植被类型，合理确定（　　）。（2010 年考题）

A. 样地的面积　　B. 样地的数量

C. 样地的分布　　D. 样地的物种数量

9. 可行的陆生植被现状调查方法有（　　）。（2010 年考题）

A. 遥感调查　　B. 样地调查

C. 机理分析　　D. 收集资料

10. 通过解译遥感卫片可获取生态学研究的基础信息包括（　　）。（2011 年考题）

A. 植被类型及分布　　B. 土地利用类型及面积

C. 生物量　　D. 物种数量及分布

11. 关于建设项目的自然环境调查，说法正确的是（　　）。（2012 年考题）

A. 小型房地产开发项目，可不进行地下水环境调查

B. 中型水库建设项目，需要调查项目区水土流失情况

C. 隧道建设项目，对与之直接相关的地质构造，应进行较详细的叙述

D. 原路面加铺沥青的乡村公路项目，不需要进行生态影响评价，可不叙述生态系统的主要类型

参考答案

一、单项选择题

1. B【点评解析】本题名义上考查社会经济状况调查应收集的资料，但实际上也考查了自然环境现状调查应收集的资料。社会经济状况要收集的资料非常广泛，但只要从选项中确定属于自然环境现状收集的资料，则属于社会环境现状的资料便可知。社会经济状况调查主要根据现有资料，结合必要的现场调查，简要叙述评价所在地的社会经济状况和发展趋势，其中包括：① 人口，包括居民区的分布情况及分布特点，人口数量和人口密度等；② 工业与能源，包括建设项目周围地区现有厂矿企业的分布状况，工业结构、工业总产值及能源的供给与消耗方式等：③ 农业与土地利用，包括可耕地面积，粮食作物与经济作物构成及产量，农业总产值以及土地利用现状；建设项目环境影响评价应附土地利用图；④ 交通运输，包括建设项目所在地区公路、铁路或水路方面的交通运输概况以及与建设项目之间的关系。人口数据是环评的基础数据及重要数据。

2. C【点评解析】本题主要考查自然环境现状调查的内容。尽管可提供的图件有很多，但地理位置是应提供的基本图件。否则，其他图件都无从做起。建设项目环境影响评价工作中，自然环境调查的基本内容应包括建设项目所处的经纬度，行政区位置和交通位置，要说明项目所在地与主要城市、车站、码头、港口、机场等的距离和交通条件，并附地理位置图。自然环境现状指一般情况，其他项均是环境要素的详细情况。

3. B【点评解析】本题主要考查社会环境现状调查内容。社会环境包括社会经济、文物与景观、人群健康状况。社会经济包括人口、工业与能源、农业与土地利用、交通运输。其他三项均属于自然环境现状调查内容。在新修订的《建设项目环境影响评价技术导则　总纲》中已无社会经济状况内容要求。实际工作中视情况而定。

二、不定项选择题

1. ABD【点评解析】本题与单项选择中的两道题是同类考题，实际上是借着考查社会环境现状调查内容，考查自然环境现状调查内容。主要动植物名录及分布属于自然环境现状调查中的生态环境现状内容。社会环境现状调查应收集的资料包括人口及分布、文物古迹及分布、经济发展概况等。

2. ABD【点评解析】本题主要考查环境现状调查与评价得出的结果。项目对环境敏感目标的影响是环境影响预测的内容。环境现状调查与评价得出的结果有项目区土地利用状况、环境质量状况、项目实施存在的环境制约因素等。

3. ABD【点评解析】本题实际考查非点源（面源）污染调查的内容。生物多样性属于生态环境调查，其他三项均属于非点源调查的内容。

4. ABCD【点评解析】本题实际考查《建设项目环境保护分类管理名录》（国家环境保护总局令第14号）的环境敏感区的类别。当前执行的是环境保护部2号令《建设项目环境影响评价分类管理名录》（但该名录仍在修订，且已完成征求意见工作，很快便会发布）。就本题而言，两者是一致的。

5. ABC【点评解析】本题实际考查利用遥感资料可给出的信息。群落结构及物种组成必须通过现场调查获取，遥感资料只能给出宏观的信息。遥感为景观生态学研究和应用提供的信息包括：地形、地貌、地面水体、植被类型及其分布、土地利用类型及其面积、生物量分布、土壤类型及其水体特征、群落蒸腾量、叶面积指数及叶绿素含量等。

6. ABC【点评解析】本题实际考查城市非点源负荷调查主要内容。设计枯水流量是河流调查内容。对于城市非点源污染，应调查雨水径流特点、初期暴雨径流的污染物数量（初期暴雨径流量与初期暴雨径流污染物浓度之积）。

7. ABD【点评解析】本题实际考查利用遥感资料可给出的信息。参见第5题。环境保护部环境工程评估中心编写的考试参考资料《环境影响评价技术方法》一书中有相应的内容。

8. ABC【点评解析】本题实际考查制订植被样方调查方案。考生务必理解记忆，为高频考点。自然植被经常需进行现场的样方调查，样方调查中首先须确定样方大小，一般草本的样方在1 m^2以上，灌木林样方在10 m^2以上，乔木林样方在100 m^2以上，样方大小依据植株大小和密度确定。其次须确定样方数目，样方的面积须包括群落的大部分物种，一般可用种与面积和关系曲线确定样方数目。样方的排列有系统排列和随机排列两种方式。样方调查中“压线”植物的计量须合理。一般样地大于样方，在样地内做样方调查，样方物种数量是植被样方调查的结果，也不是调查方案。故排除D项样地的物种数量。本题不太严谨，实际上选项是将样地与样方弄混了。

9. ABD【点评解析】本题实际考查陆生植被现状调查方法。机理分析属于生态影响预测方法。见下说明。考生务必理解记忆，在历年的案例分析考试中多次出现。

陆生植被现状调查方法：

（1）资料收集法。即收集现有的能反映生态现状或生态背景的资料，从表现形式上分为文字资料和图形资料，从时间上可分为历史资料和现状资料，从收集行业类别上可分为农、林、牧、渔和环境保护部门，从资料性质上可分为环境影响报告书、有关污染源调查、生态保护规划、规定、生态功能区划、生态敏感目标的基本情况以及其他生态调查材料等。使用资料收集法时，应保证资料的现时性，引用资料必须建立在现场校验的基础上。

（2）现场勘查法。现场勘查应遵循整体与重点相结合的原则，在综合考虑主导生态因子结构与功能的完整性的同时，突出重点区域和关键时段的调查，并通过对影响区域的实际踏勘，核实收集资料的准确性，以获取实际资料和数据。

（3）专家和公众咨询法。专家和公众咨询法是对现场勘查的有益补充。通过咨询有关专家，收集评价工作范围内的公众、社会团体和相关管理部门对项目影响的意见，发现现场踏勘中遗漏的生态问题。专家和公众咨询应与资料收集和现场勘查同步开展。

（4）生态监测法。当资料收集、现场勘查、专家和公众咨询提供的数据无法满足评价的定量需要，或项目可能产生潜在的或长期累积效应时，可考虑选用生态监测法。生态监测应根据监测因子的生态学特点和干扰活动的特点确定监测位置和频次，有代表性地布点。生态监测方法与技术要求须符合国家现行的有关生态监测规范和监测标准分析方法；对于生态系统生产力的调查，必要时需现场采样、实验室测定。

（5）遥感调查法。当涉及区域范围较大或主导生态因子的空间等级尺度较大，通过人力踏勘较为困难或难以完成评价时，可采用遥感调查法。遥感调查过程中必须辅助必要的现场勘查工作。

10. ABC【点评解析】本题实际考查利用遥感资料可给出的信息。物种数量及分布必须通过现场调查获取，遥感资料只能给出宏观的信息。遥感在景观生态学中的应用领域分析：从广义来讲，遥感是指通过任何不接触被观测物体的手段来获取信息的过程和方法，包括航天遥感、航空遥感、船载遥感、雷达以及照相机摄制的图像。景观生态学的迅速发展，得益于遥感技术的发展及其应用。遥感为景观生态学研究和应用提供的信息包括：地形、地貌、地面水体植被类型及其分布、土地利用类型及其面积、生物量分布、土壤类型及其水体特征、群落蒸腾量、叶面积指数及叶绿素含量等。最常用的卫星遥感资源是美国陆地资源卫星 TM 影像，包括 7 个波段，每个波段的信息反映了不同的生态学特点。

11. ABCD【点评解析】本题主要考查建设项目的自然环境调查内容。对于小型房地产开发项目，由于与地下水不直接相关，仅进行资料分析即可，可不进行地下水环境调查。对于原路面加铺沥青的乡村公路项目，因不需要进行生态影响评价，可不叙述生态系统的主要类型。见下说明：

（1）地下水环境

当建设项目不进行与地下水直接有关的环境影响评价时，只需根据现有资料，全部或部分地简述下列内容：当地地下水的开采利用情况，地下水埋深，地下水与地面的联系以及水质状况与污染来源。

若需进行地下水环境影响评价，除要比较详细地叙述上述内容外，还应根据需要，选择以下内容进一步调查：水质的物理、化学特性，污染源情况，水的储量与运动状态，水质的演变与趋势，水源地及其保护区的划分，水文地质方面的蓄水层特性，承压水状况等。当资料不全时，应进行现场采样分析。

（2）动植物与生态

若建设项目不进行生态影响评价，但项目规模较大时，应根据现有资料简述下列部分或全部内容：建设项目周围地区的植被情况（覆盖度、生长情况），有无国家重点保护的或稀有的、受危害的或作为资源的野生动植物，当地的主要生态系统类型（森林、草原、沼泽、荒漠等）及现状。若建设项目规模较小，又不进行生态影响评价时，这一部分可不叙述。

若需要进行生态影响评价，除应详细地叙述上面全部或部分内容外，还应根据需要选择以下内容进一步调查：本地区主要的动植物清单，特别是需要保护的珍稀动植物种类与分布，生态系统的生产力，稳定性状况；生态系统与周围环境的关系以及影响生态系统的主要环境因素调查。

第二节　大气环境现状调查与评价

一、单项选择题（每题的备选项中，只有一个最符合题意）

某电厂建在乡村，已知烟囱高 200 m，SO_2 排放速率为 10 mg/s，某时刻地面风速为 4.0 m/s，太阳辐射等级+1。高架连续源地面轴线浓度公式列于公式（1），不同高度的风速的换算公式列于公式（2），表 1 列出大气稳定度等级，表 2 列出不同稳定度的 P 值，表 3 列出下风向 1 km 处的σ_y、σ_z值。

表 1　大气稳定度的等级

地面风速/（m/s）	太阳辐射等级					
	+3	+2	+1	0	−1	−2
≤1.9	A	A～B	B	D	E	F
2～3.9	A～B	B	C	D	E	F
3～4.9	B	B～C	C	D	D	E
5～5.9	C	C～D	D	D	D	D
≥6	D	D	D	D	D	D

$$C(x, 0, 0) = Q/(\pi U \sigma_y \sigma_z) \times \exp[-H_e^2/(2\sigma_z^2)] \quad (1)$$

$$u_2 = u_1 (z_2/z_1)^P \quad (2)$$

表 2 各稳定度下的 *P* 值

稳定度等级	A	B	C	D	E、F
城市	0.10	0.15	0.20	0.25	0.30
乡村	0.07	0.07	0.10	0.17	0.25

表 3 各在天气下的 σ_y 与 σ_z 值（下风向 1 km 处）

大气稳定度	C	D	E	F
σ_y/m	300	200	150	120
σ_z/m	200	100	80	60

1. 根据表 1 可以判断该小时的大气稳定度为（　　）。（2005 年考题）

A. A 类　　B. B 类　　C. D 类　　D. C 类

2. 根据第 1 题判断的结果，由公式(2)计算得到 200 m 高烟囱的风速 *u* 为(　　)。(2005 年考题)

A. 6.6 m/s　　B. 5.4 m/s　　C. 4.9 m/s　　D. 22.0 m/s

3. 根据第 1 题、第 2 题及表 3 给出的值，由（1）式算得下风向 1 km 处地面轴线上方空气中 SO_2 的浓度为（　　）。[注：计算中假定 ΔH=0]（2005 年考题）

A. 1.60×10^{-6} mg/m^3　　B. 4.80×10^{-6} mg/m^3

C. 5.96×10^{-6} mg/m^3　　D. 2.66×10^{-6} mg/m^3

4. 对于气象站评价区外或建设项目所在地与气象站地形差异明显的情况，在采用附近气象台资料时，必须对气象台与现场观测资料进行相关性分析。对于一级评价项目，相关系数 *r* 不宜小于（　　）。（2005 年考题）

A. 0.35　　B. 0.45　　C. 0.65　　D. 0.75

5. 大气边界层是指由于受下垫面的影响而湍流化的低层大气，通常为距地面（　　）高度以下的大气层。（2005 年考题）

A. 0.5 km　　B. 1～2 km　　C. 3 km　　D. 5 km

6. 在进行大气环境现状调查与污染源分类中，统计评价区内面源时，首先将评价区网格化，当网格内存在多个面源，且排放高度不等时，可按（　　）计算平均排放高度。（2005 年考题）

A. 各面源排放高度算术平均　　B. 排放量加权平均

C. 各面源排放高度几何平均　　D. 排放高度加权平均

7. 对于一级评价项目，大气环境现状监测点数不少于（ ）个；二级评价项目，大气环境现状监测点数不少于 6 个。（2005 年考题）

A. 10　　B. 8　　C. 12　　D. 15

8. 环境影响评价中常用的将大气稳定度分为 A、B、C、D、E、F 六大类的方法是（ ）。（2006 年考题）

A. M-D 法（莫宁-奥布霍夫长度法）　　B. γ_d 法（干绝热法）

C. Pasguill 法（帕斯奎尔法）　　D. ΔT 法（温差法）

9. 某项目位于大江边，大气环境影响评价等级为一级，厂址与 A 城市气象台相距 10 km，且中间有一座约 300 m 的山，江对岸 25 km 处有 B 城市气象站。该项目环境影响评价中获取常规气象资料的最佳方法为（ ）。（2006 年考题）

A. 选用 A 城市气象台的资料

B. 选用 B 城市气象站的资料

C. 在项目所在地进行有代表性月份常规气象观测后进行相关分析研究

D. 在项目所在地进行有代表性月份边界层污染气象观测后进行相关分析研究

10. 有一高架源位于海岸边，评价范围内地形平坦，有村庄分布，无其他工业源。进行大气现状监测布点时，要求（ ）。（2006 年考题）

A. 离岸流下风向布点要密　　B. 向岸流下风向布点要密

C. 沿岸流下风向布点要密　　D. 布点要均匀

11. 某项目为煤烟型污染，环境现状监测中的 SO_2、NO_2 日均浓度值应取（ ）。（2006 年考题）

A. 一天 18 h 平均值　　B. 月监测日的平均值

C. 一天 6 h 平均值　　D. 一天 12 h 平均值

12. 《环境影响评价技术导则 大气环境》中，总云量、低云量用于确定（ ）。（2007 年考题）

A. 地面热通量　　B. 温度廓线

C. 稳定度分级　　D. 混合层高度

13. 甲地区环境空气现状监测中，测得二氧化氮小时地面浓度最大值为 0.28 mg/m^3，执行环境质量二级标准（0.24 mg/m^3），其超标倍数是（ ）。（2007 年考题）

A. 2.33　　B. 1.33　　C. 1.17　　D. 0.17

14. 若进行一年二氧化硫的环境质量监测，每天测 12 h，每小时采样时间 45 min 以上，每月测 12 d。在环评中这些资料可用于统计分析二氧化硫的（ ）。（2007 年、2009 年考题）

A. 1 h 平均浓度　　B. 日平均浓度

C. 季平均浓度　　D. 年平均浓度

15. 某监测点 TSP 日平均浓度为 0.36 mg/m^3，超过环境空气质量二级标准，其超标倍数为（　）。（2008 年考题）

A. 0.2　　B. 1.2　　C. 2.0　　D. 2.2

16. 某监测点全年 SO_2 质量监测数据 200 个，其中有 30 个超标，5 个为未检出，5 个不符合监测技术规范要求，SO_2 全年超标率为（　）。（2008 年考题）

A. 15.0%　　B. 15.4%　　C. 15.8%　　D. 17.0%

17. 熏烟状态是容易造成污染的一种不利气象条件，一般出现在（　）的时段。（2008 年考题）

A. 日落后逆温生成　　B. 日出后贴地逆温抬升

C. 中午混合层较高　　D. 夜间逆温层稳定发展

18. 统计风玫瑰图资料时，除考虑十六个方位的几何频率外，还需统计（　）。（2008 年考题）

A. 静风频率　　B. 风速频率

C. 小风频率　　D. 大气稳定度

19. 某监测点 SO_2 最大日平均浓度超二级标准 20%，则 SO_2 最大日平均浓度为（　）。（2009 年考题）

A. 0.10 mg/m^3　　B. 0.18 mg/m^3

C. 0.45 mg/m^3　　D. 0.60 mg/m^3

20. 某评价区域地面风向是 292.5°，若采用 16 方位角则表示为（　）。（2009 年考题）

A. ESE　　B. NNW

C. WNW　　D. SSE

21. 由风速廓线可分析（　）。（2009 年考题）

A. 逆温特性　　B. 风向变化

C. 主导风向　　D. 风速变化

22. 某城市有 6 个环境空气例行监测点，各点 TSP 日平均浓度监测结果见下表，超过《环境空气质量标准》（GB 3095—1996）二级标准（0.30 mg/m^3，标态）的最大超标倍数是（　）。（2010 年考题）

点位	TSP 日平均浓度（标态）/（mg/m^3）	点位	TSP 日平均浓度（标态）/（mg/m^3）
1	0.20～0.27	4	0.20～0.36
2	0.25～0.31	5	0.30～0.42
3	0.21～0.25	6	0.18～0.28

A. 0.10 倍　　B. 0.20 倍

C. 0.40 倍　　D. 2.50 倍

23. 大气环境影响评价等级为二级时，统计地面长期温度气象资料的内容是（　　）。（2010 年考题）

A. 小时平均气温的变化情况　　B. 日平均气温的变化情况

C. 旬平均气温的变化情况　　D. 月平均气温的变化情况

24. 某地大气环境现状监测 NO_2 日均值如下表，按环境空气质量二级标准（0.12 mg/m^3，标态）评价，该区域的超标率是（　　）。（2010 年考题）

监测点	1	2	3	4	5	6
浓度值（标态）/（mg/m^3）	0.120	0.108	0.154	0.121	0.089	0.211

A. 28.3%　　B. 50.0%

C. 66.7%　　D. 75.8%

25. 某新建项目大气环境影响评价等级为二级，评价范围内有一个在建的 120×10^4 t/a 焦化厂，无其他在建、拟建项目，区域污染源调查应采用（　　）。（2010 年考题）

A. 焦化厂可研资料　　B. 类比调查资料

C. 物料衡算结果　　D. 已批复的焦化厂项目环境影响报告书中的资料

26. 某大气评价等级为三级的建设项目，当地的年主导风向为 E，冬季主导风向为 NE，拟在 1 月份进行环境监测，必须布点的方向为（　　）。（2011 年考题）

A. E、W　　B. NE、SW

C. E、SE　　D. NE、W

27. 由下面温度廓线图可以确定（　　）。（2011 年考题）

A. 逆温层的厚度为 1 000 m　　B. 逆温层的厚度为 200 m

C. 逆温层底的高度为 200 m　　D. 逆温层底的高度为 1 000 m

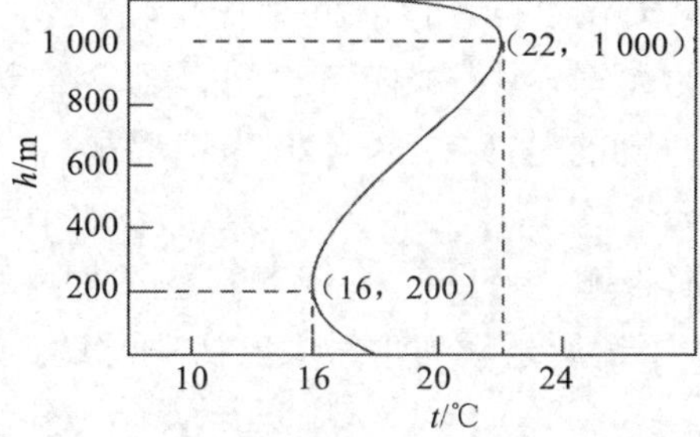

28. 某电厂煤堆场附近监测点处颗粒物的浓度为 0.35 mg/m^3（总悬浮颗粒物的浓度限值为 0.3 mg/m^3，可吸入颗粒物的浓度限值为 0.15 mg/m^3），其超标倍数为（　　）。

（2011 年考题）

A. 2.33　　B. 1.33

C. 1.17　　D. 0.17

29. 某城市的风玫瑰图如右图所示，其主导风向为（　）。（2011 年考题）

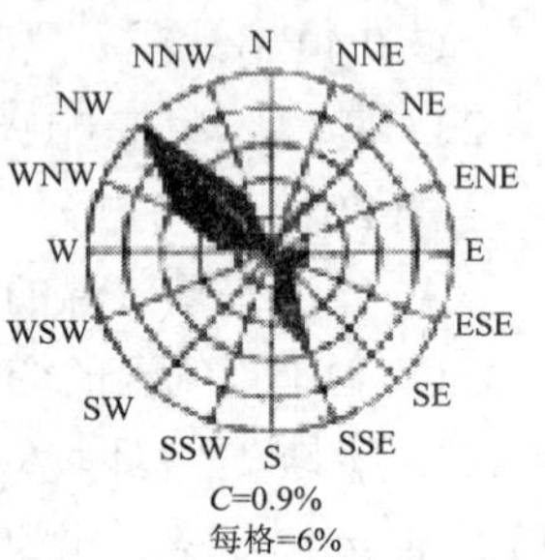

A. 西北风　　B. 东北风

C. 东南风　　D. 西南风

30. 环境空气质量二类功能区某环境空气现状监测点 SO_2 日平均浓度监测结果如下表，现状评价超标率统计正确的是（　）。（2012 年考题）

监测时间（1 月）	2 日	3 日	4 日	5 日	6 日	7 日	8 日
SO_2浓度（标态）/（mg/m^3）	0.15	0.25	0.50	0.06	0.10	0.13	0.20

A. 57.1%　　B. 42.9%

C. 28.6%　　D. 14.3%

31. 某建设项目，大气环境影响评价等级为三级，必须进行调查分析的大气污染源是（　）。（2012 年考题）

A. 区域现有污染源　　B. 区域在建污染源

C. 区域拟建污染源　　D. 本项目污染源

32. 某项目大气环境影响评价级别为一级，关于 NO_2 小时浓度监测频次的说法正确的是（　）。（2012 年考题）

A. 监测 5 天，每天 02、05、08、11、14、17、20、23 时监测 8 次

B. 监测 5 天，每天 02、08、14、20 时监测 4 次

C. 监测 7 天，每天 02、05、08、11、14、17、20、23 时监测 8 次

D. 监测 7 天，每天 02、08、14、20 时监测 4 次

33. 某新建项目的大气环境影响评价工作等级为二级，关于环境空气质量现状监测方案内容，说法正确的是（　）。（2013 年考题）

A. 连续监测 6 天　　B. 布设 5 个监测点

C. 必须进行二期监测　　D. 应在监测季主导风向下风向加密布点

34. 下列方法中，不适用于新建项目大气污染源调查的是（　）。（2014 年考题）

A. 类比调查法　　B. 设计资料确定法

C. 物料衡算法　　D. 现场实测法

35. 关于收集利用环境空气质量历史监测资料有效性的说法，正确的是（　）。

（2014 年考题）

A. 若评价区域内污染源变化不大，近五年监测资料有效

B. 若评价区域内污染源变化不大，近三年监测资料有效

C. 若评价区域内污染源变化很大，近五年监测资料有效

D. 若评价区域内污染源变化很大，近三年监测资料有效

36. 莫宁-奥布霍夫长度 L 是 AERMOD 模式中表征大气边界层层结的参数，不稳定层结时，（　）。（2014 年考题）

A. $L=0$　　B. $L>0$　　C. $L<0$　　D. $L\to\infty$

37. 某环境空气现状监测点共测得 NO_2 小时平均浓度 56 个，其中无效数据 6 个，未检出数据 3 个，超标数据 8 个，则 NO_2 小时平均浓度的超标率为（　）。（2015 年考题）

A. 11%　　B. 12%

C. 14.3%　　D. 16%

38. 下列关于海陆风环流的说法，正确的是（　）。（2015 年考题）

A. 中午贴地层吹海风，高层风向相反

B. 中午贴地层、高层都吹海风

C. 夜间贴地层、高层皆吹陆风

D. 夜间贴地层吹海风，高层风向相反

39. 大气环境影响评价等级为一级，下列关于补充地面气象观测说法，正确的是（　）。（2015 年考题）

A. 至少应进行为期 2 年的连续观测

B. 至少应进行为期 1 年的连续观测

C. 至少应进行为期 6 个月的连续观测

D. 至少应进行不利季节 3 个月的连续观测

40. 关于山谷风环流的说法，正确的是（　）。（2016 年考题）

A. 中午风从山坡吹向山谷，山谷上空气流下沉

B. 中午风从山坡吹向山谷，山谷上空气流上升

C. 夜晚风从山坡吹向山谷，山谷上空气流下沉

D. 夜晚风从山坡吹向山谷，山谷上空气流上升

41. 某炼钢项目环境空气现状监测点共测得一氧化碳（CO）小时平均浓度数据 28 个，其中无效数据 4 个，超标数据 12 个，则一氧化碳（CO）小时平均浓度的超标率是（　）。（2016 年考题）

A. 42.5%　　B. 46.2%

C. 50%　　D. 54.5%

二、不定项选择题（每题的备选项中至少有一个符合题意）

1. 在大气评价中，联合频率是指由（　　）构成的组合频率。（2005 年考题）

A. 风向、风速、温度　　B. 风向、风速、大气稳定度

C. 风向、风速、降水　　D. 风速、温度、大气稳定度

2. 大气边界层中的风廓线表示（　　）的变化。（2006 年考题）

A. 风速随时间　　B. 风向随时间

C. 风向随高度　　D. 风速随高度

3. 可以由温廓线直接确定的大气边界层特征有（　　）。（2006 年考题）

A. 大气稳定度　　B. 逆温层特性

C. 地面粗糙度　　D. 低空急流

E. 混合层高度

4. 大气边界层中，混合层的主要特征表现为（　　）。（2006 年考题）

A. 早晨混合层高度达到最大值　　B. 午后混合层高度达到最大值

C. 混合层内一般为不稳定层结　　D. 混合层内一般为稳定层结

5. 风向玫瑰图给出了（　　）。（2007 年考题）

A. 风速值　　B. 静风频率

C. 主导风向　　D. 风向频率

6. F 类稳定度一般出现在（　　）。（2007 年考题）

A. 白天晴天　　B. 夜间晴天

C. 风速＜1 m/s　　D. 风速＞3 m/s

7. 通过现场测试获取大气扩散参数的方法有（　　）。（2007 年考题）

A. 平衡球法　　B. 脉动风速仪测量法

C. 小球测风法　　D. 示踪剂法

E. 低空探空法

8. 温度廓线可以确定（　　）。（2008 年考题）

A. 逆温层特征　　B. 混合层高度

C. 不同高度气温　　D. 地表温度

9. 城市主干道项目大气 NO_2 质量现状监测布点时应考虑（　　）。（2009 年考题）

A. 主导风向　　B. 道路布局

C. 环境空气保护目标　　D. 道路两侧敏感点高度

10. 某区域长期地面气象资料统计的以 16 个方位角表示的最大风向频率为 8%，说明该区域（　　）。（2009 年考题）

A. 主导风向明显　　B. 主导风向不明显

C. 没有主导风向　　D. 主导风向频率为 8%

11. 大气环境影响评价中复杂风场是指（　）。(2010 年、2012 年考题)

A. 静风场　　B. 山谷风环流

C. 海陆风环流　　D. 城市热岛环流

12. 大气评价等级为一级的建设项目，基本及常规气象资料分析图件应包括（　）。(2011 年考题)

A. 年风向玫瑰图　　B. 风廓线图

C. 季风向玫瑰图　　D. 小时平均风速日变化曲线图

13. 由风廓线图可以了解（　）。(2011 年考题)

A. 风向随高度的变化　　B. 风速随高度的变化

C. 不同高度风向频率　　D. 不同高度风速频率

14. 某拟建化工项目，大气环境影响评价等级为一级，评价区内环境空气现状监测点应重点设置在（　）。(2012 年考题)

A. 商业区　　B. 学校

C. 居民点　　D. 一类功能区

15. 下列属于大气污染面源调查内容的有（　）。(2012 年考题)

A. 面源位置　　B. 面源体积

C. 面源各主要污染物排放量　　D. 面源初始排放高度

16. 某燃气电厂项目，烟气由两根烟囱排放。关于环境空气质量现状监测工作的内容，说法正确的有（　）。(2013 年考题)

A. 设 5 个监测点连续监测 7 天

B. 选择二氧化硫、二氧化氮、可吸入颗粒物 3 个监测因子

C. 二氧化硫、二氧化氮每天监测 4 次（07:00，10:00，14:00，18:00）

D. 应获取不利季节至少 7 天的有效监测数据

17. 大气环境影响评价中，需要收集的常规高空气象资料有（　）。(2014 年考题)

A. 探空数据层数　　B. 每层的高度

C. 每层的气温　　D. 太阳高度角

18. 下列参数中，属于大气污染源点源调查的参数有（　）。(2015 年考题)

A. 排气筒底部中心坐标（x、y、z）　　B. 排气筒出口外径

C. 烟气出口速度　　D. 排放工况、年排放小时数

19. 下列关于环境空气质量现状调查说法，正确的是（　）。(2015 年考题)

A. 需收集评价范围内及邻近评价范围的近三年环境空气质量例行监测资料

B. 对技改项目，需监测有厂界监控浓度限值的污染物

C. 如需进行两期监测，两期可选择在一年内任意两季

D. 使用历史监测资料时，应注意近年来区域污染源的变化情况

20. 大气环境影响评价中，需要收集的高空常规气象资料有（　　）。（2015 年考题）

A. 探空数据层数　　B. 每层的高度、气温

C. 探测时间　　D. 日照时数

21. 下列与监测有关的内容中，属于环境空气现状监测数据有效性分析的内容有（　　）。（2016 年考题）

A. 监测时间　　B. 监测点位数量

C. 监测方法　　D. 监测期间的气象条件

22. 大气环境影响评价中，至少应收集、分析的地面气象资料有（　　）。（2016 年考题）

A. 风向　　B. 风速

C. 干球温度　　D. 湿球温度

参考答案

一、单项选择题

1. D【点评解析】本题主要考查大气稳定度的查表法。查表即得 C 类中性。当时考 1993 年版大气导则，目前 2008 年版大气导则已不作要求。

2. B【点评解析】本题主要考查高烟囱的风速 u 的计算公式。查表即得 P 值为 0.1，$u_2=u_1（z_2/z_1）^P$＝4.0×（200/10）$^{0.1}$＝5.4（m/s）。其关键是要知道某时刻地面风速为 4.0 m/s，一般指离开地面 10 m。当时考 1993 年版大气导则，目前 2008 年版大气导则已不作要求。

3. C【点评解析】本题主要考查下风向 1 km 处地面轴线上方空气中 SO_2 浓度的计算。查表即得σ_y、σ_z 值分别为 300 m、200 m，将已知量全部代入公式即可，即：

C（x、0、0）$=Q/\pi u\sigma_y\sigma_z\times\exp(-H_e^2/2\sigma_z^2)$＝10/（3.14×5.4×300×200）×exp（−0.5）＝5.96×10^{-6}（mg/m^3）。当时考 1993 年版大气导则，目前 2008 年版大气导则已不作要求。

4. B【点评解析】本题主要考查常规气象资料与现场观测资料的相关性分析。答案显然，记忆即可。该题考的是 1993 年版大气导则，目前已执行 2008 年版大气导则，其对气象观测资料调查要求，见下表。

气象资料调查要求

	一级评价		二级评价		三级评价
评价范围	小于 50 km	大于 50 km	小于 50 km	大于 50 km	—
气象资料年限	近 5 年内的至少连续 3 年		近 3 年内的至少连续 1 年		—
地面气象资料	必需	必需	必需	必需	—
高空气象资料	按选取的模式要求	必需	按选取的模式要求	必需	—
补充气象资料观测前提	如果地面气象观测站与项目的距离超过 50 km，并且地面站与评价范围的地理特征不一致				—
补充气象观测	连续 1 年		2 个月以上		—
一般要求	调查评价范围 20 年以上的主要气候统计资料				

5. B【点评解析】本题主要考查大气边界层的定义。通常为距地面 1～2 km 高度以下的大气层，2 km 高度以上的大气层即为高空气象，记忆即可。

6. B【点评解析】本题主要考查大气环境现状调查与污染源分类中面源的统计方法。主要统计排放量，排放量决定实际排放高度。当时考 1993 年版大气导则，目前 2008 年版大气导则已有新的要求。

7. A【点评解析】本题主要考查各等级的大气环境现状监测点数要求。此知识点非常重要，考试中经常出现。该题虽然考的是 1993 年版大气导则，目前已执行 2008 年版大气导则，但基本是一致的，见下表。

现状监测布点原则

	一级评价	二级评价	三级评价
监测点数	≥10	≥6	2～4
布点方法	极坐标布点法	极坐标布点法	极坐标布点法
布点方位	在约 0°、45°、90°、135°、180°、225°、270°、315°等方向布点，并且在下风向加密，也可根据局地地形条件、风频分布特征以及环境功能区、环境空气保护目标所在方位做适当调整	至少在约 0°、9°、180°、270°等方向布点，并且在下风向加密，也可根据局地地形条件、风频分布特征以及环境功能区、环境空气保护目标所在方位做适当调整	至少在约 0°、180°等方向布点，并且在下风向加密，也可根据局地地形条件、风频分布特征以及环境功能区、环境空气保护目标所在方位做适当调整
布点要求	各个监测点要有代表性，环境监测值应能反映各环境敏感区域、各环境功能区的环境质量，以及预计受项目影响的高浓度区的环境质量		

8. C【点评解析】本题主要考查大气稳定度的分类方法 P-T 法。虽然 2008 年版

大气导则对此并无要求，实为大气的基本概念，考生最好理解。另外，考生务必理解莫奥长度与稳定度和混合层高度的关系。见下说明：

莫奥长度（L_{mo}）：莫宁与奥布霍夫认为对于定常、水平均匀、无辐射和无相变的近地面层，其运动学和热力学结构仅决定于湍流状况。莫奥长度（L_{mo}）反映了近地面大气边界层的稳定层结状况，见下图莫奥长度（L_{mo}）与稳定度和混合层高度的关系。

从图中可以看出，当 $L_{mo}>0$，近地面大气边界层处于稳定状态，L_{mo} 数值越小或混合层高度（h）与 L_{mo} 的比值 h/L_{mo} 越大，越稳定，混合层高度则越低；当 $L_{mo}<0$，边界层处于不稳定状态，$|L_{mo}|$数值越小或 h/L_{mo} 越大，越不稳定，混合层高度则越高；当$|L_{mo}|\to\infty$，边界层处于中性状态，$|h/L_{mo}|=0$，此种情况下，混合层高度大约有 800 m。

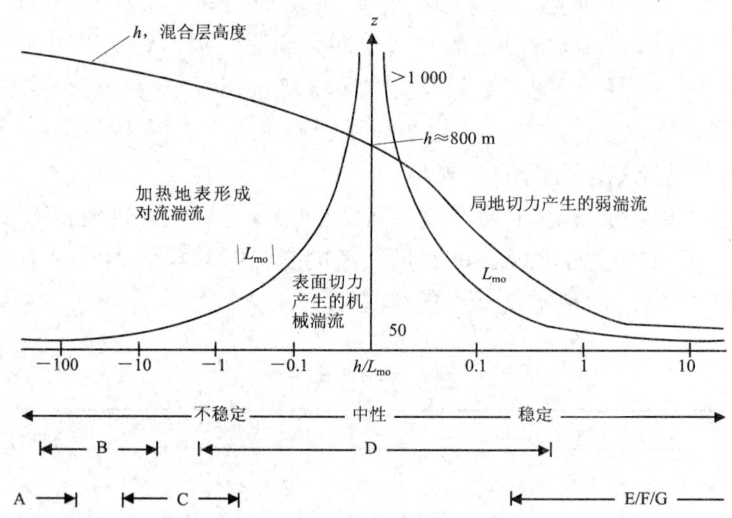

莫奥长度与稳定度和混合层高度的关系

9. C【点评解析】本题主要考查获取常规气象资料的方法。由于 A 城市气象台、B 城市气象站的资料均不能直接引用，对于气象站评价区外或建设项目所在地与气象站地形差异明显的情况，在采用附近气象台资料时，必须对气象台与现场观测资料进行相关性分析。对于一级评价项目，相关系数 r 不宜小于 0.45。该题考的是 1993 年版大气导则，目前已执行 2008 年版大气导则，其对气象观测资料调查要求，见第 4 题说明。

10. B【点评解析】本题主要考查大气现状监测布点。其关键是搞清离岸流、向岸流、沿岸流的概念。向岸流指向陆地方向。

11. A【点评解析】本题主要考查环境现状监测中的 SO_2、NO_2 日均浓度值的取值时间要求。环境现状监测中的 SO_2、NO_2 日均浓度值应取一天 18 h 平均值。考生务必记忆。见下表说明。

各项污染物数据统计的有效性规定

污染物	取值时间	数据有效性规定
SO_2，NO_2	年平均	每年至少有分布均匀的 144 个日均值 每月至少有分布均匀的 12 个日均值
TSP，PM_{10}，Pb	年平均	每年至少有分布均匀的 60 个日均值 每月至少有分布均匀的 5 个日均值
SO_2，NO_x，NO_2，CO	日平均	每日至少有 18 h 的采样时间
TSP，PM_{10}，B[*a*]P，Pb	日平均	每日至少有 12 h 的采样时间
SO_2，NO_x，NO_2，CO，O_3	1 h 平均	每小时至少有 45 min 的采样时间
Pb	季平均	每季至少有分布均匀的 15 个日均值 每月至少有分布均匀的 5 个日均值
氟化物（以 F 计）	月平均	每月至少采样 15 日以上
	植物生长季平均	每一个生长季至少有 70%的月平均值
	日平均	每日至少有 12 h 的采样时间
	1 h 平均	每小时至少有 45 min 的采样时间

12. C【点评解析】本题实际考查稳定度分级的要素。除了总云量、低云量，还有风速和太阳角高度。当时考 1993 年版大气导则，目前 2008 年版大气导则已不作要求。

13. D【点评解析】本题主要考查大气污染物浓度超标倍数的计算公式。其计算公式为:（0.28−0.24）/0.24=0.17。考生务必理解。

14. A【点评解析】本题主要考查二氧化硫数据统计的有效性规定。由于二氧化硫的日平均浓度需要每天至少测 18 h，故不能用于统计分析二氧化硫的日平均浓度。二氧化硫无季平均浓度标准，日平均浓度不满足，年平均浓度也不能满足。

15. A【点评解析】本题主要考查大气污染物监测浓度的超标倍数。关键是必须记忆 TSP 日平均浓度的二级标准值 0.3 mg/m^3，计算较简单：（0.36−0.3）/0.3＝0.2。

16. B【点评解析】本题主要考查大气污染物监测浓度的超标率。关键是要剔除 5 个不符合监测技术规范要求的数据，计算较简单：30/195＝15.4%。

17. B【点评解析】本题主要考查熏烟状态出现的时段。由于日出后贴地逆温抬升，因此造成高空污染物向下扩散。当时考 1993 年版大气导则，目前 2008 年版大气导则已不作要求。

18. A【点评解析】本题主要考查风玫瑰图的概念。统计风玫瑰图资料时，除考虑 16 个方位的几何频率外，还需统计静风频率。考生务必记忆。

19. B【点评解析】本题实际考查大气污染物监测浓度的超标率。关键是要知道SO_2日平均浓度二级标准值 0.15 mg/m^3，计算较简单：（0.18−0.15）/0.15＝20%。不计算，判断也可。

20. C【点评解析】本题实际考查 16 方位角的概念。292.5°小于 315°，为 WNW。

21. D【点评解析】本题实际考查风速廓线的概念。风速廓线指风速随高度的变化曲线，以研究大气边界层的风速规律。

22. C【点评解析】本题实际考查最大超标倍数的计算。关键是找到 TSP 日平均浓度最大值 0.42 mg/m^3，（0.42−0.3）/0.3＝0.40。

23. D【点评解析】本题主要考查统计地面长期温度气象资料的内容。温度是决定烟气抬升的一个因素，温廓线即反映温度随高度的变化影响热力湍流扩散的能力。通过对温廓线的分析，可以知道逆温层出现的时间、频率、平均高度范围和强度。逆温层是非常稳定的气层，阻碍烟流向上和向下扩散，只在水平方向有扩散，在空中形成一个扇形的污染带，一旦逆温层消退，会有短时间的熏烟污染。

对于一、二级评价项目，需统计长期地面气象资料中每月平均温度的变化情况，并绘制年平均温度月变化曲线图。一级评价项目除上述工作外，还需酌情对污染较严重时的高空气象探测资料做温廓线的分析，并分析逆温层出现的频率、平均高度范围和强度。

24. C【点评解析】本题主要考查大气环境现状监测NO_2日均值超标率的计算。其关键是第一个数据 0.120 mg/m^{3}为超标，大气就是这样规定的。地面水和地下水监测值与标准值相等为达标。4/6＝66.7%。

25. D【点评解析】本题主要考查大气污染源的调查与分析对象。对于一、二级评价项目，应调查分析项目的所有污染源（对于改扩建项目应包括新、老污染源）、评价范围内与项目排放污染物有关的其他在建项目、已批复环境影响评价文件的拟建项目等污染源。如有区域替代方案，还应调查评价范围内所有的拟替代的污染源。对于三级评价项目可只调查分析项目污染源。

26. B【点评解析】本题实际考查大气环境质量现状监测布点。关键是要以监测期所处季节的主导风向为轴向，而不是当地的年主导风向。三级评价项目，以监测期所处季节的主导风向为轴向，取上风向为 0°，至少在约 0°、180°方向上各设置 1 个监测点，主导风向下风向应加密布点，也可根据局地地形条件、风频分布特征以及环境功能区、环境空气保护目标所在方位做适当调整。各个监测点要有代表性，环境监测值应能反映各环境空气敏感区、各环境功能区的环境质量，以及预计受项目影响的高浓度区的环境质量。如果评价范围内已有例行监测点可不再安排监测。

27. C【点评解析】本题主要考查温度廓线图的含义。从图可知，由于逆温从节点（16，200）开始，至（23，1 000）结束，因而逆温层底的高度为 200 m。逆温层顶的高度为 1 000 m，逆温层的厚度为 800 m。

28. D【点评解析】本题主要考查大气污染物超标倍数的计算。关键是应清楚煤堆场附近监测点处颗粒物的浓度为总悬浮颗粒物的浓度。超标倍数为（0.35−0.3）/0.3＝0.17。

29. A【点评解析】本题主要考查风玫瑰图和主导风向的概念。由题中信息可知，主导风向为西北风，频率为 30%。

30. A【点评解析】本题主要考查大气污染物超标率统计计算。其关键是要知道环境空气质量二类功能区 SO_2 日平均浓度限值为 0.15 mg/m^3（标态）；另外，SO_2 日平均浓度监测值等于浓度限值也属于超标。超标率为 4/7×100%＝57.1%。

31. D【点评解析】本题实际考查大气环境影响评价等级为三级的大气污染源调查。显而易见，由于三级评价不需要叠加其他污染源，只需调查本项目污染源。

32. C【点评解析】本题实际考查 NO_2 小时浓度监测频次。考生务必理解记忆。大气监测制度：

（1）一级评价项目应进行 2 期（冬季、夏季）监测；二级评价项目可取 1 期不利季节进行监测，必要时应作 2 期监测：三级评价项目必要时可作 1 期监测。

（2）每期监测时间，至少应取得有季节代表性的 7 天有效数据，采样时间应符合监测资料的统计要求。对于评价范围内没有排放同种特征污染物的项目，可减少监测天数。

（3）监测时间的安排和采用的监测手段，应能同时满足环境空气质量现状调查、污染源资料验证及预测模式的需要。监测时应使用空气自动监测设备，在不具备自动连续监测条件时，1 h 质量浓度监测值应遵循下列原则：一级评价项目每天监测时段，应至少获取与地时间 02、05、08、11、14、17、20、23 时 8 个小时质量浓度值，二级和三级评价项目每天监测时段，至少获取当地时间 02、08、14、20 时 4 个小时质量浓度值。日平均质量浓度监测值应符合 GB 3095 对数据的有效性规定。

（4）对于部分无法进行连续监测的特殊污染物，可监测其一次质量浓度值，监测时间须满足所用评价标准值的取值时间要求。

33. D【点评解析】本题主要考查等级为二级的环境空气质量现状监测方案内容。连续监测 7 天，布设 6 个监测点，必要时可进行一期监测。

34. D【点评解析】本题主要考查新建项目大气污染源调查的方法。污染源调查与分析方法根据不同的项目可采用不同的方式，一般对于新建项目可通过类比调查、物料衡算或设计资料确定。现场实测法为已建项目大气污染源的调查方法。而新建项目还未建设，无法实测。

35. B【点评解析】本题主要考查环境空气质量历史监测资料有效性的问题。空气质量现状调查收集的资料应注意资料的时效性和代表性，监测资料能反映评价范围内的空气质量状况和主要敏感点的空气质量状况。一般来说，评价范围内区域污染源变化不大的情况下，监测资料三年内有效。若评价区域内污染源变化很大，则需要实测。

36. C【点评解析】本题主要考查莫宁-奥布霍夫长度 L 的概念。莫奥长度（L_{mo}）：莫宁与奥布霍夫认为对于定常、水平均匀、无辐射和无相变的近地面层，其运动学和热力学结构仅决定于湍流状况。莫奥长度（L_{mo}）反映了近地面大气边界层的稳定层结的状况。当 $L_{mo}>0$，近地面大气边界层处于稳定状态；当 $L_{mo}<0$，边界层处于不稳定状态；当 $|L_{mo}|\to\infty$，边界层处于中性状态。

37. D【点评解析】本题主要考查污染物浓度超标率的计算。无效数据不计入统计；未检出即浓度很低，算达标。超标率为 8÷50=16%。

38. A【点评解析】本题主要考查海陆风的原理。由于昼夜水域和陆地的温差，日间太阳辐射使陆面增温高于水面，水面有下沉气流产生，贴地气流由水面吹向陆地，在海面称之为海风，而夜间则风向相反，称之为陆风；昼夜间边界层的陆风和海风的交替变化，称之为海陆风。

39. B【点评解析】本题主要考查补充地面气象观测的规定。一级评价的补充观测应进行为期 1 年的连续观测；二级评价的补充观测可选择有代表性的季节进行连续观测，观测期限应在 2 个月以上。

40. D【点评解析】本题主要考查山谷风环流的概念。白天山坡向阳面受到太阳辐射加热，温度高于周围同高度的大气层，暖而不稳定的空气由谷底沿山坡爬升，形成低层大气从陆地往山坡吹、高层大气风向相反的谷风环流。夜间山坡辐射冷却降温，温度低于周围大气层，冷空气沿山坡下滑，形成低层大气从山坡往陆地吹、高层大气风向相反的山风环流。

41. C【点评解析】本题主要考查污染物浓度超标率的计算。无效数据不计入统计。超标率为 12÷（28－4）=50%。

二、不定项选择题

1. B【点评解析】本题主要考查联合频率的定义。当时考 1993 年版大气导则，目前 2008 年版大气导则已不作要求。不过考生最好理解联合频率这个最基本的大气概念。

2. D【点评解析】本题主要考查风廓线的概念。虽然当时考 1993 年版大气导则，但考生仍要清楚大气的基本概念。风速统计量还包括不同时间的风廓线圈，即反映风速随高度的变化，以研究大气边界层内的风速规律。一级评价项目除上述工作外，还需酌情对污染较严重时的高空气象探测资料做风廓线的分析，并分析不同时间段大气边界层内的风速变化规律。

3. B【点评解析】本题主要考查温廓线的概念与运用。2008 年版大气导则对此并无要求，实为大气的基本概念，考生最好理解。另外，混合层高度不仅与温廓线有关，还与稳定度和干绝热递减率有关。混合层高度的调查方法：

把高空探空资料中各层的气温和高度，按纵横坐标在直角平面坐标纸上绘图（标准层可直接使用探空数据，特性层应利用气压、气温和绝对温度等参数换算出高度和气温的关系），再与以干绝热递减率为 γ_d 斜率的直线比较，当探空曲线斜率 $\gamma<\gamma_d$ 时，大气为稳定状态；$\gamma>\gamma_d$ 和 $\gamma=\gamma_d$ 时，大气分别为不稳定和中性状态。混合层高度即从地面算起至第一层稳定层底的高度。任一时间的地面温度和 γ_d 绘制的直线与北京时间 07 时探空曲线的交点（或切点）可作为该时间的混合层高度。日最高地面温度和 γ_d 绘制的直线与北京时间 07 时探空曲线的交点（或切点）即日混合层最大高度。计算时可取 $\gamma_d=0.0098℃/m$。

4. BC【点评解析】本题主要考查混合层的主要特征表现。虽然 2008 年版大气导则对此并无要求，实为大气的基本概念，考生最好理解。另外，早晨主要是形成逆温的稳定边界层，午后混合层高度达到最大值，易于污染扩散。混合层高度（*h*）：混合层是指对流边界层的高度，也就是在大气边界层处于不稳定层结时的厚度。通常晴朗白天中纬度陆地上的大气边界层基本上都属于不稳定的类型，混合层越高，对流边界层越不稳定，在强不稳定条件下，混合层高度可达到 1 km 以上。混合层的高度决定了垂直方向污染物的扩散能力，通常在小风强不稳定条件下，高烟囱（100 m 以上）附近 1 km 左右有污染物高浓度聚集区，随距离增加污染物浓度衰减很快，此现象也说明了在强不稳定条件下，污染物在垂直方向很快扩散到地表。另外，考生需要理解大气边界层的生消演变规律，见下图说明。

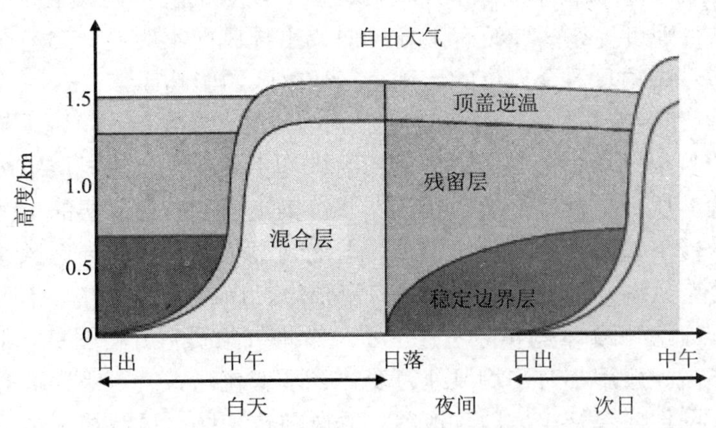

晴朗天气条件下大气边界层的生消演变规律

5. BCD【点评解析】本题主要考查风向玫瑰图的表述项目。风速值在风向玫瑰图上无法表述。风向玫瑰图给出了主导风向、风向频率和风向频率。

6. BC【点评解析】本题主要考查大气稳定度 P-T 法的应用。虽然 2008 年版大气导则对此并无要求，实为大气的基本概念，考生最好理解。F 类稳定度为稳定，一般就出现在风速＜1 m/s、夜间晴天情况下。

7. ABCDE【点评解析】本题主要考查通过现场测试获取大气扩散参数的方法。当时考 1993 年版大气导则，目前 2008 年版大气导则已不作要求。通过现场测试获取大气扩散参数的方法有平衡球法、脉动风速仪测量法、小球测风法、示踪剂法、低空探空法。

8. ACD【点评解析】本题主要考查温度廓线的含义及应用。混合层高度由干绝热递减率和温度廓线确定，不是温度廓线单独可以确定。温度廓线可以确定逆温层特征和厚度、不同高度气温、地表温度等。

9. BCD【点评解析】本题主要考查大气导则中城市主干道项目大气 NO_2 质量现状监测布点要求。由于城市主干道项目的特殊性，无主导风向限制。城市道路项目，可不受监测点设置数量限制，根据道路布局和车流量状况，并结合环境空气保护目标的分布状况，选择有代表性的环境空气保护目标设置监测点位。对于城市道路等线源项目，应在项目评价范围内，选取有代表性的环境空气保护目标设置监测点。监测点的布设还应结合敏感点的垂直空间分布进行设置。

10. BC【点评解析】本题主要考查大气导则中主导风向定义。由于最大风向频率为 8%，无主导风向。主导风向：（1）主导风向指风频最大的风向角的范围。风向角范围一般在连续 45°左右，对于以 16 方位角表示的风向，主导风向一般是指连续 2～3 个风向角的范围。（2）某区域的主导风向应有明显的优势，其主导风向角风频之和应≥30%，否则可称该区域没有主导风向或主导风向不明显。（3）在没有主导风向的地区，应考虑项目对全方位的环境空气敏感区的影响。

11. BCD【点评解析】本题主要考查复杂风场的定义及实例。静风场是不利气象条件，但不属于复杂风场。人类活动排放的污染物主要在大气边界层中进行传输与扩散，受大气边界层的生消演变的影响。有些污染现象随着边界层的生消演变而产生。污染物扩散受下垫面的影响也比较大，非均匀下垫面会引起局地风速、风向发生改变，形成复杂风场，常见的复杂风场有海陆风、山谷风、城市热岛环流等。

12. ABC【点评解析】本题实际考查基本及常规气象资料分析图件。小时平均风速日变化过细了，一般用小时平均风速月变化、季变化。大气一级评价的基本及常规气象资料分析图件应包括年风向玫瑰图、季风向玫瑰图、风廓线图、小时平均风速月/季变化曲线图。

13. B【点评解析】本题实际考查风廓线图的概念。由风廓线图可以了解风速随高度的变化，已考过多次，考生务必理解。

14. BCD【点评解析】本题主要考查环境空气现状监测点设置。显而易见，主要布置在环境敏感点，商业区不是环境敏感点。

15. ACD【点评解析】本题主要考查大气污染面源调查内容。面源体积不是调查内容，面源调查内容有：面源位置坐标，面源所在位置的海拔高度（m）；面源初始排放高度（m）；各主要污染物正常排放量[g/（s·m^2）]，排放工况，年排放小时数（h）。

16. BD【点评解析】本题主要考查环境空气质量现状监测工作的内容。设 5 个监测点只能是三级评价。监测时应使用空气自动监测设备，在不具备自动连续监测条件时，1 h 质量浓度监测值应遵循下列原则：一级评价项目每天监测时段，应至少获取当地时间 02、05、08、11、14、17、20、23 时 8 个小时质量浓度值，二级和三级评价项目每天监测时段，至少获取当地时间 02、08、14、20 时 4 个小时质量浓度值。日平均质量浓度监测值应符合 GB 3095 对数据的有效性规定。

17. ABC【点评解析】本题主要考查常规高空气象资料的调查项目。常规高空气象探测资料的调查项目包括：时间（年、月、日、时）；探空数据层数；每层的气压、高度、气温、风速、风向（以角度或按 16 个方位表示）。太阳高度角是用于计算大气稳定度的。

18. CD【点评解析】本题主要考查大气污染源点源调查的参数。应该还有排气筒内径，而不是排气筒出口外径。大气污染源点源调查的参数应该是排气筒中心坐标（x、y），底部海拔高度（z）。

19. ABD【点评解析】本题主要考查环境空气质量现状调查的有关规定。空气质量现状调查方法有现场监测法、收集已有资料法。资料来源分三种途径，可视不同评价等级对数据的要求采用：①收集评价范围内及邻近评价范围的各例行空气质量监测点的近三年与项目有关的监测资料。②收集近三年与项目有关的历史监测资料。③进行现场监测。两期监测应按导则进行。对技改项目，需监测有厂界监控浓度限值的污染物。历史监测资料与近年来区域污染源的变化情况相关。

20. ABC【点评解析】本题主要考查高空常规气象资料的项目。观测资料的常规调查项目包括：时间（年、月、日、时），探空数据层数，每层的气压、高度、气温、风速、风向（以角度或按 16 个方位表示）。日照时数是主要气候统计资料之一。

21. ABCD【点评解析】本题主要考查环境空气现状监测数据有效性分析的内容。一般从监测资料来源、监测布点、点位数量、监测时间、监测频次、监测条件、监测方法以及数据统计的有效性等方面分析是否符合导则、标准以及监测分析方法等有关要求。

22. ABC【点评解析】本题主要考查气象观测资料调查内容。观测资料的常规调查项目：时间（年、月、日、时）、风向（以角度或按 16 个方位表示）、风速、干球温度、低云量、总云量。根据不同评价等级预测精度要求及预测因子特征，可选择调查的观测资料的内容：湿球温度、露点温度、相对湿度、降水量、降水类型、海平面气压、观测站地面气压、云底高度、水平能见度等。

第三节　地表水环境现状调查与评价

一、单项选择题（每题的备选项中，只有一个最符合题意）

1. 在地表水水质评价中，推荐采用标准指数进行评价。已知饱和溶解氧浓度（DO_f）为 9.1 mg/L，溶解氧浓度实测值为 6.0 mg/L，溶解氧评价标准限值为 5 mg/L，应采用公式（　　）计算标准指数（S_{DO_j}）。（2005 年考题）

A. $S_{DO_j}=10-9\ DO_j/DO_s$（$DO_j<DO_s$）

B. $S_{DO_j}=|DO_f-DO_j|/$（DO_f-DO_s）（$DO_j\geqslant DO_s$）

C. $S_{ij}=C_{ij}/C_{is}$

D. $S_{DO_j}=DO_j/DO_s$

2. 在海湾水质监测中，当取样位置的水深为 5～10 m 时，一般情况下按（　　）确定取样点。（2005 年考题）

A. 在海面下 0.5 m 处，并距离海底不小于 0.5 m 处

B. 只在海面下 0.5 m 处

C. 在海面下 0.5 m 处，水深 5 m 处和海底不小于 0.5 m 处

D. 在海面下 0.5 m 处，水深 5 m 处

3. 某河流河宽为 45 m，按《导则》规定在取样断面上取样垂线具体位置按（　　）布设。（2005 年考题）

A. 在取样断面上均匀分布三条取样垂线

B. 在取样断面各距岸边 1/3 水面宽处各设一条取样垂线

C. 在取样断面的主流线及各距岸边 1/3 水面宽处各设一条取样垂线

D. 在取样断面的主流线上及各距两岸 1/4 水面宽各设一条取样垂线

4. 对于一个持续受到污染的天然水体，采用实验室分析法直接测出的耗氧系数一般（　　）。（2005 年考题）

A. 比天然水体中的耗氧系数大

B. 比天然水体中的耗氧系数小

C. 天然水体中的耗氧系数相同

D. 通过温度修正后与天然水体中的耗氧系数相同

5. 已知某中型水库平均水深大于 10 m，存在温度分层，按《环境影响评价导则　地面水环境》，应在水面下 0.5 m 及（　）确定取样位置上的样点。（2006 年考题）

A. 斜温层以下距底 0.5 m 以上处　　B. 以下每隔 2 m 水深处

C. 距底不小于 1.5 m 处　　D. 5 m 水深处

6. 对含第一类污染物的废水进行监测时，监测点位应设置在（　）。（2006 年考题）

A. 生产设备废水排放口　　B. 工厂废水总排放口

C. 车间或车间处理设施废水排放口　　D. 企业污水处理厂排放口

7. 已知采样时的饱和溶解氧浓度估算值为 9.0 mg/L，河流断面实测溶解氧为 10.0 mg/L，该断面执行地表水III类标准，溶解氧限值为 5.0 mg/L，则该断面溶解氧的标准指数为（　）。（2007 年考题）

A. −0.25　　B. 0.25　　C. 2.0　　D. 5.0

8. 某河流的水质监测断面如图所示。用两点法测定河流的耗氧系数 K_1，应采用（　）断面平均水质监测数据。（2007 年考题）

A. 1、2

B. 1、3

C. 3、4

D. 1、4

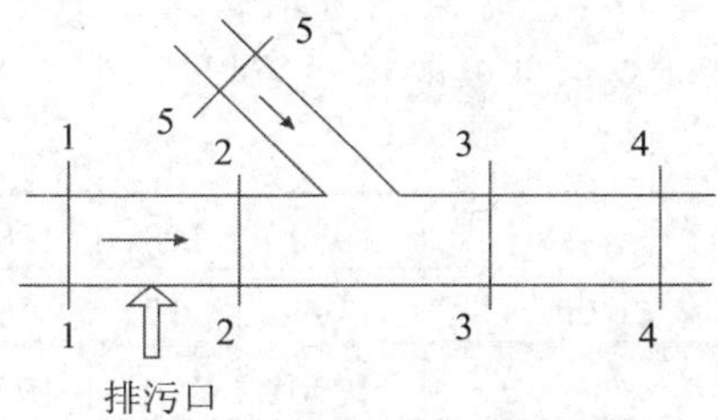

9. 城市污水处理厂厌氧工艺无组织排放的废气中，含氮污染物主要是（　）。（2007 年考题）

A. NO　　B. NO_2　　C. N_2O　　D. NH_3

10. 适用于河网地区一维水质模拟分析的水文水力学调查，至少包括（　）等参数。（2008 年考题）

A. 流量、流速和水深　　B. 流速、河宽和水深

C. 流量、流速和水位　　D. 水深、底坡降和流量

11. 某新建企业排污口位于 C 点，干、支流及排放点关系等见下图，该项目的水环境评价调查范围应在（　）。（2008 年考题）

A. C—D 段　　B. D—E 段

C. A—E 段和 B—D 段　　D. A—E 段和 E—D 段

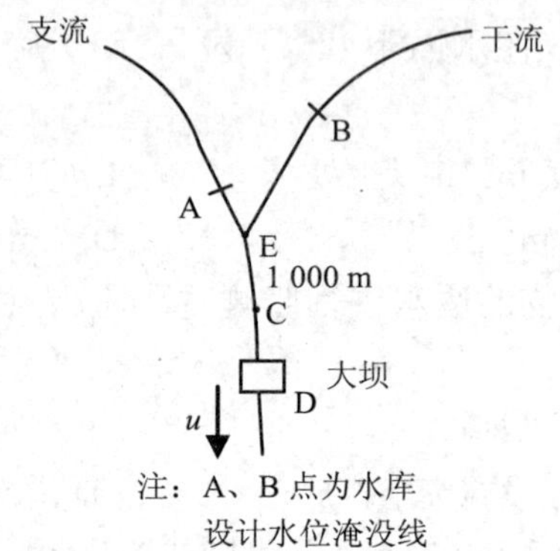

12. 集中式生活饮用水地表水源地硝基苯的标准限值为 0.017 mg/L。现有一河段连续 4 个功能区（从上游到下游顺序为Ⅱ、Ⅲ、Ⅳ、Ⅴ类）的实测浓度分别为 0.020 mg/L、0.019 mg/L、0.018 mg/L 和 0.017 mg/L。根据标准指数法判断可能有（　　）功能区超标。（2008 年、2010 年考题）

A. 1 个　　B. 2 个　　C. 3 个　　D. 4 个

13. 已知某河流水文站二十年最枯月平均流量见下表。按经验频率估算其最枯月 90%保证率的枯水流量为（　　）。（2009 年考题）

年份	1980	1981	1982	1983	1984	1985	1986	1987	1988	1989
流量/（m^3/s）	19	17	16	15	17	10	21	10	19	16
年份	1990	1991	1992	1993	1994	1995	1996	1997	1998	1999
流量/（m^3/s）	12	9	12	15	16	12	20	12	7	8

A. 10 m^3/s　　B. 9 m^3/s

C. 8 m^3/s　　D. 7 m^3/s

14. 某河段 COD 水质目标为 20 mg/L，实测断面 COD 浓度为 10 mg/L，该断面的 COD 标准指数为（　　）。（2010 年考题）

A. 0.33　　B. 0.50

C. 0.66　　D. 2.00

15. 某平原水库水体面积为 4 500 hm^2，水深 8.0 m。在进行渔业资源调查时，采取的样品数至少应为（　　）。（2012 年考题）

A. 6 个　　B. 10 个

C. 12 个　　D. 24 个

16. 某大型水库总库容与年入库径流量之比大于 8，应用类比法预测其水文情势

变化，如其他条件相似，可选择的类比水库为（　　）。（2012 年考题）

A. 大型径流式水库　　B. 大型年调节水库

C. 大型多年调节水库　　D. 大型季调节水库

17. 某监测点 COD 标准指数为 2.3，表示该点位 COD（　　）。（2013 年考题）

A. 超标 2.3 倍　　B. 超标 1.3 倍

C. 超标 0.3 倍　　D. 未超标

18. 关于水库渔业资源调查，说法正确的是（　　）。（2013 年考题）

A. 每个采样点应采水样 1 L

B. 水样灌满后均应加盖密封

C. 水深为 6～10 m 时，应在表层和底层采样

D. 水库水面面积为 1 000～5 000 hm^2 时，采样点数量应为 4～6 个

19. 某河流监控断面年内共有 6 次监测数据，其 COD 标准指数分别为 0.8、0.9、1.2、1.0、1.5、2.1，该河流断面的 COD 测次超标率是（　　）。（2014 年考题）

A. 33%　　B. 50%　　C. 67%　　D. 83%

20. 已知某弱潮河口不同时期的海水入侵平均长度大致为 50 km、20 km、10 km，则对应的水期排序是（　　）。（2014 年考题）

A. 平水期、枯水期、丰水期　　B. 枯水期、平水期、丰水期

C. 丰水期、平水期、枯水期　　D. 枯水期、丰水期、平水期

21. 河口现状水质调查时，每个水期每个断面至少需采样（　　）。（2014 年考题）

A. 1 次　　B. 2 次　　C. 4 次　　D. 8 次

22. 某河流入湖断面 COD、氨氮、总氮和 BOD_5 浓度分别为湖内水质目标的 1 倍、1.8 倍、2 倍和 1.5 倍。该河流与湖泊的水质目标为Ⅲ类，则该河流入湖断面的超标项目为（　　）。（2014 年考题）

A. 0 项　　B. 1 项　　C. 2 项　　D. 3 项

23. 海洋环境调查时，下列条件中，符合以水深作为真光层深度的是（　　）。（2014 年考题）

A. 真光层深度/水深=0.5　　B. 真光层深度/水深=0.7

C. 真光层深度/水深=0.9　　D. 真光层深度/水深=1.1

24. 在水库渔业资源调查中，当水库水面面积为 1 200 hm^2 时，水样采样点的数量至少应是（　　）。（2014 年考题）

A. 8 个　　B. 7 个　　C. 4 个　　D. 3 个

25. 某河流断面锌、总磷、氨氮的标准指数分别为 0.7、0.8、0.9，DO 标准指数为 1.2，问应该削减的因子是（　　）。（2015 年考题）

A. 锌　　B. 氨氮

C. 总磷　　　　D. DO

26. 水环境调查时，河流流量为 15 m^3/s，氨氮浓度 0.8 mg/L，河道功能区标准为 1.0 mg/L，河道枯水设计流量 10 m^3/s 下，氨氮的占标率为（　　）。（2015 年考题）

A. 56%　　　　B. 80%

C. 100%　　　　D. 120%

27. 设计枯水流量条件下，某河段控制断面 A 上游 2 个可控点源排放氨氮在断面 A 的浓度贡献不得超过 0.5 mg/L。已知，甲乙厂在单位负荷（kg/d）条件下，在断面 A 的氨氮浓度增量分别为 0.03 mg/L，0.01 mg/L。甲厂已核定的氨氮排放量为 10 kg/d，则乙厂可核定的最大氨氮允许排放量为（　　）。（2015 年考题）

A. 10 kg/d　　　　B. 13.3 kg/d

C. 15 kg/d　　　　D. 20 kg/d

28. 控制断面实测氨氮浓度超标 2.5 倍，则其标准指数为（　　）。（2016 年考题）

A. 1.5　　　　B. 2.5

C. 3.0　　　　D. 3.5

29. 稳定分层湖泊中，易缺氧的水层为（　　）。（2016 年考题）

A. 表层　　　　B. 温跃层上部

C. 温跃层下部　　　　D. 底层

二、不定项选择题（每题的备选项中至少有一个符合题意）

1. 径流深是常用的径流表示方法。年径流深是指（　　）。（2006 年考题）

A. 将年径流总量平铺在流域面积上的水层厚度

B. 年径流总量与流域面积比值

C. 年平均流量与流域面积比值

D. 流域内河流的平均水深

2. 在出现稳定温跃层的水库中，温跃层以下的状态是（　　）。（2006 年考题）

A. 水中溶解氧接近饱和　　　　B. 水中溶解氧较低

C. 水温高于温跃层以上水温　　　　D. 可能出现缺氧区

3. 水体初级生产力的测定一般可采用的方法有（　　）。（2006 年考题）

A. 氧气测定法（黑白瓶法）　　　　B. CO_2 测定法

C. 藻类镜检计数法　　　　D. 叶绿素测定法

4. 潮汐河口现状水质调查比较合理的采样时刻有（　　）。（2008 年考题）

A. 大潮涨憩　　　　B. 小潮落憩

C. 小潮涨憩　　D. 大潮落憩

5. 水污染源调查中，属于点源排放的有（　）。（2008 年考题）

A. 农田退水　　B. 农村生活污水

C. 大型造纸厂排放污水　　D. 城市污水处理厂排水

6. 北方河流水文调查需要了解（　）等状况。（2009 年考题）

A. 结冰　　B. 封冻

C. 解冻　　D. 断流

7. 水体密度分布对感潮河口污染物的输移混合影响很大，按垂向密度结构考虑入海河口可分为（　）。（2010 年考题）

A. 部分混合河口　　B. 充分混合河口

C. 淡水楔河口　　D. 盐水楔河口

8. 采用河道恒定均匀流公式（$u=c\sqrt{Ri}$）计算断面平均流速，需要的河道参数值包括（　）。（2010 年考题）

A. 水力坡降　　B. 河床糙率

C. 水力半径　　D. 断面水位

9. 水生生态调查中，初级生产力的测定方法有（　）。（2011 年考题）

A. 昼夜氧曲线法　　B. 样本调查法

C. 叶绿素测定法　　D. CO_2 测定法

10. 海岸工程项目环评中，潮间带生物调查的主要内容有（　）。（2011 年考题）

A. 潮间带类型　　B. 生物种类与群落结构

C. 主要物种生物量　　D. 海区水动力学特征

11. 河流水文调查中一般需要考虑的指标有（　）。（2011 年考题）

A. 水深　　B. 流量

C. 水位　　D. 水力滞留时间

12. 某项目排放污水中含重金属，排放口下游排放区域内分布有鱼类产卵场等敏感区。现状评价中应调查（　）。（2012 年考题）

A. 常规水质因子　　B. 项目特征水质因子

C. 水生生物项目特征因子　　D. 沉积物项目特征因子

13. 在水质单项指数评价中，需要考虑上、下限要求的指标有（　）。（2012 年考题）

A. 氨氮　　B. pH

C. DO　　D. COD

14. 关于湖库水体垂向分层的正确说法有（　）。（2013 年考题）

A. 水越深越不易分层　　B. 径流越大越不易分层

C. 面积越大越不易分层　　　　D. 温差是分层的主要因素

15. 某河流断面 DO 和 pH 的标准指数均大于 1，可能存在的状态有（　）。（2014 年考题）

A. 现状 DO 浓度低于功能区水质标准

B. 现状 DO 浓度高于功能区水质标准

C. 现状存在碱污染

D. 现状存在酸污染

16. 某水质指标检测浓度大于和小于水质标准各一次，其单项标准指数均大于 1，则可能满足上述条件的水质指标有（　）。（2015 年考题）

A. COD　　　　B. DO

C. pH　　　　D. 总磷

17. 水体中 DO 浓度实测值小于水功能区标准浓度限值，下列 DO 的标准指数值中，在实际评价中是可能出现的有（　）。（2016 年考题）

A. −0.5　　　　B. 1.1

C. 0.5　　　　D. 11

18. 某河段相邻功能区类别分别为Ⅳ类和Ⅲ类，设计枯水流量条件下，采用首断面和末断面控制，氨氮浓度沿程分布控制线如下图，功能区河长达标率大于零的控制线有（　）。（2016 年考题）

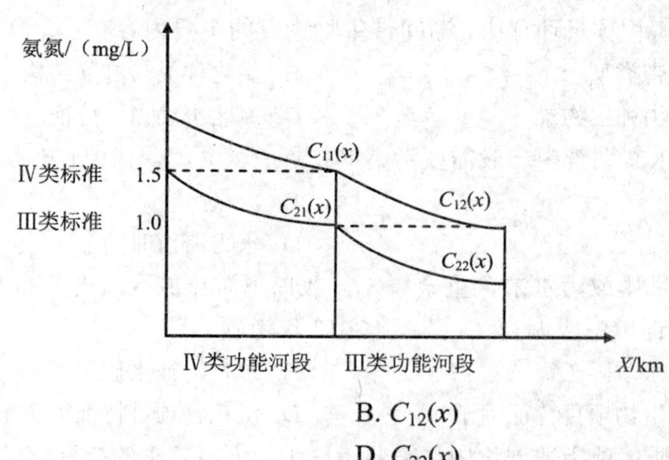

A. $C_{11}(x)$　　　　B. $C_{12}(x)$

C. $C_{21}(x)$　　　　D. $C_{22}(x)$

19. 某城市污水处理厂排污口下游均匀河段。无其他排污口，测得 A、B 断面溶解氧浓度分别为 5 mg/L 和 6 mg/L，按照一维稳态水质模拟分析，两断面间可能存在的断面平均浓度包括（　）。

A. 4.9 mg/L　　　　B. 5.1 mg/L

C. 5.5 mg/L　　　　D. 6.1 mg/L

参考答案

一、单项选择题

1. B【点评解析】本题主要考查溶解氧的标准指数表达式。溶解氧浓度实测值6.0 mg/L大于溶解氧评价标准限值5 mg/L，标准指数为0.756。由于溶解氧越高越好，一般采用A、B两式计算，因$DO_j \geqslant DO_s$采用B公式，|9.1−6|/（9.1−5）=0.756。考生务必要理解记忆。

2. B【点评解析】本题主要考查海湾水质取样点位置设置的原则。考生务必记忆。取样位置上水质取样点设置的原则：

每个位置上按照水深布设水质取样点。

- 在水深≤10 m时，只在水面下0.5 m处取一个水样，此点与海底的距离≮0.5 m；
- 在水深＞10 m时，在水面下0.5 m处和水深10 m，并距海底≮0.5 m处分别设取样点。

3. B【点评解析】本题主要考查河流水质取样断面设置的原则。某河流河宽为45 m，按中河对待。考生务必理解记忆。断面上取样垂线的确定：

断面上取样垂线设置的主要依据为河宽。当河流断面形状为矩形或相近于矩形时，可按下列方法布设取样垂线。

小河：在取样断面的主流线上设一条取样垂线。

大河、中河：河宽小于50 m者，在取样断面上各距岸边1/3水面宽处，设一条取样垂线（垂线应设在明显水流处），共设两条取样垂线：河宽大于50 m者，在取样断面的主流线上及距两岸不小于0.5 m，并有明显水流的地方各设一条取样垂线，即共设三条取样垂线。

特大河（如长江、黄河、珠江、黑龙江、淮河、松花江、海河等）：由于河流较宽，取样断面上的取样垂线数应适当增加，而且主流线两侧的垂线数目不必相等，拟设有排污口的一侧可以多一些。如断面形状十分不规则时，应结合主流线的位置，适当调整取样垂线的位置和数目。

4. B【点评解析】本题主要考查耗氧系数的概念与测定。由于天然水体有阳光照射、水体流动复氧等条件，更有利于污染物生化降解，所以比天然水体中的耗氧系数小。

5. A【点评解析】本题主要考查中型水库水质取样点的设置。应在水面下0.5 m及斜温层以下距底0.5 m以上处确定取样位置上的样点，考生务必理解记忆。取样位置上取样点的布设：

大型、中型湖泊、水库，当平均水深＜10 m 时，取样点设在水面下 0.5 m 处，但此点距底不应＜0.5 m。当平均水深≥10 m 时，首先要根据现有资料查明此湖泊（水库）有无温度分层现象，如无资料可供利用，应先测水温。在取样位置水面以下 0.5 m 处测水温，以下每隔 2 m 水深测一个水温值，如发现两点间温度变化较大时，应在这两点间酌量加测几点的水温，目的是找到斜温层。找到斜温层后，在水面下 0.5 m 及斜温层以下，距底 0.5 m 以上处各取一个水样。小型湖泊、水库，当平均水深＜10 m 时，在水面下 0.5 m 并距底不小于 0.5 m 处设一取样点；当平均水深≥10 m 时，在水面下 0.5 m 处和水深 10 m 并距底不小于 0.5 m 处各设一取样点。

6. C【点评解析】本题实际考查第一类污染物的监测点位设置。对含第一类污染物的废水进行监测时，监测点位应设置在车间或车间处理设施废水排放口。此知识点非常重要，也为高频考点，在案例分析中经常出现，考生务必理解记忆。

7. B【点评解析】本题主要考查溶解氧的标准指数计算。溶解氧浓度实测值 10.0 mg/L，大于溶解氧评价标准限值 5 mg/L；标准指数为：$DO_j=|DO_f-DO_j|/(DO_f-DO_s)$（$DO_j \geqslant DO_s$）＝|9−10|/（9−5）＝0.25。考生务必要理解记忆。

8. C【点评解析】本题主要考查耗氧系数 K_1 估值两点法的选择要求。有一点污染源和支流汇入则不能反映河流实际衰减情况，增加耗氧和复氧。考生务必理解，此为高频考点。

9. D【点评解析】本题主要考查污染物的产生。显而易见，城市污水处理厂厌氧工艺无组织排放的废气中，含氮污染物主要是 NH_3。厌氧产生 NH_3，即恶臭污染物。含氮氧化物（NO、NO_2、N_2O）一般由空气燃烧所致。

10. C【点评解析】本题主要考查对河网地区河流一维水质模拟分析的理解。其关键是河网地区必须知道水位，才能知晓水的流向。

11. C【点评解析】本题主要考查水环境评价调查范围的确定。其关键是淹没点即为影响范围。

12. C【点评解析】本题主要考查标准指数法的应用理解，实际还考查《地表水环境质量标准》(GB 3838—2002)。其关键是硝基苯只适用Ⅱ类、Ⅲ类功能区，Ⅳ类、Ⅴ类功能区不适用。但是，Ⅴ类的实测浓度为 0.017 mg/L 肯定达标；Ⅳ类的实测浓度为 0.018 mg/L，由于不知道其相应限值，有可能超标或达标，如参考标准限值 0.017 mg/L，则超标。因此，最多可能有 3 个功能区超标。

13. C【点评解析】本题实际考查河流流量的 90%保证率的概念。解题的关键是需要逆向思维，90%保证率即 10%没保证，即二十年最枯月平均流量有 1 年在其外，只有 7 m^3/s 不满足。设计年最枯时段流量：

枯水流量的选择分为两种情况，一是固定时段选样，二是浮动时段选样。固定时段选样是指每年选样的起止时间是一定的。例如，某河流最枯水月或季主要出现在 2 月或 1—3 月，则选取历年 2 月或 1—3 月平均流量作为年最枯水月或季径流序列的样本。浮动时段选样是指每年选取样本的时间是不固定的。推求短时段（例如 30 d 以下）设计枯水流量时都是按浮动时段选样。例如，要研究某河流断面十年一遇连续 7 d 枯水流量的变化规律，选样时就在水文年鉴中每年找出一个连续 7 d 平均流量的最小值组成一个样本。年最枯时段流量的设计频率一般多采用 50%与 75%～95%。

另外，经验频率估算公式为：$P=\dfrac{M}{N+1}$，式中：M 为样本排序数（由大向小排序）；N 为样本个数。经验频率估算：$P(9\ \mathrm{m^3/s})=\dfrac{18}{21}=85.7\%$，$P(8\ \mathrm{m^3/s})=\dfrac{19}{21}=90.5\%$。

故选择 C 8 $\mathrm{m^3/s}$，其保证率 90.5%＞90%。

14. B【点评解析】本题实际考查 COD 标准指数的计算。该断面的 COD 标准指数为 10/20＝0.50。

15. C 【点评解析】本题实际考查渔业资源调查采样点的布设。水库水体面积为 4 500 $\mathrm{hm^2}$，采样点为 3～5 个；水深 8.0 m，在表层、中层、底层分别采样，共 12 个样品数。水的理化性质调查：

① 水样的采集和保存。

a）采样点布设。

按环境条件的异同将水库分为若干个区域，然后确定能代表该区域特点的地方作为采样点。一般可在水库的上游、中游、下游的中心区和出水口、入水口区以及库湾中心区等水域布设采样点。样点的控制数量见下表。

采样点的控制数量

水面面积/$\mathrm{hm^2}$	＜500	500～1 000	1 000～5 000	5 000～10 000	＞10 000
采样点数量/个	2～4	3～5	4～6	5～7	≥6

b）采样层次。

水深小于 3 m 时，可只在表层采样；水深为 3～6 m 时，至少应在表层和底层采样；水深为 6～10 m 时，至少应在表层、中层和底层采样；水深大于 10 m 时，10 m 以下除特殊需要外一般不采样，10 m 以上至少应在表层、5 m 和 10 m 水深层采样。

16. C【点评解析】本题实际考查应用类比法预测其水文情势变化的类比水库。由于某大型水库入库年径流量与总库容之比小于 8，故以总库容为主，为大型年调节型水库，水温为稳定分层型。如某大型水库总库容与多年入库径流量之比大于 8，则为大型多年调节水库。

17. B【点评解析】本题主要考查超标倍数计算。超标倍数为（2.3−1.0）/1.0=1.3。

18. D【点评解析】本题主要考查水库渔业资源调查。每个采样点应采水样 2 L；水样灌满后均应加入固定液，除测定溶解氧的水样外，气体水样不宜灌满；水深为6～10 m 时，应在表层、中层和底层采样。只有 D 项是正确的。

19. B【点评解析】本题主要考查水质因子超标率的计算。COD 标准指数为 1 时，应视为达标。当 COD 标准指数为 1.2、1.5、2.1 时，表明水质因子 COD 在该处的实测统计代表值大于水质因子 COD 的评价标准限值，属于超标。因此，该河流断面的 COD 测次超标率=3÷6×100%=50%。

20. B【点评解析】本题主要考查海水入侵的基本机理。海水入侵一般指由于淡水层的过量开采，使淡水与海（成）水之间的水力平衡遭到破坏，海（咸）水从海洋一侧向内陆运移，造成淡水水源地水质恶化的现象。天然条件下淡水与咸水间一般能保持某种程度的动力平衡，人为地破坏这种平衡或使咸淡水发生联系，因而出现海水入侵。河水流量越小越容易受到海水入侵。因此，根据海水入侵的机理可知，海水入侵平均长度 50 km、20 km、10 km 分别对应的应为该弱湖河口的枯水期、平水期、丰水期。

21. C【点评解析】本题主要考查河口现状水质调查断面采样次数。在所规定的不同规模河口、不同等级的调查对期中，每期调查一次，每次调查两天，一次在大潮期，一次在小潮期；每个潮期的调查，均应分别采集同一天的高潮、低潮水样；各监测断面的采样，尽可能同步进行。两天调查中，要对已选定的所有水质参数取样。因此，每个水期每个断面至少需采样 4 次。

22. D【点评解析】本题主要考查河流断面水质参数标准指数的概念。由题中数据可知，氨氮、总氮、BOD_5 的浓度均超标。COD 标准指数为 1，达标。

23. D【点评解析】本题主要考查海洋环境调查中真光层深度的概念。真光层判断标准取向下辐照度为表层 1%的深度作为真光层的下界深度；若真光层大于水深，取水深作为真光层的深度。题中只有 D 选项符合真光层深度大于水深。

24. C【点评解析】本题主要考查水库渔业资源调查中水样采样点的数量的有关规定。根据《水库渔业资源调查规范》（SL 167—96），当水样面积为 1 000～5 000 hm^2 时，水样采样点的数量为 4～6 个。则当水库水样面积为 1 200 hm^2 时，水样采样点的水量至少为 4 个。

25. B【点评解析】本题主要考查标准指数及 DO 的概念。虽然 DO 标准指数为 1.2，超标；但是，不能削减 DO，DO 越高越好。由于氨氮的标准指数为 0.9，接近超标，其消耗溶解氧，故应该削减的因子是氨氮。

26. D【点评解析】本题主要考查水污染物的占标率计算。氨氮在河道枯水设计流量 10 m^3/s 下的浓度为 0.8×（15/10）＝1.2 mg/L，氨氮的占标率为 1.2/1.0＝120%。

27. D【点评解析】本题主要考查水污染物最大允许排放量的计算，亦即总量－浓度响应关系。乙厂可核定的最大氨氮允许排放量＝（0.5－0.03×10）/0.01＝20 kg/d。

28. D【点评解析】本题主要考查超标倍数的概念。超标倍数＝（实测值–标准值）/标准值＝标准指数–1，故标准指数＝超标倍数＋1。

29. D【点评解析】本题主要考查温跃层的概念。水中溶解氧在温跃层以上比较多甚至可接近饱和，而温跃层以下，大气中溶解进水中的氧很难到达，加之有机污染物被生物降解消耗了水中的氧，因此下层的溶解氧较低，成为缺氧区。

二、不定项选择题

1. AB【点评解析】本题主要考查年径流深的概念。年径流深是指年径流总量与流域面积比值，即将年径流总量平铺在流域面积上的水层厚度。关键是年径流总量，A、B 只是表达方式不同。

2. BD【点评解析】本题主要考查温跃层以下的状态。关键是要搞清温跃层和斜温层的概念。湖泊、水库水温受湖面以上气象条件（主要是气温与风）、湖泊、水库容积和水深以及湖、库盆形态等因素的影响，呈现出具有时间与空间的变化规律，比较明显的季节性变化与垂直变化。一般容积大、水深深的湖泊、水库，水温常呈垂向分层型。通常水温的垂向分布有三个层次，上层温度较高，下层温度较低，中间为过渡带（称为温跃层）。冬季因表面水温不高，可能没有显著的温跃层。夏季的温跃层较为明显。水中溶解氧在温跃层以上比较多甚至可接近饱和，而温跃层以下，大气中溶解进水中的氧很难到达，加之有机污染物被生物降解消耗了水中的氧，因此下层的溶解氧较低，成为缺氧区。对于容积和水深都比较小的湖泊，由于水能充分混合，因此往往不存在垂向分层的问题。

3. ABD【点评解析】本题主要考查水体初级生产力的测定方法。共四种方法，水体初级生产力的测定一般可采用的方法有氧气测定法（黑白瓶法）、CO_2 测定法、叶绿素测定法，还有放射性标记物测定法。藻类镜检计数法为富营养化的测定方法。

4. ABCD【点评解析】本题主要考查潮汐河口现状水质调查比较合理的采样时刻。由于潮汐河口分大潮、小潮、涨潮、落潮，各个时刻水质有很大差别，均需要调查。

5. CD【点评解析】本题主要考查水污染源的分类。显然，农田退水和农村生活污水属于面源。大型造纸厂排放污水、城市污水处理厂排水均通过排污口排放，属于点源排放。

6. ABCD【点评解析】本题实际考查北方河流水文调查主要内容。断流现象在北方河流普遍存在。河流水文调查在枯水期应调查有无浅滩、沙洲和断流，北方河流还应了解结冰、封冻、解冻等现象。

7. ABD【点评解析】本题主要考查入海河口的分类。由于河口淡水密度小，不可能形成淡水楔河口。见下说明：

江河的淡水径流。在河口水域淡水径流对于盐度、密度的分布起着极为重要的作用。河口区是海水与河流淡水相互汇合和混合之处，一般情况下淡的径流水因密度较海水小，于表层向外海扩展，并通过卷吸和混合过程逐渐与海水混合，而高盐度的海水从底层楔入河口，形成河口盐水楔（图 3-15（a））。这样的河口楔由底层的入流与表层的出流构成垂向环流来维持。盐水楔溯江而上入侵河口段的深度主要由径流大小决定，径流小则入侵深，径流大则入侵浅。

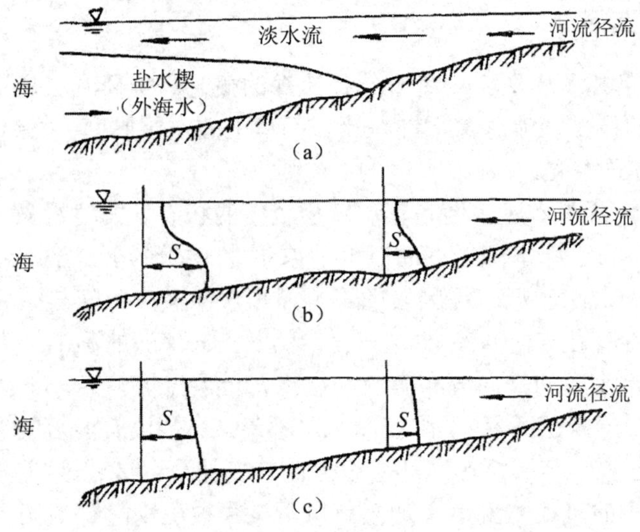

（a）盐水楔河口；（b）部分混合河口；（c）充分混合河口

沿着河口段的盐度分布

河口段的水结构并不是只有这一种形式，在潮流发达的河口，或者在秋、冬季降温期，垂直对流发展，混合增强的情况下盐水楔被破坏，按垂直向的混合程度强弱和盐度分布的特征呈现图 3-15（b）和（c）的情况，（b）为部分混合型，（c）为充分混合型。

8. ABC【点评解析】本题主要考查河道恒定均匀流公式中各参数的意义。见下说明：

恒定均匀流。对于非感潮河道，且在平水或枯水期，河道均匀，流动可视为恒定均匀流。这是最简单的河流流动的形态，基本方程为：

$$v = C\sqrt{Ri}$$
$$Q = v \cdot A$$

式中：v ——断面平均流速，m/s；

R ——水力半径，即过水断面面积除以湿周，对于宽线型河道，常用断面平均水深 H 直接代替 R，m；

i ——水面坡降或底坡；

C ——谢才系数，常用 $\frac{1}{n}R^{1/6}$ 表示，n 为河床糙率；

A ——过水断面面积，m^2；

Q ——流量，m^3/s。

按这两个公式，在测得水面坡降（或河床底坡）、水深，确定了河床糙率值后即可求出过流断面的流速及流量。反之，已知河床底坡、糙率及流量，也可求出水深及流速。

9. ACD【点评解析】本题主要考查初级生产力的测定方法。水生生态系统初级生产力的测定方法有叶绿素测定法、氧气测定法、CO_2 测定法、放射性标记物测定法。样本调查法是陆生生态环境（尤其是植被）调查方法。为高频考点，考生务必理解记忆。

10. BC【点评解析】本题主要考查潮间带生物调查的主要内容。显而易见，主要针对潮间带生物。潮间带类型和海区水动力学特征不属于生物调查内容。潮间带生物调查：

海洋生态中，潮间带是一个特殊生境，也因而养育了特殊的潮间带生物。很多海岸建设工程会强烈地影响潮间带生态，因而潮间带生物调查是很重要的。潮间带生物调查的采样和标本处理按《海洋调查规范》进行，一般按不同的潮区进行调查，其主要调查指标是：

- 种类组成与分布：鉴定潮间带生物种和类属；
- 生物量（g/m^2）和密度（个/m^2）及其分布：包括平面分布和垂直分布；
- 群落：群落类型和结构，按潮区分别调查；
- 底质：相应群落的底质类型（砂、岩、泥）。

11. ABC【点评解析】本题实际考查河流水文调查中一般需要考虑的指标。河流水文调查中一般需要考虑的指标有水深、水位、流量等。水力滞留时间是湖泊、水库的水文参数。

12. ABCD【点评解析】本题主要考查水质现状评价因子。由于污水中含重金属，排放口下游排放区域内又分布有鱼类产卵场，故应调查沉积物项目特征因子和水生生物项目特征因子。选择水质调查因子：

需要调查的水质因子有三类：一类是常规水质因子，它能反映受纳水体的水质状况；另一类是特殊水质因子，它能代表建设项目外排污水的特征污染因子；在某些情况下，还需调查一些其他方面的因子。

（1）常规水质因子。以《地表水环境质量标准》（GB 3838—2002）中所列的 pH 值、溶解氧、高锰酸盐指数或化学耗氧量、五日生化需氧量、总氮或氨氮、酚、氰化物、砷、汞、铬（六价）、总磷及水温为基础，根据水域类别、评价等级及污染源状况适当增减。

（2）特殊水质因子。根据建设项目特点、水域类别及评价等级以及建设项目所属行业的特征水质参数表进行选择，可以适当删减。

（3）其他方面的因子。被调查水域的环境质量要求较高（如自然保护区、饮用水水源地、珍贵水生生物保护区、经济鱼类养殖区等），且评价等级为一、二级，应考虑调查水生生物和底质。其调查项目可根据具体工作要求确定，或从下列项目中选择部分内容。

水生生物方面主要调查浮游动植物、藻类、底栖无脊椎动物的种类和数量，水生生物群落结构等。

底质方面主要调查与建设项目排污水质有关的易积累的污染物。

13. B【点评解析】本题主要考查特殊水质单项指数。需要考虑上限、下限要求的指标只有 pH。DO 需要考虑与标准值的比较大小，而不是需要考虑上限、下限要求。本题知识点为高频考点，考生务必理解记忆。特殊水质因子：

①DO——溶解氧。

当 $DO_j \geqslant DO_s$，$S_{DO_j}=\dfrac{|DO_f-DO_j|}{|DO_f-DO_s|}$

当 $DO_j < DO_s$，$S_{DO_j}=10-9\dfrac{DO_j}{DO_s}$

式中：S_{DO_j}——DO 的标准指数；

DO_f——某水温、气压条件下的饱和溶解氧浓度，mg/L，计算公式常采用 $DO_f=468/(31.6+t)$，t 为水温，℃；

DO_j——在 j 点的溶解氧实测统计代表值，mg/L；

DO_s——溶解氧的评价标准限值，mg/L。

② pH 值——两端有限值，水质影响不同。

当 $pH_j \leqslant 7.0$，$S_{pH_j}=(7.0-pH_j)/(7.0-pH_{sd})$

当 $pH_j > 7.0$，$S_{pH_j}=(pH_j-7.0)/(pH_{su}-7.0)$

式中：S_{pH_j}——pH 值得标准指数；

pH_j——pH 值的实测统计代表值；

pH_{sd}——评价标准中 pH 值的下限值；

pH_{su}——评价标准中 pH 值的上限值。

水质因子的标准指数≤1 时，表明该水质因子在评价水体中的浓度符合水域功能及水环境质量标准的要求。

14. BD【点评解析】本题主要考查湖库水体垂向分层。湖库水体是否垂向分层，一般用水替换次数指标α来判别。$\alpha>20$，即为混合型，径流越大越不易分层。水越深越易分层，面积的大小与湖库水体垂向分层无直接相关，一般面积越大水越越深，越易分层。

15. ABCD【点评解析】本题主要考查河流断面 DO 和 pH 的标准指数的含义。根据 DO 和 pH 的标准指数计算公式，大于 1 说明超标了。DO 浓度一般越高越好，但溶解氧过饱和太多，也有可能超标。现状 DO 浓度低于功能区水质标准，肯定属于超标。pH 的标准指数大于 1，偏离正常范围，酸、碱污染都可能存在。

16. BC【点评解析】本题主要考查特殊水质因子的标准指数。由于 pH 为两端限值，超出其范围均为超标。DO 浓度一般越高越好，但溶解氧过饱和太大，也有可能超标。现状 DO 浓度低于功能区水质标准，肯定属于超标。

17. B【点评解析】本题主要考查 DO 的标准指数值。当 $DO_j<DO_s$，$S_{DO_j}=10-9\,DO_j/DO_s$。由于 $DO_j/DO_s<1$，故 S_{DO_j} 值的范围为（1，10）。

18. BCD【点评解析】本题主要考查水污染物达标排放情况。$C_{11}(x)$的首端和末端均超标，末端应执行Ⅲ类标准，故 $C_{11}(x)$的全河段都不达标。$C_{12}(x)$的首端超标，但末端达标，达标率至少大于零。$C_{21}(x)$和 $C_{22}(x)$全程均达标。

19. ABC【点评解析】本题主要考查氧垂曲线的概念及理解。氧垂曲线图如下：溶解氧浓度先降低，降低到临界氧亏点后再上升，上升到末端浓度。

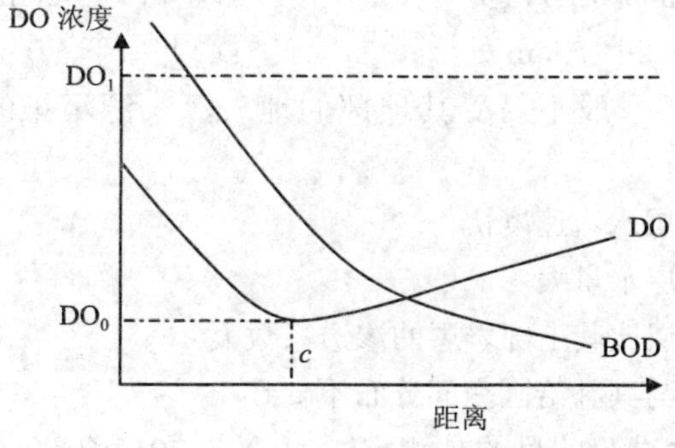

第四节　地下水环境现状调查与评价

一、单项选择题（每题的备选项中，只有一个最符合题意）

1. 潜水与承压水的差别在于潜水（　）。（2009 年考题）

A. 为重力驱动　　B. 上有隔水层

C. 下有隔水层　　D. 具有自由水面

2. 某拟建项目厂址位于平原地区。为调查厂址附近地下潜水水位和流向，应至少布设潜水监测井位（　）。（2010 年考题）

A. 1 个　　B. 2 个

C. 3 个　　D. 4 个

3. 由大气降水过程导致的表层土壤中的污染物渗入含水层的污染类型属于（　）污染。（2011 年考题）

A. 间歇入渗型　　B. 连续入渗型

C. 含水层间越流型　　D. 径流型

4. 某拟建项目厂址位于平原地区。为调查厂址附近地下潜水水位和流向，按最经济原则布设的潜水监测井位数为（　）。（2011 年考题）

A. 2 个　　B. 3 个

C. 4 个　　D. 5 个

5. 某石油化工类项目开展地下水环境一级评价，设置监测井井深 19.0 m，监测井内地下水水位距井口 3.0 m，正确的地下水取样点位置是（　）。（2012 年考题）

A. 井口下 4.0 m 和 15.0 m 处　　B. 井口下 4.0 m 和 9.5 m 处

C. 井口下 5.0 m 和 15.0 m 处　　D. 井口下 5.0 m 和 11.0 m 处

6. 承压水含水层一般不易受其顶部的地表污染源污染的主要原因是（　）。（2012 年考题）

A. 承压水含水层水流速度快

B. 承压水含水层水量大

C. 承压水含水层比其上部岩层的渗透系数大

D. 承压含水层与其补给区空间分布不一致

7. 野外现场渗水试验的目的是测定（　）。（2013 年考题）

A. 含水层孔隙度　　B. 包气带孔隙度

C. 含水层垂向渗透系数　　D. 包气带垂向渗透系数

8. 描述孔隙含水层的基本水文地质参数是（　　）。（2013 年考题）

A. 孔隙度、给水度、渗透系数

B. 空隙率、给水度、弹性系数

C. 有效孔隙度、渗透系数、实际流速

D. 有效孔隙度、弹性系数、水力传导系数

9. 影响地下水含水层渗透系数 K 值的因素是（　　）。（2013 年考题）

A. 地下水水力坡度大小　　B. 含水层厚度大小

C. 介质颗粒粒径大小　　D. 抽取含水层的水量大小

10. 地下水影响半径（R）表示的是以抽水井为中心至（　　）处的距离。（2013 年考题）

A. 地下水位降深等于零　　B. 地下水位降深大于零

C. 地下水位埋深等于零　　D. 地下水位埋深大于零

11. 地下水环境调查评价的背景值、对照值、监测值分别代表的是（　　）。（2013 年考题）

A. 历史、天然、现状监测值

B. 天然、历史、现状监测值

C. 补给区、径流区、排泄区监测值

D. 非项目影响区、项目区、项目影响区监测值

12. 位于山区基岩地下水单元补给区的 I 类一级评价项目，地下水环境现状调查范围应是（　　）。（2013 年考题）

A. 地下水排泄区

B. 地下水径流排泄区

C. 同一水文地质单元

D. 以污染为中心的地下水影响半径覆盖区域

13. 从土壤剖面采取土壤样品正确的方法是（　　）。（2013 年考题）

A. 随机抽样　　B. 由上而下分层取样

C. 由下而上分层取样　　D. 由中段向上、下扩展取样

二、不定项选择题（每题的备选项中至少有一个符合题意）

1. 收集的某地下水监测井年内丰、枯水期两期地下水质监测资料，水质监测项目共有 18 项，均为《地下水质量标准》（GB/T 14848—93）规定的监测项目，可利用该资料进行（　　）。（2008 年考题）

A. 单项组分评价　　B. 综合评价

C. 地下水级别划分　　D. 污染物迁移特征分析

2. 一般从水文地质柱状图中可获取的信息有（　　）。（2009 年考题）

A. 潜水水位　　B. 含水层厚度

C. 包气带岩性　　D. 含水层之间的补给关系

3. 经现场踏勘，拟建项目厂址附近分布有 5 口地下水井，其中承压水井 3 口，潜水井 2 口。利用这些井位进行相应的水文、水质监测，可以确定（　　）。（2011 年考题）

A. 地下水质现状　　B. 潜水水位

C. 潜水流向　　D. 承压含水层与潜水层之间的水力联系

4. 区域地下水水量均衡域应考虑的因素有（　　）。（2012 年考题）

A. 地下水类型　　B. 均衡要素

C. 水文地质参数　　D. 均衡期

5. 关于包气带防污性能，说法正确的有（　　）。（2012 年考题）

A. 包气带岩性颗粒越细，渗透系数 K 越大，防污染性能越差

B. 包气带岩性颗粒越粗，渗透系数 K 越大，防污染性能越差

C. 包气带岩性颗粒越粗，渗透系数 K 越小，防污染性能越好

D. 包气带岩性颗粒越细，渗透系数 K 越小，防污染性能越好

6. 为了解某石油炼化改扩建项目的地下水环境现状，评价区内的调查内容有（　　）。（2013 年考题）

A. 地表水水文状况　　B. 地下水理化特性

C. 植被覆盖率　　D. 土壤污染状况

7. Ⅰ类新建项目地下水环境现状调查中，地下水天然露头监测资料可帮助确定（　　）。（2013 年考题）

A. 该项目污染源的分布位置

B. 该项目污染源对地下水环境的影响范围

C. 含水层类型及其富水性强弱

D. 断层构造的导水性和地下水主要补给来源

8. 地下水评价Ⅰ类新建项目，需要调查的环境水文地质问题有（　　）。（2013 年考题）

A. 地下水污染　　B. 天然劣质地下水

C. 土壤污染　　D. 地面沉降

9. 地下水评价Ⅰ类改扩建项目，地下水环境现状监测点位布设的依据有（　　）。（2013 年考题）

A. 项目总图布置　　B. 现有污染源分布

C. 项目污染物种类和浓度　　D. 项目场地水文地质条件

10. 根据地形图上绘制的地下水等水位线图可确定（　　）。（2013 年考题）

A. 地下水流向　　B. 地下水力坡度

C. 含水层的厚度　　D. 潜水的埋藏深度

11. 地下水等水位线图可用于（　　）。（2014 年考题）

A. 确定地下水径流方向　　B. 计算地下水水力坡度

C. 计算地下水径流强度　　D. 推断含水层岩性或厚度变化

12. 下列界线（面）中，可作为水文地质单元边界的有（　　）。（2014 年考题）

A. 隔水层界线（面）

B. 行政边界

C. 阻水断层

D. 与含水层有水力联系的大型地表水体边界

13. 关于地下水质量评价标准指数法的说法，正确的有（　　）。（2014 年考题）

A. 标准指数=1 时，该地下水水质因子达标

B. 标准指数<1 时，该地下水水质因子超标

C. 标准指数>1时，数值越小，该地下水水质因子超标越严重

D. 标准指数>1时，数值越大，该地下水水质因子超标越严重

14. 对已建工业固体废物堆放（填埋）场开展地下水污染调查。其工作内容有（　　）。（2015 年考题）

A. 了解固体废物的理化性质与堆存时间、堆存量

B. 了解场地底部包气带渗透性能及防渗措施

C. 确定受影响的含水层并绘制场地附近地下水流场

D. 识别污染物可能的运移途径

15. 地下水环境监测点布设应遵循的原则有（　　）。（2015 年考题）

A. 以项目场地区为重点，兼顾外围

B. 以污染源下游监测为重点，兼顾上游和侧面

C. 以污染源上游监测为重点，兼顾下游和侧面

D. 以潜水和饮用水源含水层为重点，兼顾其他含水层

16. 根据埋藏条件和含水介质类型，地下水类型可划分为（　　）。（2016 年考题）

A. 毛细水、重力水　　B. 非饱和带水、饱和带水

C. 孔隙水、裂隙水、岩溶水　　D. 包气带水、潜水、承压水

17. 某位于山前冲（洪）积区的项目，地下水环境影响评价工作等级为一级。现已收集近 3 年内一个连续水文年的枯、平、丰水期地下水水位动态监测资料、地下水环境现状评价必须进行的监测有（　　）。（2016 年考题）

A. 开展一期地下水水位现状监测　　B. 开展一期基本水质因子监测

C. 开展枯、丰水期基本水质因子监测　D. 开展一期特征因子现状监测

18. 建设项目地下水环境现状监测的目的有（　）。(2016 年考题)

A. 了解地下水化学类型　　B. 了解地下水水位动态

C. 了解项目场地含水层水质现状　D. 了解地下水环境保护目标水质现状

参考答案

一、单项选择题

1. D【点评解析】本题主要考查潜水与承压水的差别。潜水具有自由水面，受大气降水补给；承压水上有隔水层，具有压力。

2. C【点评解析】本题主要考查潜水监测井位的布设。显然，3 个点成一面，即可判断附近地下潜水水位和流向。

3. A【点评解析】本题主要考查地下水污染途径的分类。考生务必理解记忆，为重要知识点、高频考点。地下水污染途径是多种多样的，大致可归为四类：① 间歇入渗型。大气降水或其他灌溉水使污染物随水通过非饱水带，周期性地渗入含水层，主要污染对象是潜水。固体废物在淋滤作用下，淋滤液下渗引起的地下水污染，也属此类。② 连续入渗型。污染物随水不断地渗入含水层，主要也是污染潜水。废水渠、废水池、废水渗井等和受污染的地表水体连续渗漏造成地下水污染，即属此类。③ 越流型。污染物是通过越流的方式从已受污染的含水层（或天然咸水层）转移到未受污染的含水层（或天然淡水层）。污染物或者是通过整个层间，或者是通过地层尖灭的天窗，或者是通过破损的井管，污染潜水和承压水。地下水的开采改变了越流方向，使已受污染的潜水进入未受污染的承压水，即属此类。④ 径流型。污染物通过地下径流进入含水层，污染潜水或承压水。污染物通过地下岩溶孔道进入含水层，即属此类。

4. B【点评解析】本题主要考查潜水监测井位的布设。显然，3 个点成一面，即可判断附近地下潜水水位和流向。

5. A【点评解析】本题实际考查地下水水质现状监测点取样深度的确定。水深为 $19-3=16\ m<20\ m$，取样点水深 $16\times3/4=12\ m$，故正确的地下水取样点位置是井口下 4.0 m 和 15.0 m 处。见下说明：

地下水水质现状监测点取样深度的确定：

a）评价级别为一级的Ⅰ类和Ⅲ类建设项目，对地下水监测井（孔）点应进行记深水质取样，具体要求：

1）地下水监测井中水深小于 20 m 时，取一个水质样品，取样点深度应分别在井水位以下 1.0 m 之内和井水位以下井水深度约 3/4 处。

2）地下水监测井中水深大于 20 m 时，取三个水质样品，取样点深度应分别在井水位以下 1.0 m 之内、井水位以下井水深度约 1/2 处和井水位以下井水深度约 3/4 处。

b）评价级别为二、三级 I 类、III类建设项目和所有评价级别的II类建设项目，只取一个水质样品，取样点深度应在井水位以下 1.0 m 之内。

6. D【点评解析】本题实际考查承压水含水层的水文地质条件分析。由于承压含水层与其补给区空间分布不一致，一般只通过补给区接受补给，一般不易受其顶部的地表污染源污染。见下说明和图示：

承压水是指充满于上下两个隔水层之间的地下水，其承受压力大于大气压力。承压水不具自由水面，并承受一定的静水压力，承压水位是虚拟水位，称为水头。承压含水层的分布区与补给区不一致，常常是补给区远小于分布区，一般只通过补给区接受补给（见下图）。承压的动态比较稳定，受气候影响较小。水质不易受地面建设项目影响。

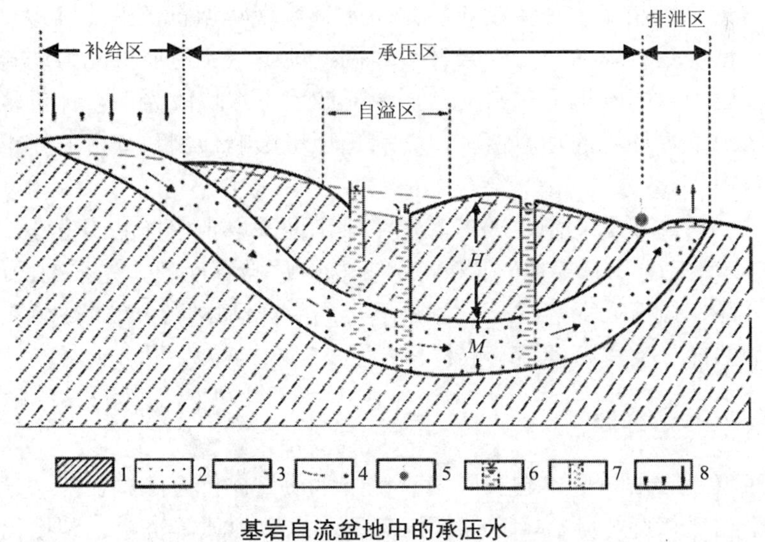

基岩自流盆地中的承压水

1—隔水层；2—含水层；3—潜水位及承压水测压水位；4—地下水流向；5—泉；6—钻孔，虚线为进水部分；7—自喷井；8—大气降水补给；H—承压高度；M—含水层厚度

7. D【点评解析】本题主要考查野外现场渗水试验的目的。渗水试验是一种在野外现场测定包气带土层垂向渗透系数的简易方法，在研究地面入渗对地下水的补

给时，常需进行此种试验。

8. A【点评解析】本题主要考查描述孔隙含水层的基本水文地质参数。孔隙度、给水度、渗透系数是常用的水文地质参数，也是最基本的，三者是有关联的。水力传导系数即渗透系数，有效孔隙度是一种理论概念。

9. C【点评解析】本题主要考查影响地下水含水层渗透系数 K 值的因素。渗透系数 K 是综合反应岩石渗透能力的一个指标。影响渗透系数大小的因素很多，主要取决于介质颗粒的形状、大小、不均匀系数和水的黏滞性。不过，在实际工作中，由于不同地区地下水的黏性差别并不大，常常可以忽略地下水的黏性，即认为渗透系数只与含水层介质的性质有关，使得问题简单化。

10. A【点评解析】本题主要考查地下水影响半径（R）的概念。地下水影响半径表示的是以抽水井为中心至地下水位降深等于零处的距离。

11. B【点评解析】本题主要考查地下水环境调查评价的背景值、对照值、监测值的概念。关键理解背景值主要是天然监测值。背景值又称地下水本底值，自然条件下地下水中各个化学组分在未受污染情况下的含量。对照值，评价区域内历史记录最早的地下水水质指标统计值，或评价区域内受人类活动影响程度较小的地下水水质指标统计值。

12. C【点评解析】本题主要考查地下水环境现状调查范围的确定。显然，当I类建设项目位于基岩地区时，一级评价以同一地下水文地质单元为调查评价范围，二级评价原则上以同一地下水水文地质单元或地下水块段为调查评价范围，三级评价以能说明地下水环境的基本情况，并满足环境影响预测和分析的要求为原则确定调查评价范围。

13. C【点评解析】本题主要考查从土壤剖面采取土壤样品的方法。根据《土壤环境监测技术规范》（HJ/T 166—2004），采样次序自下而上，先采剖面的底层样品，再采中层样品，最后采上层样品。测量重金属的样品尽量用竹片或竹刀去除与金属采样器接触的部分土壤，再用其取样。

二、不定项选择题

1. ABC【点评解析】本题实际考查地下水质量评价方法。显然，该资料除了不能进行污染物迁移特征分析，它需要污染源、水文地质等资料。利用该资料可进行单项组分评价、综合评价，进而进行地下水级别划分。

2. ABC【点评解析】本题主要考查从水文地质柱状图中可获取的信息。水文地质柱状图即从钻孔岩芯及成孔信息绘制，不可能获得含水层之间的补给关系，这要从水文地质条件和区域地下水平衡分析获取（综合性水文地质图）。另外，潜水水位一般也在水文地质柱状图中可以标示。水文地质柱状图是指将水文钻孔揭示的地层按其时代顺序、接触关系及各层位的厚度大小编制的图件。编制水文地质柱状图所需的资料是在野外地质工作中取得的，并附有简要说明。图中标明有钻孔口径、深度、套管位置、地层时代、地层名称、地层代号、厚度、岩性和接触关系等信息，它含有含水层位置、厚度、岩性、渗透性，隔水层的位置、岩性和厚度等水文地质信息。

3. AB【点评解析】本题实际考查利用地下水井进行相应的水文、水质监测的分析。由于潜水井只有 2 口，无法确定潜水流向。仅有水位也无法确定承压含水层与潜水层之间的水力联系，还必须通过对隔水层岩性的分析，是否是弱透水层。

4. ABCD【点评解析】本题主要考查区域地下水水量均衡域应考虑的因素。区域地下水水量均衡域应考虑的因素有：均衡区（包括地下水类型、水文地质参数）、均衡要素、均衡期。

5. BD【点评解析】本题主要考查包气带防污性能。关键是搞清楚包气带岩性颗粒越粗，渗透系数 K 越大，防污染性能越差；其他正相反。见下表说明：

包气带防污性能分级

分级	包气带岩（土）的渗透性能
强	岩（土）层单层厚度 $Mb \geq 1.0$ m，渗透系数 $K \leq 10^{-7}$cm/s，且分布连续、稳定
中	岩（土）层单层厚度 0.5 m$\leq Mb <$1.0 m，渗透系数 $K \leq 10^{-7}$cm/s，且分布连续、稳定。 岩（土）层单层厚度 $Mb \geq 1.0$ m，渗透系数 10^{-7}cm/s$< K \leq 10^{-4}$cm/s，且分布连续、稳定
弱	岩（土）层不满足上述“强”和“中”条件

注：表中“岩（土）层”系指建设项目场地地下基础之下第一岩（土）层；包气带岩（土）的渗透系数系指包气带岩土饱水时的垂向渗透系数。

6. ABCD【点评解析】本题主要考查地下水环境现状的调查内容。水文地质条件调查的主要内容包括气象、水文、土壤和植被状况。由于地下水与地表水、植被和土壤均有联系，故一般性调查需要这方面内容。

7. CD【点评解析】本题主要考查地下水天然露头的调查。显然，地下水天然露头与该项目污染源无关。通过对泉水出露条件和补给水源的分析，可帮助确定区内的含水层的层位，即有哪几个含水层或含水带。根据泉的出露标高，可确定地下水的埋藏条件。泉的流量、涌势、水质及其动态，在很大程度上代表着含水层（带）的富水性、水质和动态变化规律，并在一定程度上反映出地下水是承压水还是潜水。根据泉的出露条件，还可判别某些地质或水文地质条件，如断层、侵入体接触带或某种构造界面的存在，或区内存在多个地下水系统等。

8. B【点评解析】本题主要考查Ⅰ类新建项目的环境水文地质问题。地面沉降属于Ⅱ类项目的环境水文地质问题。环境水文地质问题调查的主要内容包括：① 水文地质问题：包括天然劣质地下水分布状况，以及由此引发的地方性疾病等环境问题；② 地下水开采过程中水质、水量、水位的变化情况，以及引起的环境水文地质问题；③ 与地下水有关的其他人类活动情况调查，如保护区划分情况等。

9. ABD【点评解析】本题主要考查地下水环境现状监测点位布设的依据。地下水环境现状监测井点采用控制性布点与功能性布点相结合的布设原则。监测井点应主要布设在建设项目场地、周围环境敏感点、地下水污染源、主要现状环境水文地质问题以及对于确定边界条件有控制意义的地点。对于Ⅰ类和Ⅲ类改扩建项目，当现有监测井不能满足监测位置和监测深度要求时，应布设新的地下水现状监测井。项目污染物种类和浓度不能作为依据。

10. ABCD【点评解析】本题主要考查地下水等水位线图的作用。地下水等水位线图的用途包括：①确定潜水的流向及水力坡度：垂直于等水位线，自高等水位线指向低等水位线的方向即为流向；在流动方向上，取任意两点间的水位高差，除以两点间在平面上的实际距离，即为此两点间的平均水力坡度。②确定潜水与河水的相互关系：如果潜水流向指向河流，则潜水补给河水；如果潜水流向背向河流，则潜水接受河水补给。③确定潜水的埋藏深度：潜水面的埋藏深度等于该点的地形标高减潜水位。④确定含水层的厚度：当等水位线图上有隔水层顶板等高线时，同一测点的潜水水位与隔水层顶板标高之差即为含水层厚度。⑤确定给水和排水工程的位置：水井一般布置在地下水汇集的地方，排水沟（截水沟）一般布置在垂直水流的方向上。

11. ABD【点评解析】本题主要考查地下水等水位线图的用途。等水位线图主要有以下用途：确定地下水流向；计算地下水的水力坡度；确定潜水与地表水之间的关系；确定潜水的埋藏深度；确定泉或沼泽的位置；推断含水层的岩性或厚度的变化；确定富水带位置。

12. ACD【点评解析】本题主要考查作为水文地质单元边界的适用条件。水文地质单元是指根据水文地质条件的差异性（包括地质结构、岩石性质、含水层和隔水层的产状、分布及其在地表的出露情况、地形地貌、气象和水文因素等）而划分的若干个区域，是一个具有一定边界和统一的补给、径流、排泄条件的地下水分布的区域。有时，地表流域与水文地质单元是重合的，地表分水岭就是水文地质单元的边界。行政边界不是自然条件。

13. AD【点评解析】本题主要考查地下水质量评价标准指数法的概念。当标准指数≤1时，表示某地下水水质因子的监测浓度值≤该水质因子的标准浓度值，即达标；此时，该分式数值越小，则该地下水水质因子越符合标准。当标准指数＞1时，表示某地下水水质因子的监测浓度值＞该水质因子的标准浓度值，即超标；此时，该分式数值越大，则该地下水水质因子超标越严重。

14. ABCD【点评解析】本题主要考查已建工业固体废物堆放（填埋）场的地下水污染调查内容。地下水污染调查是地下水污染研究的基础和出发点，其主要目的是：①探测与识别地下污染物：②测定污染物的浓度：③查明污染物在地下水系统中的运移特性：④确定地下水的流向和速度，查明主径流向及控制污染物运移的因素，定量描述控制地下水流动和污染物运移的水文地质参数。场地调查获得的水文地质信息对水文地球化学调查、数值模拟和治理技术至关重要。四个选项都和地下水污染相关，都需要调查。

15. ABD【点评解析】本题主要考查地下水环境监测点布设原则。监测点布置应遵循以下原则：（1）以建设厂区为重点，兼顾外围：厂区内可能的污染设施如有毒原料储罐、污水储存池、固废堆放场地附近均需设置监测点。（2）以下游监测为重点，兼顾上游和侧面。（3）对地下水进行分层监测，重点放在易受污染的浅层潜水和作为饮用水源的含水层，兼顾其他含水层。（4）地下水监测每年至少两次，分丰水期和枯水期进行，重点区域和出现异常情况下应增加监测频率。

16. CD【点评解析】本题主要考查地下水类型分类。根据含水介质类型，可分为孔隙水、裂隙水、岩溶水。根据埋藏条件，可分为包气带水、潜水、承压水。根据物理力学性质可分为毛细水、重力水。

17. ACD【点评解析】本题主要考查地下水环境现状评价必须进行的监测。评价等级为一级的建设项目，若掌握近 3 年内至少一个连续水文年的枯、平、丰水期地下水位动态监测资料，评价期内至少开展一期地下水水位监测；若无上述资料，依据《环境影响评价技术导则　地下水环境》表 4 开展水位监测。基本水质因子的水质监测频率应参照表 4，若掌握近 3 年至少一期水质监测数据，基本水质因子可在评价期补充开展一期现状监测；特征因子在评价期内须至少开展一期现状值监测。

18. ABCD【点评解析】本题主要考查建设项目地下水环境现状监测的目的。建设项目地下水环境现状监测应通过对地下水水质、水位的监测，掌握或了解评价区地下水水质现状及地下水流场，为地下水环境现状评价提供基础资料。

第五节　声环境现状调查与评价

一、单项选择题（每题的备选项中，只有一个最符合题意）

1. 公路、铁路等建设项目环境噪声现状调查重点关注的区域之一是（　　）。（2005 年考题）

A. 规划工业区　　　　B. 一般农业区

C. 居民集中区　　D. 工业集中区

2. 声学中所称的声音三要素是（　　）。（2006 年考题）

A. 波长、频率和周期　　B. 声强、声压和声功率

C. 声源、传播途径和接受者　　D. 频率、响度和强度

3. 环境噪声评价量等效连续 A 声级是以（　　）的方法，用一单值表示某一时段内的噪声暴露水平。（2006 年考题）

A. 算术平衡　　B. 能量对时间平均

C. 取最大值与最小值的平均　　D. 取中值

4. 对于评价等级为一级的声环境影响评价项目，为获取所有敏感点的环境噪声现状数据，应当（　　）。（2006 年考题）

A. 以现场实测为主，可适当利用当地已有的监测资料

B. 类比测量推算声源的声功率级

C. 调查清楚噪声种类和数量，其声级值可参照已有资料

D. 现场实测

5. 在评价噪声源现状时，需测量最大 A 声级和噪声持续时间的是（　　）。（2007 年考题）

A. 较强的突发噪声　　B. 稳态噪声

C. 起伏较大的噪声　　D. 脉冲噪声

6. 对于声级起伏较大的非稳态噪声或间歇性噪声，采用（　　）为评价量。（2007 年考题）

A. A 声级　　B. 最大 A 声级

C. 等效连续 A 声级　　D. 计权等效连续感觉噪声级

7. 对于拟建公路、铁路工程，环境噪声现状调查重点需放在（　　）上。（2007 年考题）

A. 线路的噪声源强及其边界条件参数

B. 工程组成中固定噪声源的情况分析

C. 环境敏感目标分布及相应执行的标准

D. 环境噪声随时间和空间变化情况分析

8. 环境振动监测中无规则振动采用的评价量为（　　）。（2008 年考题）

A. 铅垂向 Z 振级　　B. 铅垂向 Z 振级最大值

C. 累计百分铅垂向 Z 振级　　D. 累计百分振级

9. 我国现有环境噪声标准中，主要评价量为（　　）。（2008 年考题）

A. 等效声级和计权有效感觉噪声级

B. 等效声级和计权有效感觉连续噪声级

C. 等效连续 A 声级和计权等效连续感觉噪声级

D. A 计权等效声级与计权等效连续噪声级

10. 计权等效连续感觉噪声级 WECPNL 计算公式中，昼间（7:00—19:00）、晚上（19:00—22:00）和夜间（22:00—7:00）飞行架次的权重取值分别是（　）。（2008 年考题）

A. 1、3 和 10　　B. 10、3 和 1

C. 2、3 和 10　　D. 3、1 和 10

11. 在环境噪声现状测量时，对噪声起伏较大的情况，需要（　）。（2009 年考题）

A. 采用不同的环境噪声测量量　　B. 测量最大 A 声级和持续时间

C. 增加昼间和夜间的测量次数　　D. 增加测量噪声的频率特性

12. 等效连续 A 声级是将某一段时间内暴露的不同 A 声级的变化用（　）计算得到的。（2009 年考题）

A. 算术平均方法　　B. 加权平均方法

C. 几何平均方法　　D. 能量平均方法

13. 某拟建工程的声源为固定声源，声环境影响评价范围内现有一固定声源，敏感点分布如右图。声环境现状监测点应优先布置在（　）。（2010 年考题）

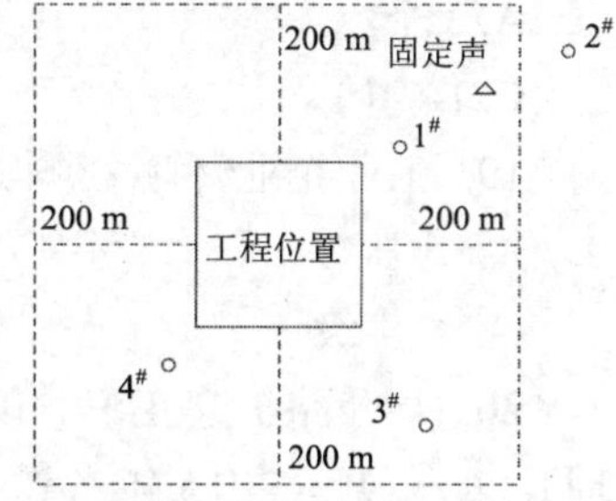

A. 1#敏感点

B. 2#敏感点

C. 3#敏感点

D. 4#敏感点

14. 已知某一段时间内不同时刻的瞬时 A 声级，要求计算该时段内的等效声级，采用的计算方法是（　）。（2010 年考题）

A. 算术平均法　　B. 能量平均法

C. 几何平均法　　D. 调和平均法

15. 对公路扩建项目，在监测现有道路对声环境敏感目标的噪声影响时，车辆运行密度应（　）。（2011 年考题）

A. 不低于现有道路平均车流量　　B. 不低于扩建项目设计平均车流量

C. 达到现有道路高峰车流量　　D. 达到扩建项目设计平均车流量

16. 等效连续 A 声级表示测量时间 T 内随时间变化的瞬时 A 声级的（　）。（2011 年考题）

A. 能量平均值　　B. 几何平均值

C. 算术平均值　　D. 加权平均值

17. 某公路建设项目和现有道路交叉，周围敏感点如下图所示，应优先设置为现状监测点的是（　）。（2012 年考题）

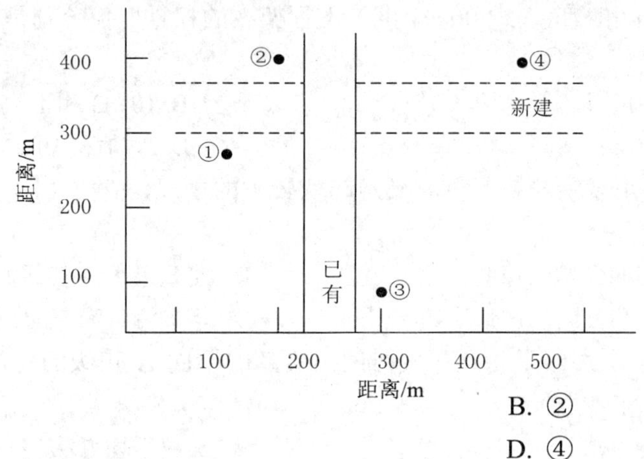

A. ①　　B. ②

C. ③　　D. ④

18. 某机场有两条跑道，因飞行量增加需扩大飞机场停机坪，飞机噪声现状监测布点数量至少应为（　）。（2015 年考题）

A. 3 个　　B. 9 个

C. 14 个　　D. 18 个

19. 工业企业环境影响评价中，声环境质量的评价量是（　）。（2015 年考题）

A. 声压级　　B. 声功率级

C . A 声级　　D. 等效连续 A 声级

20. 某公路扩建工程，现状公路和周围敏感目标见下图。噪声现状监测点布设合理是（　）。（2015 年考题）

A. ①、③

B. ①、②

C. ②

D. ①

②
六车道　四车道
①　③
图例：　敏感目标

21. 下列噪声中，可用最大 A 声级评价的是（　）。（2016 年考题）

A. 突发噪声　　B. 稳态连续噪声

C. 道路运输噪声　　D. 风机运行噪声

二、不定项选择题（每题的备选项中至少有一个符合题意）

1. 环境噪声现状评价中使用的评价量有（　）。（2005 年考题）

A. A 声级　　B. 等效连续 A 声级

C. 昼夜等效声级　　D. 环境噪声级

2. 进行环境噪声现状调查和评价时，环境噪声现状测量时段的要求包括（　）。（2006 年考题）

A. 在声源正常运行工况条件下选择测量时段

B. 各测点分别进行昼间和夜间时段测量

C. 噪声起伏较大的应增加昼、夜间测量次数

D. 布点、采样和读数方式按规范要求进行

3. 声环境质量现状评价的主要内容有（　）。（2006 年考题）

A. 对照相应的标准，评价达标或超标情况

B. 分析超标原因

C. 分析地形、地貌和建筑物分布情况

D. 评价受噪声影响的人口分布情况

4. 为满足噪声源噪声级的类比测量要求，应当选取与建设项目噪声源（　）进行。（2007 年考题）

A. 相似的型号规格　　B. 相近的工况

C. 相似的环境条件　　D. 相同的测量时段

5. 环境噪声现状测量需考虑（　）等。（2007 年考题）

A. 测量条件　　B. 测点布设

C. 测量仪器　　D. 测量方法

E. 测量时段

6. 环境噪声现状评价结果主要包括（　）。（2008 年考题）

A. 噪声功能区划　　B. 区域内的气象状况

C. 现状噪声达标状况　　D. 保护目标及受噪声影响的人口分布

E. 主要噪声源

7. 进行环境噪声现状测量时，测量记录的内容应包括（　）。（2008 年考题）

A. 有关声源运行情况　　B. 测量仪器情况

C. 测量时的环境条件　　D. 采样或计权方式

E. 测点声级数据及其测量时段

8. 建设项目环境噪声现状测量无特殊要求时，选择的时段应满足（　）。（2009 年考题）

A. 声源正常运行时段　　B. 昼间、夜间分别设定要求

C. 有代表性的时段　　D. 声源停止运行时段

9. 评价范围内环境噪声现状评价的主要内容包括（　）。（2009 年考题）

A. 功能区声环境质量状况　　B. 厂界或边界的噪声级及超标状况

C. 受噪声影响的人口分布情况　　D. 土地利用现状

10. 声环境现状评价内容主要包括（　）。（2010 年考题）

A. 现状噪声达标分析　　B. 新增噪声源

C. 评价范围内现有主要噪声源　　D. 保护目标及受影响人口分布

11. 对于城市道路改扩建工程，声环境现状调查内容有（　）。（2011 年考题）

A. 影响声波传播的环境要素　　B. 所在城市的声环境功能区划

C. 道路两侧的声敏感目标　　D. 评价范围内的现状声源

12. 环境噪声现状监测时，应记录测点位置、声级以及（　）。（2011 年考题）

A. 声源运行工况　　B. 瞬时声级的采样频率

C. 测量时气象条件　　D. 测量时间

13. 符合环境噪声现状测量时选择要求的时段是（　）。（2011 年考题）

A. 随机选择测量时段　　B. 选择声源正常运行时段

C. 噪声起伏较大时选择代表性时段　　D. 昼间和夜间分别选择测量时段

14. 声环境质量现状评价应分析评价范围内的（　）。（2012 年考题）

A. 声环境保护目标分布情况　　B. 噪声标准适用区域划分情况

C. 敏感目标处噪声超标情况　　D. 人口密度

15. 属于环境噪声现状评价的内容有（　）。（2012 年考题）

A. 现状噪声源分析　　B. 声环境质量现状评价

C. 固定声源几何尺寸大小分析　　D. 公路长度分析

16. 某医院建设项目，在噪声现状调查时应给出医院用地边界处的评价量包括（　）。（2012 年考题）

A. 昼间等效连续 A 声级　　B. 夜间等效连续 A 声级

C. 等效连续 A 声级　　D. L_{90}

17. 公路建设项目声环境现状调查的内容应包括评价范围内的（　）。（2013 年考题）

A. 现有噪声源　　B. 风噪声

C. 环境敏感目标　　D. 环境噪声背景值

18. 工业企业建设项目声环境影响评价中，厂界外敏感目标处夜间声环境质量评价量有（　）。（2014 年考题）

A. 声压级　　B. 声功率级

C. 最大 A 声级　　D. 等效连续 A 声级

19. 距某拟建公路中心线 200 m 范围内有一条铁路，为满足声环境影响预测需要，现状监测点布设应考虑的因素有（　）。（2014 年考题）

A. 敏感目标分布情况　　B. 地形状况

C. 既有铁路位置　　D. 拟建公路永久占地类型

20. 新建项目环境噪声现状评价内容应包括（　）。（2014 年考题）

A. 评价范围内各声环境功能区现状声级

B. 项目厂界外敏感目标处现状声级

C. 评价范围内受现状噪声影响的人口分布

D. 项目的噪声源分布

21. 环境噪声现状监测布点应考虑的因素有（　）。（2015 年考题）

A. 固定声源情况　　B. 流动声源情况

C. 地表植被情况　　D. 敏感点的高度

22. 环境噪声现状评价中，需图示说明的内容有（　）。（2015 年考题）

A. 环境噪声现状监测点位置　　B. 噪声源源强

C. 建筑物高度　　D. 地形高差

23. 计权等效连续感觉噪声级（L_{WECPN}）与不同时段内的飞行架次数有关，下列时段划分正确的有（　）。（2015 年考题）

A. 7—19 时　　B. 7—22 时

C. 19—22 时　　D. 22—7 时

24. 某锻造项目，夜间声环境质量的评价量应包括（　）。（2016 年考题）

A. 夜间等效声级　　B. 最大 A 声级

C. 声功率级　　D. 倍频带声压级

25. 某一钢铁厂扩建项目，工程建设内容中包含有铁路专用线 5 km，环境噪声现状监测点应布设在（　）。（2016 年考题）

A. 现有项目边界处　　B. 厂区周边的敏感点处

C. 铁路专用线两侧敏感点处　　D. 现有厂内办公楼处

26. 某山区公路工程，公路和敏感目标间的声环境现状调查内容应包括（　）。（2016 年考题）

A. 高差　　B. 地形

C. 距离　　D. 土壤类型

27. 某机场扩建工程飞机噪声现状评价应给出的内容有（　）。（2016 年考题）

A. 声环境敏感目标分布图

B. 评价范围内的不同声级范围内的人口年龄分布图

C. 评价范围内学校、医院现状声级达标情况

D. 评价范围内不同声级范围内的人口数

参考答案

一、单项选择题

1. C【点评解析】本题主要考查公路、铁路等建设项目环境噪声现状调查重点关注的区域之一。居民集中区为环境噪声敏感点。

2. C【点评解析】本题主要考查声音三要素的基本概念。声学中所称的声音三要素是声源、传播途径和接受者。

3. B【点评解析】本题主要考查等效连续A声级的定义及概念。等效连续A声级 L_{Aeq} 或 L_{eq}：A级用来评价稳态噪声具有明显的优点，但是在评价非稳态噪声时又有明显的不足。因此，人们提出了等效连续A声级（简称"等效声级"），即将某一段时间内连续暴露的不同A声级变化，用能量平均的方法以A声级表示该段时间内的噪声大小，单位为dB（A）。

等效连续A声级的数学表达式：

$$L_{eq}=10\lg\left(\frac{1}{T}\int_0^T 10^{0.1L_A(t)\mathrm{d}t}\right)$$

式中：L_{eq}——在 T 段时间内的等效连续A声级，dB（A）；

L_A（t）——t 时刻的瞬时A声级，dB（A）；

T——连续取样的总时间，min。

4. D【点评解析】本题主要考查声环境影响评价的一级评价要求。该题考的是1995年版声环境导则（HJ/T 2.4—1995），一级评价要求对所有敏感点现场实测；二级评价要求对所有敏感点以现场实测为主，可适当利用当地已有的监测资料；三级评价可利用当地已有的监测资料。目前，按照2009年版声环境导则（HJ 2.4—2009），一级评价仅对具有代表性敏感点进行实测。

5. A【点评解析】本题实际考查环境噪声测量量。环境噪声测量量为等效连续A声级。需测量最大A声级和噪声持续时间的是非稳态噪声：突发、频发、偶发噪声，即较强的突发噪声。对于起伏较大的噪声，一般增加等效连续A声级的测量次数。脉冲噪声应同时测量A声级和脉冲周期。

6. B【点评解析】本题实际考查环境噪声测量量，环境噪声测量量为等效连续A声级。需测量最大A声级和噪声持续时间的是非稳态噪声：突发、频发、偶发噪声，其属于声级起伏较大的非稳态噪声或间歇性噪声。对于起伏较大的连续性噪声，一般增加等效连续A声级的测量次数。本题与第5题相似。

7. C【点评解析】本题主要考查环境噪声现状调查的重点。由于声场处处存在，只能抓住环境敏感目标分布及相应执行的标准这个重点。无论是对于拟建公路、铁路工程，还是其他项目，都一样。

8. A【点评解析】本题主要考查环境振动监测中无规则振动采用的评价量，实际考查《城市区域环境振动标准》（GB 10070—88）。关键是要知道该标准的评价指标，即铅垂向 Z 振级。

9. C【点评解析】本题主要考查环境噪声标准的主要评价量。关键是要清楚环境噪声标准有《声环境质量标准》和《机场周围飞机噪声环境标准》，主要评价量为等效连续 A 声级和计权等效连续感觉噪声级。

10. A【点评解析】本题主要考查计权等效连续感觉噪声级 WECPNL 计算公式中的飞行架次的权重取值。考生记忆即可。机场飞机噪声计权等效连续感觉噪声级（L_{WECPN}）计算公式：$L_{WECPN}= L_{CPN}+10\lg(N_1+3N_2+10N_3)-39.4$。

11. C【点评解析】本题主要考查环境噪声现状测量量。噪声起伏较大的情况，如道路交通噪声仍属于环境噪声测量量，采用等效连续 A 声级，只不过需要增加昼间和夜间的测量次数而已。环境噪声现状测量要求：

（1）测量量

① 环境噪声测量量为等效连续 A 声级；频发、偶发噪声，非稳态噪声测量量还应有最大 A 声级及噪声持续时间；机场飞机噪声的测量量为等效感觉噪声级（L_{EPN}），然后根据飞行架次计算出计权等效连续感觉噪声级（L_{WECPNL}）。

② 声源的测量量为 A 声功率级（L_{Aw}），或中心频率为 63 Hz～8 kHz 8 个倍频带的声功率级（L_w）；距离声源 r 处的 A 声级 $L_A(r)$ 或中心频率为 63 Hz～8 kHz 8 个倍频带的声压级 $L_p(r)$；等效感觉噪声级（L_{EPN}）。

（2）测量时段

① 应在声源正常运行工况的条件下选择适当时段测量。

② 每一测点，应分别进行昼间、夜间时段的测量，以便与相应标准对照。

③ 对于噪声起伏较大的情况（如道路交通噪声、铁路噪声、飞机机场噪声），应增加昼间、夜间的测量次数。其测量时段应具有代表性。

12. D【点评解析】本题主要考查等效连续 A 声级的概念。等效连续 A 声级（简称“等效声级”），即将某一段时间内连续暴露的不同 A 声级变化，用能量平均的方法以 A 声级表示该段时间内的噪声大小，单位为 dB（A）。

13. A【点评解析】本题实际考查声环境现状监测布点的原则。由于 1# 敏感点处于现有固定声源与拟建项目固定声源之间，故优先布置。见《环境影响评价技术导则　声环境》（HJ 2.4—2009）中规定：评价范围内有明显的声源，并对敏感目标的声环境质量有影响，或建设项目为改扩建工程，应根据声源种类采取不同的监测布点原则。

当声源为固定声源时，现状测点应重点布设在可能既受到现有声源影响，又受到建设项目声源影响的敏感目标处，以及有代表性的敏感目标处；为满足预测需要，也可在距离现有声源不同距离处设衰减测点。

14. B【点评解析】本题实际考查等效 A 声级的含义。等效连续 A 声级（简称“等效声级”），即将某一段时间内连续暴露的不同 A 声级变化，用能量平均的方法以 A 声级表示该段时间内的噪声大小，单位为 dB（A）。

15. C【点评解析】本题主要考查声环境现状调查测量时段的选择。对于公路扩建项目，由于需要叠加最大值，因而车辆运行密度应达到现有道路高峰车流量。

16. A【点评解析】本题主要考查等效连续 A 声级的概念及定义。等效连续 A 声级指在某段时间内的不稳态的 A 声级，用能量平均的方法，以一个连续不变的 A 声级来表示该时段内噪声的声级，又称等能量 A 声级。

17. B【点评解析】本题实际考查声环境现状监测布点的原则。由于② 敏感点处于现有固定声源与拟建项目固定声源之间，故优先布置。本题与第 13 题基本相同。

18. B【点评解析】本题主要考查飞机噪声现状监测布点。飞机起飞和降落时的噪声，测点数量可根据机场飞行量（跑道数）及周围敏感目标情况确定，现有单条跑道、两条跑道或三条跑道的机场可分别布设 3～9、9～14 或 12～18 个飞机噪声测点，跑道增多可进一步增加测点。这里的跑道数是现有机场的跑道数，不是评价机场的跑道数。

19. D【点评解析】本题主要考查声环境质量的评价量。对于工业企业环境影响评价，声源为固定声源，采用的是等效连续 A 声级。《声环境质量标准》中等效连续 A 声级，简称为等效声级，除特别指明外，该标准中噪声限值皆为等效声级。

20. B【点评解析】本题主要考查噪声现状监测点的布设。流动声源且呈现线声源特点时，现状测点位置选取应兼顾敏感目标的分布状况、工程特点及线声源噪声影响随距离衰减的特点，布设在具有代表性的敏感目标处。在六车道和四车道周围的敏感目标应分别布点。

21. A【点评解析】本题主要考查声环境质量评价量。根据 GB 3096，声环境功能区的环境质量评价量为昼间等效声级（L_d）、夜间等效声级（L_n），突发噪声的评价量为最大 A 声级（L_{max}）。其他三项均采用昼间等效声级（L_d）和夜间等效声级（L_n）进行评价。

二、不定项选择题

1. BC【点评解析】本题主要考查环境噪声现状评价中使用的评价量。评价标准中的指标即为评价量，环境噪声现状评价中使用的评价量有等效连续 A 声级、昼夜等效声级。A 声级为测量量，无环境噪声级概念。

2. ABCD【点评解析】本题实际考查环境噪声现状测量时段的要求。高频考点，考生务必理解。测量时段：

① 应在声源正常运行工况的条件下选择适当时段测量。

② 每一测点，应分别进行昼间、夜间时段的测量，以便与相应标准对照。

③ 对于噪声起伏较大的情况（如道路交通噪声、铁路噪声、飞机机场噪声），应增加昼间、夜间的测量次数。其测量时段应具有代表性。

每个测量时段的采样或读数方式以现行标准方法规范要求为准。

3. ABD【点评解析】本题主要考查声环境质量现状评价的主要内容。分析地形、地貌和建筑物分布情况，是分析不是评价。环境噪声现状评价包括噪声源现状评价和声环境质量现状评价，其评价方法是对照相关标准评价达标或超标情况并分析其原因，同时评价受到噪声影响的人口分布情况。

（1）对于噪声源现状评价，应当评价在评价范围内现有噪声源种类、数量及相应的噪声级、噪声特性，并进行主要噪声源分析等。

（2）对于环境噪声现状评价应当就评价范围内现有噪声敏感区、保护目标的分布情况、噪声功能区的划分情况等，评价评价范围内环境噪声现状，包括各功能区噪声级、超标状况及主要影响的噪声源分析；各边界的噪声级、超标状况，并进行主要噪声源分析。此外，还要说明受噪声影响的人口分布状况。

（3）环境噪声现状评价结果应当用表格和图示来表达清楚。说明主要噪声源位置、各边界测量点和环境敏感目标测量点位置，给出相关距离和地面高差。对于改扩建飞机场，需要绘制现状 WECPNL 的等声级线图，说明周围敏感目标受不同声级的影响情况。

4. ABCD【点评解析】本题主要考查噪声源噪声级的类比测量要求。为满足噪声源噪声级的类比测量要求，应当选取与建设项目噪声源相似的型号规格、相近的工况、相似的环境条件、相同的测量时段等条件进行。

5. ABCDE【点评解析】本题主要考查环境噪声现状测量需考虑的因素。根据环境噪声的特点，环境噪声现状测量需考虑测量条件、测量仪器、测量方法、测量时段、测点布设等。

6. CDE【点评解析】本题主要考查环境噪声现状评价结果。环境噪声现状评价结果主要包括：主要噪声源、现状噪声达标状况、保护目标及受噪声影响的人口分布等。噪声功能区划和区域内的气象状况是环境噪声现状调查内容。

7. ABCDE【点评解析】本题主要考查环境噪声现状测量需考虑的因素。测量记录内容应包括：

① 测量仪器型号、级别，仪器使用过程的校准情况。

② 各测量点的编号、测量时段和对应的声级数据（备注中需说明测量时的环境

条件)。

③ 有关声源运行情况(如设备噪声包括设备名称、型号、运行工况、运转台数,道路交通噪声包括车流量、车种、车速等)。

8. ABC【点评解析】本题实际考查环境噪声现状测量时段的要求。声源停止运行时段无测量意义,具体见下说明。测量时段:

① 应在声源正常运行工况的条件下选择适当时段测量。

② 每一测点,应分别进行昼间、夜间时段的测量,以便与相应标准对照。

③ 对于噪声起伏较大的情况(如道路交通噪声、铁路噪声、飞机机场噪声),应增加昼间、夜间的测量次数。其测量时段应具有代表性。

每个测量时段的采样或读数方式以现行标准方法规范要求为准。

9. ABC【点评解析】本题实际考查环境噪声现状评价的主要内容。土地利用现状与噪声无关,显然不包括。考生务必理解,为高频考点。声环境现状调查的主要内容有:评价范围内现有的噪声源种类、数量及相应的噪声级,评价范围内现有的噪声敏感目标及相应的噪声功能区划和应执行的噪声标准,评价范围内各功能区噪声现状,边界噪声超标状况及受影响人口分布和敏感目标超标情况。

10. ACD【点评解析】本题主要考查声环境现状评价内容。现状只关心现有噪声源,新增噪声源是预测评价的内容。声环境现状评价内容主要包括现状噪声源分析和声环境质量现状评价。

11. ABCD【点评解析】本题主要考查声环境现状调查内容。声环境现状调查的主要内容有:评价范围内现有的噪声源种类、数量及相应的噪声级,评价范围内现有的噪声敏感目标及相应的噪声功能区划和应执行的噪声标准,评价范围内各功能区噪声现状,边界噪声超标状况及受影响人口分布和敏感目标超标情况。影响声波传播的环境要素虽然是预测关注的内容,但声环境现状调查内容必须包括,为预测服务。

12. ABCD【点评解析】本题主要考查环境噪声现状监测测量记录内容。测量记录内容:

① 测量仪器型号、级别,仪器使用过程的校准情况。

② 各测量点的编号、测量时段和对应的声级数据(备注中需说明测量时的环境条件)。

③ 有关声源运行情况(如设备噪声包括设备名称、型号、运行工况、运转台数,道路交通噪声包括车流量、车种、车速等)。

13. BCD【点评解析】本题主要考查环境噪声现状测量时选择要求的时段。测量时段:

① 应在声源正常运行工况的条件下选择适当时段测量。

② 每一测点，应分别进行昼间、夜间时段的测量，以便与相应标准对照。

③ 对于噪声起伏较大的情况（如道路交通噪声、铁路噪声、飞机机场噪声），应增加昼间、夜间的测量次数。其测量时段应具有代表性。

14. ABC【点评解析】本题主要考查声环境质量现状评价内容。人口密度与声环境质量现状评价内容不相关，应分析评价范围内的噪声标准适用区域划分情况、声环境保护目标分布情况、敏感目标处噪声超标情况。

15. AB【点评解析】本题主要考查声环境质量现状评价内容。固定声源几何尺寸大小分析和公路长度分析不属于环境噪声现状评价的内容，属于微观内容。声环境质量现状评价内容应包括现状噪声源分析和声环境质量现状评价。

16. AB【点评解析】本题主要考查声环境质量现状评价的评价量。关键是要知道用什么评价标准，即标准中的评价量。医院用地边界处的评价量应包括昼间等效连续 A 声级、夜间等效连续 A 声级、突发噪声的最大 A 声级。

17. ACD【点评解析】本题主要考查公路建设项目声环境现状调查的内容。显然，无风噪声。

18. CD【点评解析】本题主要考查敏感目标处夜间声环境质量评价量。根据《声环境质量标准》，环境噪声限值为等效连续 A 声级，各类声环境功能区夜间突发噪声，其最大声级超过环境噪声限值的幅度不得高于 15 dB（A）。

19. ABC【点评解析】本题主要考查声环境现状监测点布设原则。环境现状监测布点时，当声源为流动声源，且呈现线声源特点时，如公路、铁路噪声，现状测点位置选取应兼顾敏感目标的分布状况、工程特点及线声源噪声影响随距离衰减的特点。如对于道路，其代表性的敏感目标可布设在车流量基本一致、地形状况和声屏蔽基本相似、距线声源不同距离的敏感目标处。既有铁路位置，会造成声环境现状的较大差异，应考虑此因素。

20. ABC【点评解析】本题主要考查新建项目环境噪声现状评价内容。对于环境噪声现状评价应当就评价范围内现有噪声敏感区、保护目标的分布情况、噪声功能区的划分情况等，来评价评价范围内环境噪声现状，包括各功能区噪声级、超标状况及主要影响的噪声源分析；各边界的噪声级、超标状况，并进行主要噪声源分析。此外，还要说明受噪声影响的人口分布状况。项目的噪声源分布属于工程分析内容。

21. ABD【点评解析】本题主要考查环境噪声现状监测布点原则。声环境现状监测布点包括固定声源、流动声源；当敏感目标高于（含）三层建筑时，还应选取有代表性的不同楼层设置测点。地表植被情况不是考虑的因素，如果是地形就需要考虑了。

22. AD【点评解析】本题主要考查环境噪声现状评价内容。环境噪声现状评价结果应当用表格和图示来表达清楚，说明主要噪声源位置、各边界测量点和环境敏感目标测量点位置，给出相关距离和地面高差。建筑物高度在平面图上表示不出来，只能用表格表达清楚。

23. ACD【点评解析】本题主要考查计权等效连续感觉噪声级的有关规定。计权等效连续感觉噪声级用于评价航空噪声，其特点在于既考虑了在全天 24 小时飞机通过某一固定点所产生的总噪声级，同时也考虑了不同时间段内的飞机对周围环境所造成的影响。划分的时段有：7—19 时、19—22 时、22—7 时。

24. AB【点评解析】本题主要考查声环境质量的评价量。根据 GB 3096，声环境功能区的环境质量评价量为昼间等效声级（L_d）、夜间等效声级（L_n），突发噪声的评价量为最大 A 声级（L_{max}）。声功率级和倍频带声压级为声源源强表达量。

25. ABC【点评解析】本题主要考查环境噪声现状监测点的布设。布点应覆盖整个评价范围，包括厂界（或场界、边界）和敏感目标。评价范围内有明显的声源，并对敏感目标的声环境质量有影响，或建设项目为改扩建工程，应根据声源种类采取不同的监测布点原则：当声源为流动声源，且呈现线声源特点时，现状测点位置选取应兼顾敏感目标的分布状况、工程特点及线声源噪声影响随距离衰减的特点，布设在具有代表性的敏感目标处。

26. ABC【点评解析】本题主要考查声环境现状调查内容。调查评价范围内的敏感目标的名称、规模、人口的分布等情况，并以图、表相结合的方式说明敏感目标与建设项目的关系（如方位、距离、高差等）。土壤类型与声环境没有关系，与地面状况有关（如软、硬地面）。

27. AC【点评解析】本题主要考查飞机噪声现状评价的内容。噪声现状评价一般应以图、表结合的方式给出评价范围内的声环境功能区及其划分情况，以及现有敏感目标的分布情况，分别评价不同类别的声环境功能区内各敏感目标的超标、达标情况，并给出不同类别的声环境功能区噪声超标范围内的人口数及分布情况。

第六节　生态现状调查与评价

一、单项选择题（每题的备选项中，只有一个最符合题意）

1. 生态影响型建设项目生态环境现状评价至少应包含的基础图件有（　　）。（2005 年考题）

A. 土地利用现状图、植被图、土壤侵蚀图

B. 土地利用现状图、植被图、工程平面布置图

C. 敏感目标分布图、土壤侵蚀图

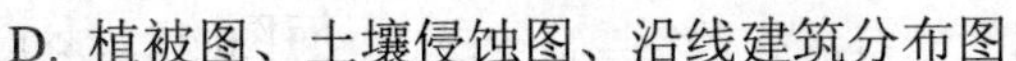

D. 植被图、土壤侵蚀图、沿线建筑分布图

2. 用黑白瓶测溶解氧法测定浮游植物初级生产量，已知初始溶解氧量为1.7 mg/L，测得白瓶曝光 24 h 后水中溶解氧量为 4.5 mg/L，黑瓶曝光 24 h 后水中溶解氧量为 0.35 mg/L，则净初级生产量为（　）。（2005 年考题）

A. 4.15 mg/（L·d）　　B. 2.80 mg/（L·d）

C. 1.35 mg/（L·d）　　D. 2.45 mg/（L·d）

3. 叶绿素测定法用来测定（　）。（2005 年考题）

A. 浮游动物生产力　　B. 水生态系统生物量

C. 水生态系统初级生产力　　D. 水生态系统总生产力

4. 生态系统完整性评价指标包括植被连续性、生物量和生产力水平以及（　）。（2005 年考题）

A. 遗传多样性　　B. 生物多样性

C. 自然保护区的类型　　D. 基本农田保护区与区域人口的比例关系

5. 某工程影响区域现状调查的生物生产量为 2.6 t/（km^2·a）。根据荒漠化量化指标判定该区域为（　）。（2006 年考题）

A. 潜在荒漠化　　B. 正在发展的荒漠化

C. 强烈发展的荒漠化　　D. 严重荒漠化

6. 某拟建公路穿越山地某林区，通过采样调查得知评价区森林覆盖率为 69%，按《山岳型风景资源开发环境影响评价指标体系》的四级划分标准，在不考虑其他指标的情况下，其生态质量等级为（　）。（2006 年考题）

A. 一级（优）　　B. 二级（中）

C. 三级（可）　　D. 四级（劣）

7. 自然植被样方调查要确定样地面积。一般情况下，草地、灌木林、乔木林的面积分别取（　）。（2006 年考题）

A. $<1\ m^2$，$<5\ m^2$，$<50\ m^2$　　B. $>1\ m^2$，$>5\ m^2$，$>50\ m^2$

C. $\geqslant 1\ m^2$，$\geqslant 10\ m^2$，$\geqslant 50\ m^2$　　D. $\geqslant 1\ m^2$，$\geqslant 10\ m^2$，$\geqslant 100\ m^2$

8. 某项目经生态环境现状调查，计算得出的项目评价区生态系统质量 EQ 值为 58，按 EQ 值对生态系统进行分级，该区域应划入（　）。（2006 年考题）

A. Ⅰ级　　B. Ⅱ级　　C. Ⅲ级　　D. Ⅳ级

9. 根据初始瓶的溶氧量（IB）、黑瓶的溶氧量（DB）、白瓶的溶氧量（LB）测定初级生产量，净初级生产量等于（　）。（2007 年考题）

A. LB−IB　　B. IB−DB

C. LB−DB　　D. IB＋DB

10. 描述物种在群落中重要程度的指标是（　）。（2007 年考题）

A. 样方数、采样频次和样方面积　　B. 相对密度、相对优势度和相对频度

C. 种数、种类与区系组成　　D. 种类总数、样地总面积和样地总数量

11. 某次样方调查资料给出了样方总数和出现某种植物的样方数，据此可以计算出该种植物的（　　）。（2008 年考题）

A. 密度　　B. 优势度

C. 频度　　D. 多度

12. 用黑白瓶测定水体初级生产量，得出初始瓶（IB）、黑瓶（DB）和白瓶（LB）的溶解氧量分别为 5.0 mg/L、3.5 mg/L 和 9.0 mg/L。则净初级生产量和总初级生产量分别为（　　）。（2008 年考题）

A. 4.0 mg/L 和 5.5 mg/L　　B. 5.5 mg/L 和 1.5 mg/L

C. 4.0 mg/L 和 1.5 mg/L　　D. 1.5 mg/L 和 5.5 mg/L

13. 用边长 50 cm 的带网铁夹采集某湖泊植物样品，样方平均高等植物鲜重生物量 75 g(无滴水时的鲜重)，则湖泊中高等植物群落平均鲜重生物量为（　　）。（2009 年考题）

A. 300 g/m^2　　B. 225 g/m^2

C. 150 g/m^2　　D. 75 g/m^2

14. 在植被类型主要为灌木和乔木的林地进行群落调查时，确定样地面积大小的依据是（　　）。（2009 年考题）

A. 区域植被覆盖度　　B. 植物种类

C. 工程影响面积　　D. 植株的大小和密度

15. 反映地面生态学特征的植被指数 NDVI 是指（　　）。（2009 年考题）

A. 比值植被指数　　B. 农业植被指数

C. 归一化差异植被指数　　D. 多时相植被指数

16. 植被现状调查时，一般草本、灌木林、乔木林样方面积应分别不小于（　　）。（2009 年考题）

A. 1 m^2、5 m^2、50 m^2　　B. 1 m^2、10 m^2、50 m^2

C. 1 m^2、10 m^2、100 m^2　　D. 1 m^2、5 m^2、100 m^2

17. 某个植被样方调查面积为 10 m^2，调查结果如下表。样方中物种乙的密度、相对密度分别为（　　）。（2009 年考题）

物种	个数	覆盖面积/m^2
甲	2	2
乙	2	3
丙	1	1

A. 0.2 个/m^2、40%　　B. 0.2 个/m^2、50%

C. 0.3 个/m^2、40%　　D. 0.3 个/m^2、50%

18. 寒温带分布的地带性植被类型是（　　）。（2010 年考题）

A. 雨林　　B. 针阔混交林

C. 常绿阔叶林　　D. 落叶针叶林

19. 采用样方法进行的某次植被调查的“种—面积”曲线如下图，最合理的样方数量为（　　）。（2010 年考题）

A. 10 个　　B. 40 个

C. 60 个　　D. 80 个

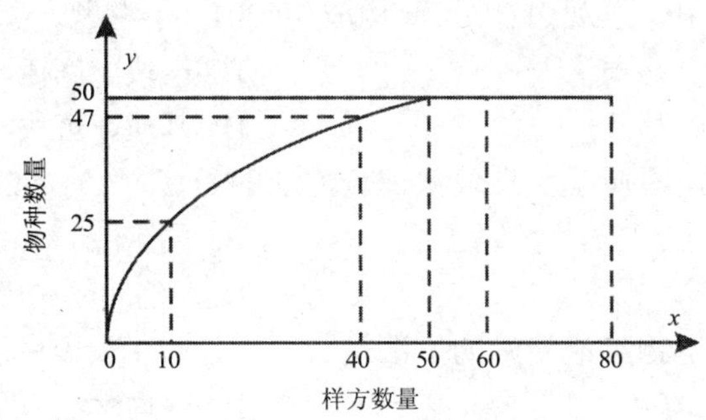

20. 某乔木林样方面积为 100 m^2，样方调查结果如下表。样方中物种丙的优势度、相对优势度分别为（　　）。（2011 年考题）

物种	个数	覆盖面积/m^2
甲	8	10
乙	10	30
丙	12	40

A. 0.4、40%　　B. 0.4、50%

C. 0.5、40%　　D. 0.5、50%

21. 进行自然植被现状调查时，要根据（　　）确定样方面积。（2011 年考题）

A. 样地面积　　B. 植株密度

C. 立地条件　　D. 植被类型

22. 进行森林植被样方调查时，确定样地的面积的依据是（　　）。（2012 年考题）

A. 群落分层状况　　B. 群落中乔木的胸径

C. 群落中乔木的数量　　D. 群落中的物种数

23. 植被调查中，“频度”是指（　）。（2012 年考题）

A. 单位面积上某种植物株数

B. 群落中包含某种植物的样地数与总样地数之比

C. 某种植物个体在不同样地中出现的频率

D. 植物冠层垂直投影面积

24. 利用遥感影像资料可识别（　）。（2012 年考题）

A. 鱼类的产卵场　　B. 植被的分布情况

C. 候鸟的迁徙通道　　D. 陆生动物的活动规律

25. 景观生态学中，景观由（　）构成。（2013 年考题）

A. 斑块、廊道、格局　　B. 斑块、廊道、基质

C. 廊道、格局、基质　　D. 基质、斑块、格局

26. 下列方法中，不属于生态现状调查方法的是（　）。（2013 年考题）

A. 遥感法　　B. 类比法

C. 生态监测法　　D. 专家和公众咨询法

27. 测定灌木林生物量最精确的方法是（　）。（2013 年考题）

A. 皆伐法　　B. 平均木法

C. 随机抽样法　　D. 胸径测量法

28. 景观生态学中，被称为基质的斑块具有的特征是（　）。（2013 年考题）

A. 相对面积小、破碎化程度高、无动态控制功能

B. 相对面积大、破碎化程度低、无动态控制功能

C. 相对面积小、连通程度低、有动态控制功能

D. 相对面积大、连通程度高、有动态控制功能

29. 下列调查结果中，不能确定调查区某灵长类野生动物仍然存在的是（　）。（2014 年考题）

A. 该种动物的毛发　　B. 该种动物的历史记载

C. 该种动物的粪便　　D. 该种动物的足迹

30. 10 个 1 m^2 小蒿草样方调查结果见下表，按表中调查数据计算出小蒿草的密度和频度分别是（　）。（2014 年考题）

样方号	1	2	3	4	5	6	7	8	9	10
小蒿草/（株/m^2）	7	6	0	2	0	5	8	0	4	2

A. 3.4 株/m^2 和 0.7　　B. 34 株/m^2 和 0.7

C. 3.4 株/m^2 和 0.3　　D. 34 株/m^2 和 0.3

31. 关于优势度值（D_o）与景观比例（L_p）关系的说法，正确的是（ ）。（2014年考题）

A. D_o与L_p正相关　　B. D_o与L_p负相关

C. D_o与L_p相等　　D. D_o与L_p不相关

32. 水库渔业资源调查中，当测点水深为 12 m 时，水的理化性质调查采样点应至少设置在（ ）。（2015 年考题）

A. 表层、中层和底层　　B. 表层和底层

C. 表层、5 m、12 m 水深处　　D. 表层、5 m 和 10 m 水深处

33. 某样地景观生态调查测得 W 斑块的频率和景观比例分别为 36%和 40%，若样地内 W 斑块的数量为 48，斑块总数为 300，则 W 斑块的优势度值是（ ）。

（注：$D_o = 0.5\times[0.5\times(R_d + R_f) + L_p]\times 100\%$）（2016 年考题）

A. 27%　　B. 32%

C. 33%　　D. 71%

34. 下列野生植物中，属于国家一级重点保护植物的是（ ）。（2016 年考题）

A. 凤眼莲　　B. 银杏

C. 白桦　　D. 箭竹

二、不定项选择题（每题的备选项中至少有一个符合题意）

1. 用收割法测定草地生产力时必须测定的内容有（ ）。（2005 年考题）

A. 地上部分生物量　　B. 地下部分生物量

C. 被动物采食量　　D. 枯死凋落量

2. 生态环境现状评价一般需阐明评价区内（ ）。（2006 年考题）

A. 生态系统的类型、基本结构和特点

B. 居优势的生态系统及其环境功能

C. 生态系统演变历程与机理

D. 不同生态系统间的相关关系及连通情况

E. 各生态因子间的相关关系、区域生态系统主要约束条件和主要保护目标

3. 生态影响评价工作等级为二级的项目，其现状评价应完成的图件有（ ）。（2006 年考题）

A. 工程施工布置图　　B. 区域植被分布图

C. 土地利用现状图　　D. 区域发展规划图

E. 资源分布图

4. 可用于区域陆生植被调查的方法有（ ）。（2007 年考题）

A. 资料收集　　B. 样方调查
C. 遥感方法　　D. 专家咨询
E. 标本采集

5. 生态现状评价常用的方法有（　）。（2007 年考题）
A. 图形叠置法　　B. 生态机理分析法
C. 景观生态学方法　　D. 情景分析法
E. 系统分析法

6. 动物调查的内容一般应包括（　）。（2008 年考题）
A. 动物的种类　　B. 种群数量
C. 生境类型　　D. 分布情况
E. 迁徙行为

7. 以下应列为生态敏感保护目标的有（　）。（2008 年考题）
A. 水田　　B. 桉树林
C. 竹林　　D. 稀树灌木林
E. 季风常绿阔叶林

8. 计算一个植物种在群落中的重要值的参数有（　）。（2008 年考题）
A. 相对密度　　B. 相对优势度
C. 相对频度　　D. 相对高度

9. 植被中物种的重要值取决于物种的（　）。（2009 年考题）
A. 相对密度　　B. 相对优势度
C. 相对盖度　　D. 相对频度

10. 在实际工作中，判别生态敏感保护目标的因素有（　）。（2009 年考题）
A. 相关法律法规要求　　B. 社会关注程度
C. 长期的科学实验或观测结果　　D. 生态脆弱程度

11. 陆生动物资源调查内容应包括（　）。（2009 年考题）
A. 种类及分布特征　　B. 栖息繁殖地
C. 生物量　　D. 重要野生动物名录

12. 开展生态环境现状调查评价时，应在生态系统识别的基础上，分析（　）。（2011 年考题）
A. 生态系统类型　　B. 生态系统结构
C. 生态系统组成　　D. 生态系统功能

13. 在区域生态环境现状评价中，生态脆弱区具有容易破坏又不容易恢复的特点，因而应作为环评中的特别关注的保护目标。可列为生态脆弱区的有（　）。（2011 年考题）

A. 沙尘暴源区　　B. 石漠化地区
C. 热带雨林区　　D. 山地平原交界带的山麓

14. 生态现状调查可采用的方法有（　）。（2011 年考题）
A. 类比法　　B. 卫片解译
C. 资料收集　　D. 现场调查

15. 鱼类资源实地调查可采用的方法有（　）。（2012 年考题）
A. 钩钓　　B. 网捕
C. 样方调查　　D. 计数粪便

16. 某拟建高速公路建设期在下列地点设置弃渣场，选址合理的有（　）。（2012 年考题）
A. 水田　　B. 河道滩地
C. 废弃取土场　　D. 荒土凹地

17. 下列景观斑块优势度（D_o）、密度（R_d）、频率（R_f）和景观比例（L_p）的计算公式正确的有（　）。（2013 年考题）
A. D_o=0.5×（R_d+R_f+L_p）×100%
B. R_d=（斑块 i 的数目/斑块总数）×100%
C. L_p=（斑块 i 的面积/样地总面积）×100%
D. R_f=（斑块 i 的密度/总样方数）×100%

18. 关于植物样方调查的正确说法有（　）。（2013 年考题）
A. 样方大小可依据植株大小和密度确定
B. 可用物种数量与面积的关系曲线确定样方数量
C. 可随机确定样方面积
D. 可依据物种数量及其均匀性调整样方

19. 在进行陆生野生动物物种调查时，应调查（　）。（2013 年考题）
A. 动物毛发　　B. 动物粪便
C. 动物足迹　　D. 动物叫声

20. 湖泊根据其垂向水温分布特点，可分为分层型和混合型两类。根据湖泊水替换次数指标判断，下表湖泊中，属于混合型的有（　）。（2014 年考题）

湖泊名称	总容积/10^4m^3	年入流量/10^4m^3
甲	80	160
乙	80	3 200
丙	40	200
丁	40	1 200

A. 甲湖　　B. 乙湖　　C. 丙湖　　D. 丁湖

21. 采用皆伐实测法测定森林生物量，下列说法中，正确的有（　）。（2014 年考题）

A. 测定生物量时，只需计算树干、枝叶质量

B. 皆伐实测法可精确测定生物量

C. 皆伐实测法无法测定植物自身代谢、生长发育所消耗的物质

D. 皆伐实测法可测定总生产量或总生产力

22. 下列湖泊中，富营养化状态评价不宜采用营养状况指数法（TSI）的有（　）。（2015 年考题）

A. 色度比较高的湖泊　　B. 含沙量高的湖泊

C. 氮磷比值较大的湖泊　　D. 水草繁茂的湖泊

23. 下列水生生态调查对象中，属于底栖动物的有（　）。（2015 年考题）

A. 藻类　　B. 螺类

C. 蚌类　　D. 底层鱼类

24. 某油气田开发项目位于西北干旱荒漠区，占地面积 100 km^2，1 km 外有以保护鸟类为主的国家重要湿地保护区，下列方法中，可用于评价该建设项目生态环境现状的有（　）。（2015 年考题）

A. 图形叠置法　　B. 列表清单法

C. 单因子指数法　　D. 景观生态学法

25. 湖库富营养化的敏感性一般与湖库滞留时间、平均水深、水温等有关。对上述关系描述正确的是（　）。（2015 年考题）

A. 滞留时间越长，越易形成富营养化

B. 平均水深越深，越易形成富营养化

C. 气候变暖有利于湖库的富营养化

D. 透明度越高，富营养化越严重

26. 采用化学需氧量、总磷、总氮和叶绿素 a 计算海水营养指数时，下列条件可以判定海水富营养化的有（　）。（2015 年考题）

A. 营养指数<1　　B. 1<营养指数<4

C. 4<营养指数<8　　D. 营养指数>8

27. 陆生动物现状调查可采用的方法有（　）。（2016 年考题）

A. 资料收集分析　　B. 设置固定照相机记录

C. 观察动物活动痕迹　　D. 陷阱捕获法

28. 计算森林生物量时应包括（　）。（2016 年考题）

A. 树干　　B. 树枝

C. 树叶　　D. 树根

29. 下列工程项目中，可采用景观生态学方法进行生态现状调查与评价的有（　）。（2016 年考题）

A. 大型水利工程　　B. 输油管道工程

C. 铁路建设工程　　D. 人防工程

30. 生态现状调查中，涉及需特殊保护的生态敏感区时，应说明其（　）。（2016 年考题）

A. 保护类型　　B. 保护等级

C. 保护对象　　D. 保护范围

31. 某海水营养指数以 4 为阈值判断海水富营养化水平，该指数中用到的指标有（　）。（2016 年考题）

A. COD　　B. 叶绿素 a

C. 总氮　　D. 无机磷

参考答案

一、单项选择题

1. A【点评解析】本题主要考查生态环境现状评价至少应包含的基础图件。当时考的是《环境影响评价技术导则　非污染生态影响》（HJ/T 19—1997）。目前，应用的是《环境影响评价技术导则　生态影响》（HJ 19—2011），对图件有特别的要求，分为基本图件和推荐图件。

2. B【点评解析】本题主要考查水体生物净初级生产量的计算方法。净初级生产量＝LB−IB=4.5−1.7＝2.80 mg/（L·d）。考生务必理解记忆，还应记忆呼吸量和总初级生产量的计算方法。初级生产量的测度方法：

氧气测定法，即黑白瓶法。用三个玻璃瓶，一个用黑胶布包上，再包以铅箔。从待测的水体深度取水，保留一瓶（初始瓶 IB）以测定水中原来溶氧量。将另一对黑白瓶沉入取水样深度，经过 24 h 或其他适宜时间，取出进行溶氧测定。根据初始瓶（IB）、黑瓶（DB）、白瓶（LB）溶氧量，即可求得：

LB−IB=净初级生产量

IB−DB=呼吸量

LB−DB=总初级生产量

3. C【点评解析】本题主要考查水体生物初级生产力的测定方法。水生态系统初级生产力除了氧气测定法和叶绿素测定法外，还有 CO_2 测定法和放射性标记物测定法。考生务必记忆。

4. B【点评解析】本题主要考查生态系统完整性评价指标。除了植被连续性、生物量和生产力水平以及生物多样性外，评价指标还包括生态系统组成完整、生态系统空间结构完整性，考生务必记忆。遗传多样性是生物多样性内容之一。

生态完整性评价指标：

① 植被连续性。植被连续意味着生境连续，面积较大，干扰较少。景观连通性、生境破碎度、景观异质性和斑块分布，都可用于进行生态系统完整性评价。

② 生态系统组成完整。包括系统的生物组成成分协调性（种群大小适宜，无过大过少问题；食物链比较完整等）；环境因素制约性，即不存在强烈的环境制约因素等。

③ 生态系统空间结构完整性。森林植被保持成层分面特征，即保持生物地理区生态系统基本特征，水生生态系统则保持各层鱼类均有分布。

④ 生物多样性。生物多样性高，接近自然本底水平，则生态完整性也高。生物多样性是综合反映生态系统质量的因子。

⑤ 生物量和生产力水平。生态系统生物量的高低或生产力水平的高低，标志着系统质量的高低和完整性状态。越接近自然生态系统第一性生产力（理论水平）者，其整体性水平也越高。

5. D【点评解析】本题主要考查荒漠化量化指标。《环境影响评价技术方法》书中无，但《环境影响评价技术导则　非污染生态影响》中有（但新的 HJ 19—2011 已无）。指标区间为 0、1、1.5、3、4.5。另外，由于 1 km^2＝100 hm^2，某半干旱地区的陆生植被生物生产量实际为 0.026 t/（hm^2·a）。如果是出题者疏忽量纲，答案有可能是 B。考生务必理解。荒漠化的量化指标如下：潜在荒漠化的生物生产量为 3～4.5 t/（hm^2·a），正在发展的荒漠化为 2.9～1.5 t/（hm^2·a），强烈发展的荒漠化为 1.4～1.0 t/（hm^2·a），严重荒漠化为 0.9～0.0 t/（hm^2·a）。

6. B【点评解析】本题主要考查生态质量等级划分。尽管《环境影响评价技术方法》一书中无《山岳型风景资源开发环境影响评价指标体系》的四级划分标准，但可以进行推理。四级划分标准应该为 0～25%、25%～50%、50%～75%、75%～100%，分别对应四级（劣）、三级（可）、二级（中）、一级（优）。问题就迎刃而解了。

7. D【点评解析】本题主要考查自然植被样方调查要确定样方面积。高频考点，考生务必记忆。植物的样方调查和物种重要值：

自然植被经常需进行现场的样方调查，样方调查中首先须确定样方大小，一般草本的样地在 1 m^2 以上，灌木林样方在 10 m^2 以上，乔木林样方在 100 m^2 以上，样方大小依据植株大小和密度确定。其次须确定样方数目，样地的面积须包括群落的大部分物种，一般可用种与面积和关系曲线确定样方数目。样方的排列有系统排列和随机排列两种方式。样方调查中“压线”植物的计量须合理。

8. B【点评解析】本题主要考查生态系统等级划分。EQ 值将生态系统分为五级，可以进行推理。五级划分标准应该为 0～10、10～30、30～50、50～70、70～100，分别对应Ⅴ级、Ⅳ级、Ⅲ级、Ⅱ级、Ⅰ级，问题就迎刃而解了。生态系统质量评价：我国学者（曹洪法，1995）提出的生态系统质量分析评价系统考虑植被覆盖率、群落退化程度、自我恢复能力、土地适宜性等特征。按 100 分制给各特征赋值。生态系统质量 EQ 按下式计算：

$$\mathrm{EQ}=\sum_{i=1}^{N} A_i / N$$

式中：EQ ——生态系统质量；

A_i ——第 i 个生态特征的赋值；

N ——参与评价的特征数。

按 EQ 值将生态系统分为五级：Ⅰ级 100～70，Ⅱ级 69～50，Ⅲ级 49～30，Ⅳ级 29～10，Ⅴ级 9～0。

9. A【点评解析】本题主要考查水体生物净初级生产量的测定方法。考生务必理解记忆，还应记忆呼吸量和总初级生产量的计算方法。本题与第 2 题相似。

10. B【点评解析】本题主要考查物种在群落中重要程度的指标。此概念十分重要，为重要知识点、高频考点，考生务必理解记忆。在样方调查（主要是进行物种调查、覆盖度调查）的基础上，可依下列方法计算植被中物种的重要值：

（1）密度=个体数目/样地面积

$$\text{相对密度}=\frac{\text{一个种的密度}}{\text{所有种的密度}}\times 100\%$$

（2）优势度=底面积（或覆盖面积总值）/样方面积

$$\text{相对优势度}=\frac{\text{一个种优势度}}{\text{所有种优势度}}\times 100\%$$

（3）频度=包含该种样地数/样方总数

$$\text{相对频度}=\frac{\text{一个种的频度}}{\text{所有种的频度}}\times 100\%$$

（4）重要值=相对密度+相对优势度+相对频度

11. C【点评解析】本题主要考查植物的样方调查和物种重要值。显而易见，从文字描述即可知该种植物的频度。考生务必理解记忆，并灵活运用。此为重要知识点、高频考点。还应理解相对密度、相对优势度和重要值。

12. C【点评解析】本题主要考查净初级生产量和总初级生产量的计算方法。净初级生产量为 9−5＝4（mg/L），总初级生产量为 9−3.5＝5.5（mg/L），考生务必理解记忆，为高频考点。

13. A【点评解析】本题实际考查高等植物群落平均鲜重生物量的核算。只要列出衡算公式，搞准量纲，问题就迎刃而解。湖泊中高等植物群落平均鲜重生物量为：75/（$50\times50\times10^{-4}$）＝300（g/m^2）。

14. D【点评解析】本题主要考查确定样地面积大小的依据。样方调查首先要确定样地的大小，样地面积根据草地、灌木和乔木取值不同，呈数量级递增，样地的大小则根据植株的大小和密度确定。

15. C【点评解析】本题主要考查反映地面生态学特征的植被指数 NDVI 的含义。不同波段信息还可以以某种形式组合起来，形成各种类型的植被指数，从而较好地反映某些地面生态学特征。如最早发展的比值植被指数 RVI$(\mathrm{RVI}=R/\mathrm{NIR})$，可用于估算和监测植被盖度，但是它对大气影响反应敏感，而且当植被盖度＜50%时，分辨能力也很弱，只有在植被盖度浓密的情况下效果最好；农业植被指数 AVI$[\mathrm{AVI}=2.0\times(\mathrm{MSS}_7-\mathrm{MSS}_5)]$，可以监测作物生长发育的不同阶段；归一化差异植被指数 NDVI$[\mathrm{NDVI}=(\mathrm{NIR}-R)/(\mathrm{NIR}+R)]$，对绿色植被表现敏感，常被用于进行区域和全球的植被状况研究；多时相植被指数 MTVI$[\mathrm{MTVI}=\mathrm{NDVI}(t_2)-\mathrm{NDVI}(t_1)]$用于比较两个时期植被盖度的变化，也可以监测因水灾和土地侵蚀造成的森林覆盖率的变化。

目前已经提出的植被指数有几十个，但是应用最广的还是 NDVI，在生物量估测、资源调查、植被动态监测、景观结构和功能及全球变化研究中发挥了重要作用。此外，人们常常把 NDVI 作为一种评价标准，评价基于遥感影像和地面测量或模拟的新的植被指数的好坏。

16. C【点评解析】本题实际考查样方调查。样地面积根据草地、灌木和乔木取值不同，一般呈数量级递增。自然植被经常需进行现场的样方调查，样方调查中首先须确定样地大小，一般草本的样地在 1 m^2 以上，灌木林样地在 10 m^2 以上，乔木林样地在 100 m^2 以上，样地大小依据植株大小和密度确定。

17. A【点评解析】本题实际考查样方调查中密度、相对密度的具体计算。关键是要搞清其概念，覆盖面积信息用不上。计算很简单。物种乙的密度＝2/10＝0.2 个/m^2，相对密度＝2/（2＋2＋1）＝40%。

18. D【点评解析】本题实际考查对地带性植被类型的了解。《环境影响评价技术方法》一书中没有说明，为生态学一般概念。地带性植被定义为：在地球表面，与水热条件相适应，与地带性因素相适应，地带性植被在地理分布上表现出明显的三维空间规律性：因气温的差异，在湿润的大陆东岸，从赤道向极地依次出现热带雨林、亚热带常绿阔叶林、温带夏绿阔叶林、寒温带针叶林、寒带冻原和极地荒漠，称为植被分布的纬度地带性；从沿海到内陆，因水分条件的不同，使植被类型在中纬度地区也出现了森林→草原→荒漠的更替，称为植被相性（经度地带性）；从山麓到山顶，由于海拔的升高，出现大致与等高线平行并具有一定垂直幅度的植被带，其有规律的组合排列和顺序更迭，表现出垂直地带性。植被的垂直地带性与水平地带性（纬度地带性与经度地带性的统称）是通过基带相联系的。

19. C【点评解析】一般可用物种数量与面积的关系曲线确定样方数目，只有 60 包含了群落的全部物种，是最合理的。

20. B【点评解析】本题实际考查样方调查中优势度、相对优势度的具体计算。关键是要搞清其概念，计算很简单。物种丙的优势度＝40/100＝0.4，相对优势度＝40/（40＋30＋10）＝50%。

21. B【点评解析】本题实际考查确定样方大小的依据。样方调查中首先须确定样地大小，根据植株大小和密度确定样地大小。本题相关知识点已考过多次，考生务必理解。

22. B【点评解析】本题实际考查植被样方调查确定样地面积的依据。关键是群落中乔木的胸径即表示乔木植株的大小。本题为高频考点，考生务必理解。

23. B【点评解析】本题主要考查植被调查中“频度”的定义。为高频考点，考生务必理解记忆。某种植物个体在不同样方中出现的频率为相对频度。

24. B【点评解析】本题实际考查遥感在景观生态学中的应用领域分析。利用遥感影像资料可识别植被的分布情况。鱼类的产卵场、候鸟的迁徙通道、陆生动物的活动规律需要现场调查。已考过多次，考生务必理解。见下说明：

遥感在景观生态学中的应用领域分析。从广义来讲，遥感是指通过任何不接触被观测物体的手段来获取信息的过程和方法，包括航天遥感、航空遥感、船载遥感、雷达以及照相机摄制的图像。景观生态学的迅速发展，得益于遥感技术的发展及其应用。遥感为景观生态学研究和应用提供的信息包括：地形、地貌、地面水体、植被类型及其分布、土地利用类型及其面积、生物量分布、土壤类型及其水体特征、群落蒸腾量、叶面积指数及叶绿素含量等。最常用的卫星遥感资源是美国陆地资源卫星 TM 影像，包括 7 个波段，每个波段的信息反映了不同的生态学特点。

25. B【点评解析】本题主要考查景观构成。景观由基质（模地）、斑块（拼块、缀块、镶嵌体）、廊道构成，是解释景观结构的基本模式，普遍适用于各类景观。

26. B【点评解析】本题主要考查生态现状调查方法。类比法是预测分析的一种方法。生态现状调查方法有① 收集资料法；② 现场勘查法；③ 专家和公众咨询法；④ 生态监测法；⑤ 遥感法（卫片解译）。

27. A【点评解析】本题主要考查测定灌木林生物量的方法。关键是最精确的方法，只有皆伐法。平均木法和随机抽样法也是灌木林生物量测定方法。胸径测量法不属于生物量测定方法。为了精确测定生物量，或用做标准来检查其他测定方法的精确程度，采用皆伐实测法。该方法是指将林木伐倒之后，测定其各部分的材积，并根据比重或烘干重换算成干重。各株林木干重之和，即为林木的植物生物量。

28. D【点评解析】本题主要考查基质斑块具有的特征。景观生态学中，基质的判定是空间结构分析的重要内容。判定基质有三个标准，即相对面积大、连通程度高、有动态控制功能。

29. B【点评解析】动物的历史记载只能说明过去的情况，不能说明现在的情况。而动物的毛发、粪便、足迹却是其存在的证据。

30. A【点评解析】本题主要考查植物样方调查的密度和频度计算。在样方调查中，密度=个体数目/样方面积=（7+6+0+2+0+5+8+0+4+2）÷10=3.4（株/m^2）；频度＝包含该种样方数/样方总数=7÷10=0.7。

31. A【点评解析】本题主要考查优势度值（D_o）与景观比例（L_p）关系。优势度值 $D_o=0.5\times[0.5\times(R_d+R_f)+L_p]\times100\%$，可知 L_p 增大时，D_o 也会增大。因此，D_o 与 L_p 正相关。

32. D【点评解析】本题主要考查水库渔业资源调查水样采样规定。水深小于 3 m 时，可只在表层采样；水深为 3～6 m 时，至少应在表层和底层采样；水深为 6～10 m 时，至少应在表层、中层和底层采样；水深大于 10 m 时，至少应在表层、5 m 和 10 m 水深层采样。

33. C【点评解析】本题主要考查景观优势度值的计算。优势度值公式 $D_o=0.5\times[0.5\times(R_d+R_f)+L_p]\times100\%$及各指标的计算公式必须牢记。根据所列公式，$R_d=48/300=0.16$，$R_f=0.36$，$L_p=0.4$；$D_o=0.5\times[0.5\times(0.16+0.36)+0.4]\times100\%=33\%$。

34. B【点评解析】本题主要考查对重点保护野生植物的了解。根据《国家重点保护植物名录》，一级保护的植物有八种，3 种裸子植物：银杉、水杉、秃杉；1 种蕨类植物：桫椤；4 种被子植物：珙桐、人参、望天树、金花茶。考生应对国家重点保护野生植物、国家重点保护野生动物有所了解。银杏出现在几亿年前，是第四纪冰川运动后遗留下来的裸子植物中最古老的孑遗植物，有活化石的美称。凤眼莲，也被称为凤眼蓝、浮水莲花、水葫芦、布袋莲，虽说水葫芦本身有很强的净化污水能力，但大量的水葫芦覆盖河面，容易造成水质恶化，影响水底生物的生长。箭竹为榛木科植被，多年生竹类，地下茎匍匐；箭竹的林地面积颇大，蓄积量蕴藏丰富，用途多，是大熊猫（我国国家一级保护动物）的主要食物来源。白桦是亚洲东部的一个广布树种。

二、不定项选择题

1. ABCD【点评解析】本题实际考查用收割法测定草地生产力时必须测定的内容。必须全面调查才能准确测定，草地生产力的测定多采用样地调查收割法，主要内容包括：地上部分生产量；地下部分生产量；枯死凋落量；被动物采食量。

2. ABCDE【点评解析】本题主要考查生态环境现状评价的主要内容。生态环境现状评价是全方位的。另外，现状评价一定要明确生态保护目标和区域生态系统主要约束条件。生态环境现状评价一般要求：

生态环境现状评价一般需阐明生态系统的类型、基本结构和特点（整体性特点、稳定性等），评价区内居优势的生态系统及其环境功能或生态功能规划；域内自然资源赋存和优势资源及其利用状况；阐明区域内不同生态系统间的相关关系（空间布局、物流等）及连通情况，各生态因子间的相互关系（注意食物链关系）；明确区域生态系统主要约束条件（限制生态系统的主要因子）以及所研究的生态系统的特殊性如脆弱性问题；明确主要的或敏感的保护目标。另外，现状评价还需阐明评价的生态环境目前所受到的主要压力、威胁和存在的主要问题等。必要时，生态系统演变历程与机理也是应该说明的。

3. BCE【点评解析】本题主要考查工作等级为二级的生态环境现状评价应完成的基础图件。三级评价应包含土地利用现状图、植被图、土壤侵蚀图；二级评价还应包含资源分布图。当时考的是《环境影响评价技术导则　非污染生态影响》（HJ/T 19—1997）。目前，应用的是《环境影响评价技术导则　生态影响》（HJ 19—2011），对图件有特别的要求，分为基本图件和推荐图件，详见导则原文。

4. ABCDE【点评解析】本题主要考查可用于区域陆生植被调查的方法。可用于区域陆生植被调查的方法有资料收集法、现场调查法（样方调查、标本采集）、遥感方法和专家咨询法。

5. ABCE【点评解析】本题主要考查生态现状评价常用的方法。情景分析法属于规划环评方法。生态现状评价方法见《环境影响评价技术导则　生态影响》（HJ 19—2011）推荐的方法，如列表清单、图形叠置、生态机理分析、指数与综合指数、系统分析、生物多样性评价、海洋及水生生物资源影响评价等。生态评价中的方法选用，应根据评价问题的层次特点、结构复杂性、评价目的和要求等因素决定。

6. ABCDE【点评解析】本题主要考查动物调查的内容。高频考点，考生务必理解记忆，案例分析考试中经常涉及。动物调查的内容一般应包括：动物的种类、种群数量、分布情况、生境类型、迁徙行为、繁殖特征等。在 HJ 19—2011 中给出了国家和地方受保护物种的调查内容。

7. ADE【点评解析】本题实际考查生态敏感保护目标的识别。一般根据法律法规确定的目标，以及具有重大意义的环境事物。水田多为基本农田，且水田属于一种湿地类型，稀树灌木林具有科学意义，季风常绿阔叶林多为天然林。而桉树林均为人工林，不属于生态敏感保护目标。

8. ABC【点评解析】本题主要考查物种在群落中的重要值的参数。高频考点。在样方调查（主要是进行物种调查、覆盖度调查）的基础上，可依下列方法计算植被中物种的重要值：

（1）密度=个体数目/样方面积

$$相对密度=\frac{一个种的密度}{所有种的密度}\times100\%$$

（2）优势度=底面积（或覆盖面积总值）/样方面积

$$相对优势度=\frac{一个种优势度}{所有种优势度}\times100\%$$

（3）频度=包含该种样地数/样方总数

$$相对频度=\frac{一个种的频度}{所有种的频度}\times100\%$$

（4）重要值=相对密度+相对优势度+相对频度

9. ABD【点评解析】本题主要考查植被中物种的重要值。相对密度、相对优势度、相对频度三者相加即为物种的重要值。该知识点已考过多次，考生务必理解记忆。

10. ABCD【点评解析】本题主要考查判别生态敏感保护目标的因素。其他三项好理解，关键是长期的科学实验或观测结果，可以判断其是否具有生态学意义、科学文化意义等。考生务必理解记忆，并将其应用到实际案例中。生态敏感保护目标的判别指标：① 具有生态学意义的；② 具有美学意义的；③ 具有科学文化意义的；④ 具有经济价值的；⑤ 具有生态功能区和具有社会安全意义的；⑥生态脆弱区；⑦人类建立的各种具有生态环境保护的对象；⑧环境质量急剧退化或环境质量达不到环境功能区划要求的地域；⑨人类社会特别关注的。

11. ABD【点评解析】本题主要考查陆生动物资源调查内容。一般而言，生物量对应植物。陆生动物资源调查内容应包括种类及分布特征、重要野生动物名录、栖息繁殖地等。

12. BD【点评解析】本题主要考查生态环境现状评价的主要内容，与前面第 2 题是同类考题。但需注意的是本题已告知是“在生态系统识别的基础上”，“识别”即意味着生态系统的类型已明确，因此不应该选 A。至于生态系统的组成，则为生态系统结构的内涵，因此，也不应该选 C。

13. ABD【点评解析】本题主要考查生态脆弱区的识别。生态脆弱区也称“生态交错区”，由于生态脆弱区具有容易破坏又不易恢复的特点，热带雨林区显然不具有此特点。生态脆弱区（又称生态交错区）主要包括：处于剧烈退化中的生态系统，都可能演化为灾害易发区，应作为一类重要的敏感目标对待，如沙尘暴源区、严重和剧烈沙漠化区、强烈和剧烈水土流失区和石漠化地区；处于交界地带的区域，如水陆交界之海岸、河岸、湖岸岸区，处于山地平原交界处之山麓地带等；处于过渡的区域，如农牧交错带、绿洲外围带等。

14. BCD【点评解析】本题主要考查生态现状调查可采用的方法。类比法是预测方法。此知识点非常重要，在案例分析考试中经常出现，考生务必理解记忆。生态现状调查方法有：

（1）资料收集法。即收集现有的能反映生态现状或生态背景的资料，从表现形式上分为文字资料和图形资料，从时间上可分为历史资料和现状资料，从收集行业类别上可分为农、林、牧、渔和环境保护部门，从资料性质上可分为环境影响报告书、有关污染源调查、生态保护规划、规定、生态功能区划、生态敏感目标的基本情况以及其他生态调查材料等。使用资料收集法时，应保证资料的现时性，引用资料必须建立在现场校验的基础上。

（2）现场勘查法。现场勘查应遵循整体与重点相结合的原则，在综合考虑主导生态因子结构与功能的完整性的同时，突出重点区域和关键时段的调查，并通过对影响区域的实际踏勘，核实收集资料的准确性，以获取实际资料和数据。

（3）专家和公众咨询法。专家和公众咨询法是对现场勘查的有益补充。通过咨询有关专家，收集评价工作范围内的公众、社会团体和相关管理部门对项目影响的意见，发现现场踏勘中遗漏的生态问题。专家和公众咨询应与资料收集和现场勘查同步开展。

（4）生态监测法。当资料收集、现场勘查、专家和公众咨询提供的数据无法满足评价的定量需要，或项目可能产生潜在的或长期累积效应时，可考虑选用生态监测法。生态监测应根据监测因子的生态学特点和干扰活动的特点确定监测位置和频次，有代表性地布点。生态监测方法与技术要求须符合国家现行的有关生态监测规范和监测标准分析方法；对于生态系统生产力的调查，必要时需现场采样、实验室测定。

（5）遥感调查法。当涉及区域范围较大或主导生态因子的空间等级尺度较大，通过人力踏勘较为困难或难以完成评价时，可采用遥感调查法。遥感调查过程中必须辅助必要的现场勘查工作。

15. AB【点评解析】本题主要考查鱼类资源实地调查可采用的方法。除网捕法（有些鱼网捕不到），还有市场调查法（钩钓法也是可采用的一种方法，市场上的一些鱼也有钩钓来的）。鱼类是水生生态调查的重点，一般调查方法为网捕，也附加市场调查法等。鱼类调查既包括鱼类种群的生态学调查，也包括鱼类作为资源的调查。

一般调查指标有：

- 种类组成与分布：区分目、科、属、种，相应的分布位置；
- 渔获密度、组成与分布：渔获密度（尾/网），相应的种类、地点；
- 渔获生物量、组成与分布：渔获生物量（g/网）及相应的种类、地点；
- 鱼类区系特征：不同温度区及其适宜鱼类种类，不同水层（上、中、底层）。

16. CD【点评解析】本题主要考查弃渣场的合理选址。弃渣场占用水田和河道滩地是违法行为。弃渣场的合理选址应是荒地、废地。《中华人民共和国河道管理条例》第二十四条规定：在河道管理范围内，禁止弃置矿渣、石渣、煤灰、泥土、垃圾等。

17. BC【点评解析】本题主要考查优势度（D_o）、密度（R_d）、频率（R_f）和景观比例（L_p）的计算公式。优势度（D_o）由密度（R_d）、频率（R_f）和景观比例（L_p）三个参数计算得出，D_o=0.5×[0.5×（R_d+R_f）+L_p]×100%。R_f=（斑块 i 出现的样方数/总样方数）×100%。

18. ABD【点评解析】本题主要考查植物样方调查的内容。显然，不可随机确定样方面积。前面已反复出现过多次，也有详细的点评分析。

19. ABCD【点评解析】本题主要考查陆生野生动物物种调查方法。在进行陆生野生动物物种调查时，从动物毛发可知其种类，从动物粪便可知其食性，从动物足迹可知其活动范围，从动物叫声可知其种类或是否处于发情期。动物毛发、粪便、足迹、叫声都是确定其种类的方法，因为不同动物，在这些方面均有不同的特征。

20. BD【点评解析】本题主要考查湖泊按垂向水温分布的分类。湖水、水库水温是否分层，可通过湖泊水替换的次数指标 a 经验性标准来判别。若 a<10，认为湖泊、水库为稳定分层型：若 a>20，认为湖泊、水库为混合型。a=年总入流量/湖泊总容积，代入题中数据可得，$a_{乙}$＝40、$a_{甲}$＝2、$a_{丙}$＝5、$a_{丁}$＝30。因此，乙和丁属于混合型。

21. BC【点评解析】本题主要考查皆伐实测法的概念。为了精确测定生物量，或用做标准来检查其他测定方法的精确程度，采用皆伐实测法。该方法是指将林木伐倒之后，测定其各部分的材积（而不是只需计算树干、枝叶质量，还包括地下树根部分），并根据比重或烘干重换算成干重。各株林木干重之和，即为林木的植物生物量。收割法最大的局限性是不能计算因草食性动物所吃掉的物质，更无法计算绿色植物用于自身代谢、生长和发育所耗费的物质。实际上所测量的部分是现存生物量，即测定当时绿色植物有机物质的数量。假如把呼吸的损失量和其他方面的损失（如草食动物吃掉的量）加进去修正收获量，才可估测出总生产量或总生产力。生产力的测定，主要是通过测定森林生态系统的光合作用来计算生物量。这种方法既能测定总生产力，又能求测净生产力，是收获法的补充。测定光合成对能量固定的数量和速率，可以根据光合成方程式加以求算。

22. ABD【点评解析】本题主要考查营养状况指数法（TSI）的适用条件。Carlson根据透明度、总磷和叶绿素三种指标发展了一种简单的营养状况指数（TSI），用于评价湖泊富营养化的方法。在非生物固体悬浮物和水的色度比较低的情况下，叶绿素 a （Chl） 和总磷（TP）与透明度（SD）之间高度相关。湖水过于浑浊（非藻类浊度）或水草繁茂的湖泊，Carlson 指数则不适用。有时用 TN/TP 比率评估湖泊或水库何种营养盐不足。

23. BC【点评解析】本题主要考查底栖动物的概念。底栖动物是指生活在水域底上或底内、固着或爬行的生物，软体动物，水生昆虫，水栖寡毛类。属于特定的动物群落，其主要特点是多为无脊椎动物。

24. ABCD【点评解析】本题主要考查生态环境现状的评价方法。本项目生态评价等级为一级。生态现状评价方法有：列表清单法、图形叠置法、生态机理分析法、单因子指数法与综合指数法、系统分析法、生物多样性评价法等。

25. AC【点评解析】本题主要考查湖库富营养化的因素。水深大，磷浓度低，湖库不易富营养化；停留时间长，替换率小，磷负荷大，易富营养化。TSI 指数表面透明度大，不易富营养化。水温升高，藻类繁殖加速，易富营养化。

26. CD【点评解析】本题主要考查判定海水富营养化的指标。海水营养指数有两种方法。第一种方法考虑化学耗氧量、总氮、总磷和叶绿素 a，当营养指数大于 4 时，认为海水达到富营养化。第二种方法考虑化学耗氧量、溶解无机氮、溶解无机磷，当营养指数大于 1，认为水体富营养化。

27. ABCD【点评解析】本题主要考查调查陆生动物的常用方法。调查陆生动物可采取设置固定照相机记录、观察动物活动痕迹、陷阱捕获法，这些方法在《生物多样性观测技术导则　爬行动物》及《生物多样性观测技术导则　陆生哺乳动物》中有列出。

28. ABCD【点评解析】本题主要考查森林生物量的测定。理论上测定森林生物量时，除应计算树干的质量外，还包括对森林的枝量、叶量和根量的测定。由于过去对这方面的研究较少，且测定的手续烦琐，成为森林生物量测定中最困难的环节。尤其是容易忽略树根，而其占全部生物量的 17%～23%。实际工作中，一般不计算树根生物量，而是根据经验公式或测算来估算地上部分的木材蓄积量。

29. ABC【点评解析】本题主要考查景观生态学方法的应用。景观生态学方法主要针对具有区域性质的大型项目，如大型水利工程；线性项目（如铁路、输油、输气管道）等，重点研究的是项目对区域景观的切割、破碎或改变较为明显的影响。

30. ABCD【点评解析】本题主要考查生态现状调查内容。根据 HJ 19—2011，如涉及特殊生态敏感区和重要生态敏感区时，应逐个说明其类型、等级、分布、保护对象、功能区划、保护要求等。功能区划实际上就是其不同重要性的保护范围，也是应该调查的。

31. ABC【点评解析】本题主要考查富营养化水平评价。营养指数的计算主要有两种方法：第一种方法考虑化学需氧量、总氮、总磷和叶绿素 a，当海水营养指数大于 4 时，认为海水达到富营养化；第二种方法考虑化学需氧量、溶解无机氮、溶解无机磷，当海水营养指数大于 1 时，认为水体富营养化。

第三章　环境影响识别与评价因子筛选

一、单项选择题（每题的备选项中，只有一个最符合题意）

1. 在河流水体影响评价因子筛选公式中 Q_h 的含义是（　）。（2005 年考题）

公式 $ISE=C_pQ_p/（C_s-C_h）Q_h$

A. 废水排放量（m^3/s）　　B. 河流上游来水量（m^3/s）

C. 废水中污染物浓度（mg/L）　　D. 河流水体污染物浓度（mg/L）

2. 某隧道工程穿越石灰岩地区，在环境影响评价中应特别重视（　）。（2010 年考题）

A. 水文地质条件　　B. 隧道长度

C. 出渣量　　D. 爆破方式

3. 建设项目环境影响识别中，必须包括的阶段是（　）。（2012 年考题）

A. 项目选址期　　B. 建设期和运营期

C. 项目初步设计期　　D. 产业链规划期

4. 铅酸蓄电池项目环境影响评价，环境空气现状监测的特征因子是（　）。（2013 年考题）

A. 二氧化硫　　B. 镍尘

C. 氟化物　　D. 铅尘

5. 矩阵法环境影响识别表中，建设项目各建设阶段与环境要素交叉的格点，表示的是（　）。（2014 年考题）

A. 影响因子　　B. 影响范围

C. 影响要素　　D. 影响程度

6. 已知项目污染因子及河流特征指数如下表，污染因子 ISE 指数从大到小排序正确的是（　）。（2014 年考题）

污染因子	河流水质目标/（mg/L）	设计径流量/（m^3/s）	污水量/（m^3/s）	背景浓度/（mg/L）	排放浓度/（mg/L）
COD	20	10	1	18	100
总磷	0.2	10	1	0.1	2.5
氨氮	1.0	10	1	0.5	15

A. COD、氨氮、总磷　　B. 氨氮、COD、总磷
C. 氨氮、总磷、COD　　D. COD、总磷、氨氮

7. 采用定向钻方法进行穿越河流的天然气管线施工，需关注的主要环境问题是（　）。(2014 年考题)

A. 施工对河流底栖生物的影响　　B. 泥浆产生的环境影响
C. 施工爆破产生的振动影响　　D. 施工产生的噪声影响

8. 某城镇生活污水处理厂配套建设室内污泥堆肥场，该堆肥场对外环境的主要环境影响来源于（　）。(2015 年考题)

A. 污泥发酵恶臭气体排放　　B. 堆肥产生的废水排放
C. 堆肥产生的热量散发　　D. 堆肥倒料机械噪声

9. 对南方某具有年调节性能的高坝水电站项目进行运行期环境影响识别时，下列环境影响中，影响最小的是（　）。(2015 年考题)

A. 下泄水量变化对下游用水设施影响
B. 下泄水温变化对下游农灌作物影响
C. 河道减水对陆生生态影响
D. 河道减水对水生生态影响

10. 某拟建项目，排放 5 种污染物进入河道，各污染物设计水文条件的背景浓度占标率及项目排污负荷占标率见下表。按 ISE 进行筛选水环境影响预测因子，排序正确的是（　）。(2015 年考题)

污染物种类	背景浓度占标率 C_h/C_s	排污负荷占标率（C_pQ_p）/（C_sQ_h）
L1	90%	15%
L2	50%	40%
L3	30%	60%
L4	20%	70%
L5	10%	90%

A. L1、L2、L3、L4、L5　　B. L5、L4、L3、L2、L1
C. L1、L5、L4、L3、L2　　D. L1、L5、L2、L3、L4

11. 某拟建项目，排放 4 种污染物进入河道，设计水文条件下，假定初始断面完全混合，各污染物的背景浓度占标率及项目排污占标率见下表。

该项目主要影响预测因子选择排序为（　）。(2016 年考题)

污染物种类	背景浓度占标率	排污负荷占标率
COD	50%	40%
NH_3	40%	50%
Cu	10%	5%
Cd	10%	5%

A. COD、Cd、Cu、NH_3　　B. Cd、NH_3、COD、Cu

C. NH_3、COD、Cd、Cu　　D. NH_3、COD、Cu、Cd

12. 公路建设项目对动物的影响分析，应重点关注的问题是（　　）。（2016 年考题）

A. 动物栖息地　　B. 动物种群数量

C. 动物年龄结构　　D. 动物繁殖能力

二、不定项选择题（每题的备选项中至少有一个符合题意）

1. 生态影响型建设项目建成后，判别其环境影响的依据主要包括（　　）。（2005 年考题）

A. 国家、行业和地方的标准及规范　　B. 区域平均水平

C. 环境背景或本底值　　D. 科学研究已判定的生态效应

2. 在生态敏感保护目标识别中，应作为重要保护动植物的有（　　）。（2007 年考题）

A. 列入国家和省保护名录的动植物　　B. 列入“红皮书”的珍稀濒危动植物

C. 地方特有的和土著的动植物　　D. 具有重要经济价值和社会价值的动植物

3. 与拟建污染型项目环境影响程度有关的因素包括（　　）。（2009 年考题）

A. 选址　　B. 生产工艺

C. 生产规模　　D. 原辅材料

4. 根据项目外排污水的污染因子进行河道水质预测因子排序，其排序指数 ISE 的可能值有（　　）。（2013 年考题）

A. 0　　B. 100

C. −100　　D. −1

5. 拟建于西北地区的煤化工项目，厂址为半固定沙地，在环境影响识别过程中，应识别可能受到不利影响的环境要素有（　　）。（2013 年考题）

A. 地下水　　B. 植被

C. 大气　　D. 土壤

6. 生态影响型项目影响源识别的内容有（　　）。（2013 年考题）

A. 工程行为识别　　B. 污染源识别

C. 重点工程识别　　D. 敏感目标识别

7. 工业建设项目对附近景观和文物的影响方式主要有（　）。（2013 年考题）

A. 废气影响　　B. 振动影响

C. 腐蚀影响　　D. 游人污损

8. 拟建高速公路长 125 km，进行环境影响识别时，应考虑的因素有（　）。（2015 年考题）

A. 环境敏感目标　　B. 项目环保投资规模

C. 沿线生态环境特征　　D. 沿线区域的环境保护要求

参考答案

一、单项选择题

1. B【点评解析】本题主要考查河流水体影响评价因子筛选公式中 Q_h 的含义。Q_h 的含义是河流上游来水量（m^3/s）。考生务必对一些重要公式的参数的含义和量纲有所了解。

2. A【点评解析】本题主要考查隧道工程穿越石灰岩地区的环境影响评价重点内容。出题者特意强调石灰岩地区，即应特别重视水文地质条件。本题不严谨，在实际工作中隧道长度、出渣量和爆破方式也是应重视的，但不是“特别”而是“一般”。

3. B【点评解析】本题主要考查建设项目环境影响识别中必须包括的阶段。无论是以污染影响为主的建设项目，还是以生态影响为主的建设项目，建设期和运营期必不可少。对于以生态影响为主的建设项目，一些项目还应考虑项目选址期和项目初步设计期。产业链规划期是对于规划应包括的阶段。

4. D【点评解析】本题主要考查铅酸蓄电池项目环境影响评价特征因子的识别。铅酸蓄电池生产企业的所有生产工序均不同程度地产生以铅尘、铅烟为主的有害物质，少部分还有硫酸雾的溢散。

5. D【点评解析】本题主要考查矩阵法环境影响识别表的内容。在矩阵法环境识别表中，如果认为某项“活动”可能对某一环境要素产生影响，则在矩阵相应交叉的格点将环境影响程度定性标注出来。因此，格点代表的是影响程度。

6. A【点评解析】本题主要考查污染因子 ISE 指数计算。污染因子 $\mathrm{IES}=c_{pi}Q_{pi}/(C_{si}-C_{hi})Q_{hi}$，式中，$c_{pi}$ 为水污染物 i 的排放浓度，mg/L；Q_{pi} 为含水污染物 i 的废水排放量，m^3/s；C_{si} 为水污染物 i 的地表水水质标准，mg/L；C_{hi} 为评价河段水污染物 i 的浓度，mg/L；Q_{hi} 为评价河段的流量，m^3/s。将题中数据代入计算，

ISE（COD）=5，ISE（总磷）=2.5，ISE（氨氮）=3。因此，污染因子 ISE 指数从大到小排序依次为 COD、氨氮、总磷。

7. B【点评解析】本题主要考查天然气管线定向钻穿越河流施工中需关注的主要环境问题，答案有争议。因为该天然气管线施工穿越河流，所以首先要考虑是否会造成水体污染，以及影响的重要环境敏感对象。由于定向钻方法进行穿越河流，一般是从河流底部穿越，所以一般都会想到应关注施工对河流底栖生物的影响。但实际上，穿越深度较大，是不会直接影响底栖生物的，但振动影响还是应该关注的。钻进过程产生的泥浆及设置在岸边的泥浆池如果管理不善排入河道，也将会对水环境质量及水生生态造成较大的不利影响。泥浆产生的环境影响主要在岸边，施工产生的噪声主要影响的是居民，定向钻方法无施工爆破。

8. A【点评解析】本题主要考查堆肥场的主要环境影响。堆肥不产生废水；堆肥产生的热量散发不构成环境影响；堆肥倒料机械噪声在室内，不是主要环境影响。只有污泥发酵恶臭气体排放才是主要环境影响。

9. C【点评解析】本题主要考查高坝水电站项目运行期环境影响程度的识别。对于年调节电站，水库水温分层相对稳定，下泄河水温度相对较低，对下游水生生物和农灌作物影响较大，相对其他影响而言，只有对陆生生态影响最小。所以应该选 C。

10. *C*【点评解析】本题主要考查水质筛选指数 ISE 的概念。ISE＝C_pQ_p/（C_s－C_h）Q_h＝C_pQ_p/C_sQ_h（1－C_h/C_s）。依次计算结果为 1.5、0.8、0.857、0.875、1.0，即排序为 L1、L5、L4、L3、L2。

11. *C*【点评解析】本题主要考查水质筛选指数 ISE 的概念。ISE＝C_pQ_p/（C_s－C_h）Q_h＝C_pQ_p/C_sQ_h（1－C_h/C_s）。依次计算结果为 0.8、0.83、0.06、0.06，但 Cd 为第一类污染物，即排序为 NH_3、COD、Cd、Cu。

12. A【点评解析】本题主要考查公路建设项目对动物的影响分析。由于公路建设项目为线性工程，其主要影响是对动物生境的分割，因此应重点关注的问题是对动物栖息地的影响，进而影响动物种群数量。

二、不定项选择题

1. ACD【点评解析】本题主要考查生态影响评价标准的来源。尽管此题是在导则 HJ 19—2011 颁布之前考的旧导则内容，但 HJ 19—2011 已给出确定生态影响的判据。判别其环境影响的依据主要包括国家、行业和地方的标准及规范，环境背景或本底值，科学研究已判定的生态效应；区域平均水平不能作为依据，而是采用环境背景值或本底值。另外，还有规划确定的目标、指标、功能。

2. ABCD【点评解析】本题主要考查生态敏感保护目标识别。高频考点，考生务必理解记忆。一般生态敏感保护目标的判别指标：① 具有生态学意义的；② 具有美学意义的；③ 具有科学文化意义的；④ 具有经济价值的；⑤ 具有生态功能区和具有社会安全意义的；⑥ 生态脆弱区；⑦ 人类建立的各种具有生态环境保护的对象；⑧ 环境质量急剧退化或环境质量达不到环境功能区划要求的地域；⑨ 人类社会特别关注的。

3. ABCD【点评解析】本题实际考查与拟建污染型项目环境影响程度有关的因素。与拟建污染型项目环境影响程度有关的因素应为内外因素，包括选址、生产工艺、生产规模、原辅材料等。

4. BCD【点评解析】本题主要考查排序指数 ISE 的可能值。ISE 实际意义是项目排污总量与剩余容量之比，不可能为 0，其他情况均有可能。如为 0，则不需要进行排序了。

5. ABCD【点评解析】本题主要考查环境影响识别。对于西北地区的煤化工项目，在环境影响识别过程中，应识别可能受到不利影响的环境要素有大气、地表水、地下水、生态环境（植被、野生动物等）、土壤等。

6. ABC【点评解析】本题主要考查生态影响型项目影响源识别的内容。既然是影响源，除占地外，只有工程行为和污染源，识别一般要全面。生态影响型项目影响源识别的内容有：工程行为识别、污染源识别、重点工程识别、原有工程识别。敏感目标识别属于影响对象识别。

7. ABC【点评解析】本题主要考查工业建设项目对附近景观和文物的影响方式。显然，游人污损与工业建设项目无关。工业建设项目对附近景观和文物的影响方式主要有废气影响、振动影响、腐蚀影响。

8. ACD【点评解析】本题主要考查环境影响识别因素。应考虑的因素有工程行为和外部环境以及环保要求等。项目环保投资规模不是环境影响因素。

第四章　大气环境影响预测与评价

第一节　大气环境影响预测方法

一、单项选择题（每题的备选项中，只有一个最符合题意）

1. 在进行面源计算时，通常采用后退点源方法即虚点源方法处理。此方法先假定面源排放的污染物都集中于面源中心，然后向（　　）后退一个距离 X_0，变成一个虚点源，使点源排放的污染物经过 X_0 距离扩散后与面源具有相同的扩散幅。（2005年考题）

A. 正北方向　　B. 正南方向

C. 上风向　　D. 下风向

2. 某工厂位于农村地区，其污染物由高烟囱排入大气。依据《环境影响评价技术导则　大气环境》，当大气稳定度为 D 类且无实测值时，计算污染物排放高度处风速的公式建议采用（　　）。式中，Z_1 指地面高度；Z_2 为污染物排放处高度。（2006年考题）

A. $U_2=U_1\left(\dfrac{Z_1}{Z_2}\right)^{0.25}$　　B. $U_2=U_1\left(\dfrac{Z_{21}}{Z_1}\right)^{0.15}$

C. $U_1=U_2\left(\dfrac{Z_{21}}{Z_1}\right)^{0.25}$　　D. $U_1=U_2\left(\dfrac{Z_1}{Z_2}\right)^{0.15}$

3. 计算污染源地面 SO_2 轴线浓度的公式为（　　）。（2006年考题）

A. $C=\dfrac{Q}{\pi u\delta_y\delta_z}\exp\left[-\dfrac{H_e^2}{2\delta_z^2}\right]$　　B. $C=\dfrac{Q}{\pi u\delta_y\delta_z}\exp\left[\dfrac{H_e^2}{2\delta_z^2}\right]$

C. $C=\dfrac{Q}{\pi u\delta_y\delta_z}\exp\left[-\dfrac{H_e^2}{2\delta_y^2}\right]$　　D. $C=\dfrac{Q}{\pi u\delta_y\delta_z}\exp\left[\dfrac{H_e^2}{2\delta_y^2}\right]$

4. 烟气抬升高度肯定增加的条件是（　）。（2006 年考题）

A. 风速增加、排气速率增加、烟气温度降低

B. 风速增加、排气速率降低、烟气温度增加

C. 风速降低、排气速率增加、烟气温度降低

D. 风速降低、排气速率增加、烟气温度增加

5. 用熏烟模式计算地面浓度适用的气象状况是（　）。（2006 年考题）

A. 沿海热内边界层

B. A 类稳定度天气

C. 贴地逆温层

D. 日出后贴地逆温层从下面消失而形成的混合层

6. 某发电厂位于海边滩涂区域，其主要大气污染物 SO_2 排放量为 0.656 t/h（环境质量二级标准：0.5 mg/m^3），该项目大气环境评价等级为（　）。（2007 年考题）

A. 一级　B. 二级　C. 三级　D. 简要分析

7. 大气环境影响预测中，烟气抬升高度公式 $\Delta H=n_0Q_h^{n_1}H^{n_2}U^{-1}$ 中的风速 U 是指（　）。（2007 年考题）

A. 地面平均风速　B. 排气筒出口处平均风速

C. 有效源高处的平均风速　D. 排气筒口至终极抬升高度间的平均风速

8. 贮煤场扬尘地面浓度计算采用（　）。（2007 年考题）

A. 烟团扩散模式　B. 气体扩散模式

C. 倾斜烟羽扩散模式　D. 小风点源扩散模式

9. 有风点源扩散模式中，排气筒有效高度 H_e 是指（　）。（2007 年考题）

A. 混合层高度　B. 烟气抬升高度

C. 排气筒高度与烟气抬升高度之和　D. 排气筒高度

10. 某工厂无组织排放源含两种有害气体，根据计算，这两种有害气体所需的卫生防护距离分别为 305 m 和 345 m，则该工厂的卫生防护距离应至少为（　）。（2007 年考题）

A. 350 m　B. 400 m　C. 500 m　D. 600 m

11. 有风点源高斯烟羽扩散模式中，与所预测的地面浓度 C 呈线性关系的是（　）。（2007 年考题）

A. 单位时间排放量　B. 排气筒出口处风速

C. 大气稳定度　　D. 源距下风向距离

12. 应用点源烟羽扩散模式计算 1 h 平均浓度时，需对（　）进行时间修正。（2008 年考题）

A. 垂直扩散参数　　B. 横向扩散参数

C. 风速　　D. 混合层高度

13. 应采用小风模式进行预测的地面风速条件是（　）。（2008 年考题）

A. $U<0.5$ m/s　　B. 0.5 m/s$\leqslant U<$1.5 m/s

C. 0.5 m/s$<U\leqslant$1.5 m/s　　D. 1.6 m/s$<U\leqslant$1.9 m/s

14. 相同风速条件下，最大落地浓度位置与源距离最小的情况出现在（　）稳定度时。（2008 年考题）

A. A 类　　B. B 类

C. C 类　　D. D 类

15. 已知排气筒出口内径 6 m，环境温度 15℃，出口烟温 45℃，环境风速 5 m/s，排烟速率 580 m^3/s（标态），Q_h=14 890 kJ/s，则计算的烟气抬升高度 ΔH 为（　）。（2008 年考题）

A. 103 m　　B. 132 m

C. 146 m　　D. 232 m

16. 某工厂无组织排放源含两种有害气体，根据计算，这两种有害气体所需的卫生防护距离分别为 285 m 和 345 m，则该工厂的卫生防护距离应为（　）。（2008 年考题）

A. 350 m　　B. 400 m

C. 500 m　　D. 550 m

17. 建设项目大气环境影响评价所选取的典型小时气象条件是指采用长期气象资料（　）。（2009 年考题）

A. 逐次计算出污染最严重时对应的小时气象条件

B. 不同季节的代表性小时气象条件

C. 选取的逆温气象条件

D. 选取的静风气象条件

18. 大气颗粒物源项按气态考虑时，其粒径应（　）。（2010 年考题）

A. 小于 15 μm　　B. 小于 30 μm

C. 小于 50 μm　　D. 小于 100 μm

19. 某项目大气环境影响评价中，某一环境敏感点的相关资料如下表，该点的 NO_2 小时平均浓度影响叠加值为（　）。（2010 年考题）

NO_2小时平均浓度数据表　　单位：mg/m^3（标态）

	最大值	最小值	平均值
现状监测值	0.036	0.014	0.028
预测值	0.020	0.007	0.010

A. 0.038 mg/m^3　　B. 0.046 mg/m^3

C. 0.048 mg/m^3　　D. 0.056 mg/m^3

20. 某大气二级评价项目，在敏感目标甲小区的 SO_2 小时平均浓度现状监测值和预测贡献值见下表。甲小区的 SO_2 小时平均浓度影响叠加值是（　　）。（2011 年考题）

指标	最大值	最小值	平均值
现状监测值/（mg/m^3）	0.050	0.008	0.020
预测贡献值/（mg/m^3）	0.030	0.003	0.018

A. 0.038 mg/m^3　　B. 0.050 mg/m^3

C. 0.068 mg/m^3　　D. 0.080 mg/m^3

21. 某拟建项目的 SO_2 大气环境影响预测结果见下表。典型日气象条件的对应日期是（　　）。（2011 年考题）

预测点	所有计算点	学校	邻近同类工厂
SO_2最大日均浓度出现日期	5 月 4 日	7 月 2 日	2 月 20 日

A. 5 月 4 日、7 月 2 日　　B. 7 月 2 日、2 月 20 日

C. 2 月 20 日、5 月 4 日　　D. 2 月 20 日、5 月 4 日、7 月 2 日

22. 某铜冶炼企业，大气环境影响评价等级为二级，非正常工况应预测（　　）。（2012 年考题）

A. 小时平均浓度　　B. 日平均浓度

C. 植物生长季平均浓度　　D. 年平均浓度

23. 大气污染源调查中，不应列入点源调查清单的是（　　）。（2014 年考题）

A. 点源坐标　　B. 排气筒出口内径

C. 排放工况　　D. 环境温度

24. 某电厂粉煤灰堆场可视为面源，下列参数中属于该灰场污染源调查参数的是（　　）。（2015 年考题）

A. 初始横向扩散参数　　B. 初始纵向扩散参数

C. 面源初始排放高度　　D. 废气排放速度

二、不定项选择题（每题的备选项中至少有一个符合题意）

1. 在大气环境影响预测中，选用公式 $\Delta H = n_0 Q_h^{n_1} H^{n_2} U^{-1}$ 计算烟气抬升高度的条件为：$U_0 \geq 1.5$ m/s 和（　）。（2005 年考题）

A．中性，不稳定条件　　B. $Q_h >= 2\ 100$ kJ/s

C. $Q_h >= 1\ 500$ kJ/s　　D. $\Delta T >= 35$ K

2. P-T 法是判断大气稳定度的常用方法，它采用地面常规气象资料中的（　）来判断大气稳定度。（2005 年考题）

A. 风向　　B. 风速

C. 太阳高度角　　D. 云量（总云量、低云量）

3. 熏烟型扩散条件下，温度层结为（　），原先聚集在逆温中的污染物迅速向地面扩散，形成高浓度污染。（2005 年考题）

A. 中性　　B. 上稳下不稳　　C. 上不稳下稳　　D. 等温

4. 甲、乙两工厂和村庄的相对位置如图所示。在出现正南、正北、正西、正东风的条件下，两工厂的大气污染源对村庄的影响状况可能为（　）。（2006 年考题）

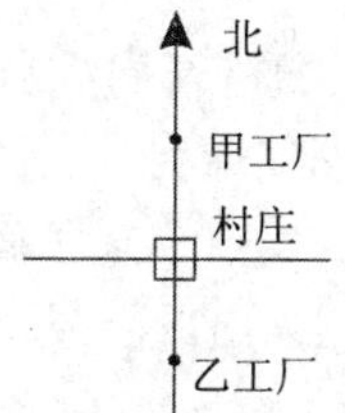

A. 两个工厂大气污染源都不影响

B. 两个工厂大气污染源共同影响

C. 甲厂大气污染源影响

D. 乙厂大气污染源影响

5. 引起低矮源及面源污染的不利气象条件有（　）。（2006 年考题）

A. 静风和小风　　B. 山谷风

C. 白天混合层　　D. 强贴地逆温层

6. 《环境影响评价技术导则　大气环境》中小风和静风扩散模式的适用条件包括（　）。（2006 年考题）

A. 平坦地形、气态污染物

B. 颗粒物轻径小于 15 μm

C. 地面 10 m 高处的平均风速小于 1.5 m/s

D. 排放高度处平均风速小于 1.5 m/s

E. 模拟的单元时间段里风向、风速、稳定度基本不变

7. 大气预测高斯模式 $C = \dfrac{Q}{2\pi u \delta_y \delta_z} \exp\left[-\dfrac{y^2}{2\delta_{y^2}}\right] \cdot F$ 中 δ_y、δ_z 分别表示（　）。（2006

年考题）

A. 横向扩散参数与纵向扩散参数　　B. 横向扩散参数与垂向扩散参数

C. 纵向与垂向浓度分布的标准差　　D. 横向与垂向浓度分布的标准差

8. 某工程所在地主导风向为东北风，在其东北及东南方向各有一个重点环境保护目标，计算污染物日均浓度影响应考虑（　　）。（2006 年考题）

A. 西南风时不利气象条件组合　　B. 东北风时不利气象条件组合

C. 东南风时不利气象条件组合　　D. 西北风时不利气象条件组合

9. 大气污染预测时，理论上，线源通常采用点源求和法求取，即把线源划成无限多个点源，然后用点源扩散模式进行计算，最后对小点源进行积分。实际工作中，还需考虑的有（　　）。（2006 年考题）

A. 线源与风向夹角　　B. 线源本身弯曲状况及程度

C. 地面粗糙度　　D. 地面风速

10. 大气环境影响评价中，联合频率可用于（　　）地面浓度的计算。（2007 年考题）

A. 年平均　　B. 季平均

C. 日平均　　D. 小时平均

11. 影响排气筒烟气抬升高度的因素有（　　）。（2007 年考题）

A. 烟气温度　　B. 排烟率

C. 烟气中 SO_2 含量　　D. 环境温度

E. 烟囱出口内径

12. 某一连续排放高架点源主要排放污染物为 SO_2。在进行大气环境影响三级评价时，需预测 SO_2（　　）的情况。（2007 年考题）

A. 1 h 平均浓度　　B. 日平均浓度

C. 月平均浓度　　D. 年平均浓度

13. 某燃煤企业建在工业区，用有风点源扩散模式进行计算时，需对扩散参数提级的稳定度类别是（　　）。（2007 年考题）

A. A 类　　B. B 类

C. C 类　　D. D 类、E 类、F 类

14. 用大气面源模式时，当网格面积≤1 km^2，网格外的地面浓度可用点源模式计算，但需修正的参数有（　　）。（2008 年考题）

A. 横向扩散参数　　B. 铅垂向扩散参数

C. 接受点至面源中心距离　　D. 面源平均排放高度

15. 大气环境影响预测中需要的地面气象资料有（　　）。（2008 年考题）

A. 气温　　B. 风速

C. 风向　　D. 低云量

E. 总云量

16. 计算大气污染物地面最大落地浓度，需要的主要参数有（　）。（2008 年考题）

A. 稳定度类别　　B. 烟气抬升高度

C. 排放筒高度　　D. 扩散参数

17. 确定风速高度指数 *P* 值需考虑的因素有（　）。（2008 年考题）

A. 风速　　B. 风向

C. 大气稳定度　　D. 混合层高度

E. 地区类型

18. 某工业建设项目分三期建设，一期工程已投产，二期工程在建，三期工程正在做环境影响评价，大气环境影响预测结果至少需给出（　）。（2008 年考题）

A. 一期工程预测

B. 现状监测值

C. 三期工程预测

D. 二期和三期工程预测结果与现状监测值叠加

19. 确定大气稳定度类别所需的参数有（　）。（2008 年考题）

A. 地面风速　　B. 地面风向

C. 地面温度　　D. 太阳辐射等级

E. 云量

20. 大气环境影响预测情景设定计算源项包括（　）。（2009 年考题）

A. 新增源项　　B. 削减源项

C. 其他已建源项　　D. 其他在建项目相关源项

21. 污染型项目大气环境影响预测中应作为计算点的有（　）。（2009 年考题）

A. 网格点　　B. 最大地面浓度点

C. 居住区　　D. 学校

22. 在环境敏感点（区）分布图中标注污染源点位有助于选择（　）。（2009 年考题）

A. 监测因子　　B. 预测因子

C. 环境质量现状监测点　　D. 预测计算点

23. 大气环境影响预测情景设置主要考虑的内容有污染源类别和（　）。（2010 年考题）

A. 计算点　　B. 排放方案

C. 气象条件　　D. 预测因子

24. 某集中供热项目大气环境影响评价等级为二级，项目建成后可取代评价范围内的多台小锅炉，大气预测中按导则要求应预测环境空气保护目标点上被取代污染源的（ ）质量浓度。（2010 年考题）

A. 小时平均 B. 日平均

C. 采暖期平均 D. 年平均

25. 评价等级为二级的大气环境影响预测内容至少应包括（ ）。（2010 年考题）

A. 正常排放时 1 h 平均浓度 B. 非正常排放时 1 h 平均浓度

C. 正常排放时日平均、年均浓度 D. 非正常排放时日平均浓度

26. 大气评价等级为一级的新建项目，大气环境影响预测分析需绘制出现（ ）所对应的浓度等值线分布图。（2011 年考题）

A. 小时平均浓度最大值 B. 日均浓度最大值

C. 小时平均浓度平均值 D. 日均浓度平均值

27. 某大气评价等级为一级建设项目，评价范围内现有化工厂、印染厂、风景名胜区、野生动物自然保护区等。大气评价预测点应包括（ ）。（2011 年考题）

A. 化工厂 B. 印染厂

C. 风景名胜区 D. 野生动物自然保护区

28. 大气评价等级为二级的扩建项目，设定预测情景时需要考虑（ ）。（2011 年考题）

A. 污染源类别 B. 排放方案

C. 预测点设置 D. 排放工况

29. 某热电厂大气环境影响评价等级为二级，该热电厂投产后可替代区域内全部采暖锅炉和工业锅炉，该热电厂大气环境影响预测内容应包括（ ）。（2012 年考题）

A. 采暖期小时平均浓度 B. 采暖期日平均浓度

C. 非采暖期小时平均浓度 D. 非采暖期日平均浓度

30. 某复杂地形区建材项目，大气环境影响评价等级为二级，评价范围为边长 36 km 的矩形，大气环境影响评价必需的气象资料有（ ）。（2012 年考题）

A. 环境空气现状监测期间的卫星云图资料

B. 评价范围内最近 20 年以上的主要气候统计资料

C. 50 km 范围内距离项目最近地面气象站近 3 年内的至少连续 1 年的常规地面气象观测资料

D. 50 km 范围内距离项目最近高空气象站近 4 年内的至少连续 1 年的常规高空气象探测资料

31. 2012 年开展某燃煤电厂项目环评，大气环境影响评价工作等级为二级。关

于大气影响预测评价的说法，正确的有（ ）。（2013 年考题）

A. 预测因子只需选取二氧化硫，可吸入颗粒物

B. 采用距离项目 50 km 内最近气象站 2010 年的气象资料

C. 预测内容包括预测计算点 1 h、日平均和年平均浓度

D. 只用预测的浓度贡献值进行评价

32. 某集中供热锅炉扩建项目，拟新增污染源 G_1，关停现有锅炉污染源 G_2，取代周边小锅炉污染源 G_3。对环境空气保护目标 M 的大气环境影响预测应包括（ ）。（2014 年考题）

A. G_1 正常排放对 M 的小时浓度贡献值

B. G_2 正常排放对 M 的小时浓度贡献值

C. G_3 非正常排放对 M 的小时浓度贡献值

D. G_1 非正常排放对 M 的小时浓度贡献值

33. 关于大气环境影响预测的说法，正确的有（ ）。（2014 年考题）

A. 关心点的叠加值=预测值+现状背景值的最大值

B. 关心点的叠加值=预测值+现状背景值的平均值

C. 应绘制评价范围内不利季节月平均浓度分布

D. 应分析评价不同排放方案对环境的影响

34. 下列情景中，属于大气环境影响预测内容的有（ ）。（2015 年考题）

A. 新增污染源（正常排放）在区域最大地面浓度点的日均浓度

B. 新增污染源（非正常排放）主要预测因子在区域最大地面浓度点的小时浓度

C. 削减污染源主要预测因子在区域最大地面浓度点的小时浓度

D. 被替代污染源主要预测因子在环境保护目标的日均浓度

35. 计算项目大气环境防护距离，需要收集的资料有（ ）。（2015 年考题）

A. 项目无组织排放污染物的速率　　B. 项目总平面布置图

C. 项目无组织排放源达标情况　　D. 项目周边居民分布

36. 某水泥厂二期项目，在 5 km 范围内淘汰 500 万 t/a 产能的基础上进行，大气环境影响评价等级为二级，$D_{10\%}$=5 500 m，本项目环评需要分析的污染源有（ ）。（2016 年考题）

A. 二期项目污染源　　B. 现有工程污染源

C. 5 km 范围内淘汰污染源　　D. 评价范围内居民污染源

37. 大气环境影响评价等级为二级的建设项目典型气象条件下，大气环境影响评价的内容有（ ）。（2016 年考题）

A. 小时浓度超标率　　B. 小时浓度超标范围

C. 日均浓度超标率　　D. 年均浓度超标范围

参考答案

一、单项选择题

1. C【点评解析】本题主要考查面源计算的方法。当时考 1993 年版大气导则，目前 2008 年版大气导则已不作要求。向上风向后退一个距离。

2. B【点评解析】本题主要考查高烟囱的风速 U 的计算公式。其关键是要知道 $U_2>U_1$，$U_2=U_1（Z_2/Z_1）^p$。当时考 1993 年版大气导则，目前执行的 2008 年版大气导则已不作要求。

3. A【点评解析】本题主要考查污染源地面 SO_2 轴线浓度的公式。其关键是要知道 exp 正态项参数为负数，轴线 Y 为零。当时考 1993 年版大气导则，目前 2008 年版大气导则已不作要求。

4. D【点评解析】本题主要考查对烟气抬升高度公式的理解。其关键是要知道其物理意义，风速降低、排气速率增加、烟气温度增加则烟气抬升高度增加。其公式 $\Delta H = n_0 Q_h^{n_1} H^{n_2} U^{-1}$。当时考 1993 年版大气导则，目前 2008 年版大气导则已不作要求。

5. D【点评解析】本题主要考查熏烟型污染的气象状况。虽然 2008 年版大气导则对此并无要求，实为大气的基本概念，考生最好理解。日出后贴地逆温层从下面消失而形成的混合层即为熏烟状态。

6. B【点评解析】本题主要考查项目大气环境评价等级的确定。其关键是要知道等标排放量：$P_i = 0.656/0.5\times10^9 = 1.312\times10^9$，根据等级判据，海边滩涂区域为复杂地形，应为二级。当时考 1993 年版大气导则，目前 2008 年版大气导则已重新定义。

7. B【点评解析】本题主要考查烟气抬升高度公式中的风速 U 的含义。当时考 1993 年版大气导则，目前 2008 年版大气导则已不作要求。

8. C【点评解析】本题主要考查贮煤场扬尘地面浓度计算采用的大气模式。由于扬尘为颗粒物，考虑其质量，因此要采用倾斜烟羽扩散模式。当时考 1993 年版大气导则，目前 2008 年版大气导则已不作要求。

9. C【点评解析】本题主要考查排气筒有效高度 H_e 的概念。显然，为排气筒几何高度与烟气抬升高度之和。当时考 1993 年版大气导则，目前 2008 年版大气导则已不作要求。

10. C【点评解析】本题主要考查卫生防护距离的确定。含两种有害气体，卫生防护距离取整并提一级 100 m，则为 500 m。

11. A【点评解析】本题主要考查有风高斯烟羽模式的参数关系。虽然当时考

1993 年版大气导则，目前 2008 年版大气导则已不作要求，但考生仍然要理解此基本概念，在 2009 年案例分析考试中出现过此知识点。与所预测的地面浓度 C 呈线性关系的是单位时间排放量。

12. B【点评解析】本题实际考查点源烟羽扩散模式计算的扩散参数修正。当时考 1993 年版大气导则，需对横向扩散参数进行时间修正。目前大气 2008 年版大气导则已不作要求。

13. B【点评解析】本题主要考查小风模式进行预测的地面风速条件。$U<0.5$ m/s 为静风，0.5 m/s$\leqslant U<1.5$ m/s 为小风，1.5 m/s$\leqslant U$ 为有风，关键注意区间的包含性与否。当时考 1993 年版大气导则，目前 2008 年版大气导则已不作要求。

14. D【点评解析】本题主要考查大气模式的最大落地浓度位置。由于 D 类为中性，相对稳定。当时考 1993 年版大气导则，目前 2008 年版大气导则已不作要求。

15. A【点评解析】本题主要考查烟气抬升高度 ΔH 的计算。当时考 1993 年版大气导则，目前 2008 年版大气导则已不作要求。$\Delta H = n_0 Q_h^{n_1} H^{n_2} U^{-1}$ 。本题出题过于复杂，计算条件不够，由于温差 30 K，只能取最小值。

16. B【点评解析】本题主要考查卫生防护距离的确定。含两种有害气体，卫生防护距离取整不在同一级别，取最高级别，则为 400 m。

17. A【点评解析】本题主要考查典型小时气象条件的选取。由于预测小时浓度一定要选取最大，故采用长期气象资料逐次计算出污染最严重时对应的小时气象条件。逆温、静风只能代表一方面的不利情况，污染最严重时对应的小时气象条件是反映综合情况。

18. A【点评解析】本题主要考查大气颗粒物的粒径分类。大气污染源排放的污染物按存在形态分为颗粒物污染物和气态污染物，其中粒径小于 15 μm 的污染物按气态考虑；否则，按固态颗粒物污染物考虑。

19. D【点评解析】本题主要考查大气环境影响评价中浓度的叠加问题。见下说明。考生务必理解记忆，在历年的案例分析考试中曾出现过。该点的 NO_2 小时平均浓度影响叠加值为 0.036+0.020＝0.056（mg/m^3）。大气环境影响预测分析与评价的主要内容：

（1）对环境空气敏感区的环境影响分析，应考虑其预测值和同点位处的现状背景值的最大值的叠加影响；对最大地面质量浓度点的环境影响分析可考虑预测值和所有现状背景值的平均值的叠加影响。

（2）叠加现状背景值，分析项目建成后最终的区域环境质量状况，即：新增污染源预测值+现状监测值−削减污染源计算值（如果有）−被取代污染源计算值（如果有）=项目建成后最终的环境影响。若评价范围内还有其他在建项目、已批复环境影响评价文件的拟建项目，也应考虑其建成后对评价范围的共同影响。

20. D【点评解析】本题主要考查大气预测值的叠加。由于需要知道敏感目标的最大影响，从而应叠加环境背景值的最大值，甲小区的 SO_2 小时平均浓度影响叠加值＝0.05＋0.03＝0.08（mg/m^3）。而对于最大地面质量浓度点，已是最大影响，从而叠加环境背景值的平均值。对环境空气敏感区的环境影响分析，应考虑其预测值和同点位处的现状背景值的最大值的叠加影响；对最大地面质量浓度点的环境影响分析可考虑预测值和所有现状背景值的平均值的叠加影响。

21. A【点评解析】本题主要考查典型日气象条件的概念。所有计算点和学校的最大日均浓度出现日期为典型日气象条件的对应日期，工厂不是环境敏感点。

22. A【点评解析】本题主要考查非正常工况大气预测的内容。由于时间短，非正常工况只预测小时平均浓度。

23. D【点评解析】本题主要考查大气污染源点源调查清单。大气污染源调查中，点源调查内容包括：排气筒底部中心坐标，排气筒底部的海拔高度（m）；排气筒几何高度（m）及排气筒出口内径（m）；烟气出口速度（m/s）；排气筒出口处烟气温度（K）；各主要污染物正常排放量（g/s），排放工况，年排放小时数（h）；毒性较大物质的非正常排放量（g/s），排放工况，年排放小时数（h）。环境温度为气象资料调查内容。

24. C【点评解析】本题主要考查污染源面源调查参数。体源才有初始扩散参数。面源调查参数有：面源污染物排放速率[g/（s·m^2）]；排放高度（m）；长度（m）（矩形面源较长的一边），宽度（m）（矩形面源较短的一边）。废气排放速度与面源无关。

二、不定项选择题

1. ABD【点评解析】本题主要考查烟气抬升高度的适用条件。当时考 1993 年版大气导则，目前 2008 年版大气导则已不作要求。

2. BCD【点评解析】本题主要考查大气稳定度的分类方法 P-T 法。虽然 2008 年版大气导则对此并无要求，实为大气的基本概念，考生最好理解。它采用地面常规气象资料中的风速、太阳高度角、云量（总云量、低云量）来判断大气稳定度。

3. B【点评解析】本题主要考查熏烟型污染的形成条件。虽然 2008 年版大气导则对此并无要求，实为大气的基本概念，考生最好理解。另外，主要是形成逆温的稳定边界层。边界层演变：在晴朗的夜空，由于地表辐射，地面温度低于上覆的空气温度。形成逆温的稳定边界层，而白天混合层中的污染物残留在稳定边界层的上面。次日，又受太阳辐射的作用，混合层重新升起。由于边界层的生消演变，导致近地层的低矮污染源排放的污染物在夜间不易扩散，如夜间有连续的低矮污染源排放，则污染物浓度会持续增高：而日出后，夜间聚集在残留层内的中高污染源排放的污染物会向地面扩散，出现熏烟型污染（Furmgation）。

当局地气流以海陆风为主时，处于局地环流之中的污染物，就可能形成循环累积污染，造成地面高浓度区。当陆地温度比水温高很多时，多发生在春末夏初的白天，气流从水面吹向陆地时，低层空气很快增温，形成热力内边界层（TIBL），下层气流为不稳定层结，上层为稳定层结（Stable Layer），如果在岸边有高烟囱排放，则会发生岸边熏烟污染。

4. ACD【点评解析】本题实际考查污染风向。在出现正西、正东风的条件下，两个工厂大气污染源都不影响；不可能出现两个工厂大气污染源共同影响；在出现正北风的条件下，甲厂大气污染源影响；在出现正南风的条件下，乙厂大气污染源影响。

5. AD【点评解析】本题主要考查引起低矮源及面源污染的不利气象条件。虽然2008年版大气导则对此并无要求，实为大气的基本概念，考生最好理解。山谷风也是局地不利气象条件，但不是引起低矮源及面源污染的不利气象条件。白天混合层为有利气象条件。

6. ABCE【点评解析】本题主要考查小风和静风扩散模式的适用条件。排放高度处平均风速应小于0.5 m/s。当时考1993年版大气导则，目前2008年版大气导则已不作要求。

7. BD【点评解析】本题主要考查高斯模式中扩散参数σ_y与σ_z的表达式。其实横向扩散参数与垂向扩散参数的表达式就是横向与垂向浓度分布的标准差，即高斯模式的物理意义。当时考1993年版大气导则，目前2008年版大气导则已不作要求。

8. AD【点评解析】本题实际考查典型日不利气象条件的选择。计算污染物日均浓度影响应考虑在其下风向，即西南风时不利气象条件组合、西北风时不利气象条件组合。

9. AB【点评解析】本题主要考查概化大气环境影响预测模式中线源简化应考虑的因素。实际工作中，还需考虑的有线源与风向夹角、线源本身弯曲状况及程度。当时考1993年版大气导则，目前2008年版大气导则已不作要求。

10. AB【点评解析】本题主要考查联合频率的应用。当时考1993年版大气导则，但考生仍要掌握大气的基本概念。由于联合频率由风向、风速、稳定度构成，联合频率只可用于长期浓度计算（年平均、季平均）。

11. ABDE【点评解析】本题主要考查影响排气筒烟气抬升高度的因素。排气筒烟气抬升高度的因素与烟气中SO_2含量无关，即与排放量无关。当时考1993年版大气导则，但考生仍要掌握大气的基本概念。

12. ABD【点评解析】本题主要考查大气环境影响三级评价预测内容。月平均浓度不需要预测，没有标准，无意义。当时考1993年版大气导则，目前2008年版大气导则已有新的要求。

13. BD【点评解析】本题主要考查有风点源扩散模式需对扩散参数提级的情况。当时考 1993 年版大气导则，目前 2008 年版大气导则已不作要求。需对扩散参数提级的稳定度类别是 B 类、D 类、E 类、F 类。

14. AB【点评解析】本题主要考查对大气面源模式的理解。由于将大气面源简化视为后退点源，故需修正主要的扩散参数。当时考 1993 年版大气导则，目前 2008 年版大气导则已不作要求。

15. ABCDE【点评解析】本题主要考查大气环境影响预测中需要的地面气象资料。当时考 1993 年版大气导则，与目前 2008 年版大气导则要求一致。需要的地面气象资料有：气温、风速、风向、低云量、总云量等。

16. BCD【点评解析】本题主要考查大气影响预测需要的主要参数。当时考 1993 年版大气导则，目前 2008 年版大气导则已有新要求。稳定度类别与大气污染物地面最大落地浓度无关。

17. CE【点评解析】本题主要考查确定风速高度指数 P 值需考虑的因素。当时考 1993 年版大气导则，目前 2008 年版大气导则已不作要求。确定风速高度指数 P 值需考虑的因素有大气稳定度和地区类型。

18. CD【点评解析】本题实际考查大气环境影响预测结果的叠加。除现状监测值外，一期工程不需要预测，其已反映在现状监测值中。大气环境影响预测结果至少需给出三期工程预测和二期和三期工程预测结果与现状监测值叠加。

19. ADE【点评解析】本题主要考查确定大气稳定度类别所需的参数。当时考 1993 年版大气导则，目前 2008 年版大气导则已不作要求。确定大气稳定度类别所需的参数有地面风速、太阳辐射等级、云量。

20. ABD【点评解析】本题实际考查大气环境影响预测情景设定计算源项的污染源类别。其他已建源项已包含在大气环境现状监测中。污染源类别分新增加污染源、削减污染源和被取代污染源及其他在建、拟建项目相关污染源。新增污染源分正常排放和非正常排放两种情况。

21. ABCD【点评解析】本题实际考查污染型项目大气环境影响预测中计算点的分类。

（1）计算点可分三类：环境空气敏感区、预测范围内的网格点以及区域最大地面浓度点。

（2）应选择所有的环境空气敏感区中的环境空气保护目标作为计算点。

（3）预测网格点的设置应具有足够的分辨率以尽可能精确预测污染源对评价范围的最大影响，预测网格可以根据具体情况采用直角坐标网格或极坐标网格，并应覆盖整个评价范围。

22. CD【点评解析】本题实际考查标注污染源点位的作用。监测因子和预测因子只能通过因子识别和筛选取得。在环境敏感点（区）分布图中标注污染源点位有助于选择环境质量现状监测点和预测计算点。

23. ABCD【点评解析】本题主要考查大气环境影响预测情景设置内容。大气环境影响预测情景设置主要考虑的内容有污染源类别、排放方案、预测因子、气象条件、计算点 5 个方面的内容。

24. BD【点评解析】本题实际考查常规预测情景组合。由于小时平均一般只针对新增污染源，对被取代污染源和削减污染源无意义，考生务必理解。见下表说明：

常规预测情景组合

序号	污染源类别	排放方案	预测因子	计算点	常规预测内容
1	新增污染源（正常排放）	现有方案/推荐方案	所有预测因子	环境空气保护目标 网格点 区域最大地面浓度点	小时浓度 日平均浓度年均浓度
2	新增污染源（非正常排放）	现有方案/推荐方案	主要预测因子	环境空气保护目标区域最大地面浓度点	小时浓度
3	削减污染源（若有）	现有方案/推荐方案	主要预测因子	环境空气保护目标	日平均浓度 年均浓度
4	被取代污染源（若有）	现有方案/推荐方案	主要预测因子	环境空气保护目标	日平均浓度 年均浓度
5	其他在建、拟建项目相关污染源（若有）		主要预测因子	环境空气保护目标	日平均浓度 年均浓度

25. ABC【点评解析】本题实际考查二级大气环境影响预测内容。由于非正常排放时，时间短，无日平均浓度，考生务必理解。其他 3 项均为评价等级为二级的大气环境影响预测内容。

26. AB【点评解析】本题实际考查大气环境影响预测分析需绘制的浓度等值线分布图。关键是要抓住最大环境影响。

27. CD【点评解析】本题实际考查环境敏感点的识别。显而易见，风景名胜区和野生动物自然保护区为环境敏感点。

28. ABCD【点评解析】本题主要考查大气预测情景设置。显而易见，全部都有。污染源类别又有正常排放和非正常排放两种工况。见第 24 题解析说明。

29. BD【点评解析】本题主要考查二级大气环境影响预测内容。由于采暖期为一段时间，故无采暖期小时平均浓度。另外，由于是被取代污染源，只需预测日平均浓度和年平均浓度。

30. BC【点评解析】本题主要考查二级大气环境影响评价必需的气象资料。对于各级评价，均应调查评价范围内最近20年以上的主要气候统计资料。对于二级评价，应调查50 km范围内距离项目最近地面气象站近3年内的至少连续1年的常规地面气象观测资料；评价范围小于50 km条件下，须调查地面气象观测资料，并按选取的模式要求，补充调查必需的常规高空气象探测资料。

31. BC【点评解析】本题主要考查评价等级为二级的大气影响预测评价内容。预测因子还应有NO_x、$PM_{2.5}$，还应用预测的浓度叠加值进行评价。

32. AD【点评解析】本题主要考查对环境空气保护目标的大气环境影响预测内容。大气环境影响预测的内容应包括：新增污染源的正常排放和非正常排放，削减污染源的正常排放，被取代污染源的正常排放。因此，对环境空气保护目标M的大气环境影响预测应包括：G_1正常排放和非正常排放对M的小时浓度贡献值，G_2和G_3正常排放对M的日均浓度贡献值。

33. AD【点评解析】本题主要考查大气环境影响预测叠加的规定。大气环境影响预测中，预测关心点的选择应该包括评价范围内所有的环境空气质量敏感点（区）和环境质量现状监测点。对环境空气敏感区的环境影响分析，应考虑其预测值和同点位处的现状背景值的最大值的叠加影响。大气环境影响预测应分析评价不同排放方案对环境的影响，即从项目的选址、污染源的排放强度与排放方式、污染控制措施等方面评价排放方案的优劣，并针对存在的问题（如果有）提出解决方案。

34. ABD【点评解析】本题主要考查大气环境影响预测内容。削减污染源主要预测因子应该是在环境保护目标的日均浓度。见第24题表说明。

35. ABC【点评解析】本题主要考查大气环境防护距离的计算。采用推荐模式中的大气环境防护距离模式计算各无组织排放源的大气环境防护距离。计算出的距离是以污染源中心点为起点的控制距离，并结合厂区平面布置图，确定需要控制的范围。对于超出厂界以外的范围，确定为项目大气环境防护区域。项目周边居民分布是结合大气环境防护距离确认是否搬迁。

36. ABC【点评解析】本题实际主要考查根据预测内容设定预测情景。污染源类别分为新增加污染源（二期项目污染源）、削减污染源（现有工程污染源）和被取代污染源（5 km范围内淘汰污染源）及其他在建、拟建项目相关污染源。评价范围内居民污染源已反映在现状监测值中。

37. AC【点评解析】本题主要考查典型气象条件下的大气环境影响评价内容。所谓典型气象条件，即典型小时气象条件和典型日气象条件。分析典型小时（日）气象条件下，项目对环境空气敏感区和评价范围的最大环境影响，分析是否超标、超标程度、超标位置，分析小时（日）质量浓度超标概率和最大持续发生时间，并绘制评价范围内出现区域小时（日）平均质量浓度最大值时所对应的质量浓度等值线分布图。分析长期气象条件下，项目对环境空气敏感区和评价范围的环境影响，分析是否超标、超标程度、超标范围及位置，并绘制预测范围内的质量浓度等值线分布图。

第二节　大气环境影响预测推荐模式说明

一、单项选择题（每题的备选项中，只有一个最符合题意）

1. 在大气环境影响预测评价中，当地面 10 m 高处的平均风速大于（等于）（　　）时，应采用有风高斯烟羽模式。（2005 年考题）

A. 0.5 m/s　　B. 1.0 m/s　　C. 1.5 m/s　　D. 2.0 m/s

2. 在导则推荐的小风大气扩散模式中，小风定义为（　　）。（2005 年考题）

A. 2.0 m/s $\geqslant U_{10} \geqslant$ 1.0 m/s　　B. 1.5 m/s $> U_{10} \geqslant$ 0.5 m/s

C. 1.5 m/s $> U_{10} \geqslant$ 1.0 m/s　　D. 1.0 m/s $> U_{10} \geqslant$ 0.5 m/s

3. 颗粒物大气污染扩散模式为 $C_p = \dfrac{(1+a)Q}{2\pi u\delta_y\delta_z}\exp\left[-\dfrac{Y^2}{2\delta_y^2}-\dfrac{\left(V_g\dfrac{x}{u}-H_e\right)^2}{2{\delta_z}^2}\right]$，当发生烟轴贴地时，可采用地面源公式的条件是（　　）。（2006 年考题）

A. $V_g\dfrac{x}{u}=0$ 以远的下风向距离

B. $V_g\dfrac{x}{u}=H_e$ 以远的下风向距离

C. $V_g\dfrac{x}{u}=H$ 以远的下风向距离（H 为烟囱几何高度）

D. 颗粒物粒径大于 100 μm

4. 对于日出形成的熏烟污染，在模式计算中选取 δ_y、δ_z^i 的条件为（　　）。（2006 年考题）

A. 不稳定状况　　B. 发生熏烟时混合层状况

C. 中性状况　　D. 逆温破坏前稳定状况

5. 使用 AERMOD 模式计算对环境敏感区的环境影响，从计算结果中可分析出（ ）。（2010 年考题）

A. 评价等级　　B. 评价范围

C. 典型气象条件　　D. 卫生防护距离

6. 采用 AERMOD 模式进行大气影响预测时，必须输入的气象参数为（ ）。（2011 年考题）

A. 日照时数　　B. 蒸发量

C. 干球温度　　D. 太阳辐射强度

7. 某建设项目大气污染源可视为体源，采用估算模式确定项目的评价等级时，必须输入（ ）。（2011 年考题）

A. 地表粗糙度　　B. 排放温度

C. 平均风速　　D. 排放高度

8. 计算烟气出口速度应使用的烟气量是（ ）。（2013 年考题）

A. 标准状态烟气量　　B. 理论烟气量

C. 实际烟气量　　D. 干烟气量

9. 适用于评价范围大于 50 km 的大气环境影响预测模式是（ ）。（2013 年考题）

A. ADMS 模式　　B. AERMAP 模式

C. AERMOD 模式　　D. CALPUFF 模式

10. 下列参数应列入矩形面源污染源清单中的是（ ）。（2013 年考题）

A. 面源半径　　B. 烟气出口速度

C. 横向初始扩散参数　　D. 面源初始排放高度

11. 采用估算模式计算矩形面源影响不需要输入的大气污染源参数的是（ ）。（2013 年考题）

A. 面源长度　　B. 面源宽度

C. 污染物排放速率　　D. 烟气出口温度

12. 某炼化一体化项目，炼油、化工生产装置分别布置在两个区块，通过约 7 km 管廊互供物料。该项目大气环境防护距离的确定应（ ）。（2013 年考题）

A. 作为一个生产单元估算　　B. 按两区块分别估算

C. 仅按炼油装置区估算　　D. 仅按化工装置区估算

13. 下列模式中，可用于能见度预测的是（ ）。（2014 年考题）

A. CALPUFF 模式　　B. AERMOD 模式

C. ADMS 模式　　D. 估算模式

14. 下列参数中，不属于大气环境影响估算模式预测面源影响所需的是（ ）。

（2014 年考题）

A. 面源排放速率　　B. 面源排放高度

C. 面源长度　　D. 面源初始横向扩散参数

15. 大气环境影响评价中，关于气象观测资料调查的说法，正确的是（　　）。（2014 年考题）

A. 对于各级评价项目均应调查近 10 年的气候统计资料

B. 二级评价项目须调查地面气象观测资料和高空气象探测资料

C. 二级评价补充气象观测的时间至少应连续一年

D. 三级评价需收集近三年内的至少连续一年的气象资料

16. 某项目拟建于占地面积为 50 km^2 的围海造地规划工业园区内，距海岸 5 km，其大气环境影响评价工作等级为二级，采用 AERMOD 模式预测大气环境影响，下垫面参数选择正确的是（　　）。（2014 年考题）

A. 选择城市地区的近地面参数

B. 选择耕地地区的近地面参数

C. 选择水面地区的近地面参数

D. 选择沙漠地区的近地面参数

17. 大气环境影响预测中，用于计算烟气出口速度的烟气量是（　　）。（2015 年考题）

A. 标态烟气量　　B. 干烟气量

C. 湿烟气量　　D. 工况烟气量

18. 某高架点源排放的 SO_2、NO_x 源强相等，即 $Q_{SO_2}=Q_{NO_x}$，仅考虑 $Q_{NO_2}/Q_{NO_x}=0.9$，下列关于该点源小时浓度预测结果说法，正确的是（　　）。（2015 年考题）

A. SO_2 和 NO_2 最大地面浓度相等

B. SO_2 最大地面浓度是 NO_2 的 0.9 倍

C. SO_2 和 NO_2 最大地面浓度占标率相等

D. SO_2 和 NO_2 最大地面浓度出现距离相等

19. 下列参数中，属于 ADMS 模式预测必须输入的参数是（　　）。（2015 年考题）

A. 地面补充观测气象数据　　B. 高空气象数据

C. 地表反照率　　D. 地表粗糙度

20. 某建设项目大气环境影响评价需要预测的关心点与项目厂界距离为 55 km，适用于该关心点浓度预测的模式为（　　）。（2016 年考题）

A. CALPUFF 模式　　B. ADMS 模式

C. AERMOD 模式　　D. 估算模式

21. 某建设项目废气经净化装置处理后送 50 m 高排气筒排放。H_2S 和 NH_3 的排放速率分别为 2 kg/h 和 34 kg/h，烟气量为 100 000 m³/h，若不考虑化学转化，经预测该污染源对关心点 X 的 H_2S 最大小时平均浓度预测值为 5 μg/m³。则其对 X 点的 NH_3 最大小时平均浓度预测值是（　　）。（2016 年考题）

A. 10.0 μg/m³　　B. 74.0 μg/m³

C. 85.0 μg/m³　　D. 170.0 μg/m³

22. 下列参数中，ADMS、AERMOD、CALPUFF 模式均需要的模式参数是（　　）。（2016 年考题）

A. 最小 M－O 长度　　B. 地表粗糙度

C. 地表反照率　　D. BOWEM 比

二、不定项选择题（每题的备选项中至少有一个符合题意）

1. 选用大气环境影响预测模式应考虑（　　）。（2005 年考题）

A. 排放特征　　B. 建设项目厂区布局

C. 人口分布　　D. 地形条件

2. 在大气环境影响预测中，高架点源高斯烟羽模式适用于（　　）情况。（2006 年考题）

A. 沿海农村、间歇排放　　B. 城郊农村，连续排放

C. 城郊农村、事故突发排放　　D. 丘陵地区、连续排放

3. 大气环境评价中，有风点源正态烟羽扩散模式的适用条件包括（　　）。（2007 年考题）

A. 距地面 10 m 高处的平均风速≥1.5 m/s　　B. 平坦地形

C. 气态污染物　　D. 颗粒物粒径＜15 μm

4. 在有风条件下，用高斯型大气扩散模式计算地面浓度，确定σ_z值时考虑的因素有（　　）。（2008 年考题）

A. 大气稳定度　　B. 逆温层高度

C. 下垫面特征　　D. 风速随高度变化

5. ADMS 模式所需参数应包括（　　）。（2009 年考题）

A. 地表粗糙度　　B. 扩散参数

C. 地面风速、风向　　D. 地面温度

6. 采用大气估算模式计算点源最大地面浓度时，所需参数包括排气筒出口处的（　　）。（2010 年考题）

A. 内径　　B. 烟气温度

C. 环境温度　　D. 烟气速度

7. 大气估算模式中点源参数调查清单应包括排气筒坐标、排气筒底部海拔高度、排气筒高度、评价因子源强及（　　）。（2010 年考题）

A. 排气筒内径　　B. 烟气出口速度

C. 烟气出口温度　　D. 排气筒出口处环境风速

8. 某电厂仅有一根几何高度为 120 m 的烟囱，烟囱周围 5 km 地形海拔高度为 800～880 m。采用 ADMS 模式预测计算时，不可缺省的数据资料有（　　）。（2011 年考题）

A. 地形数据　　B. 地面气象数据

C. 高空气象数据　　D. 化学反应参数

9. 影响排气筒下风向污染物最大落地浓度距离的因素有（　　）。（2011 年考题）

A. 烟气温度　　B. 排气筒高度

C. 污染物排放量　　D. 扩散参数

10. 下列属于 AERMOD 预测模式需要输入的点源参数有（　　）。（2013 年考题）

A. 排气筒几何高度　　B. 烟气出口速度

C. 排气筒出口处环境温度　　D. 排气筒底部中心坐标

11. 大气环境影响评价工作等级为二级的项目使用 AERMOD 预测模式不需输入的资料有（　　）。（2013 年考题）

A. 50 km 范围内最近的气象站近 20 年的地面气候统计资料

B. 50 km 范围内最近的高空气象探测站近 20 年的高空气候统计资料

C. 50 km 范围内最近的气象站近 3 年内至少连续 1 年的常规地面气象观测资料

D. 50 km 范围内最近的高空气象探测站近 3 年至少连续 1 年的常规高空探测资料

12. 大气环境影响预测中，AERMOD 模式需要输入的参数有（　　）。（2014 年考题）

A. 土地利用类型　　B. 湿沉降参数

C. 干沉降参数　　D. 地表反照率

参考答案

一、单项选择题

1. C【点评解析】本题主要考查有风高斯烟羽模式的适用条件。当地面 10 m 高处的平均风速大于（等于）1.5 m/s 时，应采用有风高斯烟羽模式。当时考 1993 年版大气导则，目前 2008 年版大气导则已不作要求。

2. B【点评解析】本题主要考查小风的定义。小风 1.5 m/s＞U_{10}≥0.5 m/s；静风＜0.5 m/s；有风 U_{10}＞1.5 m/s。当时考 1993 年版大气导则，目前 2008 年版大气导则已不作要求。

3. B【点评解析】本题实际考查颗粒物大气污染扩散模式的概念。当发生烟轴贴地时，实际就是烟囱高度影响消除了，整项为零，即 $V_g \frac{x}{u} - H_e = 0$ 以远的下风向距离。当时考 1993 年版大气导则，目前 2008 年版大气导则已不作要求。

4. D【点评解析】本题主要考查熏烟型污染的形成条件。虽然 2008 年版大气导则对此并无要求，实为大气的基本概念，考生最好理解。

5. C【点评解析】本题主要考查 AERMOD 模式计算结果的内容分析。因计算对环境敏感区的环境影响，一定要选取典型气象条件作为最大值。

6. C【点评解析】本题实际考查 AERMOD 模式必须输入的气象参数。气象观测资料包括地面气象观测资料和常规高空气象探测资料，干球温度是两者必不可少的资料。

7. D【点评解析】本题实际考查估算模式必须输入的体源源强参数。由于是对体源，排放高度是必不可少的重要参数，还有排放速率和初始扩散参数。体源参数包括：①体源排放速率（g/s）；②排放高度（m）；③初始横向扩散参数（m），初始垂直扩散参数（m）。体源初始扩散参数的估算见下表。

体源初始扩散参数的估算

源的类型		初始横向扩散参数	初始垂直扩散参数
源基底处地形高度 H_0≈0		σ_{y0}=源的横向边 K/4.3	σ_{z0}=源的高度/2.15
源基底处地形高度 H_0＞0	在建筑物上	σ_{y0}=源的横向边 K/4.3	σ_{z0}=建筑物高度/2.15
	不在建筑物上	σ_{y0}=源的横向边 K/4.3	σ_{z0}=源的高度/4.3

8. C【点评解析】本题主要考查计算烟气出口速度应使用的烟气量。由于烟气出口速度是实际速度，不需要进行标态换算，其单位为 m/s，故采用实际烟气量即可。

9. D【点评解析】本题主要考查适用于评价范围大于 50 km 的大气环境影响预测模式。唯一适用的是 CALPUFF 模式，已考过多次。CALPUFF 是一个烟团扩散模型系统，可模拟三维流场随时间和空间发生变化时污染物的输送、转化和清除过程。CALPUFF 适用于从 50 km 到几百公里范围内的模拟尺度，包括了近距离模拟的计算功能，如建筑物下洗、烟羽抬升、排气筒雨帽效应、部分烟羽穿透、次层网格尺度的地形和海陆的相互影响、地形的影响；还包括长距离模拟的计算功能，如干、湿沉降的污染物清除、化学转化、垂直风切变效应、跨越水面的传输、熏烟效应以及颗粒物浓度对能见度的影响。适合于特殊情况，如稳定状态下的持续静风、风向逆转、在传输和扩散过程中气象场时空发生变化下的模拟。CALPUFF 适用于评价范围大于等于 50 km 的一级评价项目，以及复杂风场下的一级、二级评价项目。

10. D【点评解析】本题主要考查矩形面源污染源清单中的参数。显然，应该是面源初始排放高度。横向初始扩散参数是体源参数。案例考试曾出过，考生务必记忆理解。面源参数：①面源排放速率[g/（s·m^2）]；②排放高度（m）；③长度（m）（矩形面源较长的一边），宽度（m）（矩形面源较短的一边）。

11. D【点评解析】本题主要考查矩形面源污染源清单中的参数。显然，无烟气出口温度，因为面源无烟气抬升高度。案例考试曾出过，考生务必记忆理解。

12. B【点评解析】本题主要考查大气环境防护距离的确定。对于属于同一生产单元（生产区、车间或工段）的无组织排放源，应合并作为单一面源计算并确定其大气环境防护距离。但炼油、化工生产装置分别布置在两个区块，应按两区块分别估算。

13. A【点评解析】本题主要考查大气模式的应用范围。见第 9 题说明。

14. D【点评解析】本题主要考查大气环境影响估算模式预测面源影响所需的参数。估算模式中预测面源影响所需的面源参数包括：面源排放速率[g/（s·m^2）]；排放高度（m）；长度（m），宽度（m）。面源初始横向扩散参数由程序自动计算。

15. B【点评解析】本题主要考查气象观测资料调查的有关规定。对于各级评价项目，均应调查评价范围 20 年以上的主要气候统计资料，故 A 选项错误。二级评价补充气象观测的时间至少为两个月，故 C 选项错误。三级评价未做出相应要求，故 D 选项错误。对于二级评价项目，气象观测资料调查包括地面气象观测资料和高空气象探测资料。

16. C【点评解析】本题主要考查 AERMOD 模式预测下垫面参数的选择。AERMOD 是一个稳态烟羽扩散模式，可基于大气边界层数据特征模拟点源、面源、体源等排放出的污染物在短期（小时平均、日平均）、长期（年平均）的浓度分布，适用于农村或城市地区、简单或复杂地形。AERMOD 考虑了建筑物尾流的影响，即烟羽下洗。模式使用每小时连续预处理气象数据模拟大于等于 1 h 平均时间的浓度分布。AERMOD 包括两个预处理模式，即 AERMET 气象预处理和 AERMAP 地形预处理模式。AERMOD 适用于评价范围小于等于 50 km 的一级、二级评价项目。根据题中所述，该项目距海岸 5 km，距离小于 50 km，因此采用 AERMCD 模式预测大气环境影响时，下垫面参数应选择水面地区的近地面参数。

17. D【点评解析】本题主要考查计算烟气出口速度的烟气量。因为，出口速度为实际速度，故采用工况烟气量计算。只有评价是否达标排放，才会用到标态烟气量去计算标态污染物浓度。

18. D【点评解析】本题主要考查高斯模式的理解。关键是要搞清源强与最大小时地面浓度之间的正比关系，问题就迎刃而解了。SO_2 和 NO_x 最大地面浓度相等，SO_2 最大地面浓度是 NO_2 的 1/0.9 倍。由于 SO_2 和 NO_x 从一个排气筒排出，SO_2 和 NO_2 最大地面浓度出现距离相等。

19. D【点评解析】本题主要考查 ADMS 模式预测必须输入的参数。在简单地形条件下，不需要输入高空气象数据。地表反照率是 AERMOD 模式预测必须输入的参数。ADMS 模式预测必须输入的参数除地表粗糙度外，还需要最小 M－O 长度这个地表参数。

20. A【点评解析】本题主要考查适用于评价范围大于 50 km 的大气环境影响预测模式。唯一适用的是 CALPUFF 模式，已考过多次。

21. C【点评解析】本题主要考查对大气预测模式的理解。由于 H_2S 和 NH_3 从同一排气筒排放，若不考虑化学转化，则两者的最大小时平均浓度预测值与源强是呈正比的，即（34/2）×5＝85.0（$\mu g/m^3$）。

22. B【点评解析】本题主要考查 ADMS、AERMOD、CALPUFF 模式均需要的模式参数。由于地表粗糙度是地表最基本的参数，因此三者模式均需要。

二、不定项选择题

1. AD【点评解析】本题主要考查选用大气环境影响预测模式应考虑的因素。选用大气环境影响预测模式应考虑排放特征、地形条件。当时考 1993 年版大气导则，目前 2008 年版大气导则已不作要求。

2. BD【点评解析】本题主要考查高架点源高斯烟羽模式的适用条件。关键要抓住连续排放。当时考 1993 年版大气导则，目前 2008 年版大气导则已不作要求。

3. ABCD【点评解析】本题实际考查有风点源正态烟羽扩散模式的适用条件。当时考 1993 年版大气导则，目前 2008 年版大气导则已不作要求。

4. AC【点评解析】本题主要考查确定 σ_z 值时需考虑的因素。主要考虑农村和城市、大气稳定度，根据不同采样时间确定 σ_z 值表达式的参数。当时考 1993 年版大气导则，目前 2008 年版大气导则已不作要求。

5. ACD【点评解析】本题实际考查对 ADMS 模式所需参数的理解。ADMS 模式所需参数应包括：① 气象参数（逐时地面气象参数包括低云量、总云量、风速、风向、干球温度）；② 地表参数（地表粗糙度、纬度）；③ 污染源参数（点源、面源、体源、线源）；④ 化学反应参数（SO_2、NO_2）；⑤ 干湿沉降参数（TSP）；⑥ 地形参数等。扩散参数由程序自动计算。

6. ABCD【点评解析】本题主要考查大气估算模式计算的点源所需参数。考生务必理解记忆。点源参数包括：①点源排放速率（g/s）；②排气筒几何高度（m）；③排气筒出口内径（m）；④排气筒出口处烟气排放速度（m/s）；⑤排气筒出口处的烟气温度（K）。环境温度：评价区域20年以上的年平均气温（K）。

7. ABC【点评解析】本题主要考查大气估算模式计算的点源参数。考生务必理解记忆。由于估算模式自动计算排气筒出口处环境风速，不需要输入。

8. BD【点评解析】本题实际考查ADMS模式预测计算不可缺省的数据资料。由于是简单地形，可以不需要高空气象数据。ADMS模式系统：ADMS可模拟点源、面源、线源和体源等排放出的污染物在短期（小时平均、日平均）、长期（年平均）的浓度分布，还包括一个街道窄谷模型，适用于农村或城市地区、简单或复杂地形。模式考虑了建筑物下洗、湿沉降、重力沉降和干沉降以及化学反应等功能。化学反应模块包括计算一氧化氮、二氧化氮和臭氧等之间的反应。ADMS有气象预处理程序，可以用地面的常规观测资料、地表状况以及太阳辐射等参数模拟基本气象参数的廓线值。在简单地形条件下，使用该模型模拟计算时，可以不调查探空观测资料。ADMS-EIA版适用于评价范围小于等于50 km的一级、二级评价项目。

9. ABD【点评解析】本题主要考查影响排气筒下风向污染物最大落地浓度距离的因素。实际考查对高斯模式的理解。污染物排放量与最大落地浓度有关，与距离无关，其距离与排气筒和外界扩散条件相关。

10. AB【点评解析】本题主要考查AERMOD预测模式需要输入的点源参数。环境温度是评价区域 20 年以上的年平均气温（K）。排气筒底部中心坐标是点源调查参数，不是输入参数。

11. B【点评解析】本题主要考查评价等级为二级的项目使用AERMOD预测模式不需输入的资料。显然，不需要50 km范围内最近的高空气象探测站近20年的高空气候统计资料。对于各级评价项目，均应调查评价范围 20 年以上的主要气候统计资料，包括年平均风速和风向玫瑰图，最大风速与月平均风速，年平均气温，极端气温与月平均气温，年平均相对湿度，年均降水量，降水量极值，日照等。评价范围小于 50 km 条件下，须调查地面气象观测资料，并按选取的模式要求，补充调查必需的常规高空气象探测资料。而不是需要近20年的高空气候统计资料。

12. BCD【点评解析】本题主要考查AERMOD模式需要输入的参数。AERMOD模式需要输入的参数包括：① 地表参数（地表反照率、BOWEN率、地表粗糙度）；② 干沉降参数；③ 湿沉降参数；④ 化学反应参数（半衰期、NO_x转化系数、臭氧浓度）。

第三节 大气环境影响预测案例分析

单项选择题（每题的备选项中，只有一个最符合题意）

1. 若某一网格点的 SO_2 最大地面小时浓度（C_{SO_2}）和 NO_2 最大地面小时浓度（C_{NO_2}）占标率相等，则（ ）。（2009 年考题）

A. C_{SO_2} 等于 C_{NO_2}　　B. C_{SO_2} 大于 C_{NO_2}

C. C_{SO_2} 小于 C_{NO_2}　　D. C_{SO_2} 等于 $2C_{NO_2}$

2. 某拟建项目排放大气污染物的最大地面浓度出现距离 D_{max} 和地面浓度达到标准限值 10%时对应的最远距离 $D_{10\%}$如下表所示。根据大气导则，大气评价范围边长为（ ）。（2011 年考题）

	D_{max}	$D_{10\%}$
甲污染物	16 km	28 km
乙污染物	16 km	18 km

A. 32 km　　B. 36 km

C. 50 km　　D. 56 km

参考答案

单项选择题

1. B【点评解析】本题主要考查对占标率概念的理解。由于占标率为最大地面小时浓度除以标准限值，而 SO_2 的标准限值高于 NO_2，SO_2 的二级标准限值为 0.5 mg/m^3，NO_2 的二级标准限值为 0.12 mg/m^3，故 C_{SO_2}大于 C_{NO_2}。

2. C【点评解析】本题主要考查大气评价范围的确定。由于甲污染物最远距离 $D_{10\%}$为 28 km，大于 25 km，根据大气导则，大气评价范围边长为 50 km。评价范围的确定：

（1）根据项目排放污染物的最远影响范围确定项目的大气环境影响评价范围。即以排放源为中心点，以 $D_{10\%}$为半径的圆或 $2\times D_{10\%}$为边长的矩形作为大气环境影响评价范围；当最远距离超过 25 km 时，确定评价范围为半径 25 km 的圆形区域，或边长 50 km 矩形区域。

（2）评价范围的直径或边长一般不应小于 5 km。

（3）对于以线源为主的城市道路等项目，评价范围可设定为线源中心两侧各 200 m 的范围。

第五章　地表水环境影响预测与评价

一、单项选择题（每题的备选项中，只有一个最符合题意）

1. 在（　　）情况下的河流流动可视为恒定均匀流。（2005 年、2006 年考题）

A. 河道均匀，流量基本不随时间变化　　B. 河道中沿程的水流要素变化剧烈

C. 上游来流有一座日调节水库控制　　D. 河道断面形态、底坡基本不变

2. 对于可简化为完全混合的中型湖泊、水库，方程 $V\mathrm{d}c/\mathrm{d}t=Qc_{\mathrm{E}}-Qc-KcV$（其中 V 为湖泊体积，Q 为流入与流出湖泊的流量，c_{E} 为流入湖（库）水量中的水质浓度，K 为一级反应动力学常数；c 为湖（库）中水质浓度）是描述完全混合状态的湖、库（　　）。（2005 年考题）

A. 水质基本方程

B. 处于平衡状态时的水质基本方程

C. 预测逐日水质变化的水质数学模型

D. 预测逐时水质变化的水质数学模式

3. 某种易溶性化学物质因偶尔事故排入河道，在排入点下游 15 km 处有一城市供水厂取水口，已知河流平均流速为每小时 3 km。预计（　　）。（2005 年考题）

A. 不须经过 5 h 就已经对城市供水厂取水口产生影响

B. 至少 5 h 才会对城市供水厂取水口产生影响

C. 经过 5 h 后将会消除对城市供水厂取水口产生的影响

D. 发生影响最为显著的时段，只能采用水质数学模型来确定

4. 跨流域或跨省界调水建设项目的评价工作等级一般（　　）。（2005 年考题）

A. 视工程规模和投资额度而定　　B. 根据调水量的多少来定

C. 属于一级　　D. 属于二级

5. 排入宽浅河流的废水与河水混合时，一般是（　　）。（2005 年考题）

A. 先完成横向混合

B. 先完成垂向混合，再发生横向混合

C. 先发生横向混合，再发生垂向混合

D. 先完成垂向混合，再同时完成横向和纵向混合

某河流执行Ⅴ类地表水环境质量标准（BOD_5＜10 mg/L），流速 0.1 m/s。充分混合过渡段长度为 6 km。

6. 已知某排放口 BOD_5 排放浓度为 30 mg/L，排入河流与河水完全混合后的 BOD_5 浓度为 10.0 mg/L。BOD_5 耗氧系数 0.1（1/d），充分混合后经 12 km 河段衰减，河流 BOD_5 浓度为（　　）。（2005 年考题）

A. 8.7 mg/L　　B. 8.3 mg/L　　C. 7.5 mg/L　　D. 8.5 mg/L

7. 按上述条件和上题计算结果，可知（　　）。（2005 年考题）

A. 排放口下游河段 BOD_5 浓度完全达标

B. 排放口至下游 6 km 河段部分水体 BOD 浓度超标

C. 排放口至下游河段 18 km 河段 BOD 浓度超标

D. 排放口下游 18 km 以下河段 BOD 浓度超标

8. 在第 6 题的条件下，已知临界氧亏点发生在排放口下游 12 km 处，若将 BOD_5 排放浓度从 30 mg/L 改为 20 mg/L，则（　　）。（2005 年考题）

[注：S-P 模式中临界氧亏点位置

X_c=86 400u/（k_2−k_1）ln[k_2/k_1（1−D_0/C_0×（k_2−k_1）/k_1）]

当 k_1=k_2 时，X_c=86 400u/k_1×（1−D_0/C_0）]

A. 临界氧亏点位置不变

B. 临界氧亏点位置上移

C. 临界氧亏点位置下移动

D. 在临界氧亏值不变的情况下临界氧亏点位置不变

9. 在临界氧亏点下游河段，（　　）。（2005 年考题）

A. BOD 耗氧量小于大气复氧量

B. BOD 耗氧量大于大气复氧量

C. BOD 耗氧量与大气复氧量持平

D. BOD 耗氧量可大于或小于大气复氧量，视河流大气复氧能力而定

10. 某种易溶性化学品（ρ≤1）因偶然事故排入河道，在排入点下游的溶解态化学品浓度可用公式 $c(x,t)=\dfrac{M}{2A_c(\pi D_L t)^{1/2}}\exp(-\dfrac{Kx}{u})\exp(-\dfrac{(x-m)^2}{4D_L t})$ 表达。在距离排点下游 10 km 处的污染物峰值浓度可表达为（　　）。（2006 年考题）

A. $\dfrac{M}{2A_c(\pi D_L t)^{1/2}}\exp(-K\cdot 10)$

B. $\dfrac{M}{2A_c(\pi D_L t)^{1/2}}\exp(-\dfrac{K\cdot 10}{u})\exp(-\dfrac{10^2}{4D_L t})$

C. $\dfrac{M}{2A_c(\pi D_L t)^{1/2}}\exp(-\dfrac{K\cdot 10}{u})$

D. $\dfrac{M}{2A_c(\pi D_L t)^{1/2}}$

11. 湖泊零维水质模型表述为 $C=C_e\left[\dfrac{1}{1+ki}\right]$，其中 i 为（　）。（2006 年考题）

A. 污染物滞留时间　　B. 水力停留时间

C. 时间平均尺度　　D. 污染物持续进入湖泊的时间

12. 天然河流中的耗氧速率常数值（　）。（2006 年考题）

A. 恒定不变　　B. 受温度影响

C. 受温度影响，但一般可以忽略　　D. 受河流复氧能力的影响

13. 采用两点法对河流进行耗氧系数 K_1 估值时，对 A、B 两点的选择要求是（　）。（2006 年考题）

A. AB 河段间必须有一点污染源

B. AB 河段间没有支流汇入

C. A、B 两点间的距离大于混合过程段长度

D. A 点与上游污染源距离小于混合过程段长度

14. 已知某河段长 10 km，规定的水环境功能为III类，（DO≥5 mg/L），现状废水排口下游 3 km 和 10 km 处枯水期的 DO 浓度值分别为 5.0 mg/L。采用验证的水质模型进行分析，发现在该排放口下游 4～6 km 处存在临界氧亏点，因此可判定该河段（　）。（2006 年、2007 年、2011 年考题）

A. DO 浓度值满足水环境的功能要求　　B. 部分河段 DO 浓度值未达标

C. 尚有一定的 DO 环境容量　　D. 尚有一定的耗氧有机物容量

15. 湖泊、水库水质完全混合模式是（　）模型。（2007 年考题）

A. 三维　　B. 二维　　C. 一维　　D. 零维

16. 单一河段处于恒定均匀流动条件下，假定某种可降解污染物符合一阶降解规律，降解速率 K_1 沿程不变。排放口下游 20 km 处的该污染物浓度较排放点下降 50%，在排放口下游 40 km 范围内无其他污染源，则在下游 40 km 处的污染物浓度较排放点处浓度下降（　）。（2007 年考题）

A. 70% B. 75% C. 80% D. 85%

17. 湖泊水库水质模型$V\frac{\mathrm{d}c}{\mathrm{d}t}=Qc_{\mathrm{E}}-Qc-\gamma(c)V$是（ ）模型。（2007 年考题）

A. 一维稳态 B. 零维稳态

C. 零维动态 D. 一维动态

18. 河流一维稳态水质模型$C=C_0\mathrm{e}^{-kx/u}$可以用于（ ）的水质预测。（2007 年、2011 年考题）

A. 密度小于或等于 1 的可溶性化学品 B. 吸附态有机物

C. 重金属 D. 密度小于 1 的化学品

19. 采用河流一维水质模型进行水质预测，至少需要调查（ ）等水文、水力学特征值。（2007 年考题）

A. 流量、水面宽、粗糙系数 B. 流量、水深、坡度

C. 水面宽、水深、坡度 D. 流量、水面宽、水深

20. 对某顺直、均匀河流的二维稳态水质模型进行验证，水质计算值与监测值见下表：

距左岸距离/m	0	20	50	100	200
BOD 计算值/（mg/L）	18.5	17.0	15.5	14.0	10.0
BOD 监测值/（mg/L）	20	19	18	14	7

由表可知，模拟计算采用的（ ）。（2007 年考题）

A. 横向混合系数偏大 B. 横向混合系数偏小

C. 耗氧系数偏大 D. 耗氧系数偏小

21. 宽浅河流一维水质模拟中的纵向离散，主要是由（ ）形成的。（2008 年考题）

A. 紊流 B. 对流

C. 垂向流速不均 D. 断面流速不均

22. 河流排污混合区内污染物迁移转化的主要过程是（ ）。（2008 年考题）

A. 物理过程 B. 化学过程

C. 生物过程 D. 降解过程

23. 已知干、支流汇流前的流量分别为 9 m^3/s、1 m^3/s，氨氮流度分别为 0.2 mg/L、2.0 mg/L，汇流混合后的氨氮平均浓度为（ ）。（2008 年考题）

A. 1.10 mg/L B. 0.48 mg/L

C. 0.42 mg/L　　D. 0.38 mg/L

24. 某河流上游发生可溶性化学品泄漏事故，假设河流流量恒定，化学品一阶衰减系数k=0.2/d，其下游x处的该化学品浓度峰值可用$C_{\max}(x)=\dfrac{M}{2A_C(\pi D_L t)^{1/2}}\exp\left(-\dfrac{kx}{u}\right)$估算，事故发生24 h后下游某处实测得到浓度峰值为1 000 mg/L，再经72 h到达下游某断面峰值浓度为（　）。（2008年、2010年考题）

A. 254 mg/L　　B. 264 mg/L

C. 274 mg/L　　D. 284 mg/L

25. 城市污水处理厂尾水排入河流，排放口下游临界氧亏点的溶解氧浓度一般（　）该排放口断面的溶解氧浓度。（2008年考题）

A. 高于　　B. 低于

C. 略高于　　D. 等于

26. 拟建项目正常排放某种污染物质（比重$p\approx1$）的一阶衰减系数K=0，预测下游混合均匀断面的平均浓度时，应优选采用（　）模式。（2008年考题）

A. 一维动态　　B. 二维动态

C. 一维稳态　　D. 零维稳态

27. 采用两点法进行某河段耗氧系数K_1估值时，应采用（　）。（2009年考题）

A. 与设计枯水流量相应的该河段流速

B. 枯水期该河段平均流速

C. 采样期间上游水文站实测流速

D. 采样期间该河段平均流速

28. 天然河流中的耗氧系数（　）。（2009年考题）

A. 恒定不变　　B. 受河流复氧能力的影响

C. 受河宽影响　　D. 受水温影响

29. 在沉降作用明显的河流充分混合段，对排入河流的化学需氧量（COD）进行水质预测最适宜采用（　）。（2009年考题）

A. 河流一维水质模式　　B. 河流平面二维水质模式

C. 河流完全混合模式　　D. 河流S-P模式

30. 城市污水处理厂出水排入河流，其排放口下游临界氧亏点断面溶解氧浓度C_A与排放口断面的溶解氧浓度C_0相比，（　）。（2009年考题）

A. C_A大于C_0　　B. C_A小于C_0

C. C_A等于C_0　　D. 不能确定高低

31. 稳定排放非保守物质的某排放口位于均匀感潮河段，其浓度增量预测采用一维潮平均模型。一维潮平均模型公式为 $\overline{C}=\overline{C}_0\exp(J\cdot x);J=\frac{\overline{U}_f}{2\overline{E}_x}\left[1\pm(1+4n)^{\frac{1}{2}}\right]$。已知 O′Connor 数 $n=\frac{K\overline{E}_x}{\overline{U}_f^2}=0.75$ 时，排放口下游 10 km 处浓度增量为排放口处浓度增量的 50%，则排放口上游 10 km 处浓度增量为排放口处浓度增量的（　　）。（2009 年考题）

A. 37.5%　　B. 25%

C. 12.5%　　D. 7.5%

32. 采用二维稳态模式 $C(x,y)=\frac{C_PQ_P}{H\sqrt{\pi M_y xu}}\exp\left(-\frac{uy^2}{4M_y x}\right)$ 进行水质预测。已知岸边恒定排放条件下，排放口下游 100 m 处断面污染物最大浓度增量为 10 mg/L，则可推算排放口下游 900 m 处断面最大浓度增量为（　　）。（2010 年考题）

A. 1.11 mg/L　　B. 2.22 mg/L

C. 3.33 mg/L　　D. 4.44 mg/L

33. 某河流的水质监测断面如右图所示。选用两点法测定河流的耗氧系数 K_1 时，应采用（　　）断面平均水质监测数据。（2010 年考题）

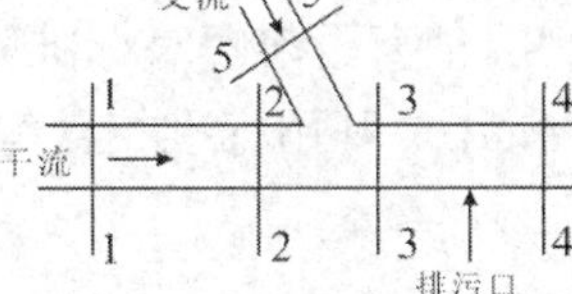

A. 2、1　　B. 2、3

C. 3、4　　D. 5、3

34. 一般认为导致水体富营养化的主要原因是（　　）的增加。（2010 年考题）

A. 氮、磷　　B. pH、叶绿素 a

C. 水温、水体透明度　　D. 藻类数量

35. 某流域枯水期为 12 月到次年 2 月，4 月份河流水质有机物浓度全年最高，8 月份 DO 全年最低，6 月份盐度最低。拟建项目废水排入该河道，常年排放污染物有 BOD_5、氨氮等。有机污染物水质影响预测需选择的评价时段为（　　）。（2011 年考题）

A. 枯水期、6 月、8 月　　B. 枯水期、4 月、6 月

C. 枯水期、4 月、8 月　　D. 4 月、6 月、8 月

36. 在宽浅河流中，对于间歇性排放的污染物，其输移混合的主要物理过程是（　　）。（2011 年考题）

A. 移流（或推流）、横向和纵向混合

B. 移流（或推流）、垂向和横向混合

C. 横向、纵向和垂向混合

D. 移流（或推流）、垂向和纵向混合

37. 河流干流流量为 9 m^3/s，氨氮浓度为 1.0 mg/L；支流流量为 1 m^3/s，氨氮浓度为 9.0 mg/L。支流汇入干流混合后，氨氮平均浓度为（ ）。（2011 年考题）

A. 10.0 mg/L　　B. 8.2 mg/L

C. 5.0 mg/L　　D. 1.8 mg/L

38. 某企业排放甲污染物为持久性污染物。受纳水体功能为Ⅲ类，下游相邻功能区为Ⅱ类。受纳水体的设计径流量加污水量为 10.0 m^3/s，排放点以下无区间径流及该污染物排放源。该污染物的标准限值见下表。

功能区类别	Ⅱ	Ⅲ
标准限值/（mg/L）	0.000 05	0.000 1

假设河流上游来水背景浓度为零，采用河流零维模型计算，同时满足两个功能区要求的甲污染物最大允许排放量为（ ）。（2011 年考题）

A. 0.50 mg/s　　B. 0.75 mg/s

C. 1.00 mg/s　　D. 1.25 mg/s

39. 某河段溶解氧标准限值为 5 mg/L。已知河流水温为 20.4℃，饱和溶解氧 DO_f 为 9 mg/L。利用标准指数等于 1 的条件计算出的溶解氧上限浓度为（ ）。（2011 年考题）

A. 11 mg/L　　B. 12 mg/L

C. 13 mg/L　　D. 14 mg/L

40. 湖泊水质模型 $C=C_e\left[\frac{1}{1+ki}\right]$，其中 k 为综合衰减系数，i 为水力停留时间。该模型是（ ）。（2011 年考题）

A. 一维稳态模型　　B. 零维稳态模型

C. 一维动态模型　　D. 零维动态模型

41. 已知设计水文条件下排污河段排放口断面径污比为 4.0，排放口上游氨氮背景浓度为 0.5 mg/L，排放口氨氮排放量为 86.4 kg/d，平均排放浓度 10 mg/L，则排放口断面完全混合后氨氮的平均浓度为（ ）。（2012 年考题）

A. 5.25 mg/L　　B. 3.00 mg/L

C. 2.50 mg/L　　D. 2.40 mg/L

42. 某评价项目排污河段下游的省控断面 COD 水质目标为 20 mg/L，河段枯水期设计流量 50 m^3/s 条件下，预测省控断面处现有 COD 占标率达 70%，项目排污断面到省控断面的 COD 衰减率为 20%。在忽略项目污水量的情况下，项目 COD 最大可能允许排污量为（　　）。（2012 年考题）

A. 25.92 t/d　　B. 31.10 t/d

C. 32.40 t/d　　D. 86.40 t/d

43. 设计流量 Q 条件下的河段水动力参数，一般根据实测水文资料率定的 α_1、β_1、α_2、β_2、α_3、β_3 参数，按下列经验公式估计：

断面平均流速：$V=\alpha_1 Q^{\beta_1}$

断面平均水深：$h=\alpha_2 Q^{\beta_2}$

断面水面宽：$B=\alpha_3 Q^{\beta_3}$

当采用零维、一维、二维稳态水质模型预测设计流量条件下的河流水质浓度时，三个模型至少分别需要（　　）上述参数。（2012 年考题）

A. 0 个、2 个、4 个　　B. 1 个、2 个、4 个

C. 1 个、3 个、5 个　　D. 2 个、4 个、6 个

44. 已知湖泊出湖水量 2 亿 m^3/a，年均库容 3 亿 m^3，入库总磷负荷量为 50 t/a，出湖总磷量 20 t/a，湖泊年均浓度 0.1 mg/L，据此采用湖泊稳态零维模型率定的总磷综合衰减系数为（　　）。（2012 年考题）

A. 1/a　　B. 2/a

C. 3/a　　D. 5/a

45. 根据河流排污混合过程段的长度公式 $l=\dfrac{(0.4B-0.6a)Bu}{(0.058H+0.0065B)\sqrt{gHI}}$，岸边排放与中心排放的混合过程段长度之比为（　　）。（2013 年考题）

A. 0.25　　B. 0.5

C. 2.0　　D. 4.0

46. 采用一维稳态水质模型解析预测河口氨氮浓度纵向分布无须输入的参数是（　　）。（2013 年考题）

A. 余流量或余流速　　B. 一阶衰减系数

C. 纵向离散系数　　D. 横向混合系数

47. 某拟建项目排污口对岸现有一个污水排放量为 3.6 万 t/d 的排污口，COD 排放浓度为 100 mg/L。河流上游枯水期设计流量为 10 m^3/s，COD 背景浓度 15 mg/L。该项目设计污水量为 10.0 万 t/d，COD 排放浓度为 50 mg/L。则采用一维稳态水质模

型计算得到的排放断面COD起始浓度为（　　）。（2013年考题）

A. 21.56 mg/L　　B. 24.95 mg/L

C. 42.80 mg/L　　D. 55.00 mg/L

48. 采用两点法估算河道的一阶耗氧系数。上游断面COD实测浓度30 mg/L，下游断面COD实测浓度25 mg/L，上游断面来水到达下游断面时间为1 d，则耗氧系数估值为（　　）。（2013年考题）

A. 0.10/d　　B. 0.18/d

C. 0.21/d　　D. 0.83/d

49. 采用二维稳态水质模型预测入河排污口岸边污染带的范围，根据多次现场实测验证得到的$\frac{M_y}{hu}$均值为0.7。已知枯水设计流量条件下的断面平均水深为5 m，摩阻流速为0.08 m/s，则计算污染带范围采用的横向混合系数为（　　）。（2013年考题）

A. 0.28 m^2/s　　B. 0.35 m^2/s

C. 0.40 m^2/s　　D. 0.56 m^2/s

50. 某河流控制断面溶解氧标准限值为5 mg/L，若实测水温条件下饱和溶解氧浓度为8 mg/L，溶解氧标准指数为1.0，则实测溶解氧浓度为（　　）。（2014年考题）

A. 6 mg/L　　B. 7 mg/L

C. 8 mg/L　　D. 11 mg/L

51. 顺直均匀对称河道，采用忽略对岸反射作用的岸边排放预测模式$C(X,q_c)=\frac{M}{(\pi M_c X)^{\frac{1}{2}}}\exp\left(-\frac{q^2c}{4M_cX}\right)$，预测持久性污染物垂向平均浓度增量。已知河道流量为20 m^3/s，$M_c=0.025\ m^5/s^2$，在X=1 000 m处，河道中心浓度是排放侧岸浓度的（　　）。（2014年考题）

A. 1.73%　　B. 36.8%

C. 50.0%　　D. 63.2%

52. 常用湖泊稳态水质模型$C=C_E\left(\frac{1}{1+kt}\right)$中$t$为滞留时间，$t$的含义是（　　）。（2014年考题）

A. 年出湖径流量/湖泊容积

B. 年入湖径流量/湖泊容积

C. 湖泊容积/年入湖径流量

D. 年反推入湖径流量/湖泊容积

53. 海边码头油轮装卸作业柴油泄漏入海环境风险事故分析中，油膜影响程度可采用的分析模型是（　　）。（2015 年考题）

A. 完全混合模式　　B. Streeter-Phelps（S-P）

C. P.C. Blokker 公式　　D. O'connor 河口模式

54. 湖泊水质模型解析解如下：$C=\dfrac{M}{C_{\text{OUT}}}\left(\dfrac{1}{1+kt}\right)=\dfrac{M}{C_{\text{OUT}}}\left(\dfrac{1}{1+k\dfrac{V}{Q_{\text{OUT}}}}\right)$，该模型是（　　）。（2015 年考题）

A. 零维稳态模型　　B. 一维动态模型

C. 零维动态模型　　D. 一维动态模型

55. 顺直均匀河道，断面水质浓度变化负荷指数衰减规律 $C=C_0\exp(-kx/u)$，已知区间无污染源汇入且流量稳定条件下，COD 断面平均浓度每 4 km 下降 6%，原始断面 COD 浓度为 10 mg/L，下游 16 km 处 COD 浓度应为（　　）。（2015 年考题）

A. 8.8 mg/L　　B. 8.3 mg/L

C. 7.8 mg/L　　D. 7.6 mg/L

56. 不分层的非网状感潮河段，项目排污断面分配的月均 COD 浓度增量不得超过 0.5 mg/L。河口特征值 $m=\sqrt{1+\dfrac{4KE}{(Q_f/A)^2}}=2$，年最枯月河段径流量 Q_f 为 3 m³/s（含污水排放量），按一维稳态河口水质模型估算的该项目 COD 允许排放量为（　　）。（2016 年考题）

A. 64.8 kg/d　　B. 129.6 kg/d

C. 259.2 kg/d　　D. 518.4 kg/d

57. 已知某湖当年入湖总磷负荷 L，出湖水量 Q，平均容积 V，湖体总磷平均浓度 C，湖水体总磷存续总量年增量 M，则总磷的一阶反应速率常数 K 的估算式为（　　）。（2016 年考题）

A. $K=V/Q$　　B. $K=[L-QC-M]/VC$

C. $K=[L-QC]/VC$　　D. $K=[L-QC+M]/VC$

58. 某河流上午实测干、支流流量分别为 4 m³/s、1 m³/s，高锰酸盐指数浓度分别为 8 mg/L、7 mg/L；下午实测干、支流流量分别为 3 m³/s、2 m³/s，高锰酸盐指数浓度分别为 8 mg/L、7 mg/L，干支流汇流混合后的高锰酸盐指数日通量平均浓度为（　　）。（2016 年考题）

A. 7.4 mg/L　　B. 7.5 mg/L

C. 7.6 mg/L　　D. 7.7 mg/L

59. 某重大危险源泄漏事故的风险评价，将该事故排放源概化为间隔 1 小时的等强度瞬时点源（t=0，1 h）排入河中。采用瞬时点源河流一维动态水质模型预测 t=22 h 的沿程增量浓度如下表，则该时刻河道污染物浓度最大增量断面距排放源的距离为（　　）。（2016 年考题）

排放口下游距离 x（m）	6 400	6 800	7 200	7 600	8 000
t=0 h 源贡献浓度（mg/L）	4.8	5.0	4.9	3.3	2.7
t=1 h 源贡献浓度（mg/L）	4.3	4.8	5.2	5.2	5.1

A. 6 800 m　　B. 7 200 m

C. 7 600 m　　D. 8 000 m

二、不定项选择题（每题的备选项中至少有一个符合题意）

1. 用于河流水质预测的 S-P 模式如下：

$c=c_0\ \exp（-k_1x/86\ 400u）$

$D=k_1c_0/（k_2-k_1）[\exp（-k_1x/86\ 400u）-\exp（-k_2/86\ 400u）]+D_0\ \exp（-k_2/86\ 400u）$

该模式适合于河流（　　）。（2005 年考题）

A. COD、BOD 水质预测　　B. BOD−DO 水质预测

C. 流动为恒定流　　D. 流动为非恒定流

2. 通过实测水文水质资料建立河流稳态水质数学模型后，预测排污对河流水质影响时还需要确定（　　）。（2005 年考题）

A. 拟预测的排污状况　　B. 设计水文条件

C. 水质数学模型参数　　D. 边界条件

3. 建设项目预测水质参数的筛选，在《导则》中要求“建设过程，生产运行，服务期满后的各阶段均应（　　）”。（2005 年考题）

A. 选择相同的预测水质参数

B. 根据各自的具体情况决定其拟预测的水质参数，彼此不一定相同

C. 考虑拟采用的预测方法的技术要求，决定其拟预测的水质参数，彼此不一定相同

D. 考虑拟采用的预测方法的技术要求，决定其拟预测的水质参数，彼此尽量相同

4. 影响地表水环境质量的污染物，按其输移、衰减特点以及预测模式，划分为持久性污染物、（　　）、热。（2005 年考题）

A. 重金属　　B. 非持久性污染物

C. 有害有毒污染物　　D. 酸和碱

5. 利用河流一维稳态水质方程进行河流水质预测时，对于有支流汇入情形的一般可以（　　）。（2006 年考题）

A. 在汇入处分段进行预测　　B. 忽略支流的影响

C. 将支流作为点源处理　　D. 单独预测支流的水质

6. 用于河流水质预测的 S-P 模式如下：

$$c=c_0\exp\left(-K_1\frac{x}{u}\right)$$

$$D=\frac{K_1c_0}{K_2-K_1}\left[\exp\left(-K_1\frac{x}{u}\right)-\exp\left(-K_2\frac{x}{u}\right)\right]+D_0\exp\left(-K_2\frac{x}{u}\right)$$

该模式适合于（　　）水质预测。（2006 年考题）

A. BOD-DO　　B. COD 连续稳定点源

C. BOD 连续稳定点源　　D. 光合作用显著的河流

7. 在应用潮汐河口一维潮（周）平均水质模型进行水质预测时，模型中的纵向离散系数取值（　　）。（2006 年考题）

A. 与潮汐河口一维动态水质模型中的纵向离散系数相同

B. 应采用潮平均的纵向离散系数

C. 与高潮平均、低潮平均预测时采用的纵向离散系数相同

D. 是单向河流中的纵向离散系数两倍

8. 利用以多组实测水文水质数据建立的低流量河流 BOD-DO 模型进行水质预测时，需要确定（　　）。（2006 年考题）

A. 废水排放量　　B. 废水中的 BOD_5 浓度

C. 废水中的 DO 浓度　　D. BOD_5 耗氧系数 K_1

E. 上游来水流量和 BOD_5、DO 浓度

9. 建立一个能预测逐月水质变化的水质数学模型，至少需要收集（　　）。（2006 年考题）

A. 受纳水体逐日的水文水质数据　　B. 受纳水体逐月的水文水质数据

C. 污染源年平均统计数据　　D. 污染源月平均统计数据

10. 某拟建项目废水排放量 2.2×10^4 t/d，COD 浓度 120 mg/L。已知河流上游枯水期平均流量 11 m^3/s，河流断面 COD 平均浓度 27.5 mg/L。在拟建项目排污口下游 6 km 有一支流汇入，其枯水期平均流量 1.0 m^3/s，COD 平均浓度 39.5 mg/L。从排污口上游 8 km 至下游 5 km 河段功能为一般工业用水区（COD≤30 mg/L），排污口下

游 5 km 河段功能为农业用水区（COD≤40 mg/L）。按一维稳态河流计算，忽略 COD 综合衰减，评价河段 COD 浓度（　　）。（2006 年考题）

A. 达标

B. 未达标

C. 在一般工业用水区达标，农业用水区未达标

D. 在一般工业用水区未达标，农业用水区达标

11. 河流水质基本方程 $u\dfrac{\partial c}{\partial x}=-kc$ 适用于（　　）等情况。（2006 年考题）

A. 溶解态污染物　　B. 恒定均匀流

C. 混合过程段　　D. 衰减符合一级动力学反应的污染物

E. 吸附态污染物

12. 湖泊、水库中水的混合方式可分为紊动混合和对流混合。其中，紊动混合主要是由（　　）产生的。（2006 年考题）

A. 风力作用　　B. 水力坡度作用

C. 湖、库水密度差异　　D. 气温变化

13. 某地的 A、B 两家企业，A 厂的废水排放量为 2.0×10^4 t/d，COD 浓度为 220 mg/L。B 厂的废水排放量为 1.0×10^4 t/d，COD 浓度为 150 mg/L。两厂排污口隔河相对。已知受纳河流设计枯水流量为 9 m^3/s，上游来水 COD 为 25.0 mg/L，下游无支流和其他污染源汇入。排放口至下游 5 km 为一般工业用水区（COD≤30 mg/L），排放口下游 5 km 至 15 km 为农业用水区（COD≤40 mg/L）。两厂适用的 COD 排放标准均为 150 mg/L。在现有污染源排放达标情况下，按一维稳态河流计算，忽略 COD 综合衰减，排放口下游 5 km 处河流 COD 浓度为（　　）。（2006 年考题）

A. 28.2 mg/L　　B. 29.6 mg/L

C. 31.5 mg/L　　D. 32.0 mg/L

14. 根据上题题意和结果，排放口下游 15 km 长河段还可利用的 COD 水环境容量为（　　）。（2006 年考题）

A. 5.9 t/d　　B. 11.4 t/d

C. 15.9 t/d　　D. 21.2 t/d

15. 用于河流水预测的 S-P 模式如下：

$$c=c_0\exp\left(-K_1\frac{x}{u}\right)$$

$$D=\frac{K_1c_0}{K_1-K_1^2}[(\exp-K_1\frac{x}{u})-\exp(-K_2\frac{x}{u})]+D_0\exp(-K_2\frac{x}{u})$$

该模式适合于（　　）水质预测。（2007 年考题）

A. BOD-DO　　B. BOD 连续稳定点源

C. 光合作用显著的河流　　D. 光合作用可以忽略的河流

16. 采用两点法对河流进行耗氧系数 K_1 估值时，需要（　　）等数据。（2007 年考题）

A. 河段流量　　B. 河段断面平均面积

C. 两点间距离　　D. 两点的实测浓度

17. 某北方河流，冬季及夏季模拟时段流量相同，已知氨氮冬季耗氧速率 K_{1W}，确定夏季模拟氨氮耗氧速率 K_{1S} 时，可（　　）。（2007 年考题）

A. 近似采用 $K_{1S} \approx K_{1W}$　　B. 根据温度修正式，使 $K_{1S} > K_{1W}$

C. 重新测定 K_{1S}　　D. 取 $K_{1S} < K_{1W}$

18. 出现热内边界层时，需要有（　　）等条件。（2007 年考题）

A. 向岸流　　B. 水、陆温度差异较大

C. 陆地与大面积水域交界　　D. 离岸流

19. 进行河流水环境影响预测，需要确定（　　）等。（2007 年考题）

A. 受纳水体的水质状况　　B. 拟建项目的排污状况

C. 设计水文条件　　D. 边界条件（或初始条件）

20. 某河流多年平均流量为 250 m^3/s，在流经城区河段拟建一集装箱货运码头，在环境影响预测分析中需关注的内容应包括（　　）。（2007 年考题）

A. 集中供水水源地　　B. 洄游性鱼类

C. 浮游生物　　D. 局地气候

21. 河流一维稳态水质模型可以用来预测（　　）条件下的河流水质状况。（2007 年考题）

A. 稳定点源排放　　B. 暴雨径流产生的非点源排放

C. 非正常工况排放　　D. 设计水文

22. 采用两点法进行耗氧系数 K_1 估值时，需要监测 A、B 两点的（　　）等参数。（2008 年考题）

A. BOD 浓度　　B. 氨氮浓度

C. 流速　　D. 水温

23. 均匀河段事故排放水质评价时，可利用的流速（u）关系式有（　　）。（2008 年考题）

A. $u=u(x)$　　B. $u=u(x, t)$

C. $u=u(t)$　　D. u=常数

24. 进行河流稳态水质模拟预测必须确定（　　）。（2008 年、2010 年考题）

A. 污染物排放位置、排放强度　　B. 水文条件

C. 受纳水体背景浓度　　D. 水质模型参数值

E. 初始条件

25. 预测可降解污染物浓度分布时，河口一维水质稳态模型与河流一维水质稳态模型相比，其主要差别有（　　）。（2008 年考题）

A. 河口模型的自净能力可忽略　　B. 河口模型的纵向离散作用不可忽略

C. 河口模型采用河段潮平均流量　　D. 河口模型的稀释能力可忽略

26. 水力滞留时间是（　　）水文调查应获取的重要参数。（2009 年考题）

A. 河流　　B. 水库

C. 海湾　　D. 湖泊

27. 在已知河流设计枯水流量条件下，确定断面平均流速的可选方法有（　　）。（2009 年考题）

A. 水位与流量、断面面积关系曲线法　　B. 水力学公式法

C. 浮标测流法　　D. 实测河宽、水深计算法

28. 排入河流水体的废水和河水的混合程度，与（　　）有关。（2009 年、2010 年考题）

A. 排放口的特性　　B. 河流流动状况

C. 废水的色度　　D. 河水与废水的温差

29. 一维潮平均水质方程 $\overline{U}_{\mathrm{f}}\dfrac{\partial \overline{C}}{\partial x}=\overline{E}_x\dfrac{\partial^2 \overline{C}}{\partial x^2}-K\overline{C}$ 反映的有（　　）等过程。（2009 年考题）

A. 光合　　B. 离散

C. 推移　　D. 降解

30. 利用一维水质模型预测非持久性污染物事故排放对下游河段的影响，需确定的基本参数有（　　）。（2010 年考题）

A. 降解系数　　B. 纵向离散系数

C. 横向混合系数　　D. 垂向扩散系数

31. 采用两点法进行耗氧系数 K_1 估值时，需要监测上、下游两点的（　　）。（2010 年考题）

A. BOD 浓度　　B. COD 浓度

C. 流速　　D. 水温

32. 在流动缓慢的地表水体中，影响有机污染物生物降解过程的直接因素有（　　）。（2011 年考题）

A. 水体中溶解氧的含量　　B. 水体中微生物的种类和数量

C. 水体的紊动扩散能力　　D. 有机污染物的性质和浓度

33. 某河流控制断面的上游河段有甲、乙两个污染源，设计流量下控制断面的增量浓度可由甲、乙两个源的排放负荷与断面浓度线性响应关系简单线性叠加得到，其前提条件有（　）。（2011 年考题）

A. 排污水量与河流设计流量相比可忽略

B. 污染物符合一级降解规律

C. 污染物符合二级降解规律

D. 污染物为难降解化学物质

34. 利用一维水质模型预测持久性污染物事故排放对下游河段的影响，需确定的基本参数有（　）。（2011 年考题）

A. 降解系数　　B. 纵向离散系数

C. 河流流速　　D. 垂向扩散系数

35. 利用河流 BOD-DO 模型进行水质预测时，需要确定上游来水流量、废水排放量和 BOD_5 浓度，以及（　）。（2011 年考题）

A. 上游来水 BOD_5 浓度　　B. 上游来水 DO 浓度

C. BOD5 耗氧系数　　D. 大气复氧系数

36. 项目河流水环境风险评价采用一维瞬时源动态模型，预测瞬时排放的保守污染物形成的浓度变化过程需要选用的参数有（　）。（2012 年考题）

A. 污染物降解系数　　B. 河流径流量

C. 污染物排放量　　D. 纵向离散系数

37. 河口一维潮平均水质模型不能忽略纵向离散项的原因，可解释为（　）。（2012 年考题）

A. 海水参与了混合稀释

B. 涨落潮导致混合作用增强

C. O'Connor 数 $K\overline{E} / U_f^2$ 增大到不可忽略的程度

D. 河口生物自净能力变弱

38. 排污口形成的混合区出现在排污口的两侧（或上、下游），通常情况下这样的水体包括（　）。（2012 年考题）

A. 山区河流　　B. 湖泊

C. 感潮河段　　D. 海湾

39. 用一维稳态水质模型预测河流中氨氮浓度分布，需要的基础数据包括（　）。（2013 年考题）

A. 河流过水断面面积　　B. 污水排放量、氨氮排放浓度

C. 氨氮一阶动力学反应速率　　D. 河流流量、河流氨氮背景浓度

40. 关于纵向离散系数 D_L 与横向混合系数 M_y 的说法正确的有（　　）。（2013年考题）

A. 断面完全混合均匀长度主要取决于 M_y

B. 同一河段同一流态下，D_L 与 M_y 成反比

C. D_L 反映由于断面内流速不均导致的分散混合能力

D. M_y 反映由于紊动扩散及垂向流速不均导致的分散混合能力

41. 关于河流复氧系数 K_2 的说法，正确的有（　　）。（2014年考题）

A. 复氧系数 K_2 与温度相关

B. 复氧系数 K_2 与平均水深正相关

C. 复氧系数 K_2 与平均流速正相关

D. 复氧系数 K_2 与水面分子扩散系数相关

42. 应用一维潮平均水质解析模式预测非持久性污染物河口浓度分布，所需的数据及参数有（　　）。（2014年考题）

A. 潮平均流量或流速

B. 潮平均纵向离散系数

C. 一阶衰减系数

D. 横向混合系数

43. 某河段控制断面上游拟新增两个稳定排放源 W_1、W_2。规划允许两个新增源在该断面COD浓度增量限值为0.5 mg/L。若设计水文条件下，W_1、W_2 在该断面的单位负荷响应系数分别为 a_1=0.02 和 $a_2=0.01\dfrac{\text{mg/L}}{\text{kg/d}}$，则下列 W_1、W_2 的COD分配方案中，可行的有（　　）。（2014年考题）

A. 方案1　W_1：12.5 kg/d，W_2：25.0 kg/d

B. 方案2　W_1：20.0 kg/d，W_2：10.0 kg/d

C. 方案3　W_1：25.0 kg/d，W_2：1.0.kg/d

D. 方案4　W_1：4.0 kg/d，W_2：40.0 kg/d

44. 地表水质模拟影响预测中，需确定的参数和条件有（　　）。（2014年考题）

A. 受纳水体背景浓度　　B. 设计水文条件

C. 水质模型参数　　D. 污染源的排放方式

45. 为解决某河流溶解氧超标严重的问题，可削减的污染物有（　　）。（2014年考题）

A. 总砷　　B. 氨氮

C. BOD_5　　D. 氰化物

46. 用两点法估算河流的一阶降解系数，需要测定的基本数据有（　　）。（2014

年考题）

A. 两断面的浓度　　B. 两断面的间距

C. 两断面之间的平均流速　　D. 两断面间的平均河宽

47. 假设枯水期事故排放导致苯胺瞬时泄漏进入河流，若河流径流量为常数，采用一维动态水质解析模式进行下游敏感断面的苯胺浓度预测，需要的基本参数有（　　）。(2015 年考题）

A. 横向混合系数　　B. 纵向离散系数

C. 河道过水断面面积　　D. 苯胺的一级降解系数

48. 湖库水平衡计算中的出水量包括（　　）。(2015 年考题）

A. 地表径流量　　B. 城市生活取水量

C. 农业取水量　　D. 湖库水面蒸发量

49. 下列关于河口混合类型与纵向离散系数 D_L 关系的说法，正确的是（　　）。(2015 年考题）

A. 河口垂向盐度梯度越大，D_L 越小

B. 河口垂向盐度梯度很小时为充分混合河口，D_L 很大

C. 河口垂向盐度梯度较大时为部分混合河口，D_L 较大

D. 河口垂向盐度梯度很大时，称为盐水楔河口，D_L 较小

50. 用河流平面二维稳态水质模型预测水质，可以获得的水质特征值有（　　）。(2016 年考题）

A. 测点垂向平均浓度　　B. 表层横向平均浓度

C. 过水断面平均浓度　　D. 过水断面内最大浓度

51. 正常排污工况下，采用河流一维稳态水质模型预测入河点源允许排放量，需要使用的条件有（　　）。(2016 年考题）

A. 设计流量　　B. 背景浓度

C. 水质模型参数　　D. 河道深度

52. 采用两点法实测确定 COD 的一阶降解吸收 k，比较理想的条件包括（　　）。(2016 年考题）

A. 河断面间无排放源　　B. 两断面间河段断面较均匀

C. 实测期间内河流流量稳定　　D. 两断面之间有支流汇入

53. 某入海河流在下游修建水库阻拦感潮上溯，河流、水库、河口段的控制断面位置见下图。现状分析显示枯水设计流量下，控制断面 X、Y、Z 的 COD 浓度占标率分别为 10%、70%、110%，减少 COD 排放量对改善超标断面水质有效的河段有（　　）。(2016 年考题）

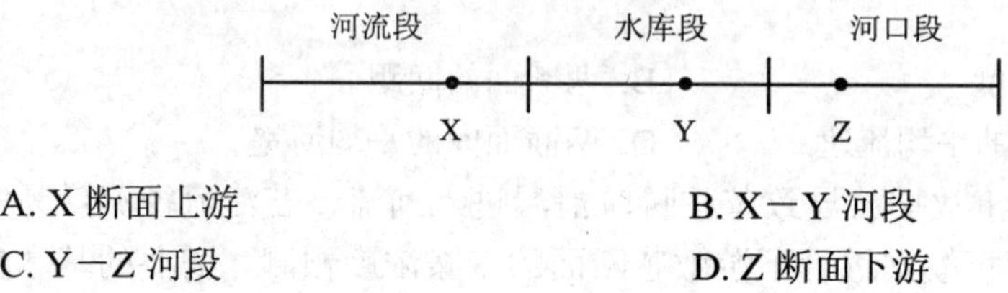

A. X 断面上游　　　　B. X－Y 河段

C. Y－Z 河段　　　　D. Z 断面下游

参考答案

一、单项选择题

1. D【点评解析】本题主要考查恒定均匀流的概念。关键要抓住流速 v 应是恒定的，只有断面形态不变、底坡基本不变，即横断面面积不变，v 才可能恒定。

2. B【点评解析】本题主要考查湖泊水质预测模式的运用。关键是 Q 的单位为 m^3/a，故为平衡状态。该方程是描述完全混合状态的湖、库处于平衡状态时的水质基本方程。湖泊、水库水质箱模式：

以年为时间单位来研究湖泊、水库的富营养化过程中，往往可以把湖泊看作一个完全混合反应器，其水质基本方程为：

$$V\frac{\mathrm{d}c}{\mathrm{d}t}=Qc_{\mathrm{E}}-Qc+S_{\mathrm{c}}+\gamma(c)V$$

式中：V——湖泊中水的体积，m^3；

Q——平衡时流入与流出湖泊的流量，m^3/a；

c_E——流入湖泊的水量中水质组分浓度，g/m^3；

c——湖泊中水质组分浓度，g/m^3；

S_c——如非点源一类的外部源或汇，m^3；

$\gamma(c)$——水质组分的湖泊中的反应速率。

3. A【点评解析】本题主要考查河流水质预测模式的理解。水质运移扩散主要有对流和弥散作用，即边对流边弥散，故小于 5 h，即不须经过 5 h 就已经对城市供水厂取水口产生影响。见下公式说明：

利用 $\delta(t)$ 函数的特性和拉氏变换，得到方程的解：

$$c(x,t)=\frac{M}{2A_c(\pi D_L t)^{1/2}}\exp\left(-\frac{Kx}{u}\right)\exp\left(-\frac{(x-ut)^2}{4D_L t}\right)$$

在距离瞬时点源下游 x 处的污染物浓度峰值为：

$$c_{\max}(x)=\frac{M}{2A_c(\pi D_L t)^{1/2}}\exp\left(-\frac{Kx}{u}\right)$$

4. C【点评解析】本题主要考查跨流域或跨省界调水建设项目的评价工作等级。由于跨流域或跨省界调水建设项目涉及面广，生态影响较大，一般均为一级。

5. D【点评解析】本题主要考查河流水体中污染物的对流和扩散混合。排入宽浅河流的废水与河水混合时，一般是先完成垂向混合，再同时完成横向和纵向混合。

河流水体中污染物的对流和扩散混合：

废水进入河流水体后，不是立即就能在整个河流断面上与河流水体完全混合。虽然在垂向方向上一般都能很快地混合，但往往需要经过很长一段纵向距离才能达到横向完全混合。这段距离通常称为横向完全混合距离（x_1）。纵向距离（x）小于 x_1 的区域称为横向混合区，大于 x 的区域称为断面完全混合区。见下图。

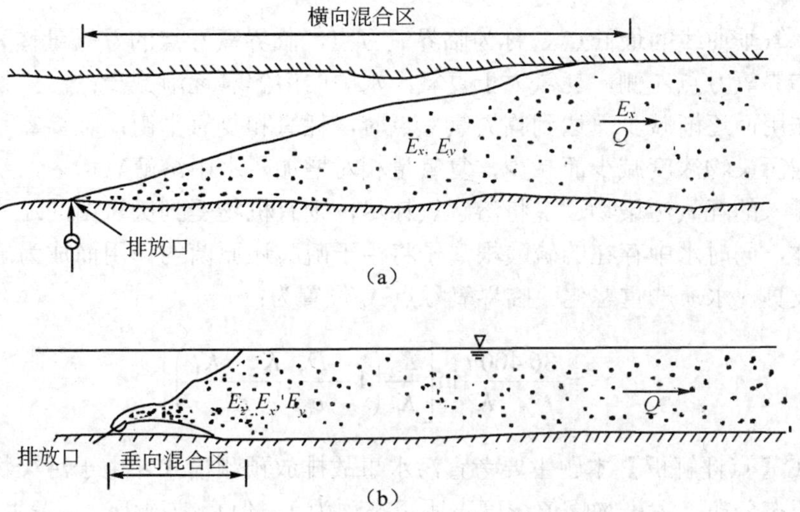

6. A【点评解析】本题主要考查 BOD_5 浓度的衰减计算公式。河流 BOD_5 浓度为：$C_0\exp(-kt)=10\times\exp(-0.1\times1/86\,400\times12\times10^3/0.1)=8.7$（mg/L）。其关键是量纲换算。

7. B【点评解析】本题主要考查河流中 BOD_5 浓度的达标与否。混合过程段是超标的，但衰减段是达标的。

8. B【点评解析】本题主要考查 S-P 模式中临界氧亏点位置。C_0 变小，X_c 也变小，则临界氧亏点位置上移。关键要理解 S-P 模式。

9. A【点评解析】本题主要考查 S-P 模式中 BOD 耗氧量与大气复氧量的关系问

题。很显然，在临界氧亏点下游河段，BOD 耗氧量小于大气复氧量，河流才能持续有降解能力，否则会发黑发臭。关键要理解 S-P 模式，见下说明。

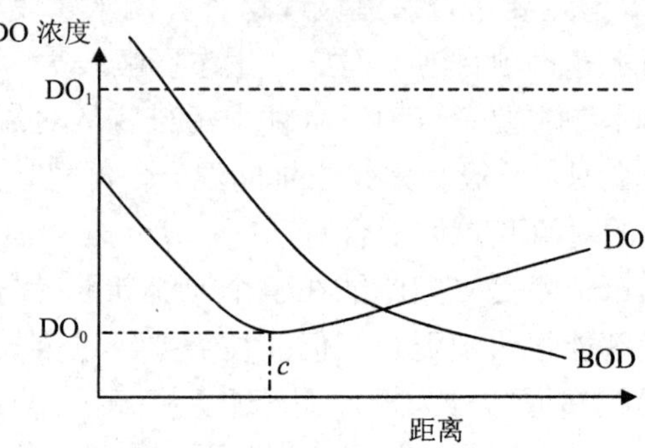

氧垂曲线

所示氧垂曲线的最低点 C 称为临界氧亏点，临界氧亏点的亏氧量称为最大亏氧值。在临界氧亏点左侧，耗氧大于复氧，水中的溶解氧逐渐减少；污染物浓度因生物净化作用而逐渐减少。达到临界氧亏点时，耗氧和复氧平衡；临界氧亏点右侧，耗氧量因污染物浓度减少而减少，复氧量相对增加，水中溶解氧增多，水质逐渐恢复。如排入的耗氧污染物过多将溶解氧耗尽，则有机物受到厌氧菌的还原作用生成甲烷气体，同时水中存在的硫酸根离子将由于硫酸还原菌的作用而成为硫化氢。引起河水发臭，水质严重恶化。临界氧亏点 X_c 位置为：

$$x_C = \frac{86\,400u}{K_2 - K_1}\ln\left[\frac{K_2}{K_1}\left(1 - \frac{D_0}{c_0}.\frac{K_2 - K_1}{K_1}\right)\right]$$

10. C【点评解析】本题主要考查污水事故排放预测模式。由于污染物浓度在纵向上为正态分布，污染物峰值浓度表明正态项为 1，但衰减项仍有。考生务必理解。

11. B【点评解析】本题主要考查湖泊零维水质模型的参数。由于湖泊的水量交换，一般均以水力停留时间来表述，考生最好理解。见下公式说明：

$$V\frac{\mathrm{d}c}{\mathrm{d}t} = Qc_E - Qc - KcV$$

式中：K——一级反应速率常数，$1/t$。当反应器处于稳定状态时，$\mathrm{d}c/\mathrm{d}t=0$，有下式：

$$c = c_E\left(\frac{1}{1+Kt}\right)$$

式中：t——停留时间，$t=V/Q$。

12. B【点评解析】本题主要考查耗氧系数的概念与测定。天然河流中的耗氧速率常数值受温度影响，温度越高，生化菌活力越强，降解能力越强，耗氧速率常数越大。K_1、K_2的温度校正：

$$K_{1或2(t)} = K_{1或2(20℃)} \cdot \theta^{(t-20)}$$

温度常数θ的取值范围：对于 K_1，θ=1.02～1.06，一般取 1.047；对于 K_2，θ=1.015～1.047，一般取 1.024。

13. B【点评解析】本题主要考查耗氧系数K_1估值两点法的选择要求。有一点污染源和支流汇入则不能反映河流实际衰减情况，增加耗氧和复氧。另外，A、B 两点必须在混合过程段之外，即充分混合段。考生务必理解，此为高频考点。

14. B【点评解析】本题主要考查临界氧亏点的概念。排放口下游 4～6 km 处存在临界氧亏点，则临界氧亏点 DO 浓度值小于 5.0 mg/L，部分河段 DO 浓度值未达标。关键要理解 S-P 模式。

15. D【点评解析】本题主要考查湖泊、水库水质完全混合模式的含义。湖泊、水库水质完全混合模式是零维模型。河流水质完全混合模式同样属于零维。

16. B【点评解析】本题主要考查一维衰减水质预测模式的运用。关键是头脑清楚，列对公式，在下游 40 km 处的污染物浓度较排放点处浓度下降 100%−50%×50% ＝75%。

17. C【点评解析】本题主要考查对湖泊水库水质箱模型的理解。dc/dt 表示动态，一般以年为时间尺度；另外，该式将湖泊水库视为完全混合反应器，无维数，即零维。

18. A【点评解析】本题主要考查对河流一维稳态水质模型$C = C_0 e^{-kx/u}$的理解。k表示污染物是可以生化降解的，只有密度小于或等于 1 的可溶性化学品才具此特性。

19. D【点评解析】本题主要考查对河流一维水质模型的理解。其关键是必须知道流速 u。有了流量、水面宽、水深等特征值，才能得到 u。

20. A【点评解析】本题主要考查对河流的二维稳态水质模型的理解。距左岸距离差值分别为 20 m、30 m、50 m、100 m；BOD 监测值在横向上差值为 1 mg/L、1 mg/L、4 mg/L、3 mg/L，而 BOD 计算值在横向上差值为 1.5 mg/L、1.5 mg/L、1.5 mg/L、4 mg/L，BOD 监测值与 BOD 计算值的差值为 1.5 mg/L、2 mg/L、2.5 mg/L、0 mg/L、3 mg/L，均表现出偏大的趋势。由于横向浓度差异主要是横向混合系数起主导作用，耗氧系数起一定作用，因而横向混合系数偏大。

21. D【点评解析】本题主要考查对宽浅河流一维水质模型的纵向离散理解。其关键是流速 u。正因为断面流速不均，才形成剪切流，造成纵向离散。

22. A【点评解析】本题主要考查河流排污混合区内污染物迁移转化的主要过程。

考生务必理解。由于河流排污混合区内污染物迁移转化的主要过程是“混合”，即以物理过程为主。完全混合后，才以生物降解过程为主。

23. D【点评解析】本题实际考查水质零维模式（混合）计算。汇流混合后的氨氮平均浓度为：（9×0.2＋1×2）/（9＋1）＝0.38（mg/L）。

24. C【点评解析】本题实际考查瞬时点源排放预测模式的计算。再经 72 h 到达下游某断面峰值浓度为：C_{max}＝1/（4）$^{1/2}$×exp（−4×0.2）/ exp（−1×0.2）×1 000＝500×exp（−3×0.2）＝274（mg/L）。其解题的关键是将事故发生 24 h 视为 t_1，再经 72 h 的时间为 $t_1+3\,t_1=4\,t_1$。

25. B【点评解析】本题主要考查临界氧亏点的概念。排放口下游存在临界氧亏点，则临界氧亏点 DO 浓度值小于该排放口断面的溶解氧浓度。关键要理解 S-P 模式。

26. D【点评解析】本题主要考查水质预测模式的选择。由于一阶衰减系数 K=0，故选择零维稳态水质模型。如果 K 不为零，则选择一维稳态水质模型。

27. D【点评解析】本题主要考查两点法进行耗氧系数 K_1 估值。显而易见，应采用采样期间该河段平均流速，表明是现场实测。

28. D【点评解析】本题主要考查天然河流中的耗氧系数 K_1 的概念。其受水温影响，温度越高耗氧系数越大，其按温度修正式见 K_1，K_2 的温度校正。

$$K_{1或2(t)}=K_{1或2(20℃)}\cdot\theta^{(t-20)}$$

温度常数θ的取值范围：对 K_1，θ=1.02～1.06，一般取 1.047；对 K_2，θ=1.015～1.047，一般取 1.024。

29. A【点评解析】本题主要考查河流水质预测模式的选择。在沉降作用明显的河流充分混合段需考虑衰减作用，最适宜采用河流一维水质模式。

30. B【点评解析】本题主要考查临界氧亏点的概念。排放口下游存在临界氧亏点，则临界氧亏点 DO 浓度值小于该排放口断面的溶解氧浓度。关键要理解 S-P 模式。

31. C【点评解析】本题主要考查对一维潮平均模型的理解。由于是均匀感潮河段，在一个潮周内，落潮降低 50%，涨潮则降低 50%×50%×50%＝12.5%。

32. C【点评解析】本题主要考查水质二维稳态模式的计算。其关键是浓度增量与 $\sqrt{X}$ 成反比，即 $\sqrt{1/9}$＝1/3。10/3＝3.33（mg/L）。exp 指数项为 1。

33. A【点评解析】本题主要考查耗氧系数 K_1 估值两点法的选择要求。有一点污染源和支流汇入则不能反映河流实际衰减情况，增加耗氧和复氧。考生务必理解，此为高频考点。

34. A【点评解析】本题主要考查导致水体富营养化的主要原因。氮、磷增加是主要原因。此为基本常识。水体富营养化主要指人为因素引起的湖泊、水库中氮、磷增加对其水生生态产生的不良影响。富营养化是一个动态的复杂过程。一般认为，水体磷的增加是导致富营养化的主因，但富营养化也与氮含量、水温及水体特征（湖泊水面积、水源、形状、流速、水深等）有关。

35. C【点评解析】本题主要考查水质影响预测需选择的评价时段。由于是针对有机污染物，与盐度无关，故评价时段不需选择 6 月份，需选择的评价时段为枯水期、4 月、8 月。

36. A【点评解析】本题主要考查瞬时排放污染物的输移、混合的主要物理过程。由于在宽浅河流中，垂向混合短时间内迅速完成了，不是主要物理过程。另外，从其浓度公式中也可知。考生务必理解。

37. D【点评解析】本题实际考查水质零维模式（混合）计算。汇流混合后的氨氮平均浓度为：（9×1.0＋1×9）/（9＋1）＝1.8（mg/L）。

38. A【点评解析】本题实际考查最大允许负荷（总量）的计算。关键是要抓住下游相邻功能区为Ⅱ类最严要求 0.000 05 mg/L，最大允许负荷（包括背景负荷）为：$0.000\,05\times10\times10^3=0.50$（mg/s）。注意量纲换算。

39. C【点评解析】本题主要考查溶解氧的标准指数计算。溶解氧上限浓度大于溶解氧评价标准限值 5 mg/L；当 $DO_j \geqslant DO_s$ 时，标准指数为：$DO_j=|DO_f-DO_j|/(DO_f-DO_s)=|9-13|/(9-5)=1$，反推即可。考生务必要理解记忆。

40. B【点评解析】本题主要考查对湖泊水质模型 $C=C_e\left[\dfrac{1}{1+ki}\right]$ 的理解。关键是对 i 水力停留时间的理解，其实它是一个定常数，不是变数。

湖泊水质模型为：

$$V\frac{\mathrm{d}c}{\mathrm{d}t}=Qc_E-Qc-KcV$$

式中：K——一级反应速率常数，$1/t$；当反应器处于稳定状态时，$\mathrm{d}c/\mathrm{d}t=0$，上式变为：

$$c=c_E\left(\frac{1}{1+Kt}\right)$$

式中：t——停留时间，$t=V/Q$。

41. D【点评解析】本题实际考查水质零维模式（混合）计算。汇流混合后的氨氮平均浓度为：（0.5×4＋10×1）/（4＋1）＝2.40（mg/L）。

42. C【点评解析】本题实际考查项目 COD 最大可能允许排污量的计算。首先要计算剩余水环境容量，$50\times20\times24\times3\,600\times10^{-6}\times(1-70\%)=25.92$（t/d）；其次计算项目 COD 最大可能允许排污量 25.92/（1−20%）＝32.40（t/d）。

43. A【点评解析】本题实际考查采用零维、一维、二维稳态水质模型预测设计流量条件下的河流水质浓度需要的参数。显然，零维仅需要设计流量 Q 和设计浓度即可，不需要上述参数。一维需要 V，即 α_1、β_1 两个参数。二维需要 V 和 B，即 α_1、β_1、α_3、β_3 四个参数。

44. A【点评解析】本题实际考查磷平衡和总磷综合衰减系数。根据湖泊稳态零维模型，出湖磷量（Q_c）＝入湖磷量（Q_{c0}）−湖内衰减磷量（kCV），则 k＝（50−20）/（$0.1\times10^{-6}\times3\times10^{8}$）＝1/a。

45. D【点评解析】本题主要考查河流排污混合过程段长度公式的参数意义。关键是要清楚 a 代表离岸距离，B 代表河宽。岸边排放的混合过程段长度的分子为 $0.4B^2u$，中心排放的混合过程段长度的分子为（0.4−0.3）B^2u，长度之比为即为 4.0。

46. D【点评解析】本题主要考查河口氨氮一维稳态水质模型的有关参数。显然，由于是一维，又求浓度纵向分布，无须输入的参数是横向混合系数，其是二维模型的参数。

47. A【点评解析】本题实际考查完全混合模式。关键是量纲换算，（$3.6\times10^4\times100+10\times10^4\times50+10\times86\,400\times15$）/（$3.6\times10^4+10\times10^4+86.4\times10^4$）＝21.56（mg/L）。分母相加正好为 10^6，分子相加为 21.56。

48. B【点评解析】本题主要考查采用两点法估算河道的一阶耗氧系数。用公式计算即可，25＝30×exp（$-kt$），反求 k＝ln（30/25）≈0.18/d。

49. A【点评解析】本题主要考查横向混合系数的计算。将参数代入公式计算即可，M_y＝0.7×5×0.08＝0.28（m^2/s），关键是要搞清 h、u 的含义。

50. D【点评解析】本题主要考查溶解氧标准指数公式。根据公式 $S_{DO,j}=\dfrac{|DO_f-DO_j|}{DO_f-DO_s}$（式中：DO 为溶解氧；$S_{DO,j}$ 为 DO 的标准指数；DO_f 为某水温、气压条件下的饱和溶解氧浓度，mg/L；DO_j 为在 j 点的溶解氧实测统计代表值，mg/L；DO_s 为溶解氧的评价标准限值，mg/L），分别将数据代入，则 $\dfrac{|8-DO_j|}{3}=1$，解得 DO_j=11（mg/L）。

51. B【点评解析】本题主要考查水质污染物岸边排放预测模式参数的理解。式中，q_c 为距一岸 X 处时的累积流量，河流中心的累积流量应为河道流量的一半。因此，

$$\frac{C_{\text{河流中心}}}{C_{\text{河岸}}}=\frac{C\left(x,\frac{1}{2}\times 20\right)}{C(x,0)}=\frac{\frac{M}{(\pi M_c X)^{\frac{1}{2}}}\exp\left[-\frac{\left(\frac{1}{2}\times 20\right)^2}{4M_c X}\right]}{\frac{M}{(\pi M_c X)^{\frac{1}{2}}}\exp\left(-\frac{0^2}{4M_c X}\right)}=\frac{\exp\left[-\frac{\left(\frac{1}{2}\times 20\right)^2}{4\times 0.025\times 1\,000}\right]}{\exp\left(-\frac{0^2}{4M_c X}\right)}\approx 36.8\%$$

52. C【点评解析】本题主要考查湖泊稳态水质模型中 t 滞留时间的含义。$t=V/Q$，V 为湖泊中水的体积，Q 为平衡时流入与流出湖泊的流量，即年入湖径流量。

53. C【点评解析】本题主要考查油膜影响程度采用的分析模型。根据环境风险评价导则，突发性事故溢油的油膜计算采用 P.C. Blokker 公式。其他 3 项均为地面水预测模型。

54. A【点评解析】本题主要考查对湖泊水质模型的理解。一般把湖泊看作一个完全混合反应器，故为零维。由于是解析解，反应器处于稳定状态时，$dc/dt=0$，t 为停留时间，故为稳态。

55. C【点评解析】本题主要考查一维水质模型的计算。下游 16 km 处 COD 浓度＝10×（1−6%）×（1−6%）×（1−6%）×（1−6%）＝7.8（mg/L）。

56. C【点评解析】本题主要考查一维稳态河口水质模型的估算。一维稳态河口水质模型为：$\overline{c}_0=\left(\frac{c_e Q_e}{Q_f}\right)/\left(1+4K\overline{E}_x/\overline{U}_f^2\right)^{1/2}$，该项目 COD 允许排放量为 0.5×2×3×86.4＝259.2（kg/d）。

57. B【点评解析】本题主要考查湖泊水质预测模式的运用。对于可简化为完全混合的中型湖泊、水库，方程 $V\text{d}c/\text{d}t=Qc_E-Qc-KcV$（其中，$V$ 为湖泊体积，Q 为流入与流出湖泊的流量，c_E 为流入湖（库）水量中的水质浓度，K 为一级反应动力学常数；c 为湖（库）中水质浓度），则 $K=[L-Qc-M]/Vc$。

58. D【点评解析】本题主要考查河流完全混合模式的计算。高锰酸盐指数日通量平均浓度＝（4×8＋1×7＋3×8＋2×7）/（4＋1＋3＋2）＝7.7（mg/L）。

59. C【点评解析】本题主要考查对瞬时点源河流一维动态水质模型的理解。在距离瞬时点源下游 x 处的污染物浓度峰值为：$c_{\max}(x)=\frac{M}{2A_c(\pi D_L t)^{1/2}}\exp\left(-\frac{Kx}{u}\right)$，水质运移扩散主要有对流和弥散作用，即边对流边弥散，虽然 7 200 m 和 7 600 m 处的浓度值相等，实际到 7 600 m 时浓度值才达到最大；因为从距离来看，从 7 600 m 之后的浓度值下降速率相对小一些；从时间来看，7 600 m 处的浓度值上升幅度最大。

二、不定项选择题

1. BC 【点评解析】本题主要考查 S-P 模式的适用条件。关键是要预测 DO。该模式适合于河流 BOD-DO 水质预测、流动为恒定流。

2. ABCD【点评解析】本题主要考查水质预测条件的确定。关键要抓住内部与外部条件，考生务必理解记忆，案例分析考试经常涉及。预测条件的确定：

（1）受纳水体的水质状况。按照评价工作等级要求和建设项目外排污水对受纳水体水质影响的特性，确定相应水期及环境水文条件下的水质状况及水质预测因子的背景浓度，一般采用环评实测水质成果数据或者利用收集到的现有水质监测资料数据。

（2）拟预测的排污状况。一般分废水正常排放（或连续排放）和不正常排放（或瞬时排放、有限时段排放）两种情况进行预测。两种排放情况均需确定污染物排放源强以及排放位置和排放方式。

（3）预测的设计水文条件。在水环境影响预测时应考虑水体自净能力不同的多个阶段。对于内陆水体，自净能力最小的时段一般为枯水期，个别水域由于面源污染严重也可能在丰水期；对于北方河流，冰封期的自净能力很小，情况特殊。在进行预测时需要确定拟预测时段的设计水文条件，如河流十年一遇连续 7 天枯水流量，河流多年平均枯水期月平均流量等。

（4）水质模型参数和边界条件（或初始条件）。在利用水质模型进行水质预测时，需要根据建模、验模的工作程序确定水质模型参数的数值。确定水质模型参数的方法有实验测定法、经验公式估算法、模型实测法、现场实测法等。对于稳态模型，需要确定预测计算的水动力、水质边界条件；对于动态模型或模拟瞬时排放、有限时段排放等，还需要确定初始条件。

3. BC【点评解析】本题主要考查建设项目预测水质参数的筛选。关键要理解建设过程、生产运行、服务期满后的各阶段的污染因子不同。根据各自的具体情况决定其拟预测的水质参数，彼此不一定相同；考虑拟采用的预测方法的技术要求，决定其拟预测的水质参数，彼此不一定相同。

4. BD【点评解析】本题主要考查水污染物的分类。污染物分为四类。重金属属于持久性污染物，有害有毒污染物一般属于非持久性污染物和持久性污染物，要视其是否可降解。

5. AC【点评解析】本题主要考查水质预测条件的概化。关键要抓住支流的影响。由于可以将支流作为点源处理，在汇入处分段进行预测，更能反映实际情况。不能忽略支流的影响，也无必要单独预测支流的水质。考生务必理解并运用到实际案例中。

6. ACD【点评解析】本题主要考查S-P模式的适用条件。关键是预测BOD-DO，由于光合作用对水体中水生植物至关重要，其对污染水体有降解作用，光合作用显著的河流才有K_1。

7. B【点评解析】本题主要考查潮汐河口一维潮（周）平均水质模型的纵向离散系数取值。关键是应采用潮周平均的等效纵向离散系数，包括了高潮与低潮；高潮平均、低潮平均为潮平均值。

8. ABCDE【点评解析】本题主要考查S-P模式水质预测条件的确定。关键要抓住内部与外部条件，另外废水中DO浓度主要计算溶解氧亏值。考生务必理解，见下说明。

$$\begin{cases} c = c_0 \exp\left(-K_1 \dfrac{x}{86\,400u}\right) \\ D = \dfrac{K_1 c_0}{K_2 - K_1}\left[\exp\left(-K_1 \dfrac{x}{86\,400u}\right) - \exp\left(-K_2 \dfrac{x}{86\,400u}\right)\right] + D_0 \exp\left(-K_2 \dfrac{x}{86\,400u}\right) \end{cases}$$

其中，$c_0 = \left(c_p Q_p + c_h Q_h\right) / \left(Q_p + Q_h\right)$

$$D_0 = \left(D_p Q_p + D_h Q_h\right) / \left(Q_p + Q_h\right)$$

式中：Q_p——废水排放量，m^3/s；

Q_h——河流流量，m^3/s；

D——亏氧量，即DO_f–DO，mg/L；

D_0——计算初始断面亏氧量，mg/L；

D_h——上游来水中溶解氧亏值，mg/L；

D_p——污水中溶解氧亏值，mg/L；

u——河流断面平均流速，m/s；

x——沿程距离，m；

c——沿程浓度，mg/L。

DO——溶解氧浓度，mg/L；

DO_f——饱和溶解氧浓度，mg/L；

K_1——耗氧系数，1/d

K_2——复氧系数，1/d。

9. BD【点评解析】本题实际考查水质数学模型预测条件的确定。关键是预测时段的源强和设计水文条件的确定，需要相对应。建立一个能预测逐月水质变化的水质数学模型，至少需要收集受纳水体逐月的水文水质数据和污染源月平均统计数据。

10. A 【点评解析】本题实际考查水质零维模式计算及达标评价。忽略 COD 综合衰减即为零维模式，拟建项目排污口处河流初始 COD 浓度为：（$2.2\times10^4\times120$＋$11\times24\times60\times60\times27.5$）/（$2.2\times10^4$＋$11\times24\times60\times60$）＝29.6（mg/L）；拟建项目排污口下游 6 km 支流汇入处河流初始 COD 浓度为（$97.24\times10^4\times29.6$＋$1\times24\times60\times60\times39.5$）/（$97.24\times10^4$＋$1\times24\times60\times60$）＝30.4（mg/L）。其实只要计算第一步，第二步可直接判断，因为支流 COD 平均浓度 39.5 mg/L＜40 mg/L。

11. ABDE【点评解析】本题主要考查一维河流水质基本方程的适用条件。河流水质基本适用于溶解态污染物、恒定均匀流、衰减符合一级动力学反应的污染物、吸附态污染物。混合过程段适用于二维河流水质基本方程。方程关键要抓住流速 u 恒定和污染物浓度只在纵向上分布，k 可以是 k_1、k_3 或 k_1+k_3。

12. AB【点评解析】本题主要考查湖泊、水库的环境水文特征。关键是要理解紊动混合的概念，由水流的脉动引起的质点分散称紊动扩散。对流混合是由于水流的推动使污染物的迁移随水流输移，故湖泊、水库的对流混合是由于湖、库水密度差异造成水流流动所致。

13. B【点评解析】本题实际考查水质零维模式计算。忽略 COD 综合衰减即为零维模式，排放口处河流初始 COD 浓度为：（$3.0\times10^4\times150$＋$9\times24\times60\times60\times25$）/（$3.0\times10^4$＋$9\times24\times60\times60$）＝29.6（mg/L）。

14. A【点评解析】本题实际考查 COD 水环境容量的简单计算。排放口下游 15 km 长河段还可利用的 COD 水环境容量为：

（3.0×10^4＋$9\times24\times60\times60$）$\times40\times10^{-6}$－（$2.0\times10^4\times220$＋$1.0\times10^4\times150$＋$9\times24\times60\times60\times25$）$\times10^{-6}$＝5.9（t/d）。

15. ABC【点评解析】本题主要考查 S-P 模式的适用条件。显而易见，关键是预测 BOD-DO，光合作用显著的河流才有 K_1。

16. ABCD【点评解析】本题主要考查采用两点法对河流进行耗氧系数 K_1 估值的方法。其关键是要得出河流流速 u，可从河段流量除以河段断面平均面积得到。另外，从其公式 $K_1=\dfrac{86\,400u}{\Delta x}\ln\dfrac{C_A}{C_B}$ 可以得知其他需要的数据。

17. BC【点评解析】本题主要考查耗氧系数 K_1 估值的方法。由于夏季温度高，应见下修正，$K_{1S}>K_{1W}$。其受水温影响，温度越高耗氧系数越大，其按温度修正式见 K_1、K_2 的温度校正。

$$K_{1或2(t)}=K_{1或2(20℃)}\cdot\theta^{(t-20)}$$

温度常数θ 的取值范围：对 K_1，θ=1.02～1.06，一般取 1.047；对 K_2，θ=1.015～1.047，一般取 1.024。

18. ABC【点评解析】本题主要考查出现热内边界层时的条件。离岸流正相反。出现热内边界层时，需要有水陆温度差异较大、陆地与大面积水域交界、向岸流，如海边、湖边在夜晚时会出现。

19. ABCD【点评解析】本题主要考查进行河流水环境影响预测需要确定的资料。重要知识点。考生务必理解记忆，在案例分析考试中经常出现。进行河流水环境影响预测，需要确定拟建项目的排污状况、受纳水体的水质状况、设计水文条件、边界条件（或初始条件）、河流参数等。

20. ABC【点评解析】本题主要考查生态项目环境影响预测分析中需关注的内容。需关注的内容无局地气候，在大型水库项目中才考虑。需关注的内容应包括集中供水水源地、洄游性鱼类、浮游生物等生态敏感对象。

21. AD【点评解析】本题主要考查河流一维稳态水质模型的适用条件。河流一维稳态水质模型可以用来预测稳定点源排放、在设计水文条件下的河流水质状况。非点源和非稳态为动态条件，均不适用。

22. ACD【点评解析】本题主要考查两点法进行耗氧系数 K_1 估值需要的参数。耗氧系数 K_1 与氨氮浓度不相关。需要监测 A、B 两点的 BOD 浓度、流速等，水温校正耗氧系数 K_1。

23. D【点评解析】本题主要考查均匀河段的流速（u）关系式。u 必须为常数，不然就无解析解了。

24. ABCD【点评解析】本题实际考查河流稳态水质模拟预测的条件。初始条件是对于动态模型的条件。稳态模型还需要水质边界条件。水质模型参数和边界条件（或初始条件）：在利用水质模型进行水质预测时，需要根据建模、验模的工作程序确定水质模型参数的数值。确定水质模型参数的方法有实验测定法、经验公式估算法、模型实测法、现场实测法等。对于稳态模型，需要确定预测计算的水动力、水质边界条件；对于动态模型或模拟瞬时排放、有限时段排放等，还需要确定初始条件。

25. BC【点评解析】本题主要考查河口一维水质稳态模型与河流一维水质稳态模型的差别。河口模型的自净能力、稀释能力均不可忽略。河口模型的纵向离散作用较强不可忽略，河口模型采用河段潮平均流量。

26. BD【点评解析】本题主要考查水力滞留时间的概念，实际考查水库、湖泊零维水质模型的参数。由于水库、湖泊的水量交换，一般均以水力停留时间来表述，考生最好理解。

27. AB【点评解析】本题实际考查断面平均流速的计算方法。由于是在已知河流设计枯水流量条件下，只能是计算方法；后两种是现场实测法。河流断面流速计算：

设计断面平均流速是指与设计流量相对应的断面平均流速，工作中计算断面平均流速时会碰见三种情况。

① 实测流量资料较多时，一般如果有 15～20 次或者更多的实测流量资料，就能绘制水位—流量、水位—面积，水位—流速关系曲线。而且当它们均呈单一曲线时，就可根据这组曲线由设计流量推求相应的断面平均流速。

② 由于实测流量资料较少或缺乏不能获得三条曲线时，可通过水力学公式计算。

③ 用公式计算。

28. AB 【点评解析】本题实际考查河流水体中污染物的对流和扩散混合。其主要取决于排放口的特性和河流流动状况，与污水特性无关。另外，从河流排污混合过程段的长度公式 $l=\dfrac{(0.4B-0.6a)Bu}{(0.058H+0.0065B)\sqrt{gHI}}$ 可知相关因素。

29. BCD【点评解析】本题实际考查对一维潮平均水质方程参数的理解。关键是要理解一维潮平均水质方程各参数的物理意义。光合反映在生物降解过程中，反映的有推移（U）、离散（E_x）、降解（K）等过程。

30. AB【点评解析】本题主要考查一维水质模型预测非持久性污染物事故排放需确定的基本参数。显然是降解系数和纵向离散系数。横向混合系数为二维参数，垂向混合系数为三维参数。

31. ACD【点评解析】本题主要考查两点法进行耗氧系数 K_1 估值需要的参数。显然，COD 浓度不需要。水温校正耗氧系数 K_1。

32. ABD【点评解析】本题实际考查影响有机污染物生物降解过程的直接因素。水体的紊动扩散能力虽然也影响有机污染物生物降解过程，但其主要是增加水体中溶解氧的含量，不是直接因素，而是间接因素。

33. AD【点评解析】本题实际考查对排放负荷与断面浓度线性响应关系的理解。由于污染物一级降解规律、二级降解规律不符合线性响应关系，只有污染物为难降解化学物质，降解系数为零的前提条件下才可以简单线性叠加。

34. BC【点评解析】本题实际考查一维水质模型预测持久性污染物事故排放的参数。显而易见，持久性污染物的降解系数为零，无垂向扩散系数。

35. ABCD【点评解析】本题实际考查 S-P 模型的参数。本题为高频考点，考生务必理解记忆。利用河流 BOD-DO 模型进行水质预测时，需要确定上游来水流量、废水排放量和 BOD_5 浓度，以及上游来水 BOD_5 浓度、上游来水 DO 浓度、BOD_5 耗氧系数、大气复氧系数。

36. BCD【点评解析】本题主要考查一维瞬时源动态模型需要选用的参数。显然，保守污染物不需要污染物降解系数。另外，关键需要流速 u。

37. BC【点评解析】本题主要考查河口一维潮平均水质模型不能忽略纵向离散项的原因。$K\bar{E}_x / U_f^2$ 通常称为 O'Connor 数，用 n 表示。在内陆河流，$n \approx 0 \sim 0.05$，在潮汐河流中，一般地，$n \approx 1.0$ 或更大。对于非保守性物质，完全混合的稀释度与 n 值有关；若 n=0.75，则 $c_0 = \frac{1}{2}\left(\frac{c_e Q_e}{Q_f}\right)$。在潮汐河流中，由潮区界向下至河口，纵向离散系数 $\bar{E}$ 是逐渐增大的，一般地，O'Connor 数也增大。

38. BCD【点评解析】本题主要考查排污口形成的混合区出现在排污口两侧的水体。由于山区河流是单向流，混合区不可能出现在排污口的两侧。

39. ABCD【点评解析】本题主要考查用一维稳态水质模型预测河流中氨氮浓度分布需要的基础数据。显然，全部都有，关键是用河流过水断面面积为了求流速。一维稳态水质模型应用条件和需要的基础数据包括：稳态，忽略纵向离散作用，一阶动力反应速率，河流无侧旁入流，河流横断面面积为常数，上游来流量，上游来流水质浓度，污水排放量，污染物排放浓度。

40. C【点评解析】本题主要考查对纵向离散系数 D_L 与横向混合系数 M_y 的理解。断面完全混合均匀长度主要取决于河宽、排污口位置、水深等，从河流排污混合过程段的长度公式可以得知。D_L 与 M_y 无比例关系，M_y 与垂向流速无关，与河流水深、流速以及河道不规则性有关。

41. AC【点评解析】本题主要考查对河流复氧系数 K_2 的理解。复氧系数 K_2 的单独估值方法通常采用经验公式法，其中常用的有欧一道公式、欧文斯等人经验式、丘吉尔经验式。从这些经验式的表达式中可以得出，复氧系数 K_2 和平均流速正相关，复氧系数 K_2 和平均水深负相关。复氧系数 K_2 与温度相关，与水面分子扩散系数不相关。

42. ABC【点评解析】本题主要考查一维潮平均水质解析模式的有关参数。当用一维潮平均水质解析模式预测非持久性污染物河口浓度分布，所需的数据及参数有潮平均流量和潮平均纵向离散系数，以及一阶衰减系数。横向混合系数是二维参数。

43. ABD【点评解析】本题主要考查污染源负荷与断面浓度的响应关系。根据题意计算得：方案 1，W_1 的 COD 浓度增量为 0.02×12.5=0.25（mg/L），W_2 的 COD 浓度增量为 0.01×25.0=0.25（mg/L），总增量为 0.5 mg/L，符合题意；方案 2，W_1 的 COD 浓度增量为 0.02×20.0＝0.4（mg/L），W_2 的 COD 浓度增量为 0.01×10.0＝0.1（mg/L），总增量为 0.5 mg/L，符合题意；方案 3，W_1 的 COD 浓度增量为 0.02×25.0=0.5（mg/L），W_2 的 COD 浓度增量为 0.01×1.0=0.01（mg/L），总增量为 0.51 mg/L，不符合题意；方案 4，W_1 的 COD 浓度增量为 0.02×4.0＝0.08（mg/L），W_2 的 COD 浓度

增量为 0.01×40.0＝0.4（mg/L），总增量为 0.48 mg/L，符合题意。故答案为 ABD。

44. ABCD【点评解析】本题主要考查地表水质模拟影响预测需确定的参数和条件。地表水模拟影响预测中需确定的参数和条件有：① 受纳水体的水质状况。按照评价工作等级要求和建设项目外排污水对受纳水体水质影响的特性，确定相应水期及环境水文条件下的水质状况及水质预测因子的背景浓度。② 拟预测的排污状况。一般分废水正常排放（或连续排放）和不正常排放（或瞬时排放、有限时段排放）两种情况进行预测。两种排放情况均需确定污染物排放源强以及排放位置和排放方式。③ 预测的设计水文条件。④ 水质模型参数和边界条件（或初始条件）。

45. BC【点评解析】本题主要考查河流溶解氧超标严重的问题。BOD_5 是指五日生物需氧量，因此在水中溶解氧超标的情况下，可削减该污染物。S-P 水质模型即为 BOD_5-DO 耦合模型。另外，由于 NH_4^+-N 的氧化，会造成水体中溶解氧浓度降低，导致水体发黑发臭，水质下降，对水生动植物的生存造成影响，也应削减氨氮。

46. ABC【点评解析】本题主要考查两点法估算河流的一阶降解系数公式的参数。若用两点法估算河流的一阶降解系数，根据公式，需要测定的基本数据包括：两断面的浓度、两断面的间距以及两断面之间的平均流速。关键是要知道运移时间 t。

47. BCD【点评解析】本题主要考查一维动态水质解析模式的基本参数。一维动态水质解析模式为：$c(x,t)=\dfrac{M}{2A_c(\pi D_L t)^{1/2}}\exp\left(-\dfrac{Kx}{u}\right)\exp\left(-\dfrac{(x-ut)^2}{4D_L t}\right)$ 。横向混合系数是二维模式的参数。河道过水断面积可以求河流流速。

48. ABC【点评解析】本题主要考查湖泊、水库蓄水量的变化。任一时刻湖泊、水库的水量平衡可写为下式：

$$W_{入}= W_{出}+W_{损}\pm \Delta W$$

式中：$W_{出}$——湖泊、水库的时段内出水量，包括出湖、库的地表径流与地下径流量与工农业及生活用水量等。

$W_{损}$——时段内湖泊、水库的水面蒸发与渗漏等损失总量。

49. ABD【点评解析】本题主要考查关于河口混合类型与纵向离散系数 D_L 关系的原理。河口垂向盐度梯度越大，形成盐水楔，与海水之间混合少，断面流速差异不大，D_L 较小。河口垂向盐度梯度很小时为充分混合河口，海水裹挟进入河水，减小下层流速，断面之间流速差异增大，D_L 增大。河口垂向盐度梯度中等时为部分混合河口，D_L 处于中间值。

50. AD【点评解析】本题主要考查对河流平面二维稳态水质模型的理解。河流平面二维稳态模式为：$C(x,y)=\dfrac{C_P Q_P}{H\sqrt{\pi M_y xu}}\exp\left(-\dfrac{uy^2}{4M_y x}\right)$。由于是二维模式，不考

虑垂向 Z 方向浓度差异，也不能区分表层、中层、底层，故视为测点垂向平均浓度。同时，在过水断面 Y 方向浓度是有差异的；如果是污水在河流中间排放，则 Y 方向浓度呈正态分布，可以求过水断面内最大浓度；如果是污水在河流岸边排放，则 Y 方向浓度呈半正态分布，过水断面内最大浓度即在下游岸边。

51. ABC【点评解析】本题主要考查采用河流一维稳态水质模型预测入河点源允许排放量的条件。一维稳态水质模型为 $c=c_0\exp(-k_1x/86\,400u)$，可知背景浓度（$c_0$）和水质模型参数（$u$、$k_1$）是一维稳态水质模型的基本参数，设计流量（$Q$）是排放量计算必需的参数。河道深度与模型参数无关。

52. ABC【点评解析】本题主要考查两点法实测的条件。由于是采用河流一维稳态模式，即 $K_1=\dfrac{86\,400u}{\Delta x}\ln\dfrac{C_A}{C_B}$，必须保持 u 恒定。两断面之间不能有支流汇入，否则改变了河流流量。

53. CD【点评解析】本题主要考查水污染影响分析及感潮河段的特性。由于入海河流在下游修建水库，河流段河水首先进入水库，再进入河口段；控制断面 X、Y 均达标，Y 断面对 Z 断面污染有直接贡献，因此，Y－Z 河段为有效河段。同时，河口断河水有上溯现象，还应控制 Z 断面下游污染源 COD 排放量。

第六章　地下水环境影响评价与防护

第一节　基本概念

一、单项选择题（每题的备选项中，只有一个最符合题意）

1. 由于大气降水使表层土壤中的污染物在短时间内以饱和状态渗流形式进入含水层，这种污染属于（　　）污染。（2008 年考题）

A. 间歇入流型　　B. 连续入渗型

C. 含水层间越流型　　D. 径流型

2. 地下水的入渗是以（　　）方式实现的。（2008 年考题）

A. 非饱和渗流　　B. 淋溶

C. 稳定渗流　　D. 水动力弥散

3. 降雨产流过程中的地下水入渗方式是（　　）。（2009 年考题）

A. 水动力弥散　　B. 淋溶

C. 稳定渗流　　D. 非饱和渗流

4. 污染物通过地下岩溶孔道进入含水层造成地下水污染，按污染途径判断该污染类型属于（　　）。（2010 年考题）

A. 间歇入渗型　　B. 连续入渗型

C. 径流型　　D. 含水层间越流型

5. 关于地下水含水层中渗透速度与实际流速之间关系说法正确的是（　　）。（2012 年考题）

A. 渗透速度等于实际速度　　B. 渗透速度小于实际流速

C. 渗透速度大于实际流速　　D. 渗透速度与实际流速无关

6. 下列关于含水层渗透系数 K 和介质粒径 d 之间的关系，说法正确的是（　　）。（2012 年考题）

A. d 越小，K 越大　　B. d 越大，K 越大

C. K 与 d 无关，与液体黏滞性相关　　D. K 与 d 相关，与液体黏滞性无关

7. 降雨初期的地下水入渗方式主要是（　　）。（2012 年考题）

A. 水动力弥散　　B. 淋溶

C. 稳定渗流　　D. 非饱和渗流

8. Ⅱ类一般工业固废填埋场的底部与潜水面之间的岩土层一般为（　　）。（2012 年考题）

A. 饱水带　　B. 非饱和带

C. 天然隔水层　　D. 人工合成材料防渗层

9. 潜水含水层较承压含水层易受污染的主要原因是（　　）。（2014 年考题）

A. 潜水循环慢

B. 潜水含水层的自净能力弱

C. 潜水含水层渗透性强

D. 潜水与外界联系密切

10. 关于含水层易污染特征的说法，正确的是（　　）。（2014 年考题）

A. 含水层介质颗粒越大，渗透性越差，含水层越易污染

B. 含水层介质颗粒越小，渗透性越好，含水层越易污染

C. 含水层介质颗粒越大，渗透性越好，含水层越不易污染

D. 含水层介质颗粒越小，渗透性越差，含水层越不易污染

11. 水文地质试验的目的是（　　）。（2014 年考题）

A. 获取水文资料　　B. 确定影响预测范围

C. 评价地下水质量　　D. 获取水文地质参数

12. 水动力弥散系数是反映一定流速下，某种污染物在多孔介质中（　　）的参数。（2014 年考题）

A. 弥散过程　　B. 弥散方向

C. 弥散能力　　D. 弥散速度

13. 符合 GB 18599—2001 标准要求的Ⅱ类一般工业固废填埋场底部第一岩（土）层应是（　　）。（2015 年考题）

A. 包气带岩（土）层　　B. 饱水带岩（土）层

C. 承压含水层　　D. 人工合成材料防渗层

14. 在同一地点，分别利用双环法试坑渗水实验 a 与直接试坑渗水实验 b 测定包气带土层垂向渗透系数。下列渗透流速 V 与时间 t 关系曲线正确的是（　　）。（2015 年考题）

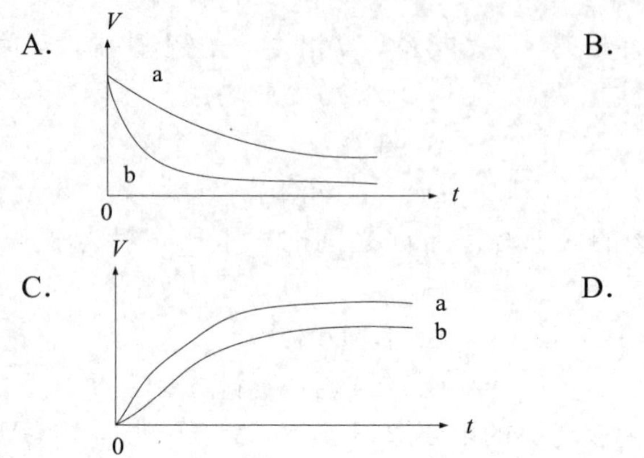

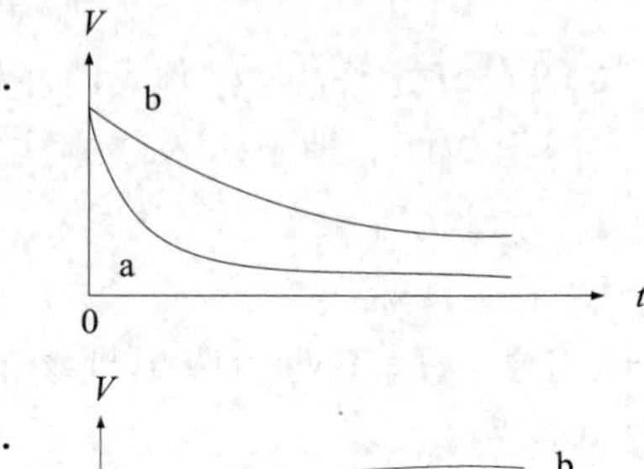

D.

V
b
a
0
t

15. 在潜水地下水位埋深小于毛细水最大上升高度范围内，关于潜水变动带的给水度与地下水位埋深关系，正确的是（　　）。（2015 年考题）

A. 地下水位埋深越浅，给水度愈小

B. 地下水位埋深越深，给水度越小

C. 地下水位埋深越浅，给水度愈大

D. 给水度与地下水位埋深无关

16. 当污水池底部渗漏，包气带中垂向水力坡度等于 1 时，下列关于包气带中污水垂向渗透速度 V 在数值上与垂向渗透系数 K 的关系，正确的是（　　）。（2015 年考题）

A. $V=1/K$　　　　B. $V=2K$

C. $V=K$　　　　D. $V=0.5K$

17. 下列关于含水层给水度μ和介质粒径 d 之间关系的说法，正确的是（　　）。（2015 年考题）

A. d 越小，μ越大　　　　B. d 越大，μ越大

C. μ与 d 无关，与液体黏滞性有关　　　　D. μ与 d 相关，与液体黏滞性无关

18. 下列关于含水层渗透系数 K 与含水层介质粒径 d 和不同水质之间关系的说法中，正确的是（　　）。（2016 年考题）

A. d 越小，K 越大　　　　B. d 越大，K 越大

C. K 与 d 无关，与水黏滞性相关　　　　D. K 与 d 相关，与水黏滞性无关

19. 在某地点利用双环法试坑进行渗水试验。下列渗透速度 V 与时间 t 关系曲线中，表达正确的是（　　）。（2016 年考题）

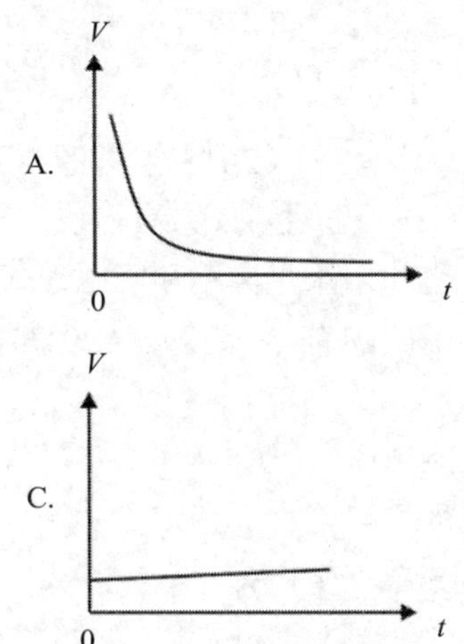

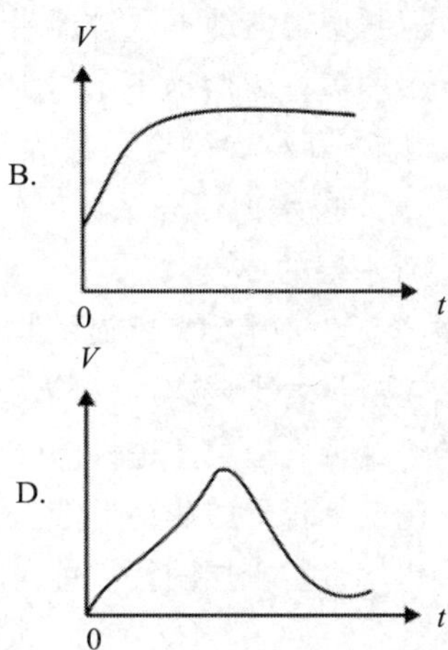

二、不定项选择题（每题的备选项中至少有一个符合题意）

1. 按照水力学特点分类，地下水污染途径大致可分为四种类型。污染物从上而下经包气带进入含水层的类型有（　　）。（2008 年、2011 年考题）

A. 间歇入渗型　　B. 连续入渗型

C. 径流型　　D. 含水层间越流型

2. 当污染物由上而下包气带进入含水层，其对地下水污染程度取决于包气带的（　　）。（2008 年考题）

A. 地质结构　　B. 岩性

C. 厚度　　D. 渗透性

3. 影响重金属污染物在包气带土层中迁移的主要因素包括（　　）。（2008 年考题）

A. 水的运移　　B. 重金属的特性

C. 土层岩性　　D. 含水层中水流速度

4. 岩土对污染物的机械过滤作用主要取决于（　　）。（2009 年考题）

A. 岩土层厚度　　B. 岩土的孔隙直径

C. 岩土颗粒的粒径和排列　　D. 污染物颗粒的粒径

5. 反映包气带防护性能的参数包括包气带（　　）。（2009 年考题）

A. 岩性　　B. 厚度

C. 渗透性　　D. 贮水系数

6. 岩溶地面塌陷多发生于（　　）。（2014 年考题）

A. 裸露型岩溶地下水主径流带

B. 浅覆盖型岩溶地下水主径流带

C. 裸露型岩溶地下水排泄带

D. 浅覆盖型岩溶地下水排泄带

7. 影响降雨入渗补给系数大小的因素有（　　）。(2015 年考题)

A. 含水层水力传导系数　　　　B. 地表植被覆盖程度

C. 含水层的厚度　　　　D. 降水量大小和降水形式

8. 关于天然气包气带防污性能的说法，正确的有（　　）。(2016 年考题)

A. 包气带岩土层越厚，防污性能越弱

B. 包气带岩土层渗透性能越强，防污性能越弱

C. 包气带岩土层防污性能与下伏含水层水位相关

D. 包气带岩土层防污性能与岩土层稳定分布程度相关

参考答案

一、单项选择题

1. A【点评解析】本题主要考查地下水污染途径的分类。考生务必理解记忆，为重要知识点、高频考点。地下水污染途径是多种多样的，大致可归为四类：① 间歇入渗型。大气降水或其他灌溉水使污染物随水通过非饱水带，周期性地渗入含水层，主要污染对象是潜水。固体废物在淋滤作用下，淋滤液下渗引起的地下水污染，也属此类。② 连续入渗型。污染物随水不断地渗入含水层，主要也是污染潜水。废水渠、废水池、废水渗井等和受污染的地表水体连续渗漏造成地下水污染，即属此类。③ 越流型。污染物是通过越流的方式从已受污染的含水层（或天然咸水层）转移到未受污染的含水层（或天然淡水层）。污染物或者是通过整个层间，或者是通过地层尖灭的天窗，或者是通过破损的井管，污染潜水和承压水。地下水的开采改变了越流方向，使已受污染的潜水进入未受污染的承压水，即属此类。④ 径流型。污染物通过地下径流进入含水层，污染潜水或承压水。污染物通过地下岩溶孔道进入含水层，即属此类。

2. A【点评解析】本题主要考查地下水污染途经的过程。考生务必理解记忆，为重要知识点、高频考点。其必须通过包气带入渗，一定是非饱和渗流。降雨产流过程主要在包气带，包气带中的毛细水和结合水运动，主要受毛细管力和骨架吸引力的控制，属非饱和渗流。

3. D【点评解析】本题主要考查降雨产流过程中的地下水入渗方式。其必须通过包气带入渗，一定是非饱和渗流。降雨产流过程主要在包气带，包气带中的毛细水和结合水运动，主要受毛细管力和骨架吸引力的控制，属非饱和渗流。

4. C【点评解析】本题主要考查地下水污染途径的分类。考生务必理解记忆，为重要知识点、高频考点。该知识点已考过多次。见第 1 题说明。

5. B【点评解析】本题实际考查地下水含水层中渗透速度与实际流速之间关系。必须注意，渗透速度 v 不是孔隙中单个水质点的实际流速。它是在流量相同而过水断面全部被水充满状况下的平均流速，而实际的断面中充填着无数的砂粒，水流仅从砂粒的孔隙断面中通过。设 u 为通过孔隙断面的水质点的实际平均流速，n 为岩土的孔隙度，则：$u=\frac{v}{n}$，因此，地下水的实际流速 u 大于渗流速度 v。

6. B【点评解析】本题实际考查含水层渗透系数 K 和介质粒径 d 之间的关系。d 越大，K 越大。由达西定律可知：当水力坡度 i=1 时，则 v=K，即渗透系数在数值上等于渗流速度。由于水力坡度是无量纲的，因此 K 值具有和 v 相同的单位，一般用 m/d 或 cm/s 等单位。

渗透系数是表征含水介质透水性能的重要参数，K 值的大小一方面取决于介质的性质，如粒度成分、颗粒排列等，粒径越大，渗透系数 K 值也就越大；另一方面还与流体的物理性质如流体的黏滞性有关。不过，实际工作中，由于不同地区地下水的黏性差别并不大，在研究地下水流动规律时，常常可以忽略地下水的黏性，即认为渗透系数只与含水层介质的性质有关，使得问题简单化。

7. D【点评解析】本题主要考查降雨初期的地下水入渗方式。必须通过包气带入渗，一定是非饱和渗流。

8. B【点评解析】本题实际考查地下水的基本知识。潜水面之上均为非饱和带，Ⅱ类一般工业固废填埋场的底部与潜水面之间的岩土层一般为非饱和带，考生务必理解。

9. D【点评解析】本题主要考查潜水含水层和承压含水层的差别。由于上部受到隔水层或弱透水层的隔离，承压水与大气圈、地表水圈的联系较差，水循环也缓慢得多。因此，承压水不像潜水那样容易污染，但是一旦污染后很难使其净化。所以，潜水含水层较承压含水层易受污染的主要原因是潜水与外界联系更密切，直接接受大气降雨及受地表污水入渗污染。

10. D【点评解析】本题主要考查含水层易污染特征。一般来说，含水层中介质颗粒越大、裂隙或溶隙越多，渗透性越好，污染物的衰减能力越低，防污性能越差。反之亦然。

11. A【点评解析】本题主要考查水文地质试验的目的。环境水文地质试验是地下水环境现状调查中不可缺少的重要手段，许多水文地质资料皆需通过环境水文地质试验才能获得。因此，水文地质试验的目的是获取水文资料。获取水文地质参数只是其中一项，例如抽水试验。

12. C【点评解析】本题主要考查水动力弥散系数的概念。水动力弥散系数是表征在一定流速下，多孔介质对某种污染物质弥散能力的参数，它在宏观上反映了多孔介质中地下水流动过程和空隙结构特征对溶质运移过程的影响。

13. A【点评解析】本题主要考查包气带岩（土）层的概念。填埋场底部防渗材料之下，接着就是压实黏土层，所以为包气带。另外，Ⅱ类一般工业固废填埋场底部与含水层有一定的距离要求（1.5 m 以上）。

14. B【点评解析】本题主要考查双环法试坑渗水实验的原理。通过双环渗水实验，弥补由于侧向渗漏导致测定的 K 偏大的弊端。所以同样时间下 a 的流速要小，应该在下面。随工作时间延长，速度下降。

15. A【点评解析】本题主要考查给水度与地下水位埋深关系。潜水位在毛细管水上升高度范围内，土中除保持结合水、孔角毛细管水、悬挂毛细管水外，而且还有毛细管上升水，即土层在重力水疏干过程结束后，实际持水量大于其最大的田间持水量。所以，地下水埋深愈浅，保持在其中的毛细管上升水量多，则给水度愈小；当地下水埋深等于或大于毛细管水最大上升高度后，毛细管上升水才不影响给水度的大小，其值才趋于稳定。

16. C【点评解析】本题主要考查垂向渗透速度 V 在数值上与垂向渗透系数 K 的关系。$V=K\times I$，$I=1$，$V=K$。

17. B【点评解析】本题主要考查含水层给水度 μ 和介质粒径 d 之间关系。岩土颗粒从两个方面影响给水度，一是吸附的水量不同，颗粒小的吸附水量多，相应的给水度就小，颗粒粗的吸附水量少，给水度则大；二是颗粒大小、级配及分选程度决定了空隙大小，级配愈不均匀，给水度就愈小，反之，级配均匀，给水度愈大。黏滞性大的给水性弱；黏滞性小的给水性强。

18. B【点评解析】本题主要考查含水层渗透系数 K 和介质粒径 d 之间的关系。渗透系数是表征含水介质透水性能的重要参数，K 值的大小一方面取决于介质的性质，如粒度成分、颗粒排列等，粒径越大，渗透系数 K 值也就越大；另一方面还与流体的物理性质如流体的黏滞性有关。不过，实际工作中，由于不同地区地下水的黏性差别并不大，在研究地下水流动规律时，常常可以忽略地下水的黏性，即认为渗透系数只与含水层介质的性质有关，使得问题简单化。

19. A【点评解析】本题主要考查双环法渗水试验中渗透速度 V 与时间 t 关系曲线。渗透速度 V 从大到小，是因为开始包气带土壤为非饱和状态，非饱和的包气带需要浸润和具有持水能力，故初期的渗水量大于后期稳定状态的渗水量。

二、不定项选择题

1. AB【点评解析】本题主要考查地下水污染途径的类型。间歇入渗型和连续入渗型都是污染潜水，潜水之上为包气带，即污染物从上而下经包气带进入含水层的类型。地下水污染途径是多种多样的，大致可归为四类：间歇入渗型、连续入渗型、越流型、径流型。

2. ABCD【点评解析】本题主要考查包气带的防护性能。污染物质能否进入含水层取决于地质、水文地质条件。显然，承压含水层由于上部有隔水顶板，只要污染源不分布在补给区，就不会污染地下水。如果承压含水层的顶板为厚度不大的弱透水层，污染物则有可能通过顶板进入含水层。潜水含水层到处都可以接受补给，污染的危险性取决于包气带的岩性与厚度。包气带中的细小颗粒可以滤去或吸附某些污染物质。土壤中的微生物则能将许多有机物分解为无害的产物（如 H_2O、CO_2 等）。因此，颗粒细小且厚度较大的包气带构成良好的天然净水器。粗颗粒的砾石过滤净化作用弱。裂隙岩层也缺乏过滤净化能力。岩溶含水层通道宽大，很容易遭受污染。因此，其对地下水污染程度也取决于包气带的地质结构和渗透性。

3. BC【点评解析】本题主要考查重金属污染物在包气带土层中迁移的主要因素。显而易见，无非内外因素。A、D 两项是在含水层中迁移。影响重金属污染物在包气带土层中迁移的主要因素包括重金属的特性和土层岩性。

4. ABCD【点评解析】本题实际考查岩土对污染物的机械过滤作用的主要因素。考生务必理解，机械过滤作用指污染物经过包气带和含水层介质过程中，一些颗粒较大的物质团因不能通过介质空隙，而被阻挡在介质中的现象。如一些悬浮的污染物经过砂层时，会被砂层过滤。机械过滤作用只能使污染物部分停留在介质中，而不能从根本上消除污染物。因此，岩土对污染物的机械过滤作用主要取决于岩土层厚度、岩土的孔隙直径、岩土颗粒的粒径和排列以及污染物颗粒的粒径。

5. ABC【点评解析】本题实际考查包气带防护性能的参数。贮水系数是含水层的参数，考生务必理解记忆。包气带防护性能评价：在地下水环境影响评价过程中，按照包气带的岩性、厚度和渗透系数，结合建设项目的污染物排放的连续性，确定包气带的防护性能级别。包气带的防护性能分为弱、中、强三类，分类标准见下表。

包气带的防污性能分类标准

分类	包气带岩土的渗透性能
弱	黏性土单层厚度 $Mb<1.0$ m 或包气带岩层饱和渗透系数 $K>10^{-4}$cm/s，并且建设项目场地和废水排放区域内黏性土层不连续
中	黏性土单层厚度 1.0 m$\leq Mb\leq$2.0 m，并且包气带岩层饱和渗透系数 10^{-7}cm/s$\leq K\leq 10^{-4}$cm/s，同时建设项目场地和废水排放区域黏性土层分布较连续
强	黏性土单层厚度 $Mb>2.0$ m，并且包气带岩层饱和渗透系数 $K<10^{-7}$cm/s，同时在建设项目场地和废水排放区域黏性土层分布连续、稳定

6. ABCD【点评解析】本题主要考查岩溶地面塌陷的发生机制。大量塌陷事件表明，岩溶塌陷主要发生在覆盖型岩溶和裸露型岩溶分布区，部分发育在埋藏型岩溶分布区。地下水的流动及其水动力条件的改变是岩溶塌陷形成的最重要动力因素，地下水径流集中和强烈的地带，最易产生塌陷，这些地带有：① 岩溶地下水的主径流带；② 岩溶地下水的（集中）排泄带；③ 地下水位埋藏浅、变幅大的地带（地段）；④ 地下水位在基岩面上下频繁波动的地段；⑤ 双层（上为孔隙、下为岩溶）含水介质分布的地段，或地下水位急剧变化的地段；⑥ 地下水与地表水转移密切的地段。

7. BD【点评解析】本题主要考查影响降雨入渗补给系数大小的因素。降水入渗补给系数α是指降水渗入量与降水总量的比值，α值的大小取决于地表土层的岩性和土层结构、地形坡度、植被覆盖以及降水量的大小和降水形式等，一般情况下，地表土层的岩性对α值的影响最显著。在地面和潜水面中间隔着一个包气带，入渗的水必须在包气带中向下运移才能到达潜水面，所以与含水层无关。

8. BD【点评解析】本题主要考查对天然气包气带防污性能的理解。在地下水环境影响评价过程中，按照包气带的岩性、厚度和渗透系数，结合建设项目的污染物排放的连续性，确定包气带的防污性能。包气带岩土层越厚，防污性能应越强。包气带岩土层防污性能与下伏含水层水位无关，只与包气带本身特性有关。

第二节 预测及措施

一、单项选择题（每题的备选项中，只有一个最符合题意）

1. 为预防拟建项目对地下水的污染，环境影响评价中应优先进行的是（　　）。（2008 年考题）

A. 合理选址　　B. 划定饮用水源保护区

C. 基础防渗　　D. 优化生产工艺

2. 地下水影响半径（R）计算公式 $R=2S\sqrt{HK}$ 中，H 代表的物理意义是（　　）。（2014 年考题）

A. 地下水水位降深　　B. 潜水含水层厚度

C. 承压含水层厚度　　D. 地表水距抽水井的距离

3. 地下水量均衡法适用于（　　）。（2014 年考题）

A. Ⅰ类建设项目对地下水污染的预测评价

B. Ⅱ类建设项目对地下水水位的预测评价

C. Ⅲ类建设项目对地下水污染的预测评价

D. Ⅰ类和Ⅱ类建设项目对地下水污染及地下水水位的预测评价

4. 按照越流系数的概念，1 m 厚渗透系数为 10^{-7}cm/s 黏土相当于（　　）。（2014 年考题）

A. 1 mm 厚渗透系数为 10^{-10}cm/s HDPE 膜

B. 1 mm 厚渗透系数为 10^{-9}cm/s HDPE 膜

C. 1 mm 厚渗透系数为 10^{-8}cm/s HDPE 膜

D. 1 mm 厚渗透系数为 10^{-7}cm/s HDPE 膜

5. 某河渠长 1 000 m，两侧与浅层地下水联系密切且补给地下水，已知潜水含水层渗透系数 100 m/d，地下水水力坡度 0.5%，水力坡度取值段含水层平均厚度 4 m，则该河渠对地下水的渗漏补给量是（　　）。（2015 年考题）

A. 1 000 m^3/d　　B. 2 000 m^3/d

C. 3 000 m^3/d　　D. 4 000 m^3/d

6. 某污水池发生渗漏，其地下水下游 480 m 处有潜水含水层取水井。该取水井含水层渗透系数 120 m/d，有效孔隙度为 40%，水力坡度为 0.5%。预测污水渗漏进含水层后，水平运移到达取水井的时间是（　　）。（2015 年考题）

A. 4 天　　B. 192 天

C. 320 天　　D. 600 天

7. 某柴油罐发生爆炸，假定油品瞬时进入水力梯度为 0.1%的含水层，引起地下水污染，下列关于含水层污染羽演化特征的说法，正确的是（　　）。（2015 年考题）

A. 污染羽范围扩展，浓度场中心向下游迁移

B. 污染羽范围扩展，浓度场中心位置不变

C. 污染羽范围不变，浓度场中心位置不变

D. 污染羽范围不变，浓度场中心位置变小

8. 下列关于达西定律适用条件的说法，正确的是（　　）。（2015 年考题）

A. 达西定律适用于紊流

B. 达西定律适用于雷诺数小于 10 的层流

C. 达西定律适用于雷诺数小于 100 的层流

D. 达西定律适用于雷诺数小于 1 000 的层流

9. 某地下水水流数值模拟区以导水性强的断层为边界，模拟区边界内含水层导水性较强，边界外含水层导水性较弱。关于该断层的边界条件概化，正确的是（　　）。（2015 年考题）

A. 定水头边界　　B. 隔水边界

C. 流量边界　　D. 断层边界

10. 某污水池下游 300 m 处有潜水监测井，该潜水含水层渗透系数为 100 m/d，有效孔隙度为 25%，水力坡度为 0.5%。若污水池发生泄漏，污水进入含水层后水平运移到达监测井处的时间约为（　　）。（2016 年考题）

A. 3 天　　B. 150 天

C. 300 天　　D. 600 天

11. 某垃圾填埋场下游有潜水监测井中检出特征污染物。假定潜水含水层为一维稳定流，则关于特征污染物运移源强类型为（　　）。（2016 年考题）

A. 连续点源　　B. 瞬时一连续点源

C. 瞬时点源　　D. 混合源

12. 某项目区基岩为碳酸岩，岩溶暗河系统十分发育，水文地质条件较复杂，地下水评价等级为一级。下列地下水流模拟预测方法选择中，正确的是（　　）。（2016 年考题）

A. 概化为等效多孔介质，优先采用数值法

B. 概化为等效多孔介质，优先采用解析法

C. 概化为地表河流系统，优先采用数值法

D. 概化为地表河流系统，优先采用解析法

二、不定项选择题（每题的备选项中至少有一个符合题意）

1. 对于一个选址符合环保要求的拟建垃圾填埋场，控制和预防地下水污染的措施包括（　　）。（2008 年考题）

A. 防渗工程　　B. 渗滤液输导、处理工程

C. 雨水截流工程　　D. 渗滤液系统监测系统

2. 为分析拟建项目对地下潜水层的污染，应关注（　　）。（2009 年考题）

A. 污染途径　　B. 选址合理性

C. 包气带特性　　D. 防渗措施

3. 确定地下水水位影响半径的方法有（　　）。（2012 年考题）

A. 公式计算法　　B. 经验数值法

C. 卫星遥感法　　D. 图解法

4. 地下水环境影响预测重点区有（　　）。（2012 年考题）

A. 已有、拟建和规划的地下水供水水源区

B. 固体废物堆放处的地下水下游区

C. 湿地退化、土壤盐渍化区

D. 污水存储池（库）区

5. 下列能运用解析法进行地下水环境影响预测评价的条件有（　　）。（2013 年

考题）

A. 无限边界条件　　B. 均质性的承压含水层

C. 均质性的潜水含水层　　D. 不规则的边界条件

6. 下列地下水环境影响预测方法中，适用于Ⅱ类建设项目的有（　　）。（2014年考题）

A. 地下水量均衡法　　B. 大井法

C. 地下水溶质运移解析法　　D. 地下水流解析法

7. 在地下水环境影响评价中，下列确定污水池及管道正常状况泄漏源强的方法，正确的有（　　）。（2016 年考题）

A. 按湿周面积 5%确定

B. 不产生泄漏，无须确定

C. 按《给水排水管道工程施工及验收规范》（GB 50268）确定

D. 按《给水排水构筑物工程施工及验收规范》（GB 50141）确定

参考答案

一、单项选择题

1. A【点评解析】本题主要考查预防拟建项目对地下水污染的措施。应优先考虑的是合理选址，其次是优化生产工艺，然后是基础防渗。环保措施均应遵循“先避后控”的顺序。

2. B【点评解析】本题主要考查地下水影响半径（R）计算公式中各参数的物理意义。H 代表潜水含水层厚度，S 代表水位降深，K 代表含水层渗透系数。承压含水层的影响半径（R）与含水层厚度无关。

3. B【点评解析】本题主要考查地下水量均衡法适用范围。水量均衡法应用范围十分广泛，是Ⅱ类项目（如矿井涌水量，矿床开发对区域地下水资源的影响等）的地下水评价与预测中最常用、最基本的方法。

4. A【点评解析】本题主要考查越流系数概念的应用。越流系数表示当抽水含水层和供给越流的非抽水含水层之间的水头差为一个单位时，单位时间内通过两含水层之间弱透水层的单位面积的水量。由 1 m= 10^3 mm 可得，1 m 厚渗透系数为 10^{-7}cm/s 黏土相当于 1 mm 厚渗透系数为 10^{-10}cm/s HDPE 膜。厚度与渗透系数成反比关系。

5. D【点评解析】本题主要考查河渠对地下水渗漏补给量的计算。$Q=2\times K\times L\times I\times h=2\times100\times1\,000\times0.5\%\times4=4\,000$ m^3/d。关键是不要忘了河渠两侧补给地

下水，需要乘以 2。

6. C【点评解析】本题主要考查地下水运移的概念。$V=K\times i=120\times0.05\%=0.630$ m/d；实际流速 $u=v/40\%=1.5$ m/d；$t=L/u=480/1.5=320$ d。

7. A【点评解析】本题主要考查含水层污染羽的演化特征。瞬时污染，污染羽的浓度中心必然向下游迁移，边运移边扩散，污染羽范围扩展，污染源浓度逐渐变小。

8. B【点评解析】本题主要考查达西定律的适用条件。达西定律适用于层流状态的水流，而且要求流速比较小（常用雷诺数 $Re<10$ 表示），当地下水流呈紊流状态，或即使是层流，但雷诺数较大，已超出达西定律适范围时，渗透速度 v 与水力坡度 i 就不再是一次方的关系，而变成非线性关系。

9. C【点评解析】本题主要考查地下水水流数值模拟区边界条件的概化。如果断裂本身导水，计算区内为强含水层，区外为弱含水层，则形成流量边界。只有当地表水与含水层有密切的水力联系，经动态观测证明有统一的水位，地表水对含水层有很强的补给能力，降落漏斗不可能超越此边界线时，才可以确定为定水位边界；如果断层本身是不透水的，或断层的另一侧是隔水层，则构成隔水边界。断层边界不是概化的边界条件。

10. B【点评解析】本题主要考查地下水运移的概念。渗透流速 $V=K\times i=100\times0.5\%=0.5$ m/d；实际流速 $u=v/25\%=2$ m/d；$t=L/u=300/2=150$（天）。

11. A【点评解析】本题主要考查对一维弥散解析法的理解。由于下游有潜水监测井中连续检出特征污染物，故源强类型为连续点源。

12. D【点评解析】本题主要考查地下水流模拟预测方法的选择。预测方法的选取应根据建设项目工程特征、水文地质条件及资料掌握程度来确定，当数值方法不适用时，可用解析法或其他方法预测。一般情况下，一级评价应采用数值法，不宜概化为等效多孔介质的地区除外。数值法不适用于管道流（如岩溶暗河系统等）的模拟评价。

二、不定项选择题

1. ABCD【点评解析】本题实际考查拟建垃圾填埋场控制和预防地下水污染的措施。高频考点，考生务必理解记忆，案例分析考试中经常涉及。拟建垃圾填埋场控制和预防地下水污染的主要措施包括雨水载流工程、渗滤液输导处理工程、防渗工程、渗滤液系统监测系统等。

2. ABCD【点评解析】本题实际考查分析拟建项目对地下潜水层的污染应关注的内容。一般分析拟建项目对地下水的污染，从污染源、污染途径、污染对象三方面着手，并重点关注选址合理性、防渗措施等内容。对地下潜水层的污染还应关注包气带特性（防渗性能）。

3. ABD【点评解析】本题主要考查确定地下水水位影响半径的方法。地下水位变化区域半径的确定：① 影响半径的计算公式；② 影响半径的经验数值；③ 图解法确定影响半径；④ 引用半径（r_0）与引用影响半径（R_0）。卫星遥感法是生态环境现状调查方法。

4. ABC【点评解析】本题主要考查地下水环境影响预测重点区。污水存储池（库）区是污染源所在区域，不是影响预测重点区，应是该处的地下水下游区。地下水环境影响预测范围的确定：

（1）地下水环境影响预测的范围可与现状调查范围相同，但应包括保护目标和环境影响的敏感区域，必要时扩展至完整的水文地质单元，以及可能与建设项目所在的水文地质单元存在直接补排关系的区域。

（2）预测重点应包括：

a）已有、拟建和规划的地下水供水水源区。

b）主要污水排放口和固体废物堆放处的地下水下游区域。

c）地下水环境影响的敏感区域（如重要湿地、与地下水相关的自然保护区和地质遗迹等）。

d）可能出现环境水文地质问题的主要区域。

e）其他需要重点保护的区域。

5. ABC【点评解析】本题主要考查运用解析法进行地下水环境影响预测评价的条件。不规则的边界条件不能满足此条件，只能用数值法。一般采用解析模型预测污染物在含水层中的扩散时，一般应满足以下条件：a）污染物的排放对地下水流场没有明显的影响。b）预测区内含水层的基本参数（如渗透系数、有效孔隙度等）不变或变化很小。即无限边界条件、均质性的承压含水层、均质性的潜水含水层等。

6. AD【点评解析】本题主要考查地下水环境影响预测方法的分类。Ⅱ类建设项目的地下水环境影响预测方法包括地下水量均衡法、地下水流解析法和数值法。大井法用于预测矿坑涌水量及引水建筑涌水量。地下水溶质运移解析法是水质预测方法，适用于Ⅰ类建设项目。

7. CD【点评解析】本题主要考查确定污水池及管道正常状况泄漏源强的方法。污水处理设施中渗漏量计算中，管渠按《给水排水管道工程施工及验收规范》（GB 50268）确定；水池按《给水排水构筑物工程施工及验收规范》（GB 50141）确定。

第七章　声环境影响预测与评价

一、单项选择题（每题的备选项中，只有一个最符合题意）

1. 在以下公式中，（　　）是计算无限长线声源的几何发散衰减量 ΔL 的公式。（2005 年考题）

A. $\Delta L=a(r-r_0)/100$　　B. $\Delta L=-10\lg[1/(3+20N_1)]$

C. $\Delta L=5\lg(r/r_0)$　　D. $\Delta L=10\lg(r/r_0)$

某冷却塔位于城市的区域环境噪声 2 类区域，现测的距离塔 5 m 处的昼、夜噪声级别分为 72 dB 和 68 dB，距离冷却塔 20 m 处有一居民楼。

2. 距离该塔 5 m 至 20 m 处间的几何发散衰弱量为（　　）。（2005 年考题）

A. 10 dB　　B. 12 dB　　C. 14 dB　　D. 16 dB

3. 根据第 2 题的结果，预测 20 m 处的居民楼的昼间 A 声级为（　　）。（2005 年考题）

A. 58 dB　　B. 60 dB　　C. 54 dB　　D. 62 dB

4. 根据第 2 题的结果，预测 20 m 处的居民楼夜间 A 声级为（　　）。（2005 年考题）

A. 58 dB　　B. 56 dB　　C. 54 dB　　D. 52 dB

5. 由第 3 题、第 4 题的预测结果表明：20 m 处居民楼声环境（　　）相应功能区标准（昼间 60 dB，夜间 50 dB）。（2005 年考题）

A. 昼夜均符合　　B. 昼夜均不符合

C. 昼夜符合夜间不符合　　D. 夜间符合但昼间不符合

6. 在泵房设备运行时，某住宅小区户外环境监测点环境噪声级为 67 dB。当泵房设备停止运行时，环境背景噪声为 60 dB。经计算，该测点的泵房设备运行噪声值为（　　）。（2006 年考题）

A. 60 dB　　B. 62 dB　　C. 64 dB　　D. 66 dB

7. 距某无限长线声源 7.5 m 处噪声级为 71 dB。若为自由声场，衰减至距声源 120 m 处某学校教室外噪声级为（　　）。（2006 年考题）

A. 18 dB　　B. 54 dB

C. 59 dB　　　　D. 62 dB

8. 在无限长线声源随距离衰减公式 $\Delta L = 10\lg\frac{r_1}{r_2}$ 中，r_1 代表的意义是（　　）。（2006 年考题）

A. 线声源的有效长度　　　　B. 测点到线声源的距离

C. 受声点到线声源的距离　　　　D. 受声点有效直径

9. 某噪声源可视为点声源，在距声源 5 m 处测量噪声级为 75 dB。若为自由声场衰减，噪声达到 57 dB 的距离为（　　）。（2006 年考题）

A. 10 m　　　　B. 20 m

C. 40 m　　　　D. 80 m

10. 某建筑工地采用振捣棒作业时，距声源 5 m 处的噪声级为 84 dB，距作业点 40 m 处住宅楼户外环境噪声为 67 dB。当振动棒不作业时，该住宅楼外环境背景噪声是（　　）。（2007 年考题）

A. 55 dB　　B. 60 dB　　C. 63 dB　　D. 66 dB

11. 无限长线声源 10 m 处噪声级为 82 dB，在自由空间传播约至（　　）处噪声级可衰减为 70 dB。（2007 年考题）

A. 40 m　　B. 80 m　　C. 120 m　　D. 160 m

12. 若已知室内各声源在室内产生的总声压级为 L_1（设室内近似为扩散声场），隔墙（或窗户）的传输损失为 TL，则室外的声压级 L_2 为（　　）。（2007 年考题）

A. L_1−TL　　　　B. L_1−TL−6

C. L_1−TL−8　　　　D. L_1−TL+6

13. 公路项目环境影响评价的噪声防治措施中，应优选考虑（　　）。（2008 年考题）

A. 声源控制　　　　B. 声屏障

C. 线路与敏感目标的合理距离　　　　D. 个人防护

14. 噪声在传播过程中产生的几何发散衰减与声波的（　　）有关。（2008 年考题）

A. 周期　　　　B. 频率

C. 传播距离　　　　D. 波长

15. 在一开阔硬质地面上作业的大型挖掘机声功率级为 95 dB，在只考虑几何发散衰减并忽略背景噪声情况下，利用点声源模式计算距挖掘机 50 m 处噪声级为（　　）。（2008 年考题）

A. 70 dB　　　　B. 67 dB

C. 53 dB D. 50 dB

16. 已知某车间（近似扩散声场）窗户的传输损失 TL 为 20 dB，靠近窗户的室内声级为 85 dB，则关窗时靠近窗户的室外声级为（ ）。（2008 年考题）

A. 59 dB B. 65 dB

C. 71 dB D. 75 dB

17. 点声源 A、B、C 在某一预测点处的噪声叠加值为 75 dB，其中 A、B 两声源对预测点产生的噪声值分别为 61 dB 和 67 dB，则 C 声源对预测点产生的噪声值为（ ）。（2008 年考题）

A. 71 dB B. 72 dB

C. 73 dB D. 74 dB

18. 某平直公路段长 5 km，路宽 7 m，距中心线 15 m 处噪声为 64 dB，不考虑背景噪声情况下，距公路中心线 30 m 处噪声为（ ）。（2008 年考题）

A. 55 dB B. 57 dB

C. 59 dB D. 61 dB

19. 位于自由空间的点声源 A 声功率级为 85 dB，在仅考虑几何发散衰减时，距声源 10 m 处的 A 声级为（ ）。（2008 年考题）

A. 85 dB B. 65 dB

C. 57 dB D. 54 dB

20. 距某一线声源 r 处的声级为 50 dB，$2r$ 处的声级为 47 dB，在 r 至 $2r$ 距离范围内该线声源可视作（ ）。（2009 年考题）

A. 点声源 B. 面声源

C. 有限长线声源 D. 无限长线声源

21. 某车间一窗户面积为 20 m^2，已知室内靠近窗户处的声压级为 90 dB，靠近窗户处的室内和室外声压级差为 15 dB，等效室外声源的声功率级应为（ ）。（2009 年考题）

A. 28 dB B. 75 dB

C. 88 dB D. 103 dB

22. 某学校宿舍距高速公路中心线 25 m，预测的夜间声级为 62 dB（A），为满足 2 类区夜间标准，拟在高速公路边缘设置声屏障，声屏障的实际降噪效果至少大于（ ）。（2009 年考题）

A. 22 dB（A） B. 17 dB（A）

C. 12 dB（A） D. 7 dB（A）

23. 某工程室外声源有引风机排气口，室内声源有球磨机、水泵，在未采取治理措施前，风机排气、球磨机、水泵在预测点的噪声贡献值分别为 60 dB（A）、

42 dB（A）、42 dB（A），要使预测点声级满足 55 dB（A）标准要求，采取的噪声控制措施为（ ）。（2009 年考题）

A. 引风机排气口加消声器 B. 引风机加隔声罩

C. 球磨机加隔声罩 D. 水泵加隔声罩

24. 某水泵外形最大尺寸为 2 m，若利用点声源公式预测远距离声级，源强测点距水泵中心的最小距离应为（ ）。（2010 年考题）

A. 1 m B. 2 m

C. 4 m D. 8 m

25. 某炼油厂有一露天泵站，共有 50 台油泵，型号基本相似，呈线性排列，长 60 m。在该泵站垂直平分线上，距中心 5 m 处的声级为 80 dB（A），10 m 处声级为（ ）。（2010 年考题）

A. 74.0 dB（A） B. 75.5 dB（A）

C. 77.0 dB（A） D. 78.5 dB（A）

26. 现有工程检修期间，某敏感点环境噪声背景值为 50 dB（A），现有工程和扩建工程声源对敏感点的贡献值分别为 50 dB（A）、53 dB（A），该敏感点的预测值为（ ）。（2010 年考题）

A. 56 dB（A） B. 53 dB（A）

C. 51 dB（A） D. 50 dB（A）

27. 某预测点与直径 3 m 的风机相距 20 m，风机噪声声功率级为 90 dB（A）。假设风机位于半自由空间，在仅考虑几何发散衰减时，预测点处声级为（ ）。（2011 年考题）

A. 50 dB（A） B. 53 dB（A）

C. 56 dB（A） D. 64 dB（A）

28. 室内靠近侧墙处，频率为 1 000 Hz 声波的声压级为 85 dB，室内声场近似为扩散声场。为使该频率声波室外压级为 55 dB，侧墙的隔声量 TL 应为（ ）。（2011 年考题）

A. 18 dB B. 24 dB

C. 30 dB D. 36 dB

29. 某工厂正常生产时东厂界处实测声级为 63.0 dB（A），停止生产时东厂界处实测声级为 60.0 dB（A）。则该工厂在东厂界处排放的环境噪声为（ ）。（2011 年考题）

A. 60.0 dB（A） B. 63.0 dB（A）

C. 61.5 dB（A） D. 64.8 dB（A）

30. 某公路大、中、小型车对甲敏感目标的噪声贡献值分别为 60.0 dB（A）、

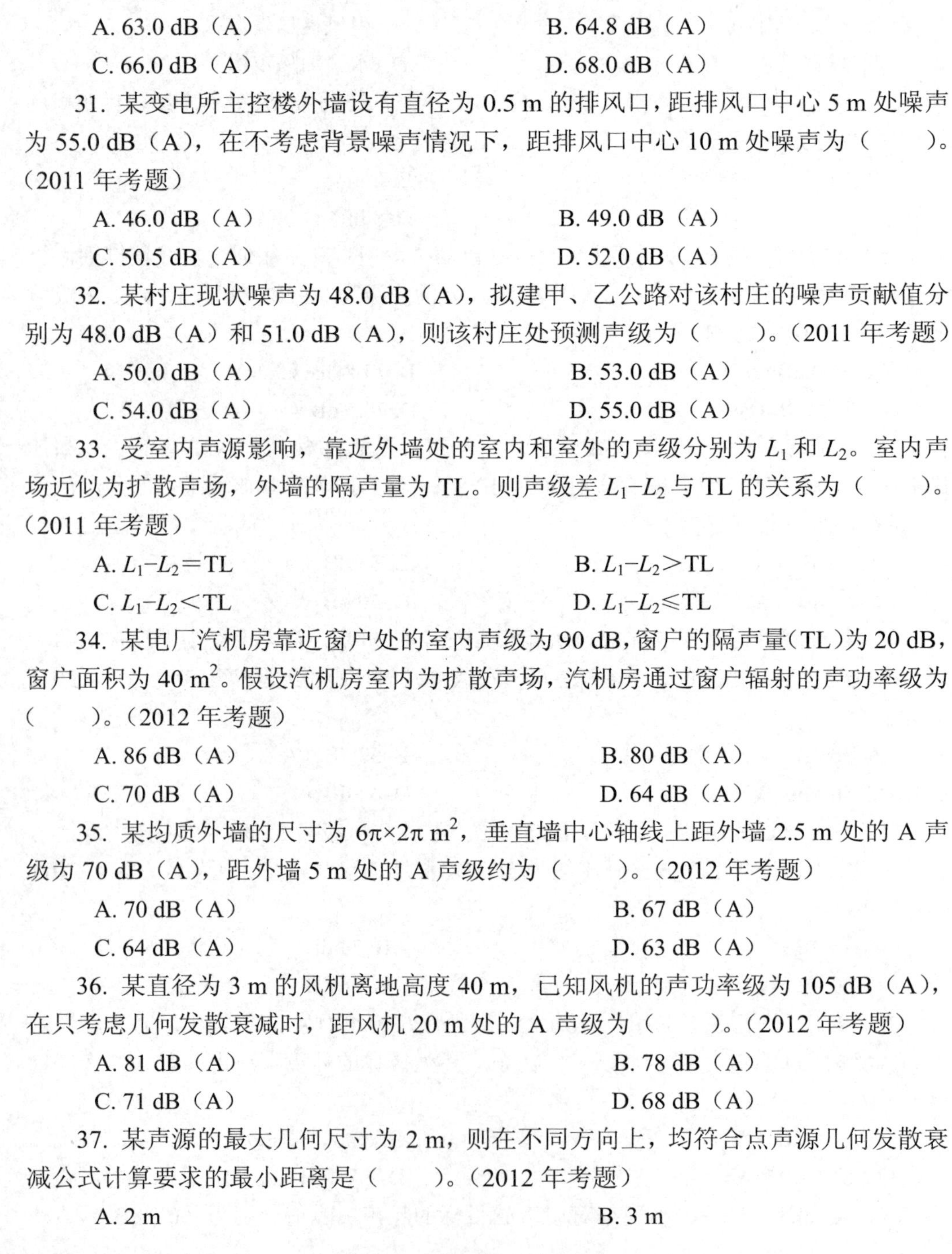

63.0 dB（A）、60.0 dB（A），则该公路对甲敏感目标的交通噪声贡献值为（　　）。（2011 年考题）

A. 63.0 dB（A）　　B. 64.8 dB（A）

C. 66.0 dB（A）　　D. 68.0 dB（A）

31. 某变电所主控楼外墙设有直径为 0.5 m 的排风口，距排风口中心 5 m 处噪声为 55.0 dB（A），在不考虑背景噪声情况下，距排风口中心 10 m 处噪声为（　　）。（2011 年考题）

A. 46.0 dB（A）　　B. 49.0 dB（A）

C. 50.5 dB（A）　　D. 52.0 dB（A）

32. 某村庄现状噪声为 48.0 dB（A），拟建甲、乙公路对该村庄的噪声贡献值分别为 48.0 dB（A）和 51.0 dB（A），则该村庄处预测声级为（　　）。（2011 年考题）

A. 50.0 dB（A）　　B. 53.0 dB（A）

C. 54.0 dB（A）　　D. 55.0 dB（A）

33. 受室内声源影响，靠近外墙处的室内和室外的声级分别为 L_1 和 L_2。室内声场近似为扩散声场，外墙的隔声量为 TL。则声级差 L_1-L_2 与 TL 的关系为（　　）。（2011 年考题）

A. $L_1-L_2=\text{TL}$　　B. $L_1-L_2>\text{TL}$

C. $L_1-L_2<\text{TL}$　　D. $L_1-L_2\leqslant\text{TL}$

34. 某电厂汽机房靠近窗户处的室内声级为 90 dB，窗户的隔声量（TL）为 20 dB，窗户面积为 40 m^2。假设汽机房室内为扩散声场，汽机房通过窗户辐射的声功率级为（　　）。（2012 年考题）

A. 86 dB（A）　　B. 80 dB（A）

C. 70 dB（A）　　D. 64 dB（A）

35. 某均质外墙的尺寸为 $6\pi\times2\pi$ m^2，垂直墙中心轴线上距外墙 2.5 m 处的 A 声级为 70 dB（A），距外墙 5 m 处的 A 声级约为（　　）。（2012 年考题）

A. 70 dB（A）　　B. 67 dB（A）

C. 64 dB（A）　　D. 63 dB（A）

36. 某直径为 3 m 的风机离地高度 40 m，已知风机的声功率级为 105 dB（A），在只考虑几何发散衰减时，距风机 20 m 处的 A 声级为（　　）。（2012 年考题）

A. 81 dB（A）　　B. 78 dB（A）

C. 71 dB（A）　　D. 68 dB（A）

37. 某声源的最大几何尺寸为 2 m，则在不同方向上，均符合点声源几何发散衰减公式计算要求的最小距离是（　　）。（2012 年考题）

A. 2 m　　B. 3 m

C. 5 m　　D. 7 m

38. 三个声源对某敏感点的噪声贡献值分别为 55 dB（A）、55 dB（A）、58 dB（A），总的贡献值是（　　）。（2012 年考题）

A. 56 dB（A）　　B. 58 dB（A）

C. 60 dB（A）　　D. 61 dB（A）

39. 某敏感点处昼间前 8 个小时测得的等效声级为 55.0 dB（A），后 8 h 测得的等效声级为 65.0 dB（A），该敏感点处的昼间等效声级是（　　）。（2012 年考题）

A. 60 dB（A）　　B. 62.4 dB（A）

C. 65 dB（A）　　D. 65.4 dB（A）

40. 某铁路专用线穿过 2 类声环境功能区，在居民区测得的夜间等效声级为 57 dB（A），居民区声环境评价结果正确的是（　　）。（2013 年考题）

A. 达标　　B. 超标 2 dB（A）

C. 超标 7 dB（A）　　D. 超标 12 dB（A）

41. 三个声源对某敏感目标的噪声贡献值分别是 60 dB（A）、60 dB（A）、63 dB（A），则该敏感目标接收到的声级是（　　）dB（A）。（2013 年考题）

A. 61　　B. 63

C. 65　　D. 66

42. 距某点声源 1 m 处的等效声级为 80 dB（A），在只考虑几何发散衰减情况下，为满足 2 类声环境功能区昼间限值，距该声源的最小距离应为（　　）。（2013 年考题）

A. 100 m　　B. 21.5 m

C. 10 m　　D. 4 m

43. 某风机圆形排风口的直径为 2 m，采用点声源模式预测该排风口噪声影响时，预测点距排口中心的距离至少应是（　　）。（2013 年考题）

A. 4 m　　B. 3 m

C. 2 m　　D. 1 m

44. 某一给水泵室内围护结构处声级为 85 dB（A），已知围护结构的 A 计权隔声量为 20 dB（A）。假设水泵房室内为近似扩散声场，室外靠近围护结构处的声级为（　　）dB（A）。（2013 年考题）

A. 53　　B. 59

C. 65　　D. 71

45. 将 4 台水泵，每台 A 计权声功率级为 80 dB（A），等效为一个开阔地面的点声源，在只考虑几何发散衰减情况下，距该等效点声源中心 10 m 处的声级为（　　）dB（A）。（2013 年考题）

A. 68　　B. 66

C. 62　　D. 58

46. 已知 A、B 两厂同时运行时，两厂厂界交界处测点声级为 65 dB（A），在 A 厂检修停运期间，同一测点处声级为 62 dB（A）。该测点处 A 厂厂界噪声排放值是（　　）。（2014 年考题）

A. 59 dB（A）　　B. 62 dB（A）

C. 63.5 dB（A）　　D. 65 dB（A）

47. 某点声源位于空旷硬质地面上，距其 100 m 处的 A 声级为 50 dB（A），若只考虑几何发散衰减，则该声源的声功率级是（　　）。（2014 年考题）

A. 78 dB（A）　　B. 81 dB（A）

C. 98 dB（A）　　D. 101 dB（A）

48. 某有限长线声源的长度为 L，在线声源垂直平分线上距离线声源 r_0 处的声级为 L_A（r_0），采用近似点声源衰减公式 $L_A(r)=L_A(r_0)-20\lg(r/r_0)$，预测垂直平分线上距离线声源 r 处的噪声级 L_A（r），必须满足的条件是（　　）。（2014 年考题）

A. $r_0>L$，$r>L$　　B. $r<\frac{L}{3}$，$r_0<\frac{L}{3}$

C. $\frac{L}{3}<r<L$　　D. $r_0<\frac{L}{3}$，$r>L$

49. 某测点一小时内测得的声级及持续时间见下表，该测点的小时等效声级为（　　）。（2014 年考题）

A 声级/dB（A）	持续时间/min
83	10
80	10
77	10
74	10
71	20

A. 86 dB（A）　　B. 83 dB（A）

C. 78 dB（A）　　D. 75 dB（A）

50. 某列车长度为 600 m，列车在直线段运行时距轨道中心线 10 m 测得的最大 A 声级 82 dB（A）。只考虑几何发散衰减情况下，按线声源简化公式计算，距轨道中心线 100 m 处的最大 A 声级为（　　）。（2015 年考题）

A. 72 dB（A）　　B. 67 dB（A）

C. 64 dB（A）　　D. 62 dB（A）

51. 某室内声源围护结构处 1 000 Hz 的声压级为 90 dB，窗户的隔声量 TL=30 dB（1 000 Hz）。窗户面积为 2 m^2，则等效室外声源的声功率级（1 000 Hz）是（　　）。（2015 年考题）

A. 54 dB　　B. 57 dB

C. 60 dB　　D. 63 dB

52. 由四台声功率级均为 85 dB（A）的水泵组成的等效声源如下图，等效声源的声功率级和最大尺寸分别为（　　）。（2016 年考题）

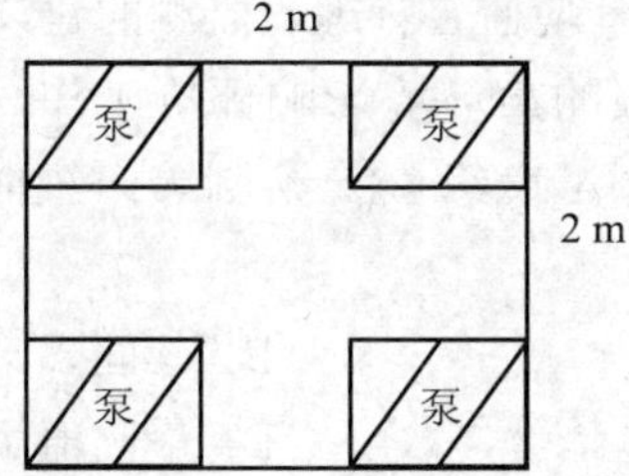

A. 91 dB（A）、2.828 m　　B. 88 dB（A）、2.828 m

C. 91 dB（A）、1.414 m　　D. 88 dB（A）、1.414 m

53. 某电厂空冷风机的声功率级为 105 dB（A），该风机位于高 40 m 的平台上，距风机直线距离为 100 m 处敏感点的声级为（　　）（只计几何发散衰减）。（2016 年考题）

A. 74 dB（A）　　B. 65 dB（A）

C. 57 dB（A）　　D. 54 dB（A）

54. 某工业厂房临厂界墙面长 9.46 m、高 3.14 m，均匀向外辐射声波，其中心轴线上 1 m 处声级贡献值为 65 dB（A），位于中心轴线上距墙面 3 m 的厂界处噪声排放值是（　　）。（2016 年考题）

A. 60.3 dB（A）　　B. 55.6 dB（A）

C. 52.3 dB（A）　　D. 47.6 dB（A）

55. 已知某厂房靠近窗户处的声压级为 90 dB（1 000 Hz），窗户对 1 000 Hz 声波的隔声量（TL）为 20 dB，窗户面积为 2 m²。从窗户透射的声功率级（1 000 Hz）是（　　）。（2016 年考题）

A. 73 dB　　B. 70 dB

C. 67 dB　　D. 64 dB

56. 某声源和敏感点之间拟设置声屏障，其菲涅耳数 N 为 4.85，该声屏障可降低敏感点处声压级（　　）。（2016 年考题）

A. 20 dB　　B. 10 dB

C. 6.8 dB　　D. 4.7 dB

二、不定项选择题（每题的备选项中至少有一个符合题意）

1. 在进行声环境影响评价时，除根据预测结果和相关环境噪声标准评价建设项目的噪声影响程度外，还应该（ ）。（2005 年考题）

A. 分析项目选址、设备布置和选型的合理性

B. 分析项目设计中已有的噪声防治措施的适用性和效果

C. 评价噪声防治措施的技术经济可行性

D. 提出针对建设项目的环境监督管理、监测的建议

2. 对评价等级为一、二级的声环境影响评价工作，需要计算和绘制等声级曲线表示噪声预测结果。对于等效 A 声级 L_{Aeq} 绘制等声级曲线时，要求（ ）。（2006 年考题）

A. 其间隔一般为 3 dB　　B. 其间隔一般不大于 5 dB

C. 最低值可以到 35 dB　　D. 最高值可以到 75 dB

E. 按昼间、夜间分别绘制

3. 声学中所称“声音的三要素”包括（ ）。（2007 年考题）

A. 发声体　　B. 频率

C. 传播介质　　D. 受声体

4. 距离某空压机站 10 m 处声级为 80 dB（A），距离空压机站 150 m、180 m、300 m、500 m 各有一村庄。该空压机站应布置在距离村庄（ ）m 外，可满足 GB 3096 中 2 类区标准要求。（2007 年考题）

A. 150　　B. 180　　C. 300　　D. 500

5. 在声环境影响评价中，需考虑地面效应引起的附加衰减条件包括（ ）。（2007 年、2009 年考题）

A. 预测点距声源 50 m 以上

B. 声源距地面高度和预测点距地面高度平均值小于 30 m

C. 声源与预测点之间的地面为软地面

D. 声源与预测点之间的地面为硬地面

6. 公路、铁路噪声环境影响评价内容需包括（ ）。（2008 年考题）

A. 分析敏感目标达标情况　　B. 给出受影响人口数量分布情况

C. 确定合理的噪声控制距离　　D. 评价工程选线和布局的合理性

7. 有限长线声源的噪声预测，可依据预测点与线声源的距离和声源长度之间的关系，分别按（ ）进行计算。（2008 年考题）

A. 无限长线声源　　B. 点声源

C. 有限长线声源　　D. $L_p(r)=L_p(r_0)-15\lg(r/r_0)$

8. 为保证敏感点声环境质量达标，在工矿企业噪声评价中应重点分析的内容有（　　）。（2009 年考题）

A. 厂区平面布置　　B. 设备选型

C. 引起超标的主要噪声源　　D. 厂区的面积

9. 与噪声预测值有关的参数有（　　）。（2009 年考题）

A. 噪声源位置　　B. 声源类型和源强

C. 评价区内的人口分布　　D. 声波的传播条件

10. 影响建设项目对敏感点等效声级贡献值的主要因素有（　　）。（2010 年考题）

A. 声源源强　　B. 声源的位置

C. 声波传播条件　　D. 敏感点处背景值

11. 绘制工矿企业噪声贡献值等声级线图时，等声级线（　　）。（2010 年考题）

A. 间隔不大于 5 dB　　B. 最低值和功能区夜间标准相一致

C. 可穿越建筑物　　D. 最高值可为 75 dB

12. 影响声波大气吸收衰减系数的因素有（　　）。（2010 年考题）

A. 大气温度　　B. 声波频率

C. 大气湿度　　D. 大气气压

13. 高路基路段公路噪声预测时，需要的主要参数有标准车车流量和（　　）。（2010 年考题）

A. 行车道宽度　　B. 公路纵向坡度

C. 昼、夜车流量比例　　D. 大、中、小车车型比例

14. 影响噪声源对声环境敏感目标噪声贡献值的因素有（　　）。（2011 年考题）

A. 噪声源位置　　B. 声源源强

C. 人口密度　　D. 空气的温度、湿度

15. 在建设项目噪声影响预测计算中，需要的基础数据有（　　）。（2011 年考题）

A. 声源源强　　B. 声源运行时段

C. 声源与预测点的位置　　D. 声波的传播条件

16. 在声环境影响评价中，当声源最大几何尺寸（　　）时，可将声源近似为点声源。（2011 年考题）

A. 远远小于声波波长

B. 大于声波波长

C. 远远小于预测点与声源距离

D. 大于预测点和声源距离的二分之一

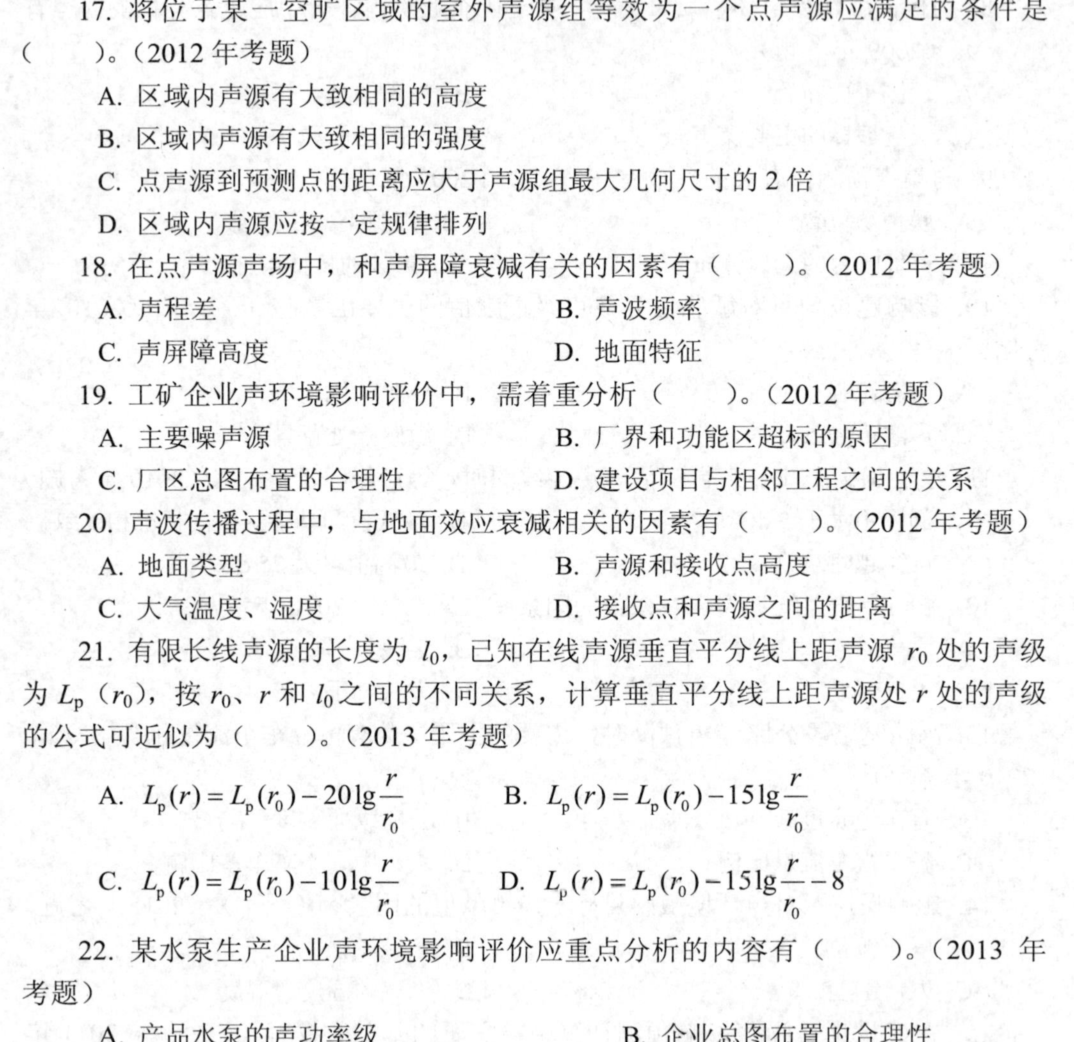

17. 将位于某一空旷区域的室外声源组等效为一个点声源应满足的条件是（　　）。（2012 年考题）

A. 区域内声源有大致相同的高度

B. 区域内声源有大致相同的强度

C. 点声源到预测点的距离应大于声源组最大几何尺寸的 2 倍

D. 区域内声源应按一定规律排列

18. 在点声源声场中，和声屏障衰减有关的因素有（　　）。（2012 年考题）

A. 声程差　　B. 声波频率

C. 声屏障高度　　D. 地面特征

19. 工矿企业声环境影响评价中，需着重分析（　　）。（2012 年考题）

A. 主要噪声源　　B. 厂界和功能区超标的原因

C. 厂区总图布置的合理性　　D. 建设项目与相邻工程之间的关系

20. 声波传播过程中，与地面效应衰减相关的因素有（　　）。（2012 年考题）

A. 地面类型　　B. 声源和接收点高度

C. 大气温度、湿度　　D. 接收点和声源之间的距离

21. 有限长线声源的长度为 l_0，已知在线声源垂直平分线上距声源 r_0 处的声级为 L_p（r_0），按 r_0、r 和 l_0 之间的不同关系，计算垂直平分线上距声源处 r 处的声级的公式可近似为（　　）。（2013 年考题）

A. $L_p(r)=L_p(r_0)-20\lg\frac{r}{r_0}$　　B. $L_p(r)=L_p(r_0)-15\lg\frac{r}{r_0}$

C. $L_p(r)=L_p(r_0)-10\lg\frac{r}{r_0}$　　D. $L_p(r)=L_p(r_0)-15\lg\frac{r}{r_0}-8$

22. 某水泵生产企业声环境影响评价应重点分析的内容有（　　）。（2013 年考题）

A. 产品水泵的声功率级　　B. 企业总图布置的合理性

C. 噪声影响的范围和程度　　D. 对环境敏感点产生影响的噪声源

23. 与声波大气吸收衰减系数有关的主要因素有（　　）。（2013 年考题）

A. 空气温度　　B. 声波强度

C. 声波频率　　D. 空气湿度

24. 根据《环境影响评价技术导则　声环境》，计算室内声源的室外等效声源的声功率级，需要的主要参数有（　　）。（2013 年考题）

A. 室内围护结构处的声级　　B. 围护结构的隔声量

C. 围护结构的面积　　D. 房间的体积

25. 将如图所示的 4 台水泵近似为位于中心位置的等效点声源的条件有（　　）。

（2013 年考题）

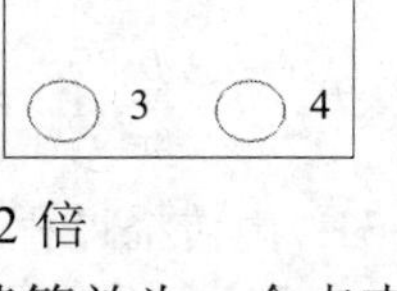

A. 各水泵应有不同的高度

B. 各水泵有大致相同的噪声强度

C. 各水泵到预测点有相同的声传播条件

D. 预测点到等效声源的距离大于等效声源最大几何尺寸的 2 倍

26. 有 4 台相同的水泵位于同一平面，布局如下图，若将其等效为一个点声源。下列说法中，正确的有（　　）。（2014 年考题）

1　2
3　4

A. 等效点声源位于该布局的中心

B. 等效点声源面积为单台水泵面积的 4 倍

C. 等效点声源声功率级等于 4 台水泵声功率级的叠加值

D. 等效点声源声功率级等于单台水泵声功率级的 4 倍

27. 某声源所在室内声场近似为扩散声场，计算该声源在靠近围护结构处的倍频带声压级时，需要的参数有（　　）。（2014 年考题）

A. 声源的倍频带声功率级　　　　B. 声源在房间内的位置

C. 房间常数　　　　　　　　　　D. 房间的体积

28. 下列工作内容中，属于声环境影响评价基本要求的有（　　）。（2014 年考题）

A. 分析建设项目的噪声源分布

B. 明确引起超标的主要声源

C. 分析评价范围内的企业规模

D. 分析建设项目选址（选线）的合理性

29. 下列噪声等声级线图绘制要求中，正确的有（　　）。（2015 年考题）

A. 等声级线的间隔应不大于 3 dB

B. 等声级线的间隔应不大于 5 dB

C. 等声级线的最低值应与相应功能区夜间标准值一致

D. 等声级线的最低值应与相应功能区昼间标准值一致

30. 对于一个整体的长方形面声源（$b>a$）其中心轴线上的几何发散衰减 A_{div} 可依据预测点距面声源中心的距离进行计算，下列表述正确的有（　　）。（2015 年考题）

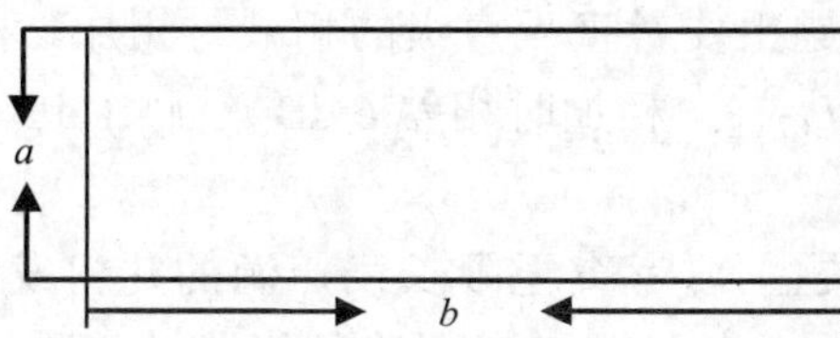

A. $r<\frac{a}{\pi}, A_{\text{div}}=0$

B. $\frac{a}{\pi}<r<\frac{b}{\pi}, A_{\text{div}}\approx 10\lg(r/r_0)$

C. $r>\frac{b}{\pi}, A_{\text{div}}\approx 20\lg(r/r_0)$

D. $\frac{a}{\pi}<r<\frac{b}{\pi}, A_{\text{div}}\approx 15\lg(r/r_0)$

31. 声传播过程中，影响地面效应衰减的主要因素有（　　）。（2015 年考题）

A. 地面类型

B. 声源到预测点之间的距离

C. 接收点、声源距地面的高度

D. 空气的湿度温度

32. 在声环境影响预测中除几何发散衰减外，需考虑的其他衰减因素有（　　）。（2016 年考题）

A. 空气吸收

B. 地面效应

C. 屏障

D. 声环境功能的区划

参考答案

一、单项选择题

1. D【点评解析】本题主要考查无限长线声源的几何发散衰减量 ΔL 的公式。D 项为最基本的噪声公式之一，无指向性点声源的几何发散衰减量 ΔL 的公式为：$\Delta L=20\lg(r/r_0)$，无限长线声源的几何发散衰减量公式为 $\Delta L=10\lg(r/r_0)$，两者相差 2 倍，考生务必理解记忆。

2. B【点评解析】本题主要考查点声源的几何发散衰弱量。距离该塔 5 m 至 20 m 处间的几何发散衰弱量为：$\Delta L=20\lg(r/r_0)=20\lg(20/5)=12$（dB）。

3. B【点评解析】本题主要考查点声源的几何发散衰弱量。预测 20 m 处的居民楼的昼间 A 声级为：72−12＝60（dB）。

4. B【点评解析】本题主要考查点声源的几何发散衰弱量。预测 20 m 处的居民楼的夜间 A 声级为：68−12＝56（dB）。

5. C【点评解析】本题主要考查噪声达标评价。由第 3 题、第 4 题预测结果表明：20 m 处的居民楼昼间、夜间 A 声级分别为 60 dB、56 dB。很显然，昼夜符合、夜间不符合。

6. D【点评解析】本题主要考查噪声级的相减与相加。相减与相加是相辅相成的。由于 $L_{60\text{ dB}}+L_{66\text{ dB}}=L_{67\text{ dB}}$，相加时相差 6 dB 增加 1 dB。考生务必理解并灵活运用。

7. C【点评解析】本题主要考查无限长线声源的几何发散衰减量 ΔL 的公式。此为最基本的噪声公式，无指向性点声源的几何发散衰减量 ΔL 的公式为：$\Delta L=$

$10\lg(r/r_0)=10\lg(120/7.5)=12$ dB，71−12＝59（dB）。考生务必理解。

8. C【点评解析】本题主要考查无限长线声源的几何发散衰减量 ΔL 公式的参数意义。此为最基本的噪声公式，r_1 代表的意义是受声点到线声源的距离。

9. C【点评解析】本题主要考查点声源的几何发散衰弱量。关键要理解几何发散衰弱量的公式：$\Delta L=20\lg(r_2/r_1)=75-57=18$ dB，$r_2=40$ m。另外，考生务必理解记忆点声源的距离增加一倍，衰减 6 dB。3 倍的距离即为 40 m，距离 10 m、20 m、40 m，衰减 3×6＝18 dB。

10. B【点评解析】本题主要考查点声源的几何发散衰弱量和噪声级的相减。距离该作业点 5 m 至 40 m 处间的几何发散衰弱量为：$\Delta L=20\lg(r/r_0)=20\lg(40/5)=$ 18（dB），其实也是距离增加 3 倍，衰弱量为 3×6 dB＝18（dB），噪声源在住宅楼户外噪声贡献值为 84−18＝66 dB。$L_{60\text{ dB}}+L_{66\text{ dB}}=L_{67\text{ dB}}$，考生务必熟练，此为高频考点。

11. D【点评解析】本题主要考查无限长线声源的几何发散衰弱量。距离 r 处间的几何发散衰弱量为：$\Delta L=10\lg(r/r_0)=10\lg(r/10)=82-70=12$（dB），$r=160$ m。其实也是衰弱量为 12（dB），距离增加 4 倍，即 20 m、40 m、80 m、160 m，考生务必熟练，此为高频考点。

12. B【点评解析】本题主要考查室内和室外声级差的计算公式。关键是要减去 6 dB。本题为高频考点。室外的声压级 $L_2=L_1-\text{TL}-6$。

13. C【点评解析】本题主要考查公路项目环境影响评价的噪声防治措施。应优先考虑的是线路与敏感目标的合理距离，其次是声源控制，然后是声屏障，最后不得已是个人防护。同样应遵循“先避后控”的顺序。

14. C【点评解析】本题主要考查噪声在传播过程中产生的几何发散衰减与声波的关系。传播距离是几何发散衰减的主要参量，几何就是空间的概念，其公式主要就是传播距离 r。

15. C【点评解析】本题主要考查点声源声功率级的距离发散衰减。关键是要清楚声源处于半自由空间的衰减公式：$L_A(r)=L_{Aw}-20\lg(r)-8$。距挖掘机 50 m 处噪声级为：95−20lg50−8 ＝ 53 dB。考生还要记忆自由空间的衰减公式：$L_A(r)=L_{Aw}-20\lg(r)-11$。

16. A【点评解析】本题主要考查室内和室外声级差的计算公式 $L_2=L_1-\text{TL}-6$。关键是要减去 6 dB。考生务必记忆，为高频考点。85−20−6＝59（dB）。

17. D【点评解析】本题主要考查点声源的相加与相减。A、B 两声源叠加为 $L_{61\text{ dB}}+L_{67\text{ dB}}=L_{68\text{ dB}}$（相差 6 dB 增加 1 dB）；再叠加 C 声源 $L_{68\text{ dB}}+L_{74\text{ dB}}=L_{75\text{ dB}}$，考

生务必熟练，此为高频考点。

18. D【点评解析】本题主要考查线声源的几何发散衰减。关键是要记忆有限长线声源的传播距离增加一倍，衰减值为 3 dB，64−3＝61（dB）。考生务必理解记忆，为高频考点。

19. D【点评解析】本题主要考查点声源声功率级的距离发散衰减。关键是要清楚声源处于自由空间的衰减公式：$L_A(r)=L_{Aw}-20\lg(r)-11$。距声源 10 m 处的 A 声级为：85−20lg10−11＝54 dB。考生务必理解记忆。

20. D【点评解析】本题主要考查有限长线声源的几何发散衰减。一般可依据预测点与线声源的距离和声源长度之间的关系，分为近场、远场、中场。由于距离增加一倍，衰减 3 dB，即为无限长线声源。

21. C【点评解析】本题主要考查等效室外声源的声功率级的计算。关键是要加上透声面积 10lg20＝13（dB），等效室外声源的声功率级应为 90−15＋13＝88（dB）。其实心算推理即可。在室内近似为扩散声场时，按公式计算出靠近室外围护结构处的声压级。然后计算出所有室内声源在靠近围护结构处产生的总倍频带声压级（按噪声级叠加计算求和），再将室外声级 L_2 和透声面积换算成等效室外声源，计算出等效声源的倍频带声功率级：

$$L_{W2}=L_2(T)+10\lg S$$

式中：S——透声面积，m^2。

然后可按室外声源预测方法计算预测点处的 A 声级，等效声源的中心位置位于透声面积的中心。

22. C【点评解析】本题主要考查声屏障的实际降噪效果。关键是考生要知道 2 类区夜间标准 50 dB（A），降噪效果就一目了然了，62−50＝12 dB（A）。

23. A【点评解析】本题主要考查主要噪声源的识别和相应处理措施。由于风机排气是主要噪声源，噪声贡献值为 60 dB（A），大于 55 dB（A）标准要求，对其采取措施即可，引风机排气口加消声器即为有效措施。

24. C【点评解析】本题实际考查实际声源近似为点声源的条件。其距离超过声源最大几何尺寸 2 倍时，可近似为点声源。

25. C【点评解析】本题主要考查线声源的距离衰减。显然，距离增加一倍，衰减 3 dB（A），即为 80−3＝77.0 dB（A）。

26. A【点评解析】本题主要考查噪声级的相加。由于 $L_{50\,dB}+L_{50\,dB}=L_{53\,dB}$，$L_{53\,dB}+L_{53\,dB}=L_{56\,dB}$，同分贝相加时增加 3 dB。考生务必理解并灵活运用。

27. C【点评解析】本题主要考查点声源声功率级的距离发散衰减。关键是要清楚声源处于半自由空间的衰减公式：$L_A(r)=L_{Aw}-20\lg(r)-8$。距声源 20 m 处的 A 声级为：90−20lg20−8＝56 dB。考生务必理解记忆。

28. B【点评解析】本题主要考查室内和室外声级差的计算公式 $L_2=L_1-TL-6$。关键是要减去 6 dB。考生务必记忆，为高频考点。TL ＝85−55−6＝24（dB）。

29. A【点评解析】本题主要考查噪声的相减或叠加。显而易见，$L_{60.0\ dB(A)}+L_{60.0\ dB(A)}=L_{63.0\ dB(A)}$，$L_{63.0\ dB(A)}-L_{60.0\ dB(A)}=L_{60.0\ dB(A)}$。

30. C【点评解析】本题主要考查噪声的叠加。显而易见，$L_{60.0\ dB(A)}+L_{60.0\ dB(A)}=L_{63.0\ dB(A)}$，$L_{63.0\ dB(A)}+L_{63.0\ dB(A)}=L_{66.0\ dB(A)}$。考生务必理解并灵活运用，为高频考点。

31. B【点评解析】本题主要考查点声源的距离衰减。显然，距离增加一倍，衰减 6 dB（A），即为 55−6＝49.0 dB（A）。

32. C【点评解析】本题主要考查噪声的叠加。$L_{48.0\ dB(A)}+L_{48.0\ dB(A)}=L_{51.0\ dB(A)}$，$L_{51.0\ dB(A)}+L_{51.0\ dB(A)}=L_{54.0\ dB(A)}$。

33. B【点评解析】本题主要考查噪声从室内向室外传播的声级差计算。显而易见，$L_1-L_2=TL+6$。为高频考点，已考过多次。考生务必理解并灵活运用。

34. B【点评解析】本题主要考查噪声从室内向室外传播的声级差计算。关键是首先要计算室外声级 L_2，$L_2=L_1-TL-6=90-20-6=64$ dB（A），$L_{w2}=L_2(T)+10\lg S=64+10\lg40=80$ dB（A）。室内和室外声级差的计算：

当声源位于室内，设靠近开口处（或窗户）室内和室外的声级分别为 L_1 和 L_2。若声源所在室内声场近似扩散声场，且墙的隔声量远大于窗的隔声量，则室内和室外的声级差为：

$$NR=L_1-L_2=TL+6$$

式中：TL——窗户的隔声量，dB；

NR——室内和室外的声级差，或称插入损失，dB。

TL、NR 均和声波的频率有关。其中 L_1 可以是测量值或计算值，若为计算值时，可按公式计算。倍频带声功率级：

$$L_{W2}=L_2(T)+10\lg S$$

式中：S——透声面积，m^2。

然后可按室外声源预测方法计算预测点处的 A 声级，等效声源的中心位置位于透声面积的中心。

35. B【点评解析】本题主要考查面声源的几何发散衰减。由题中信息可知，面声源的长度和宽度分别为：$b=6\pi$，$a=2\pi$，距外墙 5 m（r）在 2～6。当 $a/\pi<r<b/\pi$，

距离加倍衰减 3 dB 左右，类似线声源衰减特性。见下说明：

作为一个整体的长方形面声源（$b>a$），中心轴线上的几何发散声衰减可近似如下：预测点和面声源中心距离 $r<a/\pi$时，几何发散衰减 $A_{div}\approx 0$；当，$a/\pi<r<b/\pi$，距离加倍衰减 3 dB 左右，类似线声源衰减，$A_{div}\approx 10\lg(r/r_0)$；当 $r>b/\pi$时，距离加倍衰减趋近于 6 dB，类似点声源衰减，$A_{div}\approx 20\lg(r/r_0)$。其中面声源的 $b>a$。见下图，图中虚线为实际衰减量。

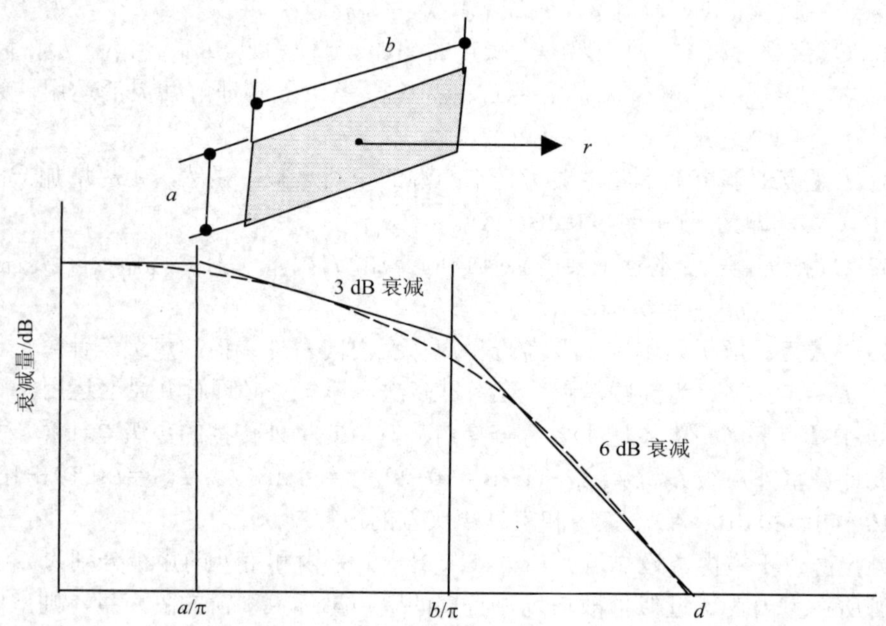

长方形面声源中心轴线上的衰减特性

36. D【点评解析】本题主要考查点声源的几何发散衰减。关键是注意是自由声场，距风机 20 m 处的 A 声级为 $L_A=L_{WA}-20\lg r-11=105-20\lg 20-11=68$ dB（A）。见下说明：

如果已知点声源的 A 声功率级 L_{WA}（也可为声功率级），且声源处于自由空间，则 r 处的 A 声级可由下列公式求得：

$$L_A(r)=L_{WA}-20\lg r-11$$

如果声源处于半自由空间，则 r 处的 A 声级可由下列公式求得：

$$L_A(r)=L_{WA}-20\lg r-8$$

37. C【点评解析】本题主要考查点声源的定义。以球面波形式辐射声波的声源，辐射声波的声压幅值与声波传播距离（r）成反比。任何形状的声源，只要声波波长远远大于声源几何尺寸，该声源可视为点声源。在声环境影响评价中，声源中心到预测点之间的距离超过声源最大几何尺寸 2 倍时，可将该声源近似为点声源。均符合点声源几何发散衰减公式计算要求的最小距离是 4 m。

38. D【点评解析】本题主要考查噪声的叠加。显而易见，$L_{55.0\text{ dB（A）}}+L_{55.0\text{ dB（A）}}=L_{58.0\text{ dB（A）}}$，$L_{58.0\text{ dB（A）}}+L_{58.0\text{ dB（A）}}=L_{61.0\text{ dB（A）}}$。考生务必理解并灵活运用，为高频考点，已考过多次。

39. B【点评解析】本题实际考查昼间等效声级的定义。关键是要清楚昼间等效声级是某一时段内能量平均的噪声大小，进行简单判断即可。该敏感点处的昼间等效声级一定处于 60～65 dB（A），即 62.4 dB（A）。其计算公式为 $L_{\text{Aeqg}}=10\lg\left(\dfrac{\sum_{i=1}^{n}t_i10^{0.1}L_{\text{A}i}}{T}\right)$，式中：$T$ 为预测计算的总时间，t_i 为各声源的发声持续时间。L_{Aeqg}=l0lg[（8×10$^{0.1}$×55＋8×10$^{0.1}$×65）÷16]＝l0lg（10$^{0.1}$×55＋10$^{0.1}$×65）−l0lg2＝65.4−3＝62.4 dB（A）。公式前半部分正好是两声级的叠加，相差 10 dB（A）声级的叠加增加 0.4 dB（A）。

等效连续 A 声级 L_{Aeq} 或 L_{eq}：

A 声级用来评价稳态噪声具有明显的优点，但是在评价非稳态噪声时又有明显的不足。因此，人们提出了等效连续 A 声级（简称“等效声级”），即将某一段时间内连续暴露的不同 A 声级变化，用能量平均的方法以 A 声级表示该段时间内的噪声大小，单位为 dB（A）。

等效连续 A 声级的数学表达式：

$$L_{\text{eq}}=10\lg\left(\frac{1}{T}\int_0^T 10^{0.1L_{\text{A}}(t)\text{d}t}\right)$$

式中：L_{eq}——在 T 段时间内的等效连续 A 声级，dB（A）；

$L_{\text{A}(t)}$——t 时刻的瞬时 A 声级，dB（A）；

T——连续取样的总时间，min。

40. C【点评解析】本题主要考查 2 类声环境功能区的标准限值。夜间限值为 50 dB（A），超标 57−50＝7 dB（A）。

41. D【点评解析】本题主要考查噪声的叠加。显而易见，$L_{60.0\text{ dB（A）}}+L_{60.0\text{ dB（A）}}=L_{63.0\text{ dB（A）}}$，$L_{63.0\text{ dB（A）}}+L_{63.0\text{ dB（A）}}=L_{66.0\text{ dB（A）}}$。考生务必理解并灵活运用，为高频考点，已考过多次。

42. C【点评解析】本题主要考查噪声的几何发散衰减。$\Delta L=20\lg(r/r_0)$，80−60 $=20\lg(r/1)$，$r=10$ m。关键要知道 2 类声环境功能区昼间限值为 60 dB（A）。

43. A【点评解析】本题实际考查点声源的定义。在声环境影响评价中，声源中心到预测点之间的距离超过声源最大几何尺寸 2 倍时，可将该声源近似为点声源。均符合点声源几何发散衰减公式计算要求的最小距离 4 m。

44. B【点评解析】本题主要考查噪声从室内向室外传播的声级差计算。关键是要记忆公式，即可计算室外声级 L_2，$L_2=L_1-\text{TL}-6=85-20-6=59$ dB（A）。

45. D【点评解析】本题主要考查点声源的几何发散衰减。关键是首先进行叠加，其次注意是自由声场。4 台水泵叠加的声功率级为 86 dB（A），距该等效点声源中心 10 m 处的声级为：$L_A=L_{WA}-20\lg r-8=86-20\lg 10-8=58$ dB（A）。

46. B【点评解析】本题主要考查同声级的叠加计算。$L_{62\text{ dB（A）}}+L_{62\text{ dB（A）}}=L_{65\text{ dB（A）}}$，$L_{65\text{ dB（A）}}-L_{62\text{ dB（A）}}=L_{62\text{ dB（A）}}$。同声级的叠加增加 3 dB（A）。

47. C【点评解析】本题主要考查已知点声源声功率级时的距离发散衰减公式。如果已知点声源的 A 声功率级 L_{WA}（也可为声功率级），且声源处于半自由空间（空旷硬质地面上属于半自由空间），则 r 处的 A 声级为：$L_A(r)-L_{WA}-20\lg r-8$，由此可推得 $L_{WA}=L_A(r)+20\lg r+8=50+20\lg 100+8=98$ dB（A）。

48. A【点评解析】本题主要考查有限长线声源的几何发散衰减公式适用条件。A 项为近似点声源的条件，公式系数为 20。B 项为无限长线声源的条件，公式系数为 10。C 项为有限长线声源的条件，公式系数为 15。D 项不是适用条件。

49. C 【点评解析】本题主要考查声源在预测点产生的等效连续 A 声级贡献值的公式。$L_{\text{Aeqg}}=10\lg\left(\dfrac{\sum_{i=1}^{n}t_i 10^{0.1}L_{\text{A}i}}{T}\right)$，式中：$T$ 为预测计算的总时间，t_i 为各声源的发声持续时间。$L_{\text{Aeqg}}=10\lg[(10\times10^{0.1}\times8^3+10\times10^{0.1}\times80+10\times10^{0.1}\times7^7+10\times10^{0.1}\times74+10\times10^{0.1}\times71+10\times10^{0.1}\times71)\div60]=10\lg[10^{0.1}\times83+10^{0.1}\times80+10^{0.1}\times77+10^{0.1}\times74+10^{0.1}\times71+10^{0.1}\times71]-10\lg 6=86-7.78=78.22\approx78$ dB（A）。公式前半部分正好是各声级的叠加，同声级的叠加增加 3 dB（A）。

50. A【点评解析】本题主要考查线声源简化公式计算。该列车可视为无限长线声源，其几何发散衰减公式为：$L_p(r)=L_p(r_0)-10\lg(r/r_0)=82-10\lg(100/10)=72$ dB（A）。

51. B【点评解析】本题主要考查等效室外声源的声功率级的计算。等效室外声压 $L_2=L_1-(\text{TL}+6)=90-(30+6)=54$ dB，则等效室外声源的声功率级 $L_{W2}=L_2+10\lg S=54+10\lg 2=57$ dB。

52. A【点评解析】本题主要考查等效声源合成的计算。等效点声源声功率级等于四台水泵声功率级的叠加值，即：$L_{85.0\ dB（A）}+L_{85.0\ dB（A）}=L_{88.0\ dB（A）}$，$L_{88.0\ dB（A）}+L_{88.0\ dB（A）}=L_{91.0\ dB（A）}$。等效点声源位于该布局的中心，最大尺寸为矩形的对角线长：$\sqrt{2^2+2^2}=2.828$。

53. D【点评解析】本题主要考查已知点声源声功率级时的距离发散衰减公式。如果已知点声源的 A 声功率级 L_{WA}（也可为声功率级），且声源处于自由空间，则 r 处的 A 声级为：$L_{A(r)}=L_{WA}-20\lg r-11=105-20\lg 100-11=54$ dB（A）。

54. A【点评解析】本题主要考查面声源的几何发散衰减公式。当 $a/\pi<r<b/\pi$，$A_{div}\approx 10\lg(r/r_0)$；近似为线声源。厂界处噪声排放值＝65−10lg3＝60.3 dB（A）。

55. C【点评解析】本题主要考查噪声从室内向室外传播的声级差计算。

$\mathrm{NR}=L_1-L_2=\mathrm{TL}+6$，$L_{W2}=L_2(T)+10\lg S=90-20-6+10\lg 2=67$ dB。

56. A【点评解析】本题主要考查声屏障衰减公式的计算。声屏障引起的衰减的公式为：$A_{bar}=-10\lg\left[\frac{1}{3+20N_1}+\frac{1}{3+20N_2}+\frac{1}{3+20N_3}\right]$；当屏障很长（作无限长处理）时，则 $A_{bar}=-10\lg\left(\frac{1}{3+20N_1}\right)=20$。

二、不定项选择题

1. ABCD【点评解析】本题主要考查声环境影响评价基本要求、方法即内容。声环境影响评价基本要求和方法包括以下几方面：

（1）评价项目建设前环境噪声现状。

（2）根据噪声预测结果和相关环境噪声标准，评价建设项目在建设期（施工期）、运行期（或运行不同阶段）噪声影响的程度，超标范围及超标状况（以敏感目标为主）。

（3）分析受影响人口的分布状况（以受到超标影响的为主）。

（4）分析建设项目的噪声源分布和引起超标的主要噪声源或主要超标原因。

（5）分析建设项目的选址（选线）、设备布置和选型（或工程布置）的合理性，分析项目设计中已有的噪声防治措施的适用性和防治效果。

（6）为使环境噪声达标，评价必须增加或调整适用于本工程的噪声防治措施（或对策），分析其经济、技术的可行性。

（7）提出针对该项工程有关环境噪声监督管理、环境监测计划和城市规划方面的建议。

2. BDE【点评解析】本题主要考查等声级曲线图的绘制。5 dB 为噪声的单位，最低值可以到 40 dB（0 类夜间限值）。等声级线图绘制：

计算出各网格点上的噪声级（如 L_{eq}、W_{ECPNL}）后，再采用某种数学方法（如双三次拟合法，按距离加权平均法，按距离加权最小二乘法）计算并绘制出等声级线。

等声级线的间隔应不大于 5 dB（一般选 5 dB）。对于 L_{eq}，等声级线最低值应与相应功能区夜间标准值一致，最高值可为 75 dB（4 类夜间限值 60＋15＝75）；对于 L_{WECPN}，一般应有 70 dB、75 dB、80 dB、85 dB、90 dB 的等声级线。

等声级线图直观地表明了项目的噪声级分布，为分析功能区噪声超标状况提供了方便，同时为城市规划、城市环境噪声管理提供了依据。

3. ACD【点评解析】本题主要考查声音的三要素。高频考点。声学中所称“声音的三要素”包括发声体、传播介质、受声体。频率是声音的特性。

4. D【点评解析】本题主要考查点声源的几何发散衰弱量计算。关键要知道 2 类区标准夜间为 50 dB，同时理解几何发散衰弱量的公式：$\Delta L=20\lg(r_2/10)=80-50=30$ dB，$r_2=316$ m。另外，考生务必理解记忆点声源的距离增加一倍，衰减 6 dB，5 倍的距离即为 320 m，只有 500 m 可满足。

5. ABC【点评解析】本题主要考查需考虑地面效应引起的附加衰减条件。声源与预测点之间的地面为硬地面有反射作用，不会引起附加衰减。附加衰减条件包括：预测点距声源 50 m 以上（r 太小了无实际意义，可能为负值）、声源距地面高度和预测点距地面高度平均值小于 30 m（h_m 太大了无实际意义，可能为负值）、声源与预测点之间的地面为软地面。A_{gr} 为负值时作 0 处理。见下公式：

$$A_{gr}=4.8-\left(\frac{2h_m}{r}\right)\left[17+\left(\frac{300}{r}\right)\right]$$

式中：r——声源到预测点的距离，m；

h_m——传播路径的平均离地高度，m，可按下图进行计算。

$$h_m=F/r$$

式中：F——面积，m^2。

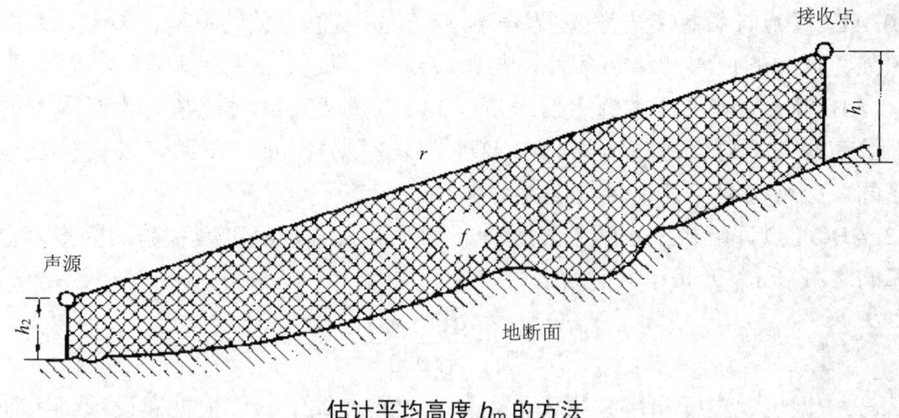

估计平均高度 h_m 的方法

6. ABCD【点评解析】本题主要考查公路、铁路噪声环境影响评价内容。考生务必理解记忆，在案例分析考试中经常出现。公路、铁路噪声环境影响评价内容需包括：评价工程选线和布局的合理性、分析敏感目标达标情况、给出受影响人口数量分布情况、确定合理的噪声控制距离等。

7. ABCD【点评解析】本题主要考查有限长线声源的几何发散衰减。可依据预测点与线声源的距离和声源长度之间的关系，分为近场、远场、中场。见下说明：

当 $r>l_0$ 且 $r_0>l_0$ 时，有下式：

$$L_p(r)=L_p(r_0)-20\lg(r/r_0)$$

即在有限长线声源的远场，有限长线声源可当做点声源处理。

当 $r<l_0/3$ 且 $r_0<l_0/3$ 时，有下式：

$$L_p(r)=L_p(r_0)-10\lg(r/r_0)$$

即在近场区，有限长线声源可当做无限长线声源处理。

当 $l_0/3<r<l_0$ 且 $l_0/3<r_0<l_0$ 时，即在中场区，有限长线声源可以作近似计算：

$$L_p(r)=L_p(r_0)-15\lg(r/r_0)$$

8. ABC【点评解析】本题实际考查工矿企业噪声评价中应重点分析的内容。显然，厂区的面积没必要分析，关键是距离，即厂区平面布置。设备选型关系到噪声源强度，引起超标的主要噪声源关系到重点噪声源。

9. ABD【点评解析】本题主要考查与噪声预测值有关的参数。有关的参数是声源及其源强（噪声源位置、声源类型和源强）和传播条件，与评价区内的人口分布无关，只是受体。

10. ABC【点评解析】本题主要考查与噪声贡献值有关的参数。显然，有关的参数是源强、声源的位置和传播条件，与敏感点处背景值无关，其与预测值有关。

11. ABD【点评解析】本题主要考查绘制工矿企业噪声贡献值等声级线图的技术要求。等声级线不可穿越建筑物，由于建筑物是隔声体或声屏障，其内外噪声级不可能相同，必须绕避。其他见第 2 题说明。

12. ABC【点评解析】本题主要考查影响声波大气吸收衰减系数的因素。空气吸收引起的衰减（A_{atm}）按下式计算：

$$A_{atm}=\frac{a\left(r-r_0\right)}{1\,000}$$

式中：a——温度、湿度和声波频率的函数，预测计算中一般根据建设项目所处区域常年平均气温和相对湿度选择相应的空气吸收衰减系数。与大气气压无关。

13. BCD【点评解析】本题主要考查公路噪声预测的参数内容。考生务必理解记忆，案例分析考试曾经考过。行车道宽度不是工程参数，一般取其中心线即可。其他 3 项均是工程参数。公路、城市道路交通运输噪声预测的预测参数：

a）工程参数

明确公路（或城市道路）建设项目各路段的工程内容，路面的结构、材料、坡度、标高等参数；明确公路（或城市道路）建设项目各路段昼间和夜间各类型车辆的比例、昼夜比例、平均车流量、高峰车流量、车速。

b）声源参数

按照附录 A 中大、中、小车型的分类，利用相关模式计算各类型车的声源源强，也可通过类比测量进行修正。

c）敏感目标参数

根据现场实际调查，给出公路（或城市道路）建设项目沿线敏感目标的分布情况，各敏感目标的类型、名称、规模、所在路段、桩号（里程）、与路基的相对高差及建筑物的结构、朝向和层数等。

14. ABD【点评解析】本题主要考查影响噪声源对声环境敏感目标噪声贡献值的因素。显而易见，与人口密度无关，与噪声源强和传播途径直接有关，空气的温度、湿度与声波大气吸收衰减有关。

15. ABCD【点评解析】本题主要考查影响在建项目噪声影响预测计算中需要的基础数据。抓住声环境的“三要素”——声源（声源源强、声源运行时段）、传播途径（声波的传播条件、声源与预测点的位置）、受体即可。

16. AC【点评解析】本题主要考查点声源的定义。声源最大几何尺寸远远小于声波波长，为点声源的本质上的定义。当声源最大几何尺寸小于预测点和声源距离的二分之一时，可将声源近似为点声源。

17. ABC【点评解析】本题主要考查室外声源组等效为一个点声源应满足的条件。区域内声源应按一定规律排列不是应满足的条件。在声环境影响评价中，利用上述定义和理论来认定点声源是有一定困难的。简单的近似是，对于单一声源，如声源中心到预测点之间的距离超过声源最大几何尺寸 2 倍时，该声源可近似为点声源。由众多声源组成的广义噪声源，例如道路、铁路交通或工业区（它可能包括有一些设备或设施以及在场地内往来的车辆等），可通过分区用位于中心位置的等效点声源近似。将某一分区等效为点声源的条件是：分区内声源有大致相同的强度和离地面的高度、到预测点有相同的传播条件；等效点声源到预测点的距离（d）应大于声源最大尺寸（H_{max}）2 倍（$d>2H_{max}$），如距离较小（$d\leqslant 2H_{max}$），总声源必须进一步划分为更小的区。等效点声源的声功率级等于分区内各声源声功率级的能量和。在符合上述条件的情况下，可用等效声源计算的声衰减表示这一分区的声衰减。实际上任何一个线声源和面声源均可采用分区的方法简化为点声源，然后通过每一个点声源在预测点产生的声级的叠加，获得线声源或面声源对于测点的影响。

18. ABC【点评解析】本题主要考查声屏障衰减有关的因素。一般考虑了声屏障衰减，就不考虑地面衰减了，故其与地面特征无关。有限长薄屏障在点声源声场中引起的衰减计算（A_{bar}）：

计算声屏障引起衰减的方法较多，现介绍其中的一种，其他计算方法可参考《环境影响评价技术导则　声环境》（HJ 2.4—2009）和其他相关标准。

位于声源和预测点之间的实体障碍物，如围墙、建筑物、土坡或地堑等起声屏障作用，从而引起声能量的较大衰减。在环境影响评价中，可将各种形式的屏障简化为具有一定高度的薄屏障。S、O、P 三点在同一平面内且垂直于地面。

定义δ=SO+OP−SP 为声程差，$N=2\delta/\lambda$为菲涅尔数，其中λ为声波波长。

（1）首先计算三个传播路径的声程差δ_1、δ_2、δ_3和相应的菲涅尔数 N_1、N_2、N_3。

（2）声屏障引起的衰减按下式计算：

$$A_{bar}=-10\lg\left[\frac{1}{3+20N_1}+\frac{1}{3+20N_2}+\frac{1}{3+20N_3}\right]$$

19. ABC【点评解析】本题主要考查工矿企业声环境影响评价内容。虽然，有时也考虑建设项目与相邻工程之间的关系，但不是重点内容。工矿企业声环境影响评价应着重分析说明以下问题：

（1）按厂区周围敏感目标所处的环境功能区类别评价噪声影响的范围和程度，说明受影响人口情况。

（2）分析主要影响的噪声源，说明厂界和功能区超标原因。

（3）评价厂区总图布置和控制噪声措施方案的合理性与可行性，提出必要的替代方案。

（4）明确必须增加的噪声控制措施及其降噪效果。

20. ABD【点评解析】本题主要考查与地面效应衰减相关的因素。大气温度、湿度与空气吸收衰减相关，与地面效应衰减无关。地面效应衰减相关的因素有地面类型、声源和接收点高度、接收点和声源之间的距离。见第 5 题说明。

21. ABC【点评解析】本题主要考查线声源的几何发散衰减。A 项代表有限长线声源的远场，当 $r>l_0$ 且 $r_0>l_0$ 时。*B* 项代表有限长线声源中场，当 $l_0/3<r<l_0$，且 $l_0/3<r_0<l_0$ 时。*C* 项代表无限长线声源近场，当 $r<l_0/3$ 且 $r_0<l_0/3$ 时。*D* 项公式不存在。

22. BCD【点评解析】本题主要考查生产企业声环境影响评价应重点分析的内容。显然，产品水泵的声功率级不是企业声环境影响评价应重点分析的内容，水泵并不运行。应重点分析的内容有企业总图布置的合理性、对环境敏感点产生影响的噪声源、噪声影响的范围和程度等。

23. ACD【点评解析】本题主要考查与声波大气吸收衰减系数有关的主要因素。从其衰减公式可以得知，衰减系数 a 为温度、湿度和声波频率的函数。空气吸收引起的衰减按下列公式计算：

$$A_{\rm atm}=\frac{a\left(r-r_0\right)}{1\,000}$$

式中：a 为温度、湿度和声波频率的函数，预测计算中一般根据建设项目所处区域常年平均气温和湿度选择相应的空气吸收系数。与声波强度无关。

24. ABC【点评解析】本题主要考查计算室内声源的室外等效声源的声功率级需要的主要参数。根据某声源在靠近围护结构处的倍频带声压级计算公式 $L_1=L_{\rm w1}+10\lg\left(\frac{Q}{4\pi r_1^2}+\frac{4}{R}\right)$，式中：$L_{\rm w1}$ 为某个室内声源在靠近围护结构处产生的倍频带声功率级；r_1 为某个室内声源与靠近围护结构处的距离；Q 为指向性因数；L_1 为靠近围护结构处的倍频带声压级；R 为房间常数。Q 指向性因数与声源在房间内的位置有关，不同位置分别取值 1、2、4、8。房间常数与房间内表面面积有关，与房间的体积不直接相关。

25. BCD【点评解析】本题主要考查等效点声源的条件。显然，各水泵应有相同的高度。实际的室外声源组，可以用处于该组中部的等效点声源来描述。一般要求组内的声源具有大致相同的强度和离地面的高度；到接收点有相同的传播条件；从单一等效点声源到接收点间的距离 r 超过声源的最大几何尺寸 $H_{\max}$ 二倍（$r>2H_{\max}$）。假若距离 r 较小（$r\leqslant 2H_{\max}$），或组内的各点声源传播条件不同时（如加屏蔽），其总声源必须分为若干分量点声源。

26. AC【点评解析】本题主要考查等效点声源的条件。将某一分区等效为点声源的条件是：分区内声源有大致相同的强度和离地面的高度、到预测点有相同的传播条件；等效点声源到预测点的距离（d）应大于声源最大尺寸（H_{max}；）2 倍（d>2 H_{max}），如距离较小（d≤2 H_{max}），总声源必须进一步划分为更小的区。等效点声源的声功率级等于分区内各声源声功率级的能量和。题中，因为 4 台水泵是相同的，所以等效点声源功率级等于 4 台水泵声功率级的叠加值。

27. ABC【点评解析】本题主要考查计算声源在靠近围护结构处的倍频带声压级需要的参数。见第 24 题说明。

28. ABD【点评解析】本题主要考查声环境影响评价的基本要求。声环境影响评价基本要求和方法包括以下几方面：① 评价项目建设前环境噪声现状；② 根据噪声预测结果和相关环境噪声标准，评价建设项目在建设期（施工期）、运行期（或运行不同阶段）噪声影响的程度，超标范围及超标状况（以敏感目标为主）；③ 分析受影响人口的分布状况（以受到超标影响的为主）；④ 分析建设项目的噪声源分布和引起超标的主要噪声源或主要超标原因；⑤ 分析建设项目的选址（选线）、设备布置和选型（或工程布置）的合理性，分析项目设计中已有的噪声防治措施的适用性和防治效果；⑥ 为使环境噪声达标，评价必须增加或调整适用于本工程的噪声防治措施（或对策），分析其经济、技术的可行性；⑦ 提出针对该项工程有关环境噪声监督管理、环境监测计划和城市规划方面的建议。评价范围内的企业规模与声环境影响评价无关。

29. BC【点评解析】本题主要考查噪声等声级线图绘制要求。等声级线的间隔应不大于 5 dB（一般选 5 dB）。对于 L_{eq}，等声级线最低值应与相应功能区夜间标准值一致，最高值可为 75 dB。

30. ABC【点评解析】本题主要考查面声源的衰减公式。作为一个整体的长方形面声源（b>a），中心轴线上的几何发散声衰减可近似如下：预测点和面声源中心距离 r<a/π 时，几乎不衰减，A_{div}≈0；当 a/π<r<b/π，距离加倍衰减 3 dB 左右，类似线声源衰减，A_{div}≈10lg（r/r_0）；当 r>b/π 时，距离加倍衰减趋近于 6 dB，类似点声源衰减，A_{div}≈20lg（r/r_0）。其中面声源的 b>a。

31. ABC【点评解析】本题主要考查地面效应衰减的主要因素。地面类型可分为：坚实地面，疏松地面，混合地面；声波越过不同地面时，其衰减量是不一样的。地面效应引起的倍频带衰减可用下式计算：$A_{gr}=4.8-\left(\frac{2h_m}{r}\right)\left[17+\left(\frac{300}{r}\right)\right]$。空气的湿度温度是空气吸收引起的衰减的主要因素。

32. ABC【点评解析】本题主要考查声环境影响预测需考虑的衰减因素。户外声传播衰减包括几何发散（A_{div}）、大气吸收（A_{atm}）、地面效应（A_{gr}）、屏障屏蔽（A_{bar}）、其他多方面效应（A_{misc}）（如通过工业场所的衰减、通过房屋群的衰减等）引起的衰减。一般情况下，不考虑自然条件（如风、温度梯度、雾）变化引起的附加修正。声环境功能的区划与衰减无关。

第八章　生态影响预测与评价

一、单项选择题（每题的备选项中，只有一个最符合题意）

1. 景观敏感度判别指标包括视角或相对坡度、相对距离、视见频率和（　　）。（2005 年考题）

A. 新颖奇特性　　B. 景观醒目程度

C. 对外界干扰的耐受能力　　D. 稀有性

2. 进行生态环境评价时，针对某一问题或某一环境因子进行评价，最适用的类比评价方法是（　　）。（2005 年考题）

A. 替代方案分析　　B. 综合性类比分析

C. 单因子类比分析　　D. 公众及社会团体意见分析

3. 生态环境影响二级评价的建设项目，要求对（　　）进行单项预测。（2005 年考题）

A. 关键评价因子　　B. 某些重要评价因子

C. 所有评价因子　　D. 当地公众关注的环境因子

4. 某大型水库入库年径流量与总库容之比小于 8，应用类比法预测其下泄水温，如其他条件相似，可选择的类比水库是（　　）。（2006 年考题）

A. 大型径流式水库　　B. 中型日调节水库

C. 大型年调节型水库　　D. 中型季调节水库

5. 生态影响建设项目进行一级评价时，除要求对单项环境因子进行预测外，还要求对（　　）的影响进行预测。（2006 年考题）

A. 资源可持续利用　　B. 区域污染源分布

C. 区域性全方位　　D. 区域经济发展

6. 在水土流失评价中，某地的土壤水力侵蚀模数为 2 500～5 000 t/（$hm^2 \cdot a$），其侵蚀强度为（　　）。（2006 年考题）

A. 轻度侵蚀　　B. 中度侵蚀

C. 强度侵蚀　　D. 极强度侵蚀

7. 通用水土流失方程式 $A=R \cdot K \cdot L \cdot S \cdot C \cdot P$ 中，A 是指（　　）。（2007 年考题）

A. 土壤侵蚀模数　　B. 土壤侵蚀面积

C. 水土流失量　　D. 土壤可蚀性因子

8. 在环境影响评价中做好（　　）是生态影响评价的重要基础。（2007 年考题）

A. 群落结构分析　　B. 物种评价

C. 现状调查　　D. 水土流失预测

9. 生态制图过程中的图件配准是对不同投影、不同比例尺、不同类型的图件进行投影转换和同比例尺转换，以最大可能地满足（　　）要求。（2008 年考题）

A. 视觉　　B. 精度

C. 分辨率　　D. 图幅尺寸

10. 用放射性标记物测定自然水体中浮游植物光合作用固定的某元素要用“暗呼吸”法作校正，这是因为植物在黑暗中能吸收（　　）。（2008 年考题）

A. O_2　　B. H_2

C. N_2　　D. ^{14}C

11. 景观敏感度是指景观被人注意到的程度，可用视角或视线坡度进行评价。一般视角或视线坡度（　　）为“很敏感”。（2008 年、2010 年考题）

A. 小于 20%　　B. 在 20%～30%

C. 在 30%～45%　　D. 大于 45%

12. 风力侵蚀强度分级指标包括（　　）。（2008 年、2009 年考题）

A. 植被覆盖度、年平均风速和年风蚀厚度

B. 年平均风速、植被覆盖度和侵蚀模数

C. 植被覆盖度、年风蚀厚度和侵蚀模数

D. 侵蚀模数、年风蚀厚度和年平均风速

13. 公路建设过程中控制（　　）是减少生态影响的重要措施。（2008 年考题）

A. 施工进度　　B. 施工机械数量

C. 作业时段　　D. 作业带宽度

14. 在无法获得项目建设前的生态质量背景资料时，应首选（　　）作为背景资料进行类比分析。（2008 年考题）

A. 当地长期科学观测累积的数据资料

B. 同一气候带类似生态系统类型的资料

C. 全球按气候带和生态系统类型的统计资料

D. 当地地方志记载的有关资料

15. 当建设项目对生态敏感保护目标可能产生影响时，采取的最好的保护措施是（　　）。（2008 年考题）

A. 避让　　B. 补偿

C. 迁移　　D. 隔离

16. 表征土壤侵蚀强度的指标是（　　）。（2009 年考题）

A. 土壤侵蚀厚度　　B. 土壤侵蚀量

C. 土壤侵蚀面积　　D. 土壤侵蚀模数

17. 湖库水体营养状况指数（TSI）评价法通常采用三个关联指标（　　）。（2009 年考题）

A. 透明度、总氮、叶绿素　　B. 透明度、总磷、叶绿素

C. 总氮、总磷、叶绿素　　D. 总氮、总磷、透明度

18. 可能受工程影响的某种保护动物，其数量相当的四个种群的年龄结构图如下。在不采取保护措施时，最易灭绝的种群是（　　）。（2010 年考题）

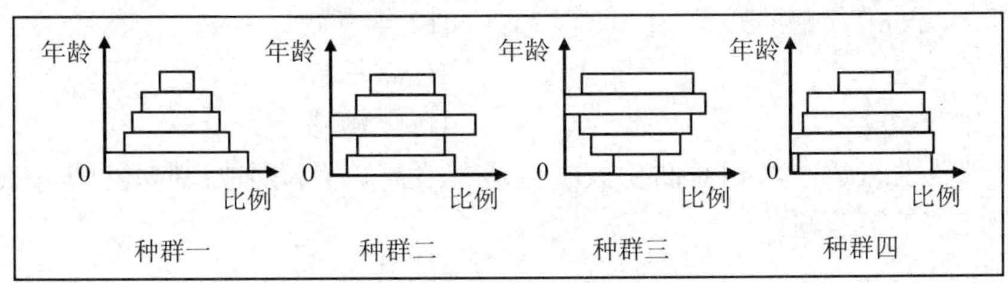

A. 种群一　　B. 种群二

C. 种群三　　D. 种群四

19. 反映地面生态学特征的植被指数 NDVI 是指（　　）（2010 年考题）

A. 比值植被指数　　B. 农业植被指数

C. 归一化差异植被指数　　D. 多时相植被指数

20. 某工程位于华南中低山区，年降水量 1 300 mm 左右，取土场生态恢复拟采取自然恢复方式，数年后可能出现的植被类型是（　　）。（2010 年、2011 年考题）

A. 云杉群落　　B. 红松群落

C. 华山松群落　　D. 马尾松群落

21. 土壤侵蚀量计算方法为（　　）。（2011 年考题）

A. 侵蚀面积×侵蚀模数　　B. 侵蚀面积/侵蚀模数

C. 侵蚀模数/侵蚀面积　　D. 侵蚀模数×侵蚀时间

22. 在一特殊生态敏感区，拟建项目占地面积为 9.8 km^2，其生态影响评价要求的土地利用现状图的成图比例尺至少应为（　　）。（2012 年考题）

A. ≥1∶10 万　　B. ≥1∶5 万

C. ≥1∶2.5 万　　D. ≥1∶1 万

23. 在一灌木群落中，7 种主要木本植物的植株数量如下表。用香农-威纳指数评价该群落生物多样性时，种类 3 的 P_i 值约为（　　）。（2012 年考题）

种类（序号）	1	2	3	4	5	6	7
植株数量/株	180	160	150	130	120	50	30

A. 0.18　　B. 0.22

C. 21.43　　D. 50.00

24. 下列生态影响一级评价要求的图件中，属于推荐图件的是（　　）。（2012年考题）

A. 地表水系图　　B. 植被类型图

C. 动植物资源分布图　　D. 生态监测布点图

25. 某自然景观距拟建高速公路的最小距离为 1 200 m，按“相对距离”单项指标判断该景观的“敏感程度”为（　　）。（2012 年考题）

A. 极敏感　　B. 很敏感

C. 中等敏感　　D. 不敏感

26. 景观生态学中，相对面积大、连通程度高、有动态控制功能的背景地块是（　　）。（2012 年考题）

A. 斑块　　B. 基质

C. 廊道　　D. 景观

27. 我国亚热带地区分布的地带性植被类型是（　　）。（2012 年考题）

A. 雨林　　B. 针阔混交林

C. 常绿阔叶林　　D. 落叶针叶林

28. 生态影响评价中，关于综合指数法应用的说法，错误的是（　　）。（2013年考题）

A. 综合指数法适用于生态系统功能评价

B. 综合指数法适用于生态系统结构评价

C. 综合指数法适用于生态多因子综合质量评价

D. 综合指数法适用于分析生态因子的性质及变化规律

29. 山区小型引水式电站建设对生态环境产生的影响，主要是源于（　　）（2013年考题）

A. 土地淹没　　B. 厂房占地

C. 移民安置　　D. 河流减脱水

30. 某面积为 10.0 km^2 的开发区，建设前森林覆盖率为 45%，建设运行后森林覆盖面积为 3.5 km^2。若以植被覆盖率为质量指标，用单因子指数法计算出该区开发前后生态质量变化量为（　　）。（2013 年考题）

A. 增加 10%　　B. 增加 6.5%

C. 减少 5.5%　　D. 减少 10%

31. 某公路建设项目环境影响评价中，根据路由地段野生动物种类、分布、栖息和迁移的多年调查资料，分析评价公路建设与运行对野生动物的影响，该环评所采用的方法是（　　）。(2013 年考题)

A. 类比法　　B. 综合指数法

C. 生态机理分析法　　D. 系统分析法

32. 测得某样地共有 5 种植物，各种植物在样方中的分布情况如下表，该样地群落的多样性指数为（　　）。(2013 年考题)

植物种	数量
S1	15
S2	20
S3	20
S4	5
S5	40

A. 1.44　　B. 1.54

C. 1.64　　D. 1.74

33. 某项目评价区进行生物多样性调查时布设 3 个草地样方，物种 S_1、S_2、S_3 的株数见下表，则该评价区群落的多样性指数是（　　）。(2014 年考题)

编号	S_1	S_2	S_3
物种株数/株	24	12	4

A. 3.2　　B. 3.0

C. 1　　D. 0.9

34. 某项目占地面积 35 km^2，评价区域内无特殊生态敏感区和重要生态敏感区，其生态影响评价图件成图比例尺不应小于（　　）。(2014 年考题)

A. 1∶100 000　　B. 1∶50 000　　C. 1∶10 000　　D. 1∶5 000

35. 某区域水土保持规划中的土壤允许流失量为 200 t/km^2，在其他因素不变的情况下，达到该规划目标的植被覆盖率应≥70%。该区域内拟对一面积为 50 km^2 的矿山迹地进行生态恢复。此迹地现状植被面积为 20 km^2。要达到区域水土保持规划目标，该矿山的植被面积至少需增加（　　）。(2014 年考题)

A. 15 km^2　　B. 20 km^2

C. 25 km^2　　D. 30 km^2

36. 测得某站点共有甲、乙、丙、丁四种浮游生物，个体数量分别为4、16、8、12，则物种丁的优势度是（　　）。(2015年考题)

A. 40%　　B. 30%

C. 20%　　D. 10%

37. 水库蓄水导致区域土壤盐渍化的原因是（　　）。(2015年考题)

A. 地表植被被破坏　　B. 水土流失

C. 水体富营养化　　D. 地下水位抬升

38. 经调查，某水体有10个物种，每个物种个体数均为5，则该水体生物多样性状态是（　　）。(2015年考题)

A. 物种种类丰富，个体分布均匀

B. 物种种类丰富度较低，个体分布比较均匀

C. 物种种类丰富度较高，个体分布比较均匀

D. 物种定义，多样性基本丧失

39. 某项目进行植被样方调查时，设置2个10 m^2样方，共调查到4个物种。物种W在两个样方内数量分别为4株和6株，其他物种只出现在一个样方内。根据测得数据，可计算出物种W的（　　）。(2015年考题)

A. 重要度　　B. 相对频度

C. 相对密度　　D. 相对优势度

二、不定项选择题（每题的备选项中至少有一个符合题意）

1. 生物多样性影响评价中的生态学评估指标包括（　　）。(2005年考题)

A. 种群活力　　B. 林、灌、草比例

C. 最小生境　　D. 有效种群

2. 运用类比法进行生态影响型项目的环境影响预测时，类比项目应具备的条件包括（　　）。(2006年考题)

A. 工程特性相似　　B. 投资规模相似

C. 地质条件和动植物背景相似　　D. 已运营一定年限

E. 气候因素和动植物背景相似

3. 生态完整性或生态系统整体性评价指标包括（　　）。(2006年考题)

A. 植被的连续性和生态系统组成完整性

B. 土壤质量与土层厚度

C. 生物多样性和生物生产量及生产力水平

D. 敏感保护目标的重要程度与分布

4. 从河流A的上游跨流域调水补给河流B的下游灌区，其生态影响评价范围应

包括（　　）。(2006 年考题)

A. 河流 A 的上游　　B. 河流 A 的中、下游

C. 河流 B 的上游　　D. 调水线路所穿越地区

E. 河流 B 的中、下游

5. 生态影响评价中的野生动物调查内容一般包括（　　）。(2006 年考题)

A. 动物区系组成与种群结构　　B. 媒介生物与传播途径

C. 微生物与寄生生物　　D. 物种多样性

E. 栖息地状况与连通程度

6. 在某河流域区河段拟建一集装箱货运码头，在生态环境影响预测分析中需关注的目标应包括（　　）。(2006 年考题)

A. 集中供水水源地　　B. 洄游性鱼类

C. 浮游生物　　D. 局地气候

7. 进行生态影响评价应充分重视（　　）。(2007 年考题)

A. 直接影响　　B. 间接影响

C. 潜在影响　　D. 区域性影响

8. 某拟建高速公路邻近省级森林生态系统类型的自然保护区实验区，环境影响评价需具备的基本生态图件有（　　）。(2007 年考题)

A. 土地利用现状图　　B. 植被分布现状图

C. 重要保护物种分布图　　D. 拟建公路与自然保护区位置关系图

E. 自然保护区功能分区图

9. 生态影响评价中，陆生野生动物的调查内容一般应包括（　　）。(2007 年考题)

A. 动物种类及区系组成　　B. 分布范围及生境状况

C. 种群数量及繁殖规律　　D. 迁徙行为及迁徙通道

10. 从河流 A 的上游筑坝，跨流域调水补给河流 B 的中游，其生态影响评价范围应包括（　　）。(2007 年考题)

A. 河流 A 的上游　　B. 河流 A 的中、下游

C. 河流 B 的中、下游　　D. 调水线路所穿越地区

11. 景观生态学方法中，判定模地的指标有（　　）。(2007 年考题)

A. 相对面积　　B. 连通程度

C. 动态控制功能　　D. 空间结构

12. 生态影响评价中应用生态机理分析法进行影响预测，需要（　　）等基础资料。(2007 年考题)

A. 环境背景现状调查

B. 动植物分布、动物栖息地和迁徙路线调查

C. 种群、群落和生态系统的分布特点、结构特征和演化情况描述

D. 珍稀濒危物种及具有重要价值的物种识别

13. 陆地生态系统完整性指标包括（　　）。（2007 年考题）

A. 群落结构和地表覆盖　　B. 特有种的可繁衍水平

C. 与周边其他类型生态系统的分隔　　D. 生物多样性

14. 用类比法预测河流筑坝对鱼类资源的影响时，类比调查应重点考虑（　　）。（2007 年考题）

A. 工程特性与水文情势变化　　B. 饵料生物丰度

C. 鱼类区系组成及其生态习性　　D. 有无洄游性、珍稀保护、地方特有鱼类

15. 在生态影响型建设项目的环境影响评价中，选择的类比对象应（　　）。（2007 年考题）

A. 与拟建项目性质相同

B. 与拟建项目工程规模相似

C. 与拟建项目具有相似的生态环境背景

D. 与拟建项目类似且稳定运行一定时间

16. 在景观影响评价中，一般用作景观敏感判别指标有（　　）。（2008 年考题）

A. 视见频率　　B. 相对距离

C. 海拔高度　　D. 视角

17. 生态影响预测应包括（　　）方面的分析。（2008 年考题）

A. 生态影响因素　　B. 生态影响受体

C. 生态影响效应　　D. 生态防护措施

18. 在河流 A 的上游筑蓄水坝跨流域调水补给河流 B 的下游，其生态影响评价范围应包括（　　）。（2009 年考题）

A. 河流 A 的上游　　B. 河流 A 的中、下游

C. 河流 B 的中、上游　　D. 河流 B 的下游

E. 调水线路所穿越地区

19. 植被分类系统一般包括植被型组、植被型、群系组、群系、群丛组和群丛等，属于“植被型”的有（　　）。（2010 年考题）

A. 寒温性落叶针叶林　　B. 温性竹林

C. 暖性针叶林　　D. 热性松林

20. 用类比法预测河流筑坝对鱼类的影响时，类比调查应重点考虑（　　）。（2010 年考题）

A. 工程特性与水文情势　　B. 饵料生物丰度

C. 鱼类组成　　D. 鱼类生态习性

21. 拟建小型引水式电站坝高 15 m，引水管长 10 km，项目环评中对鱼类的影响应从（　　）等方面进行分析。（2010 年考题）

A. 大坝阻隔　　B. 河流减（脱）水

C. 低温水　　D. 气体过饱和

22. 景观生态学中判定模地的标准有（　　）。（2010 年考题）

A. 相对面积大　　B. 连通程度高

C. 破碎化程度高　　D. 具有动态控制功能

23. 某拟建高速公路经过某种爬行动物主要活动区，公路营运期对该动物产生的直接影响有（　　）。（2010 年考题）

A. 减少种群数量　　B. 改变区系成分

C. 阻隔活动通道　　D. 分割栖息生境

24. 水土流失强度的主要影响因素有（　　）。（2011 年考题）

A. 降雨　　B. 水土流失面积

C. 地形　　D. 土壤理化性质

25. 拟建小型引水式电站坝高 10 m，引水管长 10 km，拟建项目对鱼类的主要影响来自（　　）。（2011 年考题）

A. 水坝阻隔　　B. 河段减（脱）水

C. 低温水　　D. 气体过饱和

26. 陆地生态系统完整性指标包括（　　）。（2011 年考题）

A. 生物多样性　　B. 物种的可繁衍水平

C. 植被的连续性　　D. 系统结构和组成的完整性

27. 采用类比法进行生态影响评价时，选择的类比对象应与拟建工程的（　　）。（2011 年考题）

A. 地理经度相似　　B. 工程规模相近

C. 影响方式相似　　D. 区域生态特征相似

28. 从河流甲的上游筑坝调水补给河流乙的中游，其生态影响评价范围应包括（　　）。（2011 年考题）

A. 河流甲的坝址上游　　B. 调水线路所穿越地区

C. 河流甲的坝址下游　　D. 河流乙的中、下游

29. 在通用水土流失方程（USLE）中，确定土壤可蚀型 K 值的因素有（　　）。（2012 年考题）

A. 土壤的机械组成　　B. 植被覆盖度

C. 土壤有机质含量　　D. 土壤结构及渗透性

30. 运用类别分析法进行建设项目生态影响评价时，选择类比对象的条件有（　　）。（2012 年考题）

A. 工程性质、规模及范围与拟建项目基本相当

B. 类比对象已竣工验收并运行一段时间

C. 项目建设区生态环境基本相似

D. 项目投资额度大致相等

31. 适用于生态环境影响评价和预测的方法有（　　）。（2012 年考题）

A. 类比分析法　　B. 图形叠置法

C. 生态机理分析法　　D. 列表清单法

32. 采用类比法进行建设项目生态影响预测与评价时，关于类比对象的选择标准，说法正确的有（　　）。（2013 年考题）

A. 生态背景相同，区域具有一致性

B. 性质相同的已建成项目，已对生态产生实际影响

C. 性质相同的已建成项目，尚未对生态产生实际影响

D. 性质相同的拟建项目

33. 在测定绿色植物的总生产量时，需要用到的参数有（　　）。（2013 年考题）

A. 生长量　　B. 呼吸作用消耗量

C. 枯枝落叶损失量　　D. 被动物吃掉的损失量

34. 建有船闸的水坝下游减水河段最小流量设计时必须保证的参数有（　　）。（2013 年考题）

A. 最小生态需水量　　B. 正常航运的流量

C. 平水期多年平均流量　　D. 枯水期多年平均流量

35. 生态影响预测与评价中，类比项目的选择应考虑的条件有（　　）。（2014 年考题）

A. 项目区域生态背景一致

B. 项目性质相同

C. 项目建设经费基本相等

D. 类比项目已建成并产生了实际生态影响

36. 某拟建高速公路长 105 km，评价区域内无特殊生态敏感区和重要生态敏感区，则其生态影响评价需要的基本图件有（　　）。（2014 年考题）

A. 地表水系图　　B. 土地利用现状图

C. 项目区域地理位置图　　D. 水文地质图

37. 通用水土流失方程中，影响侵蚀控制措施因子 P 的主要因素有（　　）。（2014 年考题）

A. 土壤有机质含量　　B. 农业耕作措施

C. 耕作期　　D. 植被覆盖度

38. 采用样方调查收割法测定草地生物量，下列关于生物量测定的说法，正确的是（　　）。（2015 年考题）

A. 测定的样方面积不小于 100 m^2

B. 测定时要去除老叶、老茎、老根

C. 测定可在草最大生长量时期取样干燥后称重

D. 测定内容包括地上部分茎、叶、果和根系

39. 用于判定风力侵蚀强度的因子有（　　）。（2015 年考题）

A. 侵蚀模数　　B. 年主导风向

C. 植被覆盖度　　D. 年风蚀厚度

40. 通用水土流失方程中，影响土壤可蚀因子 K 的主要因素有（　　）。（2015 年考题）

A. 土壤机械组成　　B. 土壤渗透系数

C. 农业耕作措施　　D. 耕作期

41. 下列关于判断景观敏感度的说法，正确的是（　　）。（2015 年考题）

A. 景观表面相对于观景者的视角视线坡度达 30%～45%为中等敏感

B. 景观表面相对于观景者的视角视线坡度达 45%为很敏感

C. 景观与观景者的距离小于 400 m 为极敏感

D. 景观与观景者的距离介于 600～800 m 时为中等敏感

42. 下列森林生态功能中，属于生态服务功能的有（　　）。（2016 年考题）

A. 保持水土　　B. 涵养水源

C. 防风固沙　　D. 增加森林生物量

参考答案

一、单项选择题

1. B【点评解析】本题主要考查景观敏感度判别指标。景观敏感度是指景观被人注意到的程度。一般有如下判别指标：

（1）视角或相对坡度。景观表面相对于观景者的视角越大，景观被看到或被注意到的可能性也越大。一般视角或视线坡度达 20%～30%，为中等敏感；达 30%～45%为很敏感；＞45%为极敏感。

（2）相对距离。景观与观景者越近，景观的易见性和清晰度就越高，景观敏感

度也高。一般将 400 m 以内距离作为前景，为极敏感；将 400～800 m 作为中景，为很敏感；800～1 600 m 可作为远景，中等敏感；＞1 600 m 可作为背景。但这与景观物体量大小、色彩对比等因素有关。

（3）视见频率。在一定距离或一定时间段内，景观被看到的概率越高或持续的时间越长，景观的敏感度就越高。从对视觉的冲击来看，一般观察或视见时间＞30 s 者，可为极敏感；视见延续时间 10～30 s 者为很敏感；视见延续时间 5～10 s 者为中等敏感。视见时间延续 0.3 s 以上就可以被看到，但会一瞥而过。

（4）景观醒目程度。景观与环境的对比度，如形体、线条、色彩、质地和动静的对比度越高，景观越敏感。对比度比较强烈的，如森林边缘、岩体边缘、山体天际线、河岸和其他有特定形体或空中格局的景观。

2. C【点评解析】本题主要考查对某一问题或某一环境因子进行评价最适用的类比评价方法。最适用的类比评价方法是单因子类比分析。

（1）单因子类比分析。针对某一问题或某一环境因子，通过对可类比对象的监测或调查分析，可取得有针对性的评价依据，从而对拟建项目某一问题或某一环境因子的影响进行科学评价。例如，公路、铁路噪声影响，高压线路电磁辐射影响，水电工程对洄游性鱼类的阻隔影响等，都可作类比分析。

（2）综合性类比分析。既可指生态系统整体性评价的综合性分析，也可指一项工程的整个影响的综合性分析。生态系统整体性影响评价的综合性分析，可以采用综合评价法由一组指标进行加和评价，也可选某一因子如植被的动态作为代表进行分析评价。许多科学研究和回顾性调查是属于综合性调查分析的，如对湿地减少及其相应的影响调查、对煤矿开采进行的回顾性调查，对灌溉不当造成的影响调查、对长江中上游地区森林砍伐与长江洪水相关性的调查分析等，都是一种综合性分析。这些调查可以作为环评中重要的类比依据。

3. C【点评解析】本题主要考查生态环境影响各级评价的预测要求。虽为重要知识点，但当时考的是《环境影响评价技术导则　非污染生态影响》（HJ/T 19—1997）的内容。三级评价项目要对关键评价因子（如对绿地、珍稀濒危物种、荒漠等）进行预测；二级评价项目要对所有重要评价因子均进行单项预测；一级评价项目除进行单项预测外，还要对区域性全方位的影响进行预测。

4. C【点评解析】本题实际考查类比法的类比条件要求，并了解水库是否分层的概念。由于某大型水库入库年径流量与总库容之比小于 8，为大型年调节型水库。因此，类比的对象也应是大型年调节型水库。湖泊、水库水温是否分层，区别方法较多，比较简单而常用的是通过湖泊、水库水替换的次数指标α 和β 经验性标准来判别。

α=年总入流量/湖泊、水库总容积

β=一次洪水总量/湖泊、水库总容积

当α <10，认为湖泊、水库为稳定分层型：若α >20，认为湖泊、水库为混合型。对于洪水期如按α 判别为分层型，而在洪水时实际可能是混合型，因此洪水时以β 指标作为第二判别标准，当β <1/2 时，洪水对湖泊水温分层几乎没有影响。

5. C【点评解析】本题主要考查生态环境影响各级评价的预测要求。虽为重要知识点，但当时考的是《环境影响评价技术导则 非污染生态影响》（HJ/T 19—1997）的内容。一级评价项目除进行单项预测外，还要对区域性全方位的影响进行预测。

6. B【点评解析】本题主要考查土壤水力侵蚀的强度分级，参见水利部颁布的“水土流失侵蚀强度分级标准”。某地的土壤水力侵蚀模数为 2 500～5 000 t/（hm^2·a），其侵蚀强度为中度侵蚀，考生务必记忆。水力侵蚀、重力侵蚀的强度分级：

微度侵蚀：< 200 t/（km^2·a），500 t/（km^2·a），1 000 t/（km^2·a）（分别指东北黑土区和北方土石山区，南方红壤丘陵区和西南土石山区，西北黄土高原区）；

轻度侵蚀：200 t/（km^2·a），500 t/（km^2·a），1 000～2 500 t/（km^2·a）（地域界限同“微度侵蚀”）；

中度侵蚀：2 500～5 000 t/（km^2·a）；

强度侵蚀：5 000～8 000 t/（km^2·a）；

极强度侵蚀：8 000～15 000 t/（km^2·a）；

剧烈侵蚀：>15 000 t/（km^2·a）。

7. A【点评解析】本题实际考查水土流失方程式。由于 A 是指单位面积多年评价土壤侵蚀量，其量纲为侵蚀模数，实为土壤侵蚀模数。考生务必理解。另外，考生应对此水土流失方程式的参数的含义有所了解。美国通用水土流失方程式（USLE）：

$$A = R \cdot K \cdot L \cdot S \cdot C \cdot P$$

式中：A——单位面积多年平均土壤侵蚀量，t/（hm^2·a）；

R——降雨侵蚀力因子，$R=EI_{30}$（一次降雨总动能×最大 30 min 雨强）；

K——土壤可蚀性因子，根据土壤的机械组成、有机质含量、土壤结构及渗透性确定；

L——坡长因子；

S——坡度因子，我国黄河流域试验资料，$LS = 0.067L^{0.2}S^{1.3}$；

C——植被和经营管理因子，与植被覆盖度和耕作期相关；

P——水土保持措施因子，主要有农业耕作措施、工程措施、植物措施。

8. C【点评解析】本题主要考查生态影响评价的重要基础。由于生态环境影响具有累积性、区域性或流域性、高度相关性和综合性等诸多特点，最终其影响效应具有系统整体性；预测一般是较难的。因此，做好现状调查是生态影响评价的重要基础。群落结构分析、物种评价、水土流失预测是单项生态影响分析评价内容。

9. B【点评解析】本题主要考查生态制图的图件配准要求。关键是要清楚其目的，无非就是精度要求，其他的都是次要目的。

10. D【点评解析】本题主要考查初级生产量测定方法的放射性标记物测定法。显然，只有 ^{14}C 具有放射性。

11. C【点评解析】本题主要考查景观敏感度评价的划分指标。考生务必理解记忆，大于 45%为“极敏感”，30%～45%为“很敏感”，20%～30%为“中等敏感”。小于 20%即为“不敏感”，尽管指标划分中没有。

12. C【点评解析】本题主要考查风力侵蚀强度分级指标。关键是内因植被覆盖度，外因是年风蚀厚度和侵蚀模数。考生务必理解记忆，其具体的分级指标。见下说明。

风蚀强度分级

强度分级	植被覆盖度/%	年风蚀厚度/mm	侵蚀模数/[t/（$km^2·a$）]
微度	＞70	＜2	＜200
轻度	70～50	2～10	200～2 500
中度	50～30	10～25	2 500～5 000
强度	30～10	25～50	5 000～8 000
极强度	＜10	50～100	8 000～15 000
剧烈	＜10	＞100	＞15 000

13. D【点评解析】本题主要考查减少生态影响的重要措施。公路（铁路、管线）建设过程中，控制作业带宽度是减少生态影响的重要措施。其他 3 项主要是噪声影响。

14. B【点评解析】本题实际考查生态影响预测中类比法的类比对象。显然，同一气候带类似生态系统类型的资料可用，其生态背景相同或相似。类比对象的选择标准是：① 生态背景的相同，即区域具有一致性，因为同一个生态背景下，区域主要生态问题相同。比如拟建设项目位于干旱区，那么类比的对象要选择位于干旱区项目。② 类比的项目性质相同。项目的工程性质、工艺流程、规模相当。③ 类比项目已经建成，并对生态产生了实际的影响，而且所产生的影响已基本全部显现，注意不要根据性质相同的拟建设项目的生态影响评价进行类比。

15. A【点评解析】本题主要考查生态敏感保护目标的保护措施。最好保护措施是避让，其次是隔离，然后迁移，最后不得已补偿。同样应遵循“先避后控”的顺序。

16. D【点评解析】本题主要考查表征土壤侵蚀强度的指标。由于表征土壤侵蚀强度的指标是指单位面积多年评价土壤侵蚀量，其量纲为侵蚀模数，实为土壤侵蚀模数。

17. B【点评解析】本题主要考查湖库水体营养状况指数（TSI）评价法通常采用三个关联指标。考生不仅要清楚其指标，而且最好知道其分级。营养状况指数法预测富营养化：湖泊中总磷与叶绿素 a 和透明度之间存在一定的关系。Carlson 根据透明度、总磷和叶绿素三种指标发展了一种简单的营养状况指数（TSI），用于评价湖泊富营养化的方法。TSI 用数字表示，范围在 0～100，每增加一个间隔（如 10，20，30，…）表示透明度减少一半，磷浓度增加 1 倍，叶绿素浓度增加近 2 倍。TSI＜40，为贫营养；TSI 为 40～50，为中营养；TSI＞50，为富营养。该方法简便，广泛应用于评价湖泊营养状况。但这个标准是否适合于评价我国湖泊营养状况，还需要进一步研究。

18. C【点评解析】本题实际考查最易灭绝的种群的分析。显而易见，种群三的年龄结构呈“倒三角”，年轻的保护动物数量比例偏小，说明该种群繁衍不具可持续性，俗话说“要保护好下一代”，就是这个道理。

19. C【点评解析】本题主要考查反映地面生态学特征的植被指数 NDVI 的含义。不同波段信息还可以以某种形式组合起来，形成各种类型的植被指数，从而较好地反映某些地面生态学特征。如最早发展的比值植被指数 RVI$\left(\mathrm{RVI}=R/\mathrm{NIR}\right)$，可用于估算和监测植被盖度，但是它对大气影响反应敏感，而且当植被盖度＜50%时，分辨能力也很弱，只有在植被盖度浓密的情况下效果最好；农业植被指数 AVI$[\mathrm{AVI}=2.0(\mathrm{MSS}_7-\mathrm{MSS}_5)]$，可以监测作物生长发育的不同阶段；归一化差异植被指数 NDVI$[\mathrm{NDVI}=(\mathrm{NIR}-R)/\left(\mathrm{NIR}+R\right)]$，对绿色植被表现敏感，常被用于进行区域和全球的植被状况研究；多时相植被指数 MTVI$[\mathrm{MTVI}=\mathrm{NDVI}\left(t_2\right)-\mathrm{NDVI}\left(t_1\right)]$，用于比较两个时期植被盖度的变化，也可以监测因水灾和土地侵蚀造成的森林覆盖率的变化。

目前已经提出的植被指数有几十个，但是应用最广的还是 NDVI，在生物量估测、资源调查、植被动态监测、景观结构和功能及全球变化研究中发挥了重要作用。此外，人们常常把 NDVI 作为一种评价标准，来评价基于遥感影像和地面测量或模拟的新的植被指数的好坏。

20. D【点评解析】本题实际考查我国的植被类型的分布情况。云杉群落为针叶林属，一般分布在青海、甘肃、内蒙古、宁夏等地，生长于海拔 1 600～3 800 m 的地区。红松群落为落叶松属，生长于海拔 2 300～3 500 m 的地区，如四川红杉。华山松群落为针叶林属，分布在陕西华山。马尾松林是中国南方森林生态系统退化的一个主要类型，也是易受松材线虫病感染的树种，一旦受到松材线虫病的侵害，将严重威胁绿化造林成果和生态环境。为考生今后遇到此类题，有据可查，现将植被类型的相关知识简述如下。

植被型的一般特征：植被型指具有建群植物的外貌相同且其生物生态学特性相

似的植物群落。我国主要的植被类型有以下几种：

（1）草原：组成草原的植物大多是适应半干旱气候条件的草本植物。

（2）荒漠：荒漠的生态条件极为严酷，夏季炎热干燥，土壤贫瘠。荒漠的植被稀疏，植物种类贫乏，这里生长的植物十分耐旱。

（3）热带雨林：热带雨林分布在全年高温多雨的地区，植物种类特别丰富，终年常绿，大部分植物都很高大。

（4）常绿阔叶林：常绿阔叶林分布在气候比较炎热、湿润的地区，这里的植物以常绿阔叶树为主。

（5）落叶阔叶林：落叶阔叶林分布区四季分明，夏季炎热多雨，冬季寒冷，这里的植物主要是冬季完全落叶的阔叶树。

（6）针叶林：针叶林分布在夏季温凉、冬季严寒的地区，这里的植物以松、杉等针叶树为主。

21. A【点评解析】本题主要考查土壤侵蚀量的计算方法。土壤侵蚀量即为侵蚀面积×侵蚀模数。

22. D【点评解析】本题实际考查生态影响评价要求的土地利用现状图的成图比例尺。首先需要判断其为一级评价，因在一个特殊生态敏感区。其次，按 HJ 19—2011 要求给出其成图比例尺。另外，因其要求高，也可推断为≥1∶1 万，见下表说明：

生态影响评价图件成图比例规范要求

成图范围		成图比例尺		
		一级评价	二级评价	三级评价
面积	≥ 100 km²	≥1∶10 万	≥1∶10 万	≥1∶25 万
	20～100 km²	≥1∶5 万	≥1∶5 万	≥1∶10 万
	2～≤20 km²	≥1∶1 万	≥1∶1 万	≥1∶2.5 万
	≤2 km²	≥1∶5 000	≥1∶5 000	≥1∶1 万
长度	≥ 100 km	≥1∶25 万	≥1∶25 万	≥1∶25 万
	50～100 km	≥1∶10 万	≥1∶10 万	≥1∶25 万
	10～≤50 km	≥1∶5 万	≥1∶10 万	≥1∶10 万
	≤10 km	≥1∶1 万	≥1∶1 万	≥1∶5 万

23. A【点评解析】本题主要考查用香农-威纳指数评价群落生物多样性。植株总数量 $N=180+160+150+130+120+50+30=820$，种类 3 的 P_i 值 $=n_i/N=150/820=0.18$。生物多样性通常用香农-威纳指数（Shannon-Wiener Index）表征。

$$H=-\sum_{i=1}^{S}P_i\ln\left(P_i\right)$$

式中：H——样品的信息含量（彼得/个体）=群落的多样性指数；

S——种数；

P_i——样品中属于第 i 种的个体比例，如样品总个体数为 N，第 i 种个体数为 n_i，则 $P_i = n_i / N$。

水生生态系统的 Shannon-Wiener index 多样性指数 H'

指数范围	级别	生物多样性状态	水体污染程度
$H'>3$	丰富	物种种类丰富，个体分布均匀	清洁
$2<H'\leqslant 3$	较丰富	物种丰富度较高，个体分布比较均匀	轻污染
$1<H'\leqslant 2$	一般	物种丰富度较低，个体分布比较匀	中污染
$0<H'\leqslant 1$	贫乏	物种丰富度低，个体分布不均匀	重污染
$H'=0$	极贫乏	物种单一，多样性基本丧失	严重污染

24. C【点评解析】本题主要考查生态影响一级评价要求的图件。A、B、D 项属于生态影响一级评价要求的基本图件，动植物资源分布图比较复杂不易获得。见下表说明：

生态影响评价图件构成要求

评价工作等级	基本图件	推荐图件
一级	（1）项目区域地理位置图 （2）工程平面图 （3）土地利用现状图 （4）地表水系图 （5）植被类型图 （6）特殊生态敏感区和重要生态敏感区空间分布图 （7）主要评价因子的评价成果和预测图 （8）生态监测布点图 （9）典型生态保护措施平面布置示意图	（1）当评价工作范围内涉及山岭重丘区时，可提供地形地貌图、土壤类型图和土壤侵蚀分布图。 （2）当评价工作范围内涉及河流、湖泊等地表水时，可提供水环境功能区划图；当涉及地下水时，可提供水文地质图件等。 （3）当评价工作范围涉及海洋和海岸带时，可提供海域岸线图、海洋功能区划图，根据评价需要选作海洋渔业资源分布图、主要经济鱼类产卵场分布图、滩涂分布现状图。 （4）当评价工作范围内已有土地利用规划时，可提供已有土地利用规划图和生态功能分区图。 （5）当评价工作范围内涉及地表塌陷时，可提供塌陷等值线图。 （6）此外，可根据评价工作范围内涉及的不同生态系统类型，选作动植物资源分布图、珍稀濒危物种分布图、基本农田分布图、绿化布置图、荒漠化土地分布图等

25. C【点评解析】本题主要考查按“相对距离”单项指标判断景观的“敏感程度”。景观敏感度评价为高频考点，考生务必理解记忆。景观敏感度是指景观被人注意到的程度。相对距离景观与观景者越近，景观的易见性和清晰度就越高，景观敏感度也越高。一般将 400 m 以内距离作为前景，为极敏感；将 400～800 m 作为中景，为很敏感；800～1 600 m 可作为远景，中等敏感：＞1 600 m 可作为背景。但这与景观物体量大小、色彩对比等因素有关。

26. B【点评解析】本题实际考查景观生态学方法。顾名思义，背景地块是基质。空间结构分析基于景观是高于生态系统的自然系统，是一个清晰的和可度量的单位。景观由斑块、基质和廊道组成，其中基质是景观的背景地块，是景观中一种可以控制环境质量的组分。因此，基质的判定是空间结构分析的重要内容。判定基质有三个标准，即相对面积大、连通程度高、有动态控制功能。基质的判定多借用传统生态学中计算植被重要值的方法。

27. C【点评解析】本题实际考查我国地带性植被类型的分布区域。显然，我国亚热带地区分布的地带性植被类型是常绿阔叶林。常绿阔叶林分布在气候比较炎热、湿润的地区，这里的植物以常绿阔叶树为主。雨林分布在全年高温多雨的地区，植物种类特别丰富，终年常绿，大部分植物都很高大。针阔混交林分布在温带，落叶针叶林分布在寒温带。

28. B【点评解析】本题主要考查生态影响评价中的综合指数法。综合指数法适用于生态系统结构评价是错误的。结构是有层次的，指数法无法表达。根据 HJ 19—2011，综合指数法分析研究评价的生态因子的性质及变化规律，可用于生态单因子综合质量评价、生态多因子综合质量评价、生态系统功能评价。

29. D【点评解析】本题主要考查山区小型引水式电站建设对生态环境产生的影响。显然，河流减脱水是主要影响源。其他都是次要的。由于发电站与大坝分离，距离较远，如果不采取措施会造成脱水段。引水式电站对生态环境产生的影响主要有：产生减脱水河段，对库区水生生态环境（尤其是鱼类）造成影响；对库区及下游河段陆生生态环境造成影响；对农业生态环境造成影响；对自然生态景观和文物古迹可能造成影响。

30. D【点评解析】本题主要考查生态评价的单因子指数法。建设运行后森林覆盖率为 35%（3.5/10×100%），减少 10%（45%−35%）。

31. C【点评解析】本题主要考查生态影响评价和预测方法。生态机理分析法是根据建设项目的特点和受其影响的动植物的生物学特征，依照生态学原理分析、预测工程生态影响的方法。系统分析法是指把要解决的问题作为一个系统，对系统要素进行综合分析，找出解决问题的可行方案的咨询方法。在无法获得项目建设前的生态质量背景资料时，可采用类比法进行类比分析。综合指数法分析研究评价的生态因子的性质及变化规律。该环评所采用的方法是生态机理分析法。

32. A【点评解析】本题主要考查香农-威纳指数计算。关键是要记忆香农-威纳指数公式，代入计算即可。$H=-0.15\ln 0.15-2\times 0.2\ln 0.2-0.05\ln 0.05-0.4\ln 0.4=1.44$。生物多样性通常用香农-威纳指数（Shannon-Wiener Index）表征：

$$H=-\sum_{i=1}^{S}P_i\ln\left(P_i\right)$$

式中：H——样品的信息含量（彼得/个体）=群落的多样性指数；

S——种数；

P_i——样品中属于第 i 种的个体比例，如样品总个体数为 N，第 i 种个体数为 n_i，则 $P_i=n_i/N$。

33. D【点评解析】本题主要考查群落的多样性指数的表述公式。生物多样性通常用香农-威纳指数表征，即 $H=-\sum_{I=1}^{5}P_i\ln\left(P_i\right)$，式中：$H$ 为样品的信息含量（彼得/个体）=群落的多样性指数；S 为种数；P_i 为样品中属于第 i 种的个体比例，如样品总个体数为 N，第 i 种个体数为 n_i，则 $P_i=n_i/N$。将题中所给数据代入，

$H=-[(24\div 40)\times\ln(24\div 40)+(12\div 40)\times\ln(12\div 40)+(4\div 40)\times\ln(4\div 40)=-[0.6\ln 0.6+0.3\ln 0.3+0.1\ln 0.1]=0.89\approx 0.9$。

34. B【点评解析】本题主要考查评价等级中生态影响评价图件成图比例。因为该项目占地面积 35 km^2，且评价区域内无特殊生态敏感区和重要生态敏感区，所以，根据 HJ 19—2011，该区域的生态影响评价属于二级评价。根据 HJ 19—2011 关于生态影响评价图件成图比例规范要求，可知项目面积为 20～100 km^2 时，二级评价的成图比例尺要求为≥1∶5 万。

35. A【点评解析】本题主要考查植被面积计算。欲对该面积为 50 km^2 的矿山迹地进行生态恢复，按达到规划目标的植被最小覆盖率计算可得，该迹地植被面积 $=50\times 70\%=35$（km^2）。该迹地现状植被面积为 20 km^2，则需要增加的植被最小面积为 $35-20=15$（km^2）。

36. B【点评解析】本题主要考查物种优势度的计算。$D_i=n_i/N\times 100\%=12/(4+16+8+12)\times 100\%=30\%$。

37. D【点评解析】本题主要考查水库蓄水导致区域土壤盐渍化的原因。土壤盐渍化（soil salinization）是指土壤底层或地下水的盐分随毛细管水上升到地表，水分蒸发后，使盐分积累在表层土壤中的过程。因此，地下水位抬升才是其原因。

38. C【点评解析】本题主要考查香农-威纳指数。1）$P_i=5/50=0.1$；2）$H=-\sum 0.1\ln(P_i)=2.3$；3）$2<H<3$ 物种丰富度较高，个体分布比较均匀。

39. B【点评解析】本题主要考查相对频度的概念。频度=包含该种样地数/样地

总数；相对频度=一个种的频度/所有种的频度×100%。从题意可知，物种 W 的频度＝2/2＝100%，其他物种的频度＝1/2＝50%，物种 W 的相对频度＝1/（1＋0.5＋0.5＋0.5）×100%＝40%。另外，可知物种 W 的密度分别为 4/10＝0.4（株/ m^2）和 6/10＝0.6（株/ m^2）；但其他物种的密度未知。

二、不定项选择题

1. ABCD【点评解析】本题主要考查生物多样性影响评价中的生态学评估指标。生态学评估指标与基准：这是从生态学角度判断所发生的影响可否为生态所接受。在生态学评估中，避免物种濒危和灭绝是一条基本原则，相应地可形成灭绝风险、种群活力、最小可存活种群、有效种群、最小生境区（面积）等评估指标和技术，也可评估出最重要生境区、最重要生态系统等以及需要优先保护的生态系统、生境和生物种群。生态学评估是一种客观科学的评估，反映影响的真实性，也是最重要的评估指标。生物多样性包括遗传多样性、物种多样性和生态系统的多样性，林、灌、草比例在一定程度上反映物种多样性或生态系统的多样性，也应该是生态学评估指标。

2. ACDE【点评解析】本题实际考查生态影响型项目的环境影响预测类比法的类别对象。关键要抓住工程方面和生态环境方面二要素。本题欠严谨，应是工程规模相似，投资是一个变量。另外，已运营一定年限更能反映影响结果，生态影响短期不明显，因生态影响具有关联性。类比法是一种比较常见的定性和半定量结合的方法，根据已有的开发建设活动（项目、工程）对生态系统产生的影响来分析或预测拟进行的开发建设活动（项目、工程）可能产生的影响。选择好类比对象（类比项目）是进行类比分析或预测评价的基础，也是该法成败的关键。

类比对象的选择标准是：① 生态背景的相同，即区域具有一致性，因为同一个生态背景下，区域主要生态问题相同。比如拟建设项目位于干旱区，那么类比的对象要选择位于干旱区项目。② 类比的项目性质相同。项目的工程性质、工艺流程、规模相当。③ 类比项目已经建成，并对生态产生了实际的影响，而且所产生的影响已基本全部显现，注意不要根据性质相同的拟建设项目的生态影响评价进行类比。

3. AC【点评解析】本题主要考查生态完整性或生态系统整体性评价指标。土壤质量与土层厚度和敏感保护目标的重要程度与分布不是生态完整性或生态系统整体性评价指标。生态完整性的评价：

生态完整性或生态系统整体性，是生态系统保持健康状态和发挥其最大环境功能的基础。生态完整性评价可采用综合评分法、景观生态学分析法以及列表清单、生态机理分析法等。

（1）生态完整性评价指标。

① 植被连续性。植被连续意味着生境连续，面积较大，干扰较少。景观连通性、生境破碎度、景观异质性和斑块分布，都可用于进行生态系统完整性评价。

② 生态系统组成完整。包括系统的生物组成成分协调性（种群大小适宜，无过大过少问题；食物链比较完整等）；环境因素制约性，即不存在强烈的环境制约因素等。

③ 生态系统空间结构完整性。森林植被保持成层分面特征，即保持生物地理区生态系统基本特征，水生生态系统则保持各层鱼类均有分布。

④ 生物多样性。生物多样性高，接近自然本底水平，则生态完整性也高。生物多样性是综合反映生态系统质量的因子。

⑤ 生物量和生产力水平。生态系统生物量的高低或生产力水平的高低，标志着系统质量的高低和完整性状态。越接近自然生态系统第一性生产力（理论水平）者，其整体性水平也越高。

（2）景观生态学方法评价生态系统完整性。

景观生态学方法评价生态系统完整性的主要指标是生态系统（植被）净生产力和稳定性分析。系统净生产力高低的判别以实际的植被生产力与理论计算的生态系统净第一生产力（标准）作比较。稳定性分析包括恢复稳定性和阻抗稳定性两个方面。

4. ABDE【点评解析】本题主要考查跨流域调水项目的生态影响评价范围。其生态影响评价范围应包括河流 A 的上游，河流 A 的中、下游，调水线路所穿越地区，河流 B 的中、下游。关键要抓住调水影响涉及的范围，由于水向下流，故不包括河流 B 的上游；另外，还要关注施工场地以及弃渣场等。考生务必理解记忆，案例分析考试经常遇到。

5. ADE【点评解析】本题主要考查野生动物调查内容。媒介生物与传播途径和微生物与寄生生物属于微观内容，不包括在野生动物调查内容中。生态环境现状调查首先须分辨生态系统类型，包括陆地生态与水生生态系统，自然生态与人工生态系统，然后对各类生态系统按识别和筛选确定的重要评价因子进行调查。陆地自然生态系统的调查包括植被（覆盖率、生产力、生物量、物种组成）；动植物物种特别是珍稀濒危、法定保护生物和地方特有生物的种类、种群、分布、生活习性、生境条件、繁殖和迁徙行为的规律；生态系统的整体性、特点、结构及环境服务功能，稳定性与脆弱性；与其他生态系统关系及生态限制因素等。

6. BC【点评解析】本题主要考查生态环境影响保护目标的识别。只有洄游性鱼类、浮游生物属于生态范畴。关键是要对集装箱货运码头项目的生态环境影响有所了解。集中供水水源地为水环境评价重点内容，但生态影响也需要关注对其陆域范围的生态影响。局地气候影响只有大型水库项目才会产生。

7. BCD【点评解析】本题主要考查生态影响评价中一般评价和特殊评价的关系。关键是无直接影响，一般评价已经重视，充分重视是说明忽视的影响要素。考生务必理解。正确处理一般评价和生态环境影响特殊性问题。一般评价比较重视直接影响而忽视甚至否认间接影响，重视显现性影响而忽视潜在影响，重视局地影响而忽视区域性影响，重视单因子影响而忽视综合性影响。生态环境影响分析中应充分重视间接性的、潜在的、区域性的和综合性的影响。

8. ABC【点评解析】本题主要考查工作等级为一级生态环境现状评价应完成的基础图件。当时考的是《环境影响评价技术导则　非污染生态影响》（HJ/T 19—1997），目前，应用的是《环境影响评价技术导则　生态影响》（HJ 19—2011），对图件有特别的要求，分为基本图件和推荐图件，详见原文。拟建公路与自然保护区位置关系图和自然保护区功能分区图不属于基本生态图件，但属于 HJ 19—2011 的生态影响评价基本图件。

9. ABCD【点评解析】本题主要考查陆生野生动物的调查内容。高频考点，考生务必理解记忆，案例分析考试经常涉及。陆生野生动物的调查内容一般应包括动物种类及区系组成、分布范围及生境状况、种群数量及繁殖规律、迁徙行为及迁徙通道等，即生物的种类、种群、分布、生活习性、生境条件、繁殖和迁徙行为的规律。

10. ABCD【点评解析】本题主要考查跨流域调水项目的生态影响评价范围。关键要抓住调水影响涉及的范围。另外，还要关注施工场地以及弃渣场等。考生务必理解记忆，案例分析考试经常遇到。

11. ABC【点评解析】本题主要考查景观生态学方法。空间结构分析内容不是判定模地的指标，而是生态质量状况的评判指标。当时考的是《环境影响评价技术导则　非污染生态影响》(HJ/T 19—1997)。目前，应用的是《环境影响评价技术导则　生态影响》（HJ 19—2011）。两者是一致的。景观生态学法：

景观生态学法是通过研究某一区域、一定时段内的生态系统类群的格局、特点、综合资源状况等自然规律，以及人为干预下的演替趋势，揭示人类活动在改变生物与环境方面的作用的方法。景观生态学对生态质量状况的评判是通过两个方面进行的，一是空间结构分析，二是功能与稳定性分析。景观生态学认为，景观的结构与功能是相当匹配的，且增加景观异质性和共生性也是生态学和社会学整体论的基本原则。

空间结构分析基于景观是高于生态系统的自然系统，是一个清晰的和可度量的单位。景观由斑块、基质和廊道组成，其中基质是景观的背景地块，是景观中一种可以控制环境质量的组分。因此，基质的判定是空间结构分析的重要内容。判定基质有三个标准，即相对面积大、连通程度高、有动态控制功能。基质的判定多借用传统生态学中计算植被重要值的方法。

12. ABCD【点评解析】本题主要考查生态机理分析法需要的基础资料。关键是要摸清环境背景现状和工程建设两方面情况，特别是有关动植物以及种群、群落和生态系统的基础资料。生态机理分析法是根据建设项目的特点和受其影响的动植物的生物学特征，依照生态学原理分析、预测工程生态影响的方法。生态机理分析法的工作步骤如下：

调查环境背景现状和搜集工程组成和建设等有关资料；

a）调查植物和动物分布，动物栖息地和迁徙路线；

b）根据调查结果分别对植物或动物种群、群落和生态系统进行分析，描述分布特点、结构特征和演化等级；

c）识别有无珍稀濒危物种及重要经济、历史、景观和科研价值的物种；

d）监测项目建成后该地区动物、植物生长环境的变化；

e）根据项目建成后的环境（水、气、土和生命组分）变化，对照无开发项目条件下动物、植物或生态系统演替趋势，预测项目对动物和植物个体、种群和群落的影响，并预测生态系统演替方向。

13. AD【点评解析】本题主要考查陆地生态系统完整性指标。其关键是要理解生态系统完整性是生态系统保持健康状态和发挥其最大环境功能的基础，再结合陆地生态系统的特点作答即可。群落结构和地表覆盖反映生态系统组成完整性，生物多样性综合反映生态系统质量。特有种的可繁衍水平只代表个体，与周边其他类型生态系统的分隔与生态系统完整性正相反。

14. ABCD【点评解析】本题实际考查河流筑坝对鱼类资源的影响。此题知识点非常重要，在案例分析考试中（水库项目）经常出现。考生务必理解记忆，并灵活运用到实际案例分析中。另外，类比调查应选择可重点类比调查的内容。选择可重点类比调查的内容：

类比分析一般不会对两项工程作全方位的比较分析，而是针对某一个或某一类问题进行类比调查分析，因而选择类比对象时还应考虑类比对象对相应类比分析问题的有效性和深入性。例如，河流筑坝的阻隔效应对水生生态有重大影响，这些影响包括大坝对洄游性鱼类的阻隔、流态改变对适流水或急流鱼类的影响。对“三场”（产卵场、越冬场、索饵场）的破坏、氮饱和对下游生物的影响等。评价中可能只针对一种影响作评价，那就要选择对这种影响有一定记载的河流和工程作为类比对象。例如，只想类比调查大坝阻隔对洄游性鱼类的影响，那就要选择具有同类洄游性鱼类的河流，筑坝而且有事前的调查资料或环境影响报告书，即对同种洄游鱼类有明确记录者，甚至有后评价等前后对比的资料等。换句话说，类比分析是为了说明某一具有长期性影响而又不大好把握的问题。明确类比调查重点内容，选择可作重点问题类比的对象，可以减少盲目性。

15. ABCD【点评解析】本题实际考查生态影响评价类比法的类比对象选择标准。类比对象的选择标准是：① 生态背景的相同，即区域具有一致性，因为同一个生态背景下，区域主要生态问题相同。比如拟建设项目位于干旱区，那么类比的对象要选择位于干旱区项目。② 类比的项目性质相同。项目的工程性质、工艺流程、规模相当。③ 类比项目已经建成，并对生态产生了实际的影响，而且所产生的影响已基本全部显现，注意不要根据性质相同的拟建设项目的生态影响评价进行类比。

16. ABD【点评解析】本题主要考查景观敏感判别指标。考生务必理解记忆，还有景观醒目程度，为高频考点，还需记忆其具体指标，景观敏感度评价有 4 个判别指标：视角或相对坡度、相对距离、视见频率、景观醒目程度。

17. ABC【点评解析】本题主要考查生态影响预测。生态影响预测主要是“三要素”：生态影响因素、生态影响受体、生态影响效应。生态防护措施是针对影响效应提出的，不属于生态影响预测内容。

18. ABDE【点评解析】本题主要考查跨流域调水项目的生态影响评价范围。关键要抓住调水影响涉及的范围。另外，还要关注施工场地以及弃渣场等。考生务必理解记忆，案例分析考试经常遇到，已考过多次。

19. AC【点评解析】本题主要考查植被型的概念。植被型指具有建群植物的外貌相同且其生物生态学特性相似的植物群落；全国可分为针叶林、阔叶林、灌丛、荒漠和旱生灌丛、草原、草甸、草本沼泽等七个植被型。温性竹林、热性松林属于群系。

20. ABCD【点评解析】本题实际考查河流筑坝对鱼类资源的影响。此题知识点非常重要，在案例分析考试中（水库项目）经常出现。考生务必理解记忆，并灵活运用到实际案例分析中。河流筑坝对鱼类的影响包括：大坝对洄游性鱼类的阻隔、流态改变对适流水或急流鱼类的影响，对“三场”（产卵场、越冬场、索饵场）的破坏、氮饱和对下游鱼类的影响等。

21. ABCD【点评解析】本题主要考查引水式电站对鱼类的影响内容。考生务必理解记忆。在案例分析考试中考过多次。项目环评中对鱼类的影响应从大坝阻隔、河流减（脱）水、低温水、氮气过饱和等方面进行分析。

22. ABD【点评解析】本题主要考查景观生态学方法。破碎化程度高不是判定模地的指标，与相对面积大正相反。本题与第 11 题基本相同。

23. CD【点评解析】本题实际考查公路营运期对爬行动物产生的直接影响。显然，直接影响是阻隔活动通道、分割栖息生境；间接影响是减少种群数量，从而改变区系成分。

24. ACD【点评解析】本题主要考查水土流失强度的主要影响因素。关键是水土流失面积与水土流失强度无关，侵蚀模数为单位面积。而水土流失量与水土流失面积正相关。

25. AB【点评解析】本题主要考查引水式电站对鱼类的影响内容。关键是有无低温水影响和气体过饱和影响。由于拟建小型引水式电站坝高 10 m，而一般水库的斜温层在水面 10 m 以下，低坝一般不会产生过饱和气体。考生务必理解记忆。在案例分析考试中考过多次。

26. ABCD【点评解析】本题主要考查陆地生态系统完整性指标。其关键是要理解生态系统完整性是生态系统保持健康状态和发挥其最大环境功能的基础，再结合陆地生态系统的特点作答即可。

27. BCD【点评解析】本题主要考查生态环境影响预测的类比法。关键是选择合适的类比对象，以及选择可重点类比调查的内容。为高频考点，考生务必理解。地理经度相似不是条件。类比对象的选择标准是：① 生态背景的相同，即区域具有一致性，因为同一个生态背景下，区域主要生态问题相同；② 类比的项目性质相同；③ 类比项目已经建成，并对生态产生了实际的影响，而且所产生的影响已基本全部显现，注意不要根据性质相同的拟建设项目的生态影响评价进行类比。

28. ABCD【点评解析】本题主要考查跨流域调水项目的生态影响评价范围。关键要抓住调水影响涉及的范围。另外，还要关注施工场地以及弃渣场等。考生务必理解记忆，案例分析考试经常遇到，已考过多次。

29. ACD【点评解析】本题主要考查确定土壤可蚀型 K 值的因素。为高频考点，考生务必理解记忆。植被覆盖度与植被和经营管理因子有关。

土壤侵蚀及产沙数学模型法：通用水土流失方程式（USLE）。

$$A = R\cdot K\cdot L\cdot S\cdot C\cdot P$$

式中：A——单位面积多年平均土壤侵蚀量，t/（$hm^2\cdot a$）；

R——降雨侵蚀力因子，$R=EI_{30}$（一次降雨总动能×最大 30 min 雨强）；

K——土壤可蚀性因子，根据土壤的机械组成、有机质含量、土壤结构及渗透性确定；

L——坡长因子；

S——坡度因子，我国黄河流域试验资料，$LS = 0.067L^{0.2}S^{1.3}$；

C——植被和经营管理因子，与植被覆盖度和耕作期相关；

P——水土保持措施因子，主要有农业耕作措施、工程措施、植物措施。

30. ABC【点评解析】本题主要考查生态类别分析法选择类比对象的条件。为高频考点，考生务必理解记忆。与项目投资额度无关。选择类比对象的条件有：① 生态背景的相同，即区域具有一致性，因为同一个生态背景下，区域主要生态问题相同；② 类比的项目性质相同；③ 类比项目已经建成，并对生态产生了实际的影响，而且所产生的影响已基本全部显现，注意不要根据性质相同的拟建设项目的生态影响评价进行类比。

31. ABCD【点评解析】本题主要考查适用于生态环境影响评价和预测的方法。全部都有，为高频考点，考生务必理解记忆。生态影响预测与评价方法：

生态影响预测与评价方法应根据评价对象的生态学特性，在调查、判定该区主要的、辅助的生态功能以及完成功能必需的生态过程的基础上，分别采用定量分析与定性分析相结合的方法进行预测与评价。常用的方法包括列表清单法、图形叠置法、生态机理分析法、景观生态学法、指数法与综合指数法、类比分析法、系统分析法和生物多样性评价等。

32. AB【点评解析】本题主要考查类比对象的选择标准。尚未对生态产生实际影响和拟建项目不能满足要求。在生态影响预测与评价中，类比法是一种比较常见的定性和半定量结合的方法，根据已有的开发建设活动（项目、工程）对生态系统产生的影响来分析或预测拟进行的开发建设活动（项目、工程）可能产生的影响。选择好类比对象（类比项目）是进行类比分析或预测评价的基础，也是该法成败的关键。类比对象的选择标准是：① 生态背景的相同，即区域具有一致性，因为同一个生态背景下，区域主要生态问题相同；② 类比的项目性质相同；③ 类比项目已经建成，并对生态产生了实际的影响，而且所产生的影响已基本全部显现，注意不要根据性质相同的拟建设项目的生态影响评价进行类比。

33. ABCD【点评解析】本题主要考查测定绿色植物的总生产量需要用到的参数。收割法最大的局限性是不能计算因草食性动物所吃掉的物质，更无法计算绿色植物用于自身代谢、生长和发育所耗费的物质。实际上所测量的部分是现存生物量，即测定当时绿色植物有机物质的数量。假如把呼吸的损失量和其他方面的损失（如草食动物吃掉的量）加进去修正收获量，才可估测出总生产量或总生产力。生产力的测定，主要是通过测定森林生态系统的光合作用来计算生物量。这种方法既能测定总生产力，又能求测净生产力，是收获法的补充。测定光合成对能量固定的数量和速率，可以根据光合成方程式加以求算。

34. AB【点评解析】本题主要考查建有船闸的水坝下游减水河段最小流量设计时必须保证的参数。毫无疑问，最小生态需水量和正常航运的流量是必须保证的参数。后两项是河流的固有水文统计参数。

35. ABD【点评解析】本题主要考查生态影响预测与评价中类比的条件。在生态影响预测与评价中，类比法是一种比较常见的定性和半定量结合的方法，根据已有的开发建设活动（项目、工程）对生态系统产生的影响来分析或预测拟进行的开发建设活动（项目、工程）可能产生的影响。项目建设经费基本相等显然不是应考虑的条件。

36. ABC【点评解析】本题主要考查生态影响评价需要的基本图件。根据《环境影响评价技术导则　生态影响》（HJ 19—2011），题中对该拟建高速公路项目的生态影响评价工作等级属于二级。对于二级生态影响评价的工程项目，其基本图件包括项目区域地理位置图、工程平面图、土地利用现状图、地表水系图、特殊生态敏感区和重要生态敏感空间分布图、主要评价因子的评价成果和预测图、典型生态保护措施平面布置示意图。

37. B【点评解析】本题主要考查水土流失方程中影响侵蚀控制措施因子 *P* 的含义。在通用水土流失方程中，影响侵蚀控制措施因子 *P* 的主要因素包括：农业耕作措施、工程措施、植物措施。*P* 也为水土保持措施因子。土壤有机质含量与土壤可蚀性因子 *K* 相关，植被覆盖度和耕作期与植被和经营管理因子 *C* 相关。

38. ACD【点评解析】本题主要考查样地调查收割法。可以在 100 m^2 样地里选取 1 m×1 m 样方 8～10 个，每个样方全部挖掘取样，如果测生物量，可以在草最大生长量时期取样干燥后称重，如测净第一性生产力则要去除老叶、老茎、老根，只求算当年净生产量。

39. ACD【点评解析】本题主要考查风力侵蚀强度的因子。风力侵蚀的强度分级按植被覆盖度、年风蚀厚度、侵蚀模数三项指标划分。

40. AB【点评解析】本题主要考查土壤可蚀因子 *K* 的主要因素。土壤可蚀性因子 *K*，根据土壤的机械组成、有机质含量、土壤结构及渗透性确定。农业耕作措施和耕作期属于植被管理因子。

41. C【点评解析】本题主要考查景观敏感度评价判别指标。景观表面相对于观景者的视角 30%～45%为很敏感；视角视线坡度达 45%为极敏感。景观与观景者的距离小于 400 m 为极敏感；将 400～800 m 作为中景，为很敏感。

42. ABC【点评解析】本题主要考查森林生态服务功能。生态服务功能众多，如水土保持、水源涵养、防风固沙。增加森林生物量是其固有功能，不是服务功能。

第九章　固体废物环境影响评价

第一节　基本概念

一、单项选择题（每题的备选项中，只有一个最符合题意）

1. 按我国有关固体废物分类，（　　）属于危险废物。（2005 年考题）

A. 含氧化铜、氧化亚铜废催化剂　　B. 焦碳渣

C. 废离子交换树脂（净水装置用）　　D. 含氧化亚铁渣

2. 对于新建的城市生活垃圾填埋场，为确定渗滤液中污染物通过填埋场底部垂直向下迁移到达含水层的时间，需要确定渗滤液（　　）。（2005 年、2006 年考题）

A. 在底部衬层中的实际渗流速度

B. 在底部衬层和其下部各土层中的实际渗流速度

C. 在各土层中的实际渗流速度

D. 在各土层中的实际渗流速度和含水层地下水的水平运移速度

3. 根据危险废物安全填埋入场要求，禁止填埋的是（　　）。（2007 年、2009 年考题）

A. 含水率小于 75%的废物　　B. 含铜、铬固体废物

C. 医疗废物　　D. 含氰化物固体废物

4. 生活垃圾填埋场可以处置（　　）。（2009 年考题）

A. 油泥焚烧残渣　　B. 医疗废弃物

C. 生活垃圾焚烧残渣　　D. 生活垃圾焚烧飞灰

5. 在将液态废物送焚烧炉焚烧处理前，需要对其进行（　　）。（2011 年考题）

A. 分类、稀释　　B. 化验、分类

C. 分类、固化　　D. 筛分、分级

6. 炼化企业产生的油泥、废弃物催化剂在最终处置前可暂时存放于（　　）。（2011 年考题）

A. 危废贮存设施　　B. 防渗露天堆场

C. 有顶棚的堆场　　D. 生活污水处理厂剩余污泥存放区

7. 下列物品不属于木制家具生产项目中的固体废物是（　　）。（2012 年考题）

A. 刨花　　B. 废乳胶

C. 废聚酯漆　　D. 纤维板

二、不定项选择题（每题的备选项中至少有一个符合题意）

1. 某石化生产装置精馏塔产生焦渣 320 t/a，与化工区内已建成投运的危险废物焚烧处置厂商签署了焦渣委托处置协议。评价单位需调查了解危险废物处置厂商的（　　）。（2009 年考题）

A. 危险废物处置资质　　B. 焚烧炉的炉型

C. 焚烧炉的处理能力　　D. 焚烧炉的排气筒高度

2. 已敷设人工防渗衬垫的填埋场，可能导致衬垫损坏的主要因素有（　　）。（2011 年考题）

A. 浅层地下水水位升高　　B. 地面不均匀沉陷

C. 地层断裂　　D. 承压水层流向

3. 以下不属于危险废物的有（　　）。（2013 年考题）

A. 电镀厂污泥　　B. 热电厂粉煤灰

C. 生活垃圾焚烧厂炉渣　　D. 自来水厂净水沉渣

4. 某喷漆厂采用“水帘+干式过滤+活性炭吸附+蓄热式热力焚烧”处理喷漆废气。废气处理单元产生的各类固废中属于危险废物的有（　　）。（2013 年考题）

A. 漆渣　　B. 废过滤材料

C. 废活性炭　　D. 废蓄热陶瓷填料

5. 垃圾填埋场项目可能会造成生态环境问题的阶段有（　　）。（2013 年考题）

A. 勘察期　　B. 施工期

C. 运营期　　D. 封场期

6. 下列固废中，属于一般工业固体废物的有（　　）。（2014 年考题）

A. 燃烧电厂产生的粉煤灰　　B. 石油加工业产生的油泥

C. 煤矸石　　D. 电镀废水物化处理产生的污泥

参考答案

一、单项选择题

1. B【点评解析】本题主要考查危险废物的鉴别。焦碳渣属于危险废物。虽然该题主要考 1998 年版《国家危险废物名录》，按照最新的 2008 年版《国家危险废物名录》，废离子交换树脂（净水装置用）也属于危险废物 HW13 900-015-13，但实际工作中视交换的物质情况而定，或需要进行危险性鉴别。铁、铜属于自然界常见元素，其化合物不属于危险废物。

2. B【点评解析】本题主要考查确定渗滤液中污染物通过填埋场底部垂直向下迁移到达含水层的时间。渗滤液中污染物必须通过底部衬层和其下部各土层才能到达含水层。渗滤液中污染物穿透衬层的所需时间，通常是用于评价填埋场衬层工程屏障性能的重要指标，一般要求应大于 30 年。对于固体废物处理处置工程，填埋场渗滤液对地下水的污染控制是填埋场建设的核心问题。

渗滤液实际渗流速度。为确定渗滤液中污染物通过场底垂直向下迁移的速度和穿过包气带及潜水层的时间，需要确定渗滤液在衬层和各土层中的实际渗流速度：

$$v=\frac{q}{\eta_e}$$

式中：v ——渗滤液实际渗流速度，cm/s；

q ——单位时间渗漏率，cm/s；

η_e——多孔介质的有效孔隙度。

3. C【点评解析】本题实际考查危险废物安全填埋入场要求。此知识点非常重要，也为高频考点，在案例分析中经常出现，考生务必理解记忆。由于医疗废物具有传染性，必须单独处理处置。

4. C【点评解析】本题实际考查危险废物的识别。生活垃圾焚烧残渣仍然属于生活垃圾，其他三项均为危险废物。需要注意的是，生活垃圾焚烧飞灰不能直接处置，生活垃圾焚烧飞灰和医疗废物焚烧残渣（包括飞灰、底渣）经处理后满足有关条件，可以进入生活垃圾填埋场填埋处置。

5. B【点评解析】本题实际考查危险废物的分类处置。液态废物送焚烧炉焚烧处理前，需要对其性质鉴别、热值估算并进行分类，即化验后分类，以确定焚烧处理的条件。

6. A【点评解析】本题实际考查危险废物的识别。由于炼化企业产生的油泥、废弃物催化剂属于危险废物，因而必须暂时存放于危废贮存设施。

7. D【点评解析】本题主要考查木制家具生产项目中的固体废物。关键是要搞清固体废物的含义，为生产过程废弃的物料。纤维板属于木制家具生产项目中的物料。

二、不定项选择题

1. ABC【点评解析】本题主要考查危险废物处置的分析内容。评价单位需调查危险废物处置厂商的危险废物处置资质是否具备焦渣类别，焚烧炉的处理能力和焚烧炉的炉型是否可以接纳和处置；焚烧炉的排气筒高度就不需要了解了，与焦渣委托处置无关。考生务必理解，案例分析考试有可能涉及此类知识点。

2. ABC【点评解析】本题实际考查可能导致填埋场衬垫损坏的主要因素。显而易见，与承压水层流向无关，但与承压水层水位水压有关。可能导致衬垫损坏的主要因素有浅层地下水水位升高（受压）、地面不均匀沉陷（损坏）、地层断裂（损坏）。

3. BCD【点评解析】本题主要考查危险废物的识别。显然，只有电镀厂污泥属于危险废物。热电厂粉煤灰、自来水厂净水沉渣、生活垃圾焚烧厂炉渣属于一般废物，但生活垃圾焚烧厂飞灰属于危险废物。危险废物泛指除放射性废物以外，具有毒性、易燃性、反应性、腐蚀性、爆炸性、传染性而可能对人类的生活环境产生危害的废物。

4. ABC【点评解析】本题主要考查危险废物的识别。显然，前三项属于危险废物，由于含有较高的有机污染物。废蓄热陶瓷填料，由于焚烧致使有机污染物很低，应不属于危险废物。

5. BC【点评解析】本题主要考查垃圾填埋场项目可能会造成生态环境问题的阶段。施工期和运营期会占用土地和破坏植被。勘察期由于涉及面积较小且破坏小，不同于公路或铁路项目。封场期需进行植被恢复，不会造成生态环境问题，反而有利于生态恢复。

6. AC【点评解析】本题主要考查一般工业固体废物与危险废物的区别。参照《国家危险废物名录》可知，石油加工业产生的油泥和电镀废水物化处理的污泥属于危险废物。而煤灰电厂产生的粉煤灰和煤矸石属于一般工业固体废物的Ⅱ类、Ⅰ类。

第二节　应用评价

一、单项选择题（每题的备选项中，只有一个最符合题意）

1. 城市垃圾生活卫生填埋场导气系统排气量一般是在填埋场（　　）达到最高

值。(2005 年考题)

A. 运行期　　B. 日接纳能力达到设计能力时

C. 接近封场时　　D. 封场后一定时间内

二、不定项选择题(每题的备选项中至少有一个符合题意)

1. 城市生活垃圾卫生填埋场的渗滤液产生量与填埋场(　　)等有关。(2005 年考题)

A. 所在地的降雨量　　B. 所在地的蒸发量

C. 面积　　D. 垃圾含水量

2. 一般而言,运行时间大于 5 年的城市垃圾卫生填埋场,其滤渗液的主要特征表现为(　　)。(2006 年考题)

A. pH 值较低　　B. 可生化性差

C. 氨氮浓度低　　D. 重金属浓度低

3. 在城市垃圾填埋场的环境影响评价中,应(　　)。(2007 年考题)

A. 分析渗滤液的产生量与成分

B. 评价渗滤液处理工艺的适用性

C. 预测渗滤液处理排放的环境影响

D. 评价控制渗滤液产生量的措施有效性

4. 在城市垃圾填埋场的环境影响评价中,应对(　　)进行分析或评价。(2007 年考题)

A. 填埋场废气产量　　B. 废气的综合利用途径

C. 集气、导气系统失灵状况下的环境影响　　D. 废气利用方案的环境影响

5. 城市垃圾卫生填埋场的渗滤液产生量与填埋场(　　)等有关。(2007 年考题)

A. 面积　　B. 所在地的降雨量

C. 所在地的蒸发量　　D. 垃圾含水率

6. 影响垃圾卫生填埋的渗滤液产生量的因素有(　　)。(2010 年考题)

A. 垃圾含水量　　B. 垃圾填埋总量

C. 区域的降水量与蒸发量　　D. 渗滤液的输导系统

7. 某平原城市拟在运行五年以上的老填埋场附近新建一座规模及条件相同的新填埋场。与老填埋场相比,新填埋场渗滤液具有的特点包括(　　)。(2013 年考题)

A. COD 浓度更高　　B. NH_3-N 浓度更高

C. 重金属浓度更高　　D. BOD_5/ COD 比值更高

8. 关于生活垃圾填埋场渗滤液处理的说法，正确的有（　　）。（2014 年考题）

A. 在填埋区和渗滤液处理设施间必须设置调节池

B. 渗滤液的水质与填埋场使用年限关系不大

C. 垃圾渗滤液处理宜采用“预处理+生物处理+深度处理”组合工艺

D. 渗滤液处理中产生的污泥填埋处置时含水率不宜大于 80%

参考答案

一、单项选择题

1. D【点评解析】本题主要考查城市垃圾生活卫生填埋场导气系统排气量的变化。根据填埋场产气速率计算公式，封场后一定时间内（一般 1 年左右），exp 指数最大。另外，封场后垃圾填埋量最大，一定时间后其产气量也最大。产气速率计算：

填埋场气体的产气速率是在单位时间内产生的填埋场气体总量，通常单位为 m³/a。一般采用一阶产气速率动力学模型（即 Scholl Canyon 模型）进行填埋场产气速率的计算。见下式：

$$q(t)=kY_0\mathrm{e}^{-kt}$$

式中：q ——单位气体产生速率，m³/（t·a）；

Y_0——垃圾的实际产气量，m³/t；

k ——产气速率常数，1/a。

上式是 1 年时间内的单位产气速率。对于运行期为 N 年的城市生活垃圾填埋场，产气速率可通过叠加得到：

$$R(t)=\sum_{i=1}^{M}Wq_i(t)=kWQ_0\sum_{i=1}^{M}\exp\left\{-k[t-(i-1)]\right\}$$

式中：t ——时间，从填埋场开始填埋垃圾时刻算起，a。

二、不定项选择题

1. ABCD【点评解析】本题主要考查渗滤液产生量的主要因素。解题的关键是厘清渗滤液产生量的来源与途径；无非是内外因素以及水平衡分析。渗滤液产生量：渗滤液产生量受垃圾含水量、填埋场区降雨情况以及填埋作业区大小的影响很大；同时也受到场区蒸发量、风力的影响和场地地面情况、种植情况等因素的影响。最简单的估算方法是假设整个填埋场的剖面含水率在所考虑的周期内等于或超过其相应田间持水率，用水量平衡法进行计算。

2. BD【点评解析】本题实际考查“年老”填埋场渗滤液的主要特征。pH 值与重金属浓度成反比关系。鉴于填埋场渗滤液产生量及其性质的高度动态变化特性，评价时应选择有代表性的数值。一般来说，渗滤液的水质随填埋场使用年限的延长将发生变化。垃圾填埋场渗滤液通常可根据填埋场“年龄”分为两大类：①“年轻”填埋场（填埋时间在 5 年以下）渗滤液的水质特点是：pH 值较低，BOD_5 及 COD 浓度较高，色度大，且 BOD_5/COD 的比值较高，同时各类重金属离子浓度也较高（因为较低的 pH 值）；②“年老”的填埋场（填埋时间一般在 5 年以上）渗滤液的主要水质特点是：pH 值接近中性或弱碱性（一般在 6～8），BOD_5 和 COD 浓度较低，且 BOD_5/COD 的比值较低，而 NH_4^+-N 的浓度高，重金属离子浓度则开始下降（因为此阶段 pH 值开始下降，不利于重金属离子的溶出），渗滤液的可生化性差。

3. ABCD【点评解析】本题主要考查城市垃圾填埋场的环境影响评价内容。高频考点，考生务必理解记忆，在案例分析考试中经常出现。在城市垃圾填埋场的环境影响评价中，首先应分析渗滤液的产生量与成分，其次评价渗滤液处理工艺的适用性，然后预测渗滤液处理排放的环境影响，最后分析和评价控制渗滤液产生量的措施有效性。

4. ABCD【点评解析】本题主要考查城市垃圾填埋场环境影响评价的工作内容。高频考点，考生务必理解记忆，在案例分析考试中有时出现。在城市垃圾填埋场的环境影响评价中，应对填埋场废气产量，废气利用方案的环境影响，集气、导气系统失灵状况下的环境影响，废气的综合利用途径等进行分析或评价。

5. ABCD【点评解析】本题主要考查城市垃圾卫生填埋场的渗滤液产生量的有关因素。解题的关键是厘清渗滤液产生量的来源与途径；无非是内外因素以及水平衡分析。城市垃圾卫生填埋场的渗滤液产生量与填埋场面积、垃圾含水率、所在地的降雨量、所在地的蒸发量等有关。此题知识点非常重要，在案例分析考试中经常出现。

6. ABC【点评解析】本题主要考查影响垃圾卫生填埋的渗滤液产生量的因素。解题的关键是厘清渗滤液产生量的来源与途径；无非是内外因素以及水平衡分析。此题知识点非常重要，在案例分析考试中经常出现。

7. ACD【点评解析】本题主要考查新填埋场渗滤液具有的特点。见第 2 题说明。

8. AC【点评解析】本题主要考查生活垃圾填埋场渗滤液处理的有关规定。由于渗滤液水质波动大，必须设置调节池。另外，渗滤液水质复杂，属于难处理废水，且排放标准较严格，宜采用“预处理+生物处理+深度处理”组合工艺。一般来说，渗滤液的水质随填埋场使用年限的延长将发生变化。污泥卫生填埋时，应严格控制污泥中和土壤中积累的重金属和其他有毒物质的含量，含水率应小于 60%，并采取必要的环境保护措施，防止污染地下水。

第十章　环境容量、环境承载力分析及累积环境影响评价方法

一、单项选择题（每题的备选项中，只有一个最符合题意）

1. 流域3个相邻城市向同一河流干流排放某种难降解污染物，干流功能区目标（类别及限制）分布如下图所示：

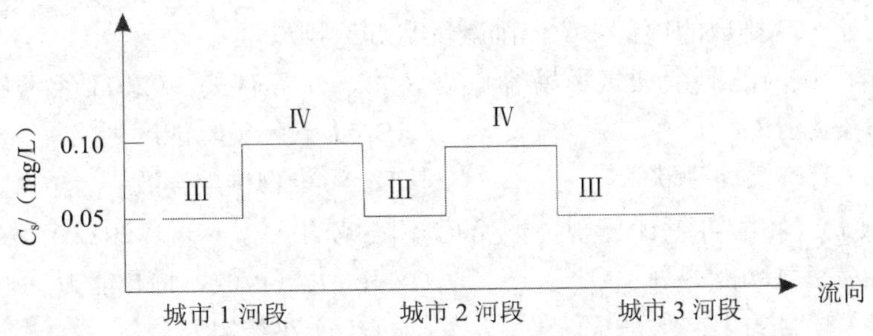

已知干流枯水设计流量为10 m^3/s，忽略悬沙吸附沉降作用，保证3个城市所有功能区达标的最大允许负荷（包括背景负荷）为（　　）。（2009年、2011年考题）

A. 0.25 g/s　　B. 0.50 g/s

C. 0.75 g/s　　D. 1.00 g/s

2. A-P值法计算经济开发区大气环境容量的基本条件是（　　）。（2013年考题）

A. 规定开发区集中供热　　B. 制定污水集中处理方案

C. 明确固废处置方案　　D. 明确区域环境功能区规划及目标

3. 某市域范围内河流功能区交界断面上，上下游功能区氨氮标准分别为2 mg/L和1 mg/L，为保障下游饮用水使用功能，拟定上游出境断面氨氮允许占标率为60%。则上游断面的允许氨氮浓度为（　　）。（2016年考题）

A. 1.0 mg/L　　B. 1.2 mg/L

C. 1.5 mg/L　　D. 2.0 mg/L

二、不定项选择题（每题的备选项中至少有一个符合题意）

1. 某城市按现状工业源分布、采用线性优化法确定的SO_2环境容量为3万t/a，

现状工业源 SO_2 排放总量为 2.5 t/a。拟规划建设新工业区预计 SO_2 排放量为 0.5 万 t/a，可以认为（　　）。（2008 年考题）

A. 剩余 SO_2 环境容量能支持工业区发展

B. 规划实施后 SO_2 环境质量能达标

C. 规划实施可能导致某些区块 SO_2 超标

D. 需要根据 SO_2 环境容量调整工业源分布

2. 某地区采用 A 值法计算的 SO_2 环境容量为 6.0 万 t/a，采用线性规划模型计算的 SO_2 环境容量为 4.5 万 t/a，该地区现状 SO_2 排放总量为 4.5 万 t/a。因此，可以确认该地区（　　）。（2009 年考题）

A. 尚有剩余 SO_2 环境容量 1.5 万 t/a

B. 经优化布局后可增加 SO_2 环境容量 1.5 万 t/a

C. 已没有剩余 SO_2 环境容量

D. 新建 SO_2 排放的项目，应先削减现状 SO_2 排放量

3. 一定区域内的剩余大气环境容量与（　　）等有关。（2011 年考题）

A. 污染源分布　　B. 大气环境功能区划

C. 大气环境质量现状　　D. 污染物排放参数

4. 区域大气环境容量计算中，应考虑该区域的（　　）。（2012 年考题）

A. 环境空气功能区划　　B. 大气扩散、稀释能力

C. 有关项目的工艺水平　　D. 产业结构

5. 某开发区规划环评预测的水环境容量不足以支持开发区全部的规划项目，开发区废水排放总量指标的确定应考虑（　　）。（2013 年考题）

A. 按达标排放确定排放总量

B. 调整河流的水环境质量目标

C. 调整产业规划，降低废水污染物排放总量

D. 制定基于满足水环境功能的流域水污染控制计划

6. 采用 A-P 值法计算开发区大气环境容量，所需的参数有（　　）。（2014 年考题）

A. 开发区污染源数量　　B. 开发区面积

C. 开发区敏感目标数量　　D. 开发区环境空气质量目标

7. 下列方法中，可以确定大气环境容量的有（　　）。（2015 年考题）

A. 公众参与法　　B. A-P 值法

C. 矩阵识别法　　D. 线性优化法

8. 采用 A-P 值法估算开发区大气环境容量，需要的参数有（　　）。（2016 年考题）

A. 开发区的范围和面积　　B. 开发区的人口数量和分布

C. 开发区的环境质量目标　　　　D. 开发区的污染物背景浓度

参考答案

一、单项选择题

1. B【点评解析】本题实际考查最大允许负荷（总量）的计算。关键是要抓住干流功能区目标最严要求 0.05 mg/L，最大允许负荷（包括背景负荷）为：$0.05\times10=0.50$（g/s）。注意量纲换算。

2. D【点评解析】本题主要考查 A-P 值法计算经济开发区大气环境容量的基本条件。显然，明确区域环境功能区规划及目标才能确定经济开发区大气环境容量。规定开发区集中供热是环保措施。制定污水集中处理方案和明确固废处置方案与大气环境容量无关。

3. A【点评解析】本题主要考查水环境容量问题。由于在河流功能区交界断面上，上游断面的允许氨氮浓度必须达到下游功能区氨氮标准，否则会造成超标。

二、不定项选择题

1. CD【点评解析】本题主要考查大气环境容量的分析。由于按现状工业源分布的剩余环境容量为 0.5 t/a；而拟规划建设新工业区预计 SO_2 排放量为 0.5 万 t/a，不是按现状分布的；因此，规划实施可能导致某些区块 SO_2 超标。同时，需要根据 SO_2 环境容量调整工业源分布，重新进行线性优化法确定 SO_2 环境容量。

2. CD【点评解析】本题主要考查大气环境容量的分析。采用 A 值法计算的 SO_2 环境容量是最简单的估算方法，要将其转变为总量控制指标，还需考虑布局、产业结构等。线性规划模型计算的 SO_2 环境容量是在给定条件下的最大环境容量；由于按现状分布的剩余环境容量为 0 t/a；新建 SO_2 排放的项目，将超过环境容量导致某些区块 SO_2 超标；因此，应先削减现状 SO_2 排放量。

3. ABCD【点评解析】本题主要考查一定区域内的剩余大气环境容量相关因素。相同类似知识点已考过多次，考生务必理解。特定地区的大气环境容量与以下因素有关：① 涉及的区域范围与下垫面复杂程度。② 空气环境功能区划及空气环境质量保护目标。③ 区域内污染源及其污染物排放强度的时空分布。④ 区域大气扩散、稀释能力。⑤ 特定污染物在大气中的转化、沉积、清除机理。另外，剩余大气环境容量为大气环境计算容量与大气环境质量现状总量之差。

4. ABD【点评解析】本题主要考查区域大气环境容量计算内容。产业结构涉及污染源，也应考虑。有关项目的工艺水平是微观的内容。在给定的区域内，达到环境空气保护目标而允许排放的大气污染物总量，就是该区域大气污染物的环境容量。

与特定地区的大气环境容量相关的因素见第 3 题说明。

5. CD【点评解析】本题主要考查开发区废水排放总量指标的确定。按达标排放已不能满足要求，更不能随意调整河流的水环境质量目标。但废水排放总量指标的确定必须在污染物达标排放前提下提出。如预测的各项总量值均低于该开发区规划环评预测的技术水平约束下的总量和水环境容量的总量控制指标，可选择最小的指标提出总量控制方案；如预测总量大于上述两类指标中的某一类指标，则需要调整规划、降低污染物总量。

6. BD【点评解析】本题主要考查 A-P 值法估算开发区大气环境容量的参数。A-P 值法是最简单的大气环境容量估算方法，利用 A-P 值法估算环境容量需要掌握以下基本资料：① 开发区范围和面积；② 区域环境功能分区；③ 第 i 个功能区的面积 S_i；④ 第 i 个功能区的污染物控制浓度（标准浓度限值）C_i；⑤ 第 i 个功能区的污染物背景浓度 C_i^{b}；⑥ 第 i 个功能区的环境质量保护目标。与开发区污染源数量和敏感目标数量无关，其分别体现在污染物背景浓度和环境质量保护目标中。

7. BD【点评解析】本题主要考查确定大气环境容量的方法。大气环境容量的计算方法有：修正的 A-P 值法、模拟法和线性优化法。

8. ACD【点评解析】本题主要考查采用 A-P 值法估算开发区大气环境容量需要的参数。需要的参数有：① 开发区范围和面积；② 区域环境功能分区；③ 第 i 个功能区的面积 S_i；④ 第 i 个功能区的污染物控制浓度（标准浓度限值）C_i；⑤ 第 i 个功能区的污染物背景浓度 C_i^{b}；⑥ 第 i 个功能区的环境质量保护目标。

第十一章　清洁生产

一、单项选择题（每题的备选项中，只有一个最符合题意）

1. 某企业 COD 排放量为 100 kg/t 产品，通过技改并建立污水处理站后，使污染物得到大幅度削减。（　　）最能表达企业生产工艺的清洁生产水平。（2005 年考题）

A. 技改后污水处理站进水 COD 负荷 20 kg/t 产品

B. 污水处理站出口 COD 负荷 4 kg/t 产品（达标）

C. 进一步深度处理后排放 COD 负荷 2 kg/t 产品

D. 深度处理后的中水全部用于绿化，不进地表水

2. 某工程用新鲜水 4 000 m^3/d，其中，生产工艺用新鲜水 3 200 m^3/d，生活用新鲜水 260 m^3/d，空压站用新鲜水 100 m^3/d，自备电站用新鲜水 440 m^3/d。项目循环水量 49 200 m^3/d，该工程水重复利用率为（　　）。（2007 年考题）

A. 81.2%　　B. 92.5%　　C. 94%　　D. 98%

3. 某工业项目的几项主要指标与国内同类项目平均水平如下表所示

指标	单位	建设项目	国内平均水平
原料消耗	kg/t 产品	200	198
电耗	kWh/t 产品	50	52
新鲜水耗	m^3/t 产品	35	40
成本消耗	元/t 产品	1 350	1 280

该建设项目未达到清洁生产基本要求的指标是（　　）。（2008 年、2009 年考题）

A. 原料消耗　　B. 电耗

C. 新鲜水耗　　D. 成本消耗

4. 某工程生产工艺用新鲜水 1 600 m^3/d，生活用新鲜水 130 m^3/d，公用工程用新鲜水 270 m^3/d。项目循环水 24 600 m^3/d，则该工程水重复利用率为（　　）。（2008 年考题）

A. 91.5%　　B. 92.5%

C. 92.9%　　D. 93.9%

5. 在污染型项目清洁生产分析中，表征项目资源能源利用水平的指标有单位产品的原料消耗量、综合能耗以及（　　）等。（2010 年考题）

A. 水污染物排放量　　B. 新鲜水耗水量

C. 烟气粉尘利用率　　D. 废水排放量

6. 某项目设计的循环水量为 25 000 m^3/d，循环补水量为 400 m^3/d，其他新鲜用水量为 2 600 m^3。该项目的水重复利用率为（　　）。（2011 年考题）

A. 81.4%　　B. 89.3%

C. 90.2%　　D. 98.6%

7. 评价某新建炼化一体化项目的清洁生产水平时，可作为参考依据的物耗、能耗指标是（　　）。（2012 年考题）

A. 同行业任意企业的临时测试数据

B. 同行业任意企业的基础数据

C. 同行业有代表性企业临时测试数据

D. 同行业有代表性企业近年的基础数据

8. 某 70 万 t/a 煤基烯烃项目，年新鲜水用量为 512 万 t，设两套总能力为 46 000 m^3/h 的循环水系统，用以上信息可估算的清洁生产指标是（　　）。（2014 年考题）

A. 间接冷却水循环率　　B. 单位烯烃产品新鲜水用量

C. 单位产品废水排放量　　D. 万元产值取水量

二、不定项选择题（每题的备选项中至少有一个符合题意）

1. 环境影响评价中常用的清洁生产指标有（　　）。（2005 年考题）

A. 资源能源利用指标　　B. 生产工艺与装备要求

C. 污染物产生指标　　D. 废物回收利用指标

2. 某工程工艺装置原料消耗 190 kg/t 产品，耗电量 45 kWh/t 产品，循环水利用率 85%，污水综合利用率 20%。国内同类装置平均水平为原料消耗≤ 180 kg/t 产品、耗电量≤40 kWh/t 产品，循环水利用率 90%，污水综合利用率 65%。该工艺装置（　　）。（2006 年考题）

A. 符合清洁生产要求　　B. 不符合清洁生产要求

C. 需提高资源利用水平　　D. 需改进生产工艺

3. 清洁生产指标包括（　　）。（2006 年、2007 年考题）

A. 资源能源利用指标　　B. 污染物产生指标

C. 废物回收利用指标　　D. 产值指标

E. 利润指标

4. 用指标对比法时清洁生产评价的工作内容包括（　　）。（2007 年考题）

A. 收集相关行业清洁生产标准　　B. 预测项目的清洁生产指标值

C. 将预测值与清洁生产标准值对比　　D. 得出清洁生产评价结论

E. 提出清洁生产改进方案和建议

5. 某建设项目的几项主要指标与国内同类装置平均水平如下表

指标	单位	建设项目	国内平均
原料消耗	kg/t 产品	200	190
电耗	kWh/t 产品	50	45
新鲜水耗	m^3/t 产品	35	30
废水排放量	m^3/t 产品	20	20

该建设项目（　　）。（2007 年考题）

A. 符合清洁生产要求　　B. 不符合清洁生产要求

C. 需改进生产工艺　　D. 需提高资源能源利用率

6. 葡萄酒制造过程产生废水、皮渣及发酵渣等，表征其清洁生产水平的指标有（　　）。（2009 年考题）

A. 废水产生量（m^3/kL）　　B. 化学需氧量产生量（kg/kL）

C. 综合能耗（kg/kL）　　D. 皮渣及发酵渣产生量（t/kL）

7. 在污染型项目清洁生产分析中，表征建设项目资源、能源利用水平的指标有（　　）。（2009 年考题）

A. 单位产品污染物产生量　　B. 单位产品新鲜水耗水量

C. 烟气粉尘去除率　　D. 单位产品原料消耗量

8. 在评述建设项目清洁生产水平时，应分析（　　）。（2010 年考题）

A. 资源利用指标　　B. 污染物产生指标

C. 环保治理工艺先进性　　D. 生产工艺先进性

9. 某啤酒厂实施技改搬迁，环评中评判清洁生产指标等级的依据有（　　）。（2010 年考题）

A. 啤酒厂排污资料

B. 环境保护部发布的啤酒制造业清洁生产标准

C. 国内啤酒行业先进水平类比调查资料

D. 国际啤酒行业先进水平类比调查资料

10. 清洁生产分析中，原辅材料选取可考虑的定性分析指标有（　　）。（2010 年考题）

A. 毒性　　B. 可再生性

C. 可回收利用性　　D. 原辅材料价格

11. 表征建设项目生产工艺清洁生产水平的指标有（　　）。（2011年考题）

A. 单位产品污染物产生量　　B. 单位产品新鲜水消耗量

C. 单位产品电能、热能消耗量　　D. 单位产品原料消耗量

12. 某啤酒厂实施技改搬迁，评判其清洁生产指标等级的依据有（　　）。（2011年考题）

A. 啤酒厂污染物减排总量

B. 现行的啤酒制造业清洁生产标准

C. 国内啤酒行业先进水平类比调查资料

D. 项目迁入地有较大的环境容量

13. 国内没有清洁生产标准的项目，清洁生产水平评价可选用（　　）。（2012年考题）

A. 国内外同类生产装置先进工艺技术指标

B. 国内外同类生产装置先进能耗指标

C. 国内外配套的污水处理设计能力

D. 国内外配套的焚烧炉设计能力

14. 分析电石法聚氯乙烯建设项目的清洁生产水平，应分析的指标有（　　）。（2013年考题）

A. 单位产品电石消耗量　　B. 单位产品电石渣产生量

C. 单位产品催化剂消耗量　　D. 单位产品化学需氧量排放量

15. 炼油企业产品升级改造项目环境影响评价中，清洁生产分析的指标有（　　）。（2014年考题）

A. 单位产品运行成本　　B. 单位产品新水用量

C. 汽油产品指标　　D. 环境管理要求

参考答案

一、单项选择题

1. A【点评解析】本题主要考查清洁生产水平指标。清洁生产水平指标中污染物指标主要考查源头，而不是末端治理。技改后污水处理站进水COD负荷20 kg/t产品最能表达企业生产工艺的清洁生产水平。

2. B【点评解析】本题主要考查项目水的重复利用率的计算。其关键是要抓住项目水的重复利用量，本题只有循环水量。水的重复利用率为：49 200/（49 200+

4 000）×100%＝92.5%。

3. A【点评解析】本题主要考查清洁生产基本要求的指标。显而易见，原料消耗未达到，200 kg/t 产品＞198 kg/t 产品。成本消耗不是清洁生产指标。

4. B【点评解析】本题主要考查项目水的重复利用率的计算。其关键是要抓住项目水的重复利用量，本题只有循环水量。水的重复利用率为：24 600/（24 600＋1 600＋130＋270）×100%＝92.5%。

5. B【点评解析】本题主要考查建设项目清洁生产水平的指标。显然，新鲜水耗水量为资源能源利用水平的指标。水污染物排放量、废水排放量为污染物产生指标；烟气粉尘利用率是废物回收利用指标。

6. B【点评解析】本题主要考查项目水的重复利用率的计算。其关键是要抓住项目水的重复利用量，另外取用新水量包括其他新鲜用水量。该企业水的重复利用率为：

25 000/（25 000＋400＋2 600）×100%＝89.3%。同类知识点已考过多次，考生务必掌握并灵活运用。

7. D【点评解析】本题主要考查清洁生产水平指标。显然，同行业有代表性企业近年的基础数据可作为参考依据的物耗、能耗指标。有代表性企业才具有典型性，近年的基础数据才反映先进性。

8. B【点评解析】本题主要考查清洁生产指标的含义。A 选项，间接冷却水循环率计算公式包括间接冷却水循环量和间接冷却水系统取水量（补充新水量）两个要素，题中均未给出；C 选项，单位产品废水排放量计算公式包括年排入环境废水总量和产品产量两个要素，题中均未给出；D 选项，万元产值取水量计算公式包括取用新水量和年产值两个要素，题中未给出年产值。B 选项，单位烯烃产品新鲜水用量$=\dfrac{\text{年新鲜水总用量}}{\text{烯烃产品产量}}$，从题中可知，年新鲜水总用量为 512 万 t，烯烃产品产量为 70 万 t/a，单位烯烃产品新鲜水用量为 512/70＝7.314 m^3/t。

二、不定项选择题

1. ABCD【点评解析】本题主要考查清洁生产指标。环评中清洁生产指标有六大类资源能源利用指标，生产工艺与装备要求，污染物产生指标，废物回收利用指标，还应有产品指标和环境管理要求，考生务必理解记忆。

2. BCD【点评解析】本题主要考查建设项目清洁生产水平的对比分析。从题意可知，该工艺装置的清洁生产水平比国内同类装置平均水平差。该工艺装置不符合清洁生产要求，需提高资源利用水平，需改进生产工艺。

3. ABC【点评解析】本题主要考查清洁生产指标。环评中清洁生产指标有六大类，除了资源能源利用指标、污染物产生指标、废物回收利用指标，还应有生产工艺与装备要求、产品指标和环境管理要求，考生务必理解记忆。

4. ABCDE【点评解析】本题主要考查用指标对比法时清洁生产评价的工作内容。考生务必理解记忆，在案例分析考试中有时出现。用指标对比法时清洁生产评价的工作内容包括五方面：收集相关行业清洁生产标准；预测项目的清洁生产指标值；将预测值与清洁生产标准值对比；得出清洁生产评价结论；提出清洁生产改进方案和建议。

5. BCD【点评解析】本题主要考查建设项目清洁生产水平的对比分析。对比指标，该工艺装置的清洁生产水平比国内同类装置平均水平差。该建设项目不符合清洁生产要求，需改进生产工艺和提高资源能源利用率。

6. ABCD【点评解析】本题主要考查建设项目清洁生产水平的指标。依据生命周期分析的原则，环评中的清洁生产评价指标可分为六大类：生产工艺与装备要求、资源能源利用指标、产品指标、污染物产生指标、废物回收利用指标和环境管理要求。废水产生量（m^3/kL）、化学需氧量产生量（kg/kL）和皮渣及发酵渣产生量（t/kL）属于污染物产生指标；综合能耗（kg/kL）属于资源能源利用指标。

7. BD【点评解析】本题主要考查建设项目清洁生产水平的指标。单位产品新鲜水耗水量和单位产品原料消耗量为资源、能源利用水平的指标。单位产品污染物产生量为污染物产生指标。烟气粉尘去除率不是清洁生产水平指标。

8. ABD【点评解析】本题实际考查清洁生产水平的指标。显而易见，环保治理工艺先进性属于末端治理，不包括在内。其他 3 项均是清洁生产水平的指标。

9. BCD【点评解析】本题实际考查评判清洁生产指标等级的依据。啤酒厂排污资料只是被对比的对象，不是依据而是材料。其他 3 项均是评判清洁生产指标等级的依据。

10. ABC【点评解析】本题实际考查原辅材料选取可考虑的定性分析指标。显然，原辅材料价格与清洁生产分析无关。其他 3 项均是原辅材料选取可考虑的定性分析指标。

11. ABCD【点评解析】本题实际考查清洁生产水平的指标。清洁生产水平评价指标有：生产工艺与装备要求、资源能源利用指标（物耗、能耗、新水用量和原辅材料的选取）、污染物产生指标（废水、废气、固废）、产品指标、废物回收利用指标和环境管理要求。

12. BC【点评解析】本题实际考查评判清洁生产指标等级的依据。显然，啤酒厂污染物减排总量只是被对比的对象，不是依据而是材料。本题与第 9 题基本相同。

13. AB【点评解析】本题主要考查清洁生产水平评价指标。C、D 两项都属于末端治理的指标；清洁生产水平评价指标选取的重要原则之一是体现预防为主，要求完全不考虑末端治理。

14. ABC【点评解析】本题主要考查清洁生产水平应分析的指标。污染物产生指标指末端处理前，而不是单位产品化学需氧量排放量。清洁生产水平评价指标内容见第 11 题说明。

15. BCD【点评解析】本题主要考查清洁生产分析的指标。依据生命周期分析的原则，环评中的清洁生产评价指标可分为六大类：生产工艺与装备要求、资源能源利用指标、产品指标、污染物产生指标、废物回收利用指标和环境管理要求。B 选项，单位产品新水用量属于资源能源利用指标；C 选项，汽油产品指标属于产品指标；A 选项，单位产品运行成本是经济指标，不是清洁生产分析的指标。

第十二章　环境污染控制与生态保护措施

第一节　工业废水处理技术

一、单项选择题（每题的备选项中，只有一个最符合题意）

1. 下列污水处理方法中，属于生物处理方法的是（　　）。（2005 年考题）

A. 曝气氧化塘　　B. 加气气浮法

C. 活性炭吸附法　　D. 反渗透膜分离法

2. 在工业废水处理中，可投加沉淀剂（$Ca(OH)_2$）去除废水中的（　　）。（2005 年考题）

A. 氰化物　　B. 砷

C. 六价铬　　D. 氟化物

3. 评价废水可生化性的常用指标为废水的（　　）比值。（2006 年、2007 年考题）

A. DO 与 COD　　B. DO 与 BOD_5

C. BOD_5 与 COD　　D. BOD_5 与 DO

4. COD 反映的是污水中（　　）。（2006 年、2007 年考题）

A. 有机物在氧化分解时耗用的氧量　　B. 可生化降解的有机物含量

C. 全部有机物总量　　D. 可氧化的物质含量

5. 城市污水处理厂厌氧工艺无组织排放的废气中，含氮污染物主要是（　　）。（2007 年考题）

A. NO　　B. NO_2　　C. N_2O　　D. NH_3

6. 活性污泥法处理工艺流程示意图如下，其中（2）、（3）、（4）、（5）分别是（　　）。（2007 年考题）

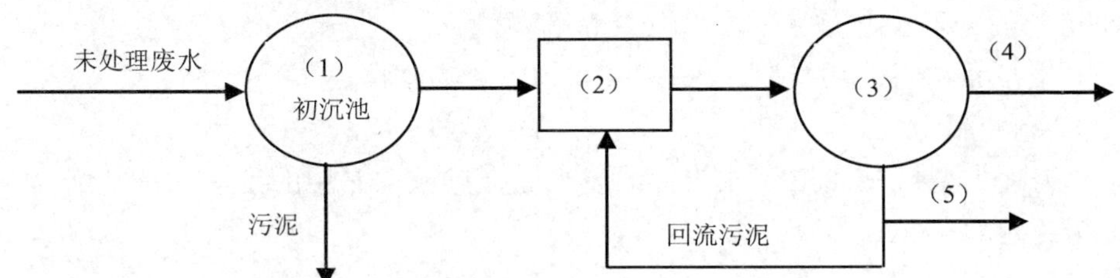

A. 二沉池、曝气池、出水、剩余污泥

B. 曝气池、二沉池、出水、剩余污泥

C. 曝气池、污泥浓缩池、出水、干化污泥

D. 曝气池、二沉池、剩余污泥、出水

7. 高浓度有机废水生化处理过程中产生的沼气主要来源于处理工艺的（　　）。（2009 年考题）

A. 中和段　　B. 厌氧段

C. 好氧段　　D. 沉淀段

8. 城市污水处理厂外排尾水渠设置紫外线灯照射设施的作用是（　　）。（2009 年考题）

A. 增加外排尾水中溶解氧含量　　B. 使水中致病微生物死亡或灭活

C. 进一步处理 COD　　D. 脱除水中的氨

9. 现代废水处理技术按作用原理可分为物理法、化学法、物理化学法和生物法四大类。属于物理法的有（　　）。（2009 年考题）

A. 蒸发　　B. 离子交换

C. 焚烧　　D. 过滤

10. 用于去除含胶体有机物的污水处理方法是（　　）。（2010 年考题）

A. 过滤法　　B. 化学中和法

C. 活性污泥法　　D. 膜分离法

11. 某公司含磷废水的磷酸盐（以 P 计）浓度为 4.0 mg/L，为满足处理后磷酸盐浓度≤1.0 mg/L 的要求，污水处理工艺应采取（　　）。（2010 年考题）

A. 化学氧化法　　B. 化学沉淀法

C. 活性污泥法　　D. 超滤法

12. 某城市二级污水处理厂出水总氮指标尚不能达到一级 A 排放标准要求，为使总氮达标排放，通常优先选用的后续处理工艺是（　　）。（2010 年考题）

A. 生物滤池法　　B. 臭氧氧化法

C. 化学沉淀法　　D. 活性炭吸附法

13. 某工业废水含磷浓度为 10 mg/L，要求处理后出水含磷浓度小于 1.0 mg/L，

则经济可行的处理工艺是（　　）。（2011 年考题）

A. 化学混凝沉淀法　　B. 生物滤膜法

C. 活性污泥法　　D. 溶剂萃取法

14. 为使大型机械加工企业的含油废水达标排放，常用的处理工艺是（　　）。（2012 年考题）

A. 二级生化　　B. 隔油沉淀+混凝气浮

C. 离心分离　　D. 隔油沉淀+反渗透

15. 城市生活污水二级处理厂，在排放前常采取消毒处理，最经济的消毒处理方法是（　　）。（2013 年考题）

A. 臭氧法　　B. 紫外线法

C. 双氧水法　　D. 二氧化氯法

16. 某化工厂废水特点为氨氮、氟化物浓度高，BOD_5/COD 为 0.25，COD 浓度为 2 000 mg/L，以下污水处理方法中最合理的是（　　）。（2013 年考题）

A. 中和+厌氧–耗氧生化法

B. 化学氧化+活性污泥法

C. 中和+气浮+活性污泥法

D. 汽提+混凝沉淀+厌氧–耗氧生化法

17. 某制药废水硝基苯类浓度为 20 mg/L，不能有效处理硝基苯的工艺是（　　）。（2013 年考题）

A. 微电解　　B. 厌氧水解

C. Fenton 氧化　　D. 中和处理

18. 某肉类加工企业产生的废水中 COD 为 1 000 mg/L、SS 为 800 mg/L、氨氮为 85 mg/L，要求出水 COD≤ 100 mg/L、SS≤70 mg/L、氨氮≤15 mg/L。则该企业废水处理可以采用的工艺流程是（　　）。（2014 年考题）

A. 进水→预处理→SBR→UASB→沉淀消毒→排放

B. 进水→预处理→UASB→接触氧化→沉淀消毒→排放

C. 进水→预处理→曝气生物滤池→SBR→沉淀消毒→排放

D. 进水→预处理→水解酸化→UASB→沉淀消毒→排放

19. 某项目拟采用升流式厌氧污泥床反应器（UASB）处理生产废水，消化气（沼气）应由（　　）。（2014 年考题）

A. UASB 底部收集并导出　　B. UASB 下部收集并导出

C. UASB 中部收集并导出　　D. UASB 上部收集并导出

20. 序批式活性污泥法（SBR）以除磷为主要目标时，应选用的污泥负荷和充水比是（　　）。（2015 年考题）

A. 高污泥负荷、低充水比　　B. 低污泥负荷、低充水比

C. 高污泥负荷、高充水比　　D. 低污泥负荷、高充水比

21. 下列污水处理单元中，本身具有污泥沉淀功能的是（　　）。（2016 年考题）

A. 生物接触氧化池　　B. 曝气生物滤池

C. 序批式活性污泥反应器　　D. 生物转盘

22. 关于采用生物法对废水进行脱氮除磷的说法，正确的是（　　）。（2016 年考题）

A. 仅需除磷时，应采用缺氧/好氧法

B. 仅需脱氮时，应采用厌氧/好氧法

C. 需要同步脱氮除磷时，应采用厌氧/缺氧/好氧法

D. 需要同步脱氮除磷时，应采用缺氧/厌氧/好氧法

23. 人工湿地去除有机污染物的机理是（　　）。（2016 年考题）

A. 物理、化学协同作用　　B. 物理、生物协同作用

C. 生物、化学协同作用　　D. 物理、化学、生物协同作用

24. 废水处理构筑物中调节池的作用是（　　）。（2016 年考题）

A. 调节水位高低　　B. 降低污染物

C. 分离水中固体颗粒　　D. 均化水质水量

25. 废水使用 A^2/O 方法进行脱氮除磷，一般要求缺氧池中的溶解氧浓度为（　　）。（2016 年考题）

A. 小于 0.1 mg/L　　B. 0.1～0.5 mg/L

C. 0.5～2 mg/L　　D. 大于 2 mg/L

二、不定项选择题（每题的备选项中至少有一个符合题意）

1. 下列几种污水处理方法中，属于深度处理方法的有（　　）。（2005 年考题）

A. 活性污泥法　　B. 超级过滤　　C. 反渗透法　　D. 加压气浮法

2. 废水处理技术经济评价内容有（　　）。（2005 年考题）

A. 废水处理工艺方案论述　　B. 进、出水水质分析

C. 处理效果和达标可行性论述　　D. 投资及运行费用分析

3. 废水处理技术按作用原理可分为物理法、化学法、物理化学法和生物法四大方法。下列属于物理化学法的是（　　）。（2006 年考题）

A. 隔油　　B. 吸附

C. 沉淀　　D. 浮选

4. 一般工业废水预处理单元事故池的主要作用是接纳（　　）。（2007 年、2009 年、2010 年考题）

A. 生产事故废水

B. 风险事故泄漏的液态化学品

C. 严重影响废水处理厂运行的事故废水

D. 循环冷却水系统事故排水

5. 城市污水处理厂污泥稳定过程有（　　）。（2007 年考题）

A. 厌氧消化　　B. 好氧消化

C. 化学稳定和混合　　D. 污泥浓缩

6. 去除废水中的重金属汞离子可选用（　　）。（2009 年考题）

A. 活性污泥法　　B. 化学沉淀法

C. 厌氧法　　D. 吸附法

7. 在化学沉淀处理工艺中影响处理效果的主要因素有（　　）。（2010 年考题）

A. 沉淀剂的配制　　B. 投加沉淀剂后的反应时间

C. 泥渣处置方式　　D. 进行固液分离的沉淀时间

8. 常用于去除有机污染物的二级生化处理方法有（　　）（2011 年考题）

A. 反渗透膜法　　B. 生物膜法

C. 活性污泥法　　D. 活性炭吸附法

9. 能削减废水中总磷排放量的有效处理方法有（　　）。（2012 年考题）

A. A^2/O 法　　B. 化学混凝沉淀法

C. 化学氧化法　　D. 离心分离法

10. 酒精生产项目生产废水 COD≥10 000 mg/L，须经厂内预处理使 COD≤1 000 mg/L，方可排入二级污水污水处理厂的收集管网。可选用的污水处理方案有（　　）。（2012 年考题）

A. 调节→过滤→混凝→沉淀→排放

B. 调节→过滤→厌氧（UASB）→氧化沟→沉淀→排放

C. 调节→过滤→接触氧化→沉淀→排放

D. 调节→过滤→厌氧（UASB）→SBR→排放

11. 下列处理工艺可用于脱色的有（　　）。（2013 年考题）

A. 混凝沉淀　　B. 厌氧水解

C. 接触氧化法　　D. 臭氧氧化

12. 用于去除污水中悬浮物的工艺有（　　）。（2013 年考题）

A. 沉淀　　B. 砂滤

C. 气浮　　D. 离子交换

13. 关于生物脱氮除磷的说法，正确的有（　　）。（2014 年考题）

A. 硝化菌在缺氧状态下将氨氮氧化成硝态氮

B. 反硝化菌在厌氧状态下将硝态氮还原成氮气

C. 聚磷菌在厌氧条件下释放磷

D. 聚磷菌在好氧条件下摄取磷

14. 某制糖企业污水处理站好氧处理工艺为普通活性污泥法，宜采用的二沉池类型有（　　）。(2014 年考题)

A. 竖流沉淀池　　B. 辐流沉淀池

C. 斜板沉淀池　　D. 斜管沉淀池

15. 下列行业中，产生的含油废水不宜直接使用生物方法除油的有（　　）。(2014 年考题)

A. 金属加工业　　B. 机械加工业

C. 肉食品加工业　　D. 餐饮业

16. 下列废水处理方法中，属于利用密度差异去除污染物的有（　　）。(2015 年考题)

A. 板框过滤　　B. 溶气气浮

C. 重力沉淀　　D. 离心分离

17. 城市污水处理厂事故池的作用是（　　）。(2016 年考题)

A. 容纳厂内生产事故废水

B. 容纳厂内初期雨水

C. 容纳消防备用水

D. 容纳可能严重影响污水处理厂运行的接管废水

18. 下列废水处理单元中，在降解有机物过程中会产生甲烷气体的有（　　）。(2016 年考题)

A. 厌氧流化床　　B. 氧化沟

C. 厌氧滤池　　D. 曝气池

19. 下列方法中，利用密度差异去除废水中污染物的有（　　）。(2016 年考题)

A. 隔油　　B. 过滤

C. 气浮　　D. 反渗透

20. 下列污水好氧生物处理方法中，属于生物膜法的有（　　）。(2016 年考题)

A. 生物接触氧化法　　B. 氧化沟

C. 曝气生物滤池　　D. SBR

参考答案

一、单项选择题

1. A【点评解析】本题主要考查生物处理方法的种类。只有曝气氧化塘属于生物处理方法，其他三种属于物理化学法。

2. D【点评解析】本题主要考查化学沉淀处理方法。氟化物与沉淀剂（$Ca(OH)_2$）形成难溶的 CaF_2。

3. C【点评解析】本题主要考查评价废水可生化性的重要指标。评价废水可生化性的重要指标是 BOD_5/COD，又称 B/C 比。关键要抓住 BOD_5，考生务必理解记忆，案例分析考试经常遇到。

4. A【点评解析】本题主要考查 COD 的基本概念。考生务必理解。COD 反映的是污水中有机物在氧化分解时耗用的氧量，包含可生化降解的有机物含量和不可生化降解的有机物含量，但并不是全部有机物总量。

5. D【点评解析】本题主要考查污染物的产生。显而易见，城市污水处理厂厌氧工艺无组织排放的废气中，含氮污染物主要是 NH_3。厌氧产生 NH_3，即恶臭污染物。含氮氧化物（NO、NO_2、N_2O）一般由空气燃烧所致。

6. B【点评解析】本题主要考查活性污泥法处理工艺流程。很显然，其中（2）、（3）、（4）、（5）分别是曝气池、二沉池、出水、剩余污泥。考生应对一般的污水处理方法有较深入的了解。

7. B【点评解析】本题实际考查高浓度有机废水生化处理过程中产生的沼气主要来源。沼气主要来源于处理工艺的厌氧段，该段处于还原状态，可生成甲烷（沼气）和氨气。

8. B【点评解析】本题实际考查城市污水处理厂外排尾水渠设置紫外线灯照射设施的作用。由于城市污水处理厂外排尾水中有致病微生物，其作用是使水中致病微生物死亡或灭活。

9. D【点评解析】本题主要考查废水处理技术的分类。只有过滤属于物理法。蒸发、离子交换属于物理化学法；焚烧属于化学法，尽管《环境影响评价技术方法》一书也列其为物理化学法，从原理上看更趋近化学法。考生务必厘清其分类。工业废水处理方法：

现代废水处理技术，按作用原理可分为物理法、化学法、物理化学法和生物法四大类。

物理法是利用物理作用来分离废水中的悬浮物或乳浊物。常见的有格栅、筛滤、离心、澄清、过滤、隔油等方法。

化学法是利用化学反应的作用来去除废水中的溶解物质或胶体物质。常见的有中和、沉淀、氧化还原、催化氧化、光催化氧化、微电解、电解絮凝、焚烧等方法。

物理化学法是利用物理化学作用来去除废水中溶解物质或胶体物质。常见的有混凝、浮选、吸附、离子交换、膜分离、萃取、汽提、吹脱、蒸发、结晶、焚烧等方法。

生物处理法是利用微生物代谢作用，使废水中的有机污染物和无机微生物营养物转化为稳定、无害的物质。常见的有活性污泥法、生物膜法、厌氧生物消化法、稳定塘与湿地处理等。生物处理法也可按是否供氧而分为好氧处理和厌氧处理两类，前者主要有活性污泥法和生物膜法两种，后者包括各种厌氧消化法。

10. A【点评解析】本题主要考查含胶体有机物的污水处理方法。胶体一般分子量比较大，适合过滤法去除。生化菌一般对其无作用。膜分离法适合离子态污染物。

11. B【点评解析】本题主要考查含磷废水的处理方法。其有化学沉淀法和生化处理法两种。前者一般是预处理，后者为达标处理。含磷废水除磷方法：

废水中磷一般具有 3 种存在形式：正磷酸盐、聚合磷酸盐和有机磷。正磷酸盐可被生物直接吸收。聚合磷酸盐在水溶液中水解成正磷酸盐，该水解过程速度缓慢；有机磷是工业废水中的主要成分之一。磷的去除方法有化学沉淀法和生物法。

化学沉淀法：通常是加入铝盐或铁盐及石灰。最常用的铝盐是明矾 $AlK(SO_4)_2 \cdot 12H_2O$。铝离子能絮凝磷酸根离子，形成磷酸铝沉淀。明矾和氯化铁的加入会降低水的 pH 值，而加入石灰会使水的 pH 值升高。由于大部分磷都溶于污水中，传统的一、二级污水处理中仅能去除少量的磷。一级沉淀仅去除 5%～10%的磷，二级生物处理过程中，通过生物吸收可去除 10%～20%的磷。

生物过程中磷的去除：生物除磷方法有许多，通过生物和化学相结合的方法可使废水出水中的磷、氮等营养物浓度降至排放标准值以下。A/O 工艺过程、A^2/O 工艺过程、活性污泥生物—化学沉淀过程、序批式间歇反应器（SBR）等都可以用于去除磷。

12. C【点评解析】本题主要考查低浓度含氮废水的处理方法。由于城市二级污水处理厂前段处理工艺已采用生物硝化—反硝化方法，而出水总氮指标一级 A 排放标准为≤15 mg/L，氨氮≤5 mg/L，故属于较低浓度含氮污水。城镇污水脱氮除磷应以生物处理单元为主，生物处理单元不能达到排放标准要求时，应辅以化学处理单元。因此，通常优先选用的后续处理工艺是化学沉淀法，如磷酸铵镁沉淀法（MAP）。

一般含氮废水的脱氮：废水中的氮通常以有机氮、氨、亚硝酸盐及氮气的形式存在。有机氮分溶解态和颗粒态，溶解态有机氮主要以尿素和氨基酸的形式存在。

在传统的处理过程中，无机氮含量不受一级沉淀的影响，且经二级（生物）处理后，其含量增加 50%左右。一、二级处理过程能去除 25%～90%的有机氮。一般传统的一、二级处理过程大致可分别去除原污水中总氮量的 14%和 26%。

控制氮含量的方法主要有生物硝化—反硝化、折点氯化、选择性离子交换、氨的汽提。不管采用哪种方法，氮的去除率都可超过 90%。

在生物硝化—反硝化中，无机氮先通过延时曝气氧化成硝酸盐，再经过厌氧环境反硝化转化成氮气，从而去除污水中的氮。

折点氯化过程是在二级出水中投加氯，直到残余的全部溶解性的氯达到最低点（折点），使水中氨氮全部氧化。

氨的气提过程需要先将二级处理出水的 pH 值提高到 11 以上，使铵离子 NH_4^+ 转化为氨（NH_3），随后对出水进行激烈曝气，以气提方式将氨从水中去除，再将 pH 值调到合适值。

13. A【点评解析】本题主要考查含磷废水的处理方法。据题意，磷的处理效率应达到 90%。含磷废水的处理方法一般有化学沉淀法和生化处理法两种。前者一般是预处理，后者为达标处理。化学混凝沉淀法处理含磷废水除磷效率高、工艺简单，且运行费用低，操作管理简单易行，是一种解决高浓度工业含磷废水的有效方法。生化处理法除磷一般用于生活污水。

14. B【点评解析】本题实际考查含油废水常用的处理工艺。由于大型机械加工企业的含油废水浓度高，首先必须经过隔油沉淀；为使含油废水达标排放，还需要混凝气浮进一步除油。这在石化行业经常运用，所谓含油废水处理“老三套”。废水预处理去除石油类可采用的方法：油类常以浮油、乳化溶解态油、重油三种形式存在于水中，因此预处理方式包括：

（1）浮油可利用其比重小于 1 且不溶于水的原理，通过机械作用使之上浮并去除，如常用的隔油池；

（2）对于溶解态和乳化态油类可采用投加药剂—气浮法，即破乳—混凝—气浮，将其去除；

（3）对于比重大于 1 的重油则可用重力分离法加以去除，如设置除油沉砂池。

15. D【点评解析】本题主要考查最经济的消毒处理方法。环保措施经济合理性应综合考虑设备投资和运行费用，尽管由于其他三项均消耗物料，但紫外线法耗电，综合比较，双氧水法＞臭氧法≈紫外线法＞二氧化氯法＞液氯法。故选择二氧化氯法，也是城市生活污水二级处理厂最常见的消毒处理方法。

16. D【点评解析】本题主要考查污水处理方法。由于氨氮、氟化物浓度高，一般采用汽提去除氨氮，混凝沉淀去除氟化物。另外，废水可生化性并不好，COD 浓度较高，故采用厌氧-耗氧生化法（A-O）法，还可进一步去除氨氮。

17. D【点评解析】本题主要考查有效处理含硝基苯废水的工艺。显然，硝基苯不是酸碱物，中和处理无效。其他三种方法可打断硝基苯的苯环，分解为小分子，能有效处理硝基苯。

18. B【点评解析】本题主要考查肉类加工企业废水处理工艺流程。废水处理时，一般遵循的原则为：先高浓度后低浓度，先厌氧后好氧。屠宰与肉类加工废水一般宜采用的厌氧工艺为：升流式厌氧污泥床（UASB）或水解酸化技术。好氧处理宜采用具有脱氮除磷功能的序批式活性污泥技术（SBR）或生物接触氧化技术，有条件时也可采用膜生物反应器（MBR）工艺。因此，只有B选项所示的工艺流程的符合题意。

19. D【点评解析】本题主要考查升流式厌氧污泥床反应器（UASB）的原理。UASB 反应器的上部为澄清池，设有气、液、固三相分离器。被分离的消化气从上部导出，污泥自动落到下部反应区。一般原理均是“气往上走，泥往下沉”。

20. C【点评解析】本题主要考查 SBR 法的原理。SBR 以脱氮为目标时，应选用低污泥负荷，低充水比；以除磷为主要目标时，应选用高污泥负荷、高充水比。

21. C【点评解析】本题主要考查污水处理的原理。好氧生物处理包括传统活性污泥、氧化沟、序批式活性污泥法（SBR）、生物接触氧化、生物滤池、曝气生物滤池，其中前三种属活性污泥好氧处理，均具有污泥沉淀功能；后三种属生物膜好氧处理，无污泥但有生物挂膜。

22. C【点评解析】本题主要考查生物脱氮除磷的原理。仅需除磷时，应采用厌氧/好氧法，厌氧池放磷；仅需脱氮时，应采用缺氧/好氧法，缺氧池进行反硝化；需要同步脱氮除磷时，应采用厌氧/缺氧/好氧法，厌氧池放磷和氨化。

23. D【点评解析】本题主要考查人工湿地去除有机污染物的机理。人工湿地由配水系统、集水系统、防渗层、基质层、湿地植物组成。土壤—植物系统对污水进行处理，包括过滤、吸附、化学反应、微生物代谢、植物吸附和吸收等作用。

24. D【点评解析】本题主要考查调节池的作用。为尽可能减少或控制废水水量的波动，在废水处理系统之前，设调节池。根据调节池的功能，又分为均量池、均质池、均化池和事故池。均化池兼有均量池和均质池的功能，既能对废水水量进行调节，又能对废水水质进行调节。

25. B【点评解析】本题主要考查 A^2/O 方法进行脱氮除磷的影响因素。好氧段的溶解氧浓度应为 2 mg/L 左右，太高或太低都不利。对于厌氧段和缺氧段，则溶解氧浓度越低越好，但由于回流和进水的影响，应保证厌氧段溶解氧浓度小于 0.2 mg/L，缺氧段溶解氧浓度小于 0.5 mg/L。

二、不定项选择题

1. BC【点评解析】本题实际考查废水处理方法分类。活性污泥法和加压气浮法属于二级处理方法。属于深度处理方法（三级处理方法）的有超级过滤、反渗透法。

2. ABCD【点评解析】本题主要考查废水处理技术经济评价内容。前三项为技术评价内容，后一项为经济评价内容。

3. BD【点评解析】本题实际考查废水处理方法分类。隔油属于物理处理方法，沉淀属于化学方法，属于物理化学法的是吸附和浮选。

物理法是利用物理作用来分离废水中的悬浮物或乳浊物。常见的有格栅、筛滤、离心、澄清、过滤、隔油等方法。

化学法是利用化学反应的作用来去除废水中的溶解物质或胶体物质。常见的有中和、沉淀、氧化还原、催化氧化、光催化氧化、微电解、电解絮凝、焚烧等方法。

物理化学法是利用物理化学作用来去除废水中溶解物质或胶体物质。常见的有混凝、浮选、吸附、离子交换、膜分离、萃取、汽提、吹脱、蒸发、结晶、焚烧等方法。

4. AC【点评解析】本题主要考查一般工业废水预处理单元事故池的主要作用。关键是风险事故泄漏的液态化学品应由工厂设置的事故池接纳，废水预处理单元事故池接纳不了，也处理不了；循环冷却水系统事故排水为清净下水，无须接纳。

5. ABC【点评解析】本题主要考查城市污水处理厂污泥稳定过程。城市污水处理厂污泥稳定过程有厌氧消化、好氧消化、化学稳定和混合。污泥浓缩是另一种处理方法。

6. BD【点评解析】本题主要考查废水中的重金属汞离子的处理方法。化学沉淀法是最常见的方法；另外，利用汞离子易被底泥吸附并沉降的特点，采用吸附法也可。化学沉淀处理是向废水中投加某些化学药剂（沉淀剂），使其与废水中溶解态的污染物直接发生化学反应，形成难溶的固体生成物，然后进行固废分离，除去水中污染物。废水中的重金属离子（如汞、镉、铅、锌、镍、铬、铁、铜等）、碱土金属（如钙、镁）、某些非重金属（如砷、氟、硫、硼）均可采用化学沉淀处理过程去除。化学沉淀处理的工艺过程：① 投加化学沉淀剂，与水中污染物反应，生成难溶的沉淀物析出；② 通过凝聚、沉降、浮上、过滤、离心等方法进行固液分离；③ 泥渣的处理和回收利用。

7. ABD【点评解析】本题主要考查在化学沉淀处理工艺中影响处理效果的主要因素。虽然泥渣的处理和回收利用也属于其工艺过程的一部分，但不影响其处理效果。其他 3 项均是影响处理效果的主要因素。见第 6 题说明。

8. BC【点评解析】本题实际考查常用于去除有机污染物的二级生化处理方法。显而易见，生物膜法和活性污泥法属于二级生化处理方法，反渗透膜法和活性炭吸附法属于三级深度物化处理方法。

9. AB【点评解析】本题主要考查废水中总磷排放量的有效处理方法。见单项选择题第 11 题说明。

10. BD【点评解析】本题主要考查酒精生产项目生产废水的处理方法。其关键是酒精废水含大分子污染物，尤其是高浓度的COD废水适合于采用厌氧处理，好氧处理若进水COD过高意味着污泥负荷过高，可能导致污泥吸附性能变差。所以，一定要有厌氧处理，分解大分子污染物，再好氧处理。

11. AD【点评解析】本题主要考查可用于脱色的处理工艺。混凝沉淀一般用于预处理脱色，臭氧氧化一般用于末端最终处理脱色。接触氧化法、厌氧水解虽然有一定脱色作用，但主要是处理有机污染物和氨氮。

12. ABC【点评解析】本题主要考查用于去除污水中悬浮物的工艺。离子交换主要用于除盐。在废水一级处理中沉淀是主要的处理工艺，去除悬浮于污水中可沉淀的固体物质。砂滤适用于混凝或生物处理后低浓度悬浮物的去除，多用于废水深度处理；可采用石英砂、无烟煤和重质矿石等作为滤料。气浮法适用于去除水中密度小于1 kg/L的悬浮物，一般后续加浮选工艺进一步去除悬浮物。

13. CD【点评解析】本题主要考查废水生物脱氮除磷的机理。污水生物脱氮的基本原理就是在将有机氮转化为氨态氮的基础上，先利用好氧段经硝化作用，由硝化细菌和亚硝化细菌的协同作用，将氨氮通过反硝化作用转化为亚硝态氮、硝态氨。在缺氧条件下通过反硝化作用将硝氮转化为氮气，溢出水面释放到大气，参与自然界氮的循环。磷在自然界以两种状态存在：可溶态或颗粒态。所谓的除磷就是把水中溶解性磷转化为颗粒性磷，达到磷水分离。废水在生物处理中，在厌氧条件下，聚磷菌的生长受到抑制，为了自身的生长便释放出其细胞中的聚磷酸盐，同时产生利用废水中简单的溶解性有机基质所需的能量，称该过程为磷的释放。进入好氧环境后，活力得到充分恢复，在充分利用基质的同时，从废水中摄取大量溶解态的正磷酸盐，从而完成聚磷的过程。将这些摄取大量磷的微生物从废水中去除，即可达到除磷的目的。

14. AB【点评解析】本题主要考查污水处理二沉池类型。在废水一级处理中沉淀是主要的处理工艺，去除悬浮于污水中可沉淀的固体物质。处理效果基本上取决于沉淀池的沉淀效果。根据池内水流方向，沉淀池可分为平流沉淀池、辐流式沉淀池和竖流沉淀池。在二级废水处理系统中，沉淀池有多种功能，在生物处理前设初沉池，可减轻后续处理设施的负荷，保证生物处理设施的发挥；在生物处理设备后设二沉池，可分离生物污泥，使处理水得到澄清。斜板沉淀池和斜管沉淀池即为初沉池。

15. ABCD【点评解析】本题主要考查含油废水的处理。通常情况下，当含油量在30 mg/L以下，并含有其他需要生物降解的有害物质时，才考虑使用生物方法除油。肉食品加工业、餐饮业产生的含油废水的含油量较大（一般超过30 mg/L），不宜直接使用生物方法除油。含油废水中的乳化油较难去除，所以首先应注意防止或减轻乳化现象；金属加工、机械加工的含油废水中由于含有乳化液，故也不宜直接使用生物方法除油。应该是，首先进行除油预处理（隔油、破乳—混凝—气浮、重力分离法），再使用生物方法除油。

16. BCD【点评解析】本题主要考查废水处理方法的原理。气浮适用于去除水中密度小于 1 kg/L 的悬浮物、油类和脂肪。离心分离借助于离心力，使比重不同的物质进行分离的方法。对于两相密度相差较小，黏度较大，颗粒粒度较细的非均相体系，在重力场中分离需要很长时间，甚至不能完全分离。若改用离心分离，由于转鼓高速旋转产生的离心力远远大于重力，可大大提高沉降速率，因此离心分离只需较短的时间即能获得大于重力沉降的效果。

17. AD【点评解析】本题主要考查城市污水处理厂事故池的作用。主要作用是容纳厂内生产事故废水和可能严重影响污水处理厂运行的接管废水。厂内初期雨水可以直接进污水处理厂处理；消防备用水为干净水。

18. AC【点评解析】本题主要考查废水处理单元的功能和作用。废水厌氧生物处理是指在缺氧条件下通过厌氧微生物的作用，将废水中的各种复杂有机物分解转化成甲烷和二氧化碳等物质的过程。厌氧处理工艺主要包括厌氧污泥床（UASB）、厌氧滤池（AF）、厌氧流化床（AFB）。

19. AC【点评解析】本题主要考查各类废水处理原理。隔油采用自然上浮法去除可浮油；气浮适用于去除水中密度小于 1 kg/L 的悬浮物、油类和脂肪；两者均为利用密度差异去除废水中污染物。过滤利用污染物粒径差异分离污染物，反渗透利用离子直径差异分离污染物。

20. AC【点评解析】本题主要考查生物膜法的分类。好氧生物处理包括传统活性污泥、氧化沟、序批式活性污泥法（SBR）、生物接触氧化、生物滤池、曝气生物滤池，其中前三种属活性污泥好氧处理，后三种属生物膜好氧处理。

第二节　大气污染控制技术

一、单项选择题（每题的备选项中，只有一个最符合题意）

1. 某建设项目有如下废气污染物，其中（　　）为恶臭物质。（2005 年考题）

A. CO　　B. HF　　C. H_2S　　D. SO_2

2. 近年大型燃煤锅炉采用较多的先进燃煤技术是（　　）。（2005 年考题）

A. 煤和生物质联合燃烧　　B. 煤炭直接液化

C. 循环流化床　　D. 型煤固硫技术

3. 旋风除尘器的工作原理是（　　）。（2006 年考题）

A. 重力分离　　B. 惯性分离

C. 离心分离　　D. 过滤分离

4. 某地拟建一个工业区，下图为该地风向玫瑰图，工业区应规划在居民区的（　　）方位。（2007 年考题）

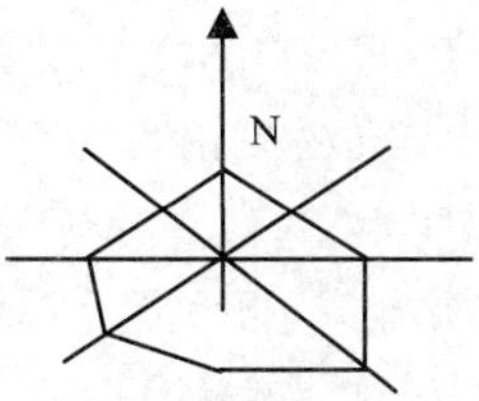

A. 东南

B. 西北

C. 北

D. 南

5. 布袋除尘器的工作原理是（　　）。（2007 年、2011 年考题）

A. 重力分离　　B. 惯性分离

C. 离心分离　　D. 过滤分离

6. 适合高效处理高温、高湿、易燃易爆含尘气体的除尘器是（　　）。（2010 年考题）

A. 重力沉降室　　B. 袋式除尘器

C. 旋风除尘器　　D. 湿式除尘器

7. 含汞废气的净化方法是（　　）。（2010 年考题）

A. 吸收法　　B. 氧化还原法

C. 中和法　　D. 催化氧化还原法

8. 化学吸收相对于物理吸收能显著提高吸收效果，主要原因在于（　　）。（2010 年考题）

A. 有效吸收面积增加　　B. 吸收阻力降低

C. 吸收剂浓度增加　　D. 吸收推动力增加

9. 某城市 E 和 ESE 风向出现的频率分别为 20%和 18%，静风频率为 45%，新建热电厂选址方案正确的是（　　）。（2013 年考题）

A. 选址在城市的东面　　B. 选址在城市的东南偏东面

C. 选址在城市的西面　　D. 选址在城市的东南面

10. 某设施甲苯尾气浓度为 20 mg/m^3，风量为 200 000 m^3/h，下列处理方法中合理的是（　　）。（2013 年考题）

A. 海水法　　B. 排烟再循环法

C. 石灰石/石灰—石膏法　　D. 低温等离子体法

11. 下列烟气脱硫方法中，不产生废水的方法是（　　）。（2013 年考题）

A. 氨法　　B. 海水法

C. 烟气循环流化床工艺　　D. 石灰石/石灰—石膏法

12. 关于氮氧化物去除工艺的说法，正确的是（　　）。（2014 年考题）

A. SCR 工艺将 NO_x 还原为水和氮气，不需催化剂

B. SCR 工艺将 NO_x 还原为水和氨氮，需要催化剂

C. SNCR 工艺将 NO_x 还原为水和氮气，不需催化剂

D. SNCR 工艺将 NO_x 还原为水和氨氮，需要催化剂

13. 下列大气污染治理方法中，不属于气态污染物净化方法的是（ ）。（2014 年考题）

A. 燃烧法　　B. 生物净化法

C. 重力法　　D. 膜分离法

14. 某火电厂粉煤灰比电阻为 $2\times10^{12}\sim2\times10^{13}\Omega\cdot cm$，采用三室五电场静电除尘器除尘，需要对烟气进行的预处理措施是（ ）。（2016 年考题）

A. 提高烟气流速　　B. 降低烟气流速

C. 对烟气进行调质处理　　D. 调整三室之间烟气量的比例

15. 采用催化焚烧设施处理非甲烷总烃浓度为 15 000 mg/m^3 的有机废气，焚烧后气体体积增加一倍，非甲烷总烃的排放浓度为 90 mg/m^3，该处理设施对有机废气的处理效率是（ ）。（2016 年考题）

A. 99.4%　　B. 98.8%

C. 98.2%　　D. 97.6%

16. 下列废气除臭方法，属于化学法的是（ ）。（2016 年考题）

A. 掩蔽法　　B. 重力法

C. 冷凝法　　D. 燃烧法

17. 某汽车制造企业，使用“沸石转轮吸附浓缩+蓄热式热力焚烧炉（RTO）”工艺处理喷涂过程中产生的 VOCs 废气，其中沸石转轮的吸附效率为 95%，RTO 的处理效率为 99%，则该套处理工艺 VOCs 废气的总效率为（ ）。（2016 年考题）

A. 94.05%　　B. 95.95%

C. 99%　　D. 99.95%

二、不定项选择题（每题的备选项中至少有一个符合题意）

1. 常用的废气处理设施技术经济评价指标有（ ）。（2005 年考题）

A. 污染负荷比　　B. 废气处理设备阻力

C. 总处理效率　　D. 排放浓度

2. 采用吸收法处理废气，选择吸收剂需要满足的条件有（ ）。（2006 年、2011 年考题）

A. 被吸收污染物在吸收剂中的溶解度较大

B. 吸附剂对混合气中有害组分的吸附选择性好

C. 吸收物不与吸收剂发生化学反应

D. 吸收剂无毒、不易燃

3. 大气污染的常规控制技术分为（　　）等。（2007 年考题）

A. 洁净燃烧技术　　B. 高烟囱烟气排放技术

C. 烟粉尘净化技术　　D. 气态污染物净化技术

4. 控制燃煤锅炉 SO_2 排放的有效方法是（　　）。（2008 年考题）

A. 炉内喷钙　　B. 石灰石—石膏湿法

C. 循环流化床锅炉　　D. 氨法

E. 燃用洁净煤

5. 控制燃煤锅炉 NO_x 排放的有效方法有（　　）。（2008 年考题）

A. 非选择性催化还原法　　B. 选择性催化还原法

C. 炉内喷钙法　　D. 低氮燃烧技术

6. 为控制燃煤锅炉 SO_2 的排放，可采用的脱硫措施有（　　）。（2009 年考题）

A. 过滤法　　B. 石灰石—石膏法

C. 炉内喷钙法　　D. 熔融盐吸收法

7. 某建设项目拟采用燃烧法处理工艺过程中产生的气态有机污染物，原始废气中的颗粒物浓度约为 200 mg/m^3。为降低废气中的颗粒物浓度，可使用的预处理方法有（　　）。（2009 年考题）

A. 干性过滤　　B. 喷淋洗涤

C. 活性炭吸附　　D. 喷钙

8. 选择除尘器时应考虑（　　）。（2009 年考题）

A. 粉尘的物理、化学性质　　B. 粉尘浓度

C. 除尘器效率　　D. 粉尘回收利用价值

9. 为满足烟尘排放浓度 50 mg/m^3 的要求，燃煤电厂可采用的除尘器有（　　）。（2010 年考题）

A. 水膜除尘器　　B. 静电除尘器

C. 旋风除尘器　　D. 布袋除尘器

10. 煤焦油加工项目处理含萘废气的常用方法有冷壁式回收和（　　）。（2010 年考题）

A. 活性炭吸附　　B. 水洗涤

C. 布袋除尘　　D. 有机溶剂吸收

11. 洁净煤燃烧技术包括（　　）。（2010 年考题）

A. 循环流化床燃烧　　B. 型煤固硫技术

C. 低 NO_x 燃烧技术　　D. 煤炭直接液化

12. 袋式除尘器的清灰方式有（　　）。（2010 年考题）

A. 机械振动清灰　　B. 脉冲喷吹清灰
C. 逆气流清灰　　D. 蒸汽喷吹清灰

13. 减轻垃圾焚烧大气污染的措施包括（　　）。（2011 年考题）
A. 焚烧工况控制　　B. 焚烧尾气净化
C. 垃圾预处理　　D. 垃圾分类收集

14. 某热电厂锅炉烟气拟采取两级除尘处理，一级为三电场静电除尘器，二级可选择（　　）。（2011 年考题）
A. 布袋除尘器　　B. 旋风除尘器
C. 三级烟道沉降室　　D. 二级喷淋洗涤塔

15. 属于烟气干法脱硫措施的有（　　）。（2012 年考题）
A. 石灰石—石膏法　　B. 活性炭法
C. 氨法　　D. 钙法

16. 适宜大风量、低浓度有机废气的治理技术方法有（　　）。（2013 年考题）
A. 吸附法　　B. 膜分离法
C. 冷凝法　　D. 低温等离子法

17. 某装置尾气废气量为 5 000 m^3/h，氯化氢浓度为 1 000 mg/m^3，下列处理方法适宜的有（　　）。（2013 年考题）
A. 三级逆流水洗　　B. 生物过滤
C. 二级水洗+碱洗　　D. 活性炭吸附

18. 适用于城市污水处理系统恶臭治理的方法有（　　）。（2014 年考题）
A. 石灰石—石膏法　　B. 生物除臭法
C. 化学吸收法　　D. 布袋过滤法

19. 下列大气污染治理工艺中，可用于二氧化硫治理的有（　　）。（2014 年考题）
A. 石灰石/石灰－石膏法　　B. 烟气循环流化床法
C. 选择性催化还原法　　D. 氨法

20. 回收含碳五以上单一组分的高浓度有机废气，合适的工艺有（　　）。（2015 年考题）
A. 生物过滤　　B. 催化氧化
C. 活性炭吸附　　D. 溶剂吸收

21. 对于火电厂扩建工程，应列入环保投资内容有（　　）。（2015 年考题）
A. 环境监测仪器费用　　B. 职工住宅建设费用
C. 电厂的用电成本　　D. 烟气除尘系统投资

22. 垃圾填埋场恶臭污染治理中，常见的化学方法有（　　）。（2015 年考题）
A. 掩蔽法　　B. 燃烧法

C. 氧化法　　　　　　　　　　　　D. 碱吸收法

23. 下列污染物中，属于城市生活垃圾填埋场填埋区需要控制的大气污染物有（　）。（2015 年考题）

A. 硫化氢　　　　　　　　　　　　B. 氯化氢

C. 氨气　　　　　　　　　　　　　D. 氮氧化物

24. 下列含铅烟气中，可使用碱液吸收法处理的有（　）。（2016 年考题）

A. 氧化铅生产中产生的含铅烟气　　B. 蓄电池生产中产生的含铅烟气

C. 化铅锅产生的含铅烟气　　　　　D. 冶炼炉产生的含铅烟气

25. 关于固废焚烧烟气中二噁英控制措施说法正确的有（　）。（2016 年考题）

A. 控制入炉物料含氯量

B. 燃烧温度高于 1 200℃

C. 减少烟气在 400～600℃温区的滞留时间

D. 在脱酸设备和除尘器之间喷入活性炭粉

26. 某炼厂为减少燃油加热炉废气污染物排放量，拟对加热炉进行改造，可采用的措施有（　）。（2016 年考题）

A. 以净化燃料气替代燃料油　　　　B. 改用低氮燃烧喷嘴

C. 增高排气筒的高度　　　　　　　D. 电加热炉替代燃油加热炉

27. 某企业产生的有机废气中，挥发性有机化合物（VOCs）的体积分数约在 0.6%，适宜处理该有机废气的方法有（　）。（2016 年考题）

A. 吸附法　　　　　　　　　　　　B. 冷凝法

C. 膜分离法　　　　　　　　　　　D. 生物法

参考答案

一、单项选择题

1. C【点评解析】本题主要考查恶臭污染物种类。H_2S 具有臭鸡蛋味，为一般常识。另外，考生应对《恶臭污染物排放标准》（GB 14554—93）中所列八种恶臭污染物熟悉，如氨、三甲胺、硫化氢、甲硫醇、甲硫醚、二甲二硫醚、二硫化碳、苯乙烯等。

2. C【点评解析】本题主要考查洁净煤燃烧技术方法。循环流化床属于大型燃煤锅炉先进燃煤技术。煤和生物质联合燃烧虽然也属于先进燃煤技术，但不适用于大型燃煤锅炉。煤炭直接液化属于煤炭加工成洁净能源技术，型煤固硫技术属于燃煤脱硫、脱氮技术。

洁净煤燃烧技术是在燃烧过程中减少污染物排放与提高燃料利用效率的加工、

燃烧、转化和污染排放控制等所有技术的总称。

洁净煤燃烧技术主要包括以下几个方面：

（1）先进的燃煤技术

① 整体煤气化联合循环发电（IGCC）；② 循环流化床燃烧（CFBC）；③ 煤和生物质及废弃物联合气化或燃烧；④ 低 NO_x 燃烧技术；⑤ 改进燃烧方式；⑥ 直接燃烧热机。

（2）燃煤脱硫、脱氮技术

① 先进的煤炭洗选技术；② 型煤固硫技术；③ 烟气处理技术；④ 先进的焦炭生产技术等。

（3）煤炭加工成洁净能源技术

① 洗选；② 温和气化；③ 煤炭直接液化；④ 煤气化联合燃料电源；⑤ 煤的热解等。

（4）提高煤炭及粉煤灰的有效利用率和节能技术

烟气的高烟囱排放就是通过高烟囱把含有污染物的烟气直接排入大气，使污染物向更大的范围和更远的区域扩散、稀释。经过净化达标的烟气通过烟囱排放到大气中，利用大气的作用进一步降低地面空气污染物的浓度。

3. C【点评解析】本题主要考查除尘技术——旋风除尘器的工作原理。除尘技术大体上可分为：① 重力除尘；② 惯性力除尘；③ 离心力除尘；④ 洗涤除尘；⑤ 过滤除尘；⑥ 电除尘；⑦ 声波除尘。旋风除尘器的工作原理是离心分离。

4. B【点评解析】本题主要考查风向玫瑰图风向判断和工业区选址的问题。主导风向为东南风，工业区应选址在主导风向下风向即西北方向。

5. D【点评解析】本题主要考查布袋除尘器的工作原理。由于布袋除尘器有致密结构的滤袋，才可将粉尘过滤分离。重力分离和惯性分离为惯性除尘器，离心分离为旋风除尘器。

6. D【点评解析】本题主要考查除尘器的选择。显然，对于高温、高湿、易燃易爆含尘气体，湿式除尘器最适合。其他除尘器处理会有相应问题：高温、高湿气体不宜采用袋式除尘器，易堵塞；在旋风除尘器中，粉尘因离心力黏附于壁面上，有发生堵塞爆炸的危险；重力沉降室除尘效率低，单独使用时根本无法达标，一般作为一级除尘设备先去除大粒径颗粒物。

7. A【点评解析】本题主要考查含汞废气的净化方法。由于含汞废气具有颗粒物的特点，吸收法最适合，其他方法不适用。含汞废气的净化方法有冷凝法、吸收法、吸附法、气相反应法、电子射线法及联合法。

8. D【点评解析】本题主要考查化学吸收的机理。显然，由于化学吸收有反应或气体的溶解性，吸收推动力增加。

9. C【点评解析】本题主要考查按风向选址。连续45℃风向，主导风风向角风频之和20%+18%>30%，主导风风向为东风，选址在城市的西面，处于主导风下风向。

10. D【点评解析】本题主要考查低浓度、大风量有机废气的处理方法。只有低温等离子体法最合理，其他三项是电厂烟气二氧化硫的处理方法。低温等离子体法、催化氧化法和变压吸附法适用于气体流量大、浓度低的各类挥发性有机化合物废气处理。

11. C【点评解析】本题主要考查烟气脱硫方法的特性。烟气循环流化床工艺属于干法，不产生废水。其工艺的特点：① 脱硫效率高，达95%以上；② 工艺简单，操作方便，系统可靠性高；③ 烟气无须再加热；④ 能同时脱除SO_2，烟囱无须防腐；⑤ 脱硫副产物为干态，无废水产生；⑥ 占地面积小、投资省、维护费用低。

12. C【点评解析】本题主要考查氮氧化物去除工艺的原理。SNCR和SCR技术主要是在有或没有催化剂时，将氮氧化物选择性地还原为水和氮气，SNCR不需要催化剂，SCR需要催化剂，故选C。

13. C【点评解析】本题主要考查气态污染物的净化方法。气态污染物与载气呈均相分散，作用在两类分子上的外力差异很小，气态污染物的净化只能利用污染物与载气物理或者化学性质的差异（沸点、溶解度、吸附性、反应性等），实现分离或者转化。常用的方法有吸收法、吸附法、催化法、燃烧法、冷凝法、膜分离法和生物净化法等。重力法适用于颗粒物（粉尘）污染物的净化。

14. C【点评解析】本题主要考查灰比电阻对除尘效率的影响。对于静电除尘器来说，灰的最佳比电阻为$1\times10^4 \sim 5\times10^{10}\Omega\cdot cm$，显然题中粉煤灰比电阻过高，难以集尘，因此需要对烟气进行调质处理，降低灰的比电阻。

15. B【点评解析】本题主要考查废气处理效率的计算。设有机废气的体积为X，废气的处理效率＝（$15\,000\times X-90\times2X$）/（$15\,000\times X$）＝98.8%。

16. D【点评解析】本题主要考查废气除臭方法的分类。物理法包括掩蔽法、冷凝法、稀释法、吸附法；化学法包括燃烧法、氧化法和化学吸收。

17. A【点评解析】本题主要考查废气总效率的计算。VOCs废气的总效率为95%×99%＝94.05%。

二、不定项选择题

1. ABCD【点评解析】本题主要考查常用的废气处理设施技术经济评价指标。前两项为技术指标，后两项为环保指标。

2. AB【点评解析】本题主要考查采用吸收法处理废气选择吸收剂需要满足的条件。关键是被吸收污染物在吸收剂中的溶解度较大，吸附剂对混合气中有害组分的吸附选择性好，吸收物与吸收剂能发生化学反应。但对吸收剂是否无毒、不易燃，则不一定需要满足，实际案例中吸收剂有毒的现象并不少见，比如氨水等吸附剂。

3. ABCD【点评解析】本题主要考查大气污染的常规控制技术的分类。大气污染的常规控制技术分为四大类：洁净燃烧技术，烟粉尘净化技术，气态污染物净化技术，高烟囱烟气排放技术。烟粉尘净化技术和气态污染物净化技术也是治理技术。

4. ABCDE【点评解析】本题实际考查控制燃煤锅炉 SO_2 排放的有效方法。高频考点，考生务必理解记忆。控制燃煤锅炉 SO_2 排放的有效方法有：燃用洁净煤，采用循环流化床锅炉，炉内喷钙减少废气 SO_2 的产生，用石灰石—石膏湿法或氨法进行烟气脱硫。

5. ABD【点评解析】本题实际考查控制燃煤锅炉 NO_x 排放的有效方法。除了炉内喷钙法属于脱硫方法，其他三项均属于控制燃煤锅炉 NO_x 排放的有效方法。高频考点，考生务必理解记忆。

6. BC【点评解析】本题主要考查脱硫措施。考生务必了解 SO_2 和 NO_x 的控制技术方法，见下说明。熔融盐吸收法是 NO_x 的控制技术方法。过滤法是颗粒物处理的方法，与脱硫措施无关。见下图说明。

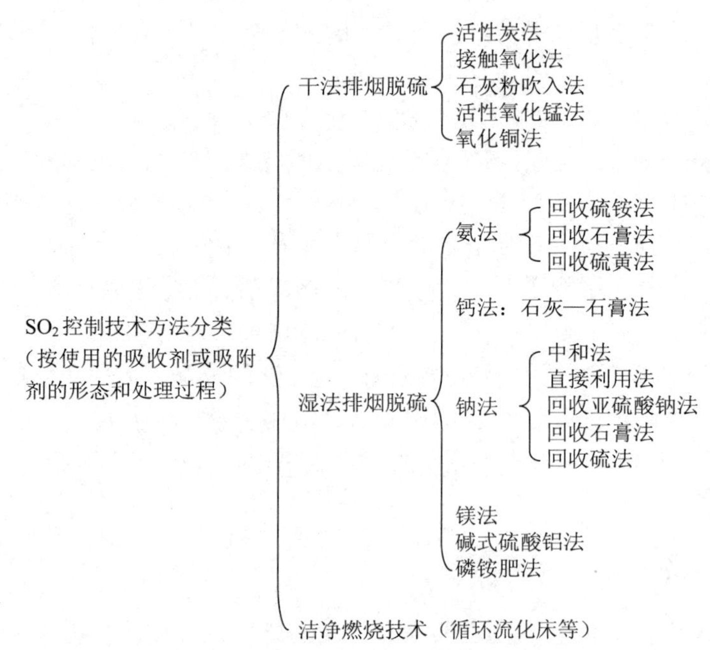

SO_2 控制技术方法分类

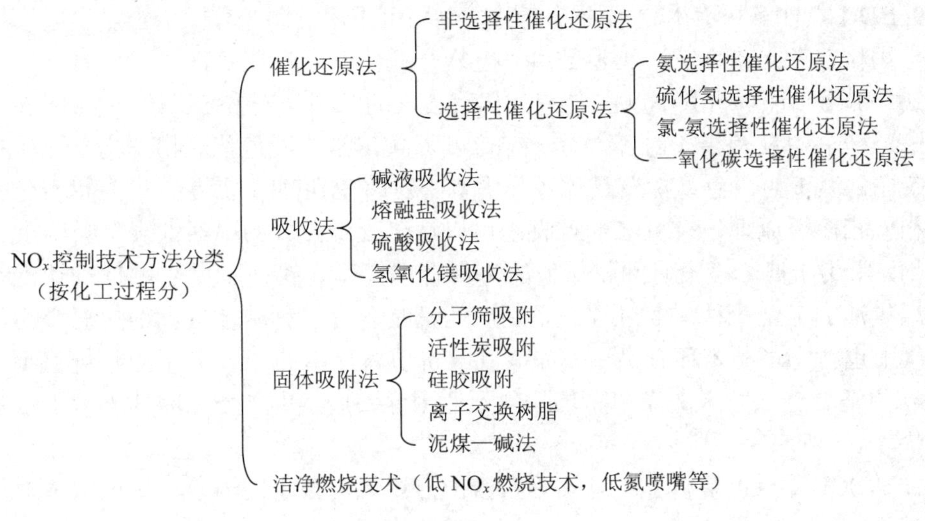

NO_x控制技术方法

7. AB【点评解析】本题主要考查除尘技术。可使用的预处理方法只有干式除尘和湿式除尘两种，即干性过滤和喷淋洗涤。活性炭吸附可处理气态有机污染物，喷钙是脱硫措施。

8. ABCD【点评解析】本题主要考查除尘器的选择方法和考虑因素。选择除尘器时应考虑三大因素：① 废气及粉尘特性，如粉尘的物理、化学性质，粉尘浓度；② 生产设备及操作条件要求，如除尘器效率；③ 综合情况，如粉尘回收利用价值。见下图说明：

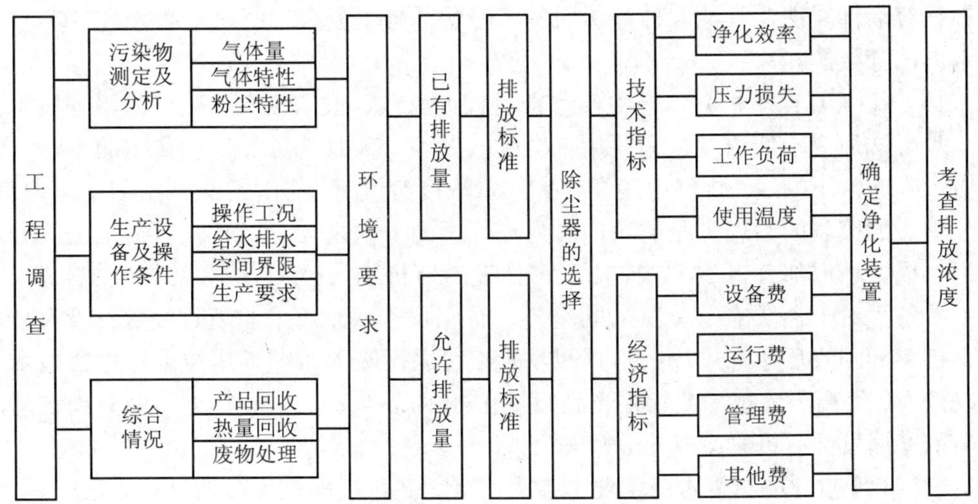

除尘器选择方法和步骤

9. BD【点评解析】本题主要考查燃煤电厂可采用的除尘器。由于燃煤电厂排放的烟尘颗粒粒径比较小，一般须采用“电袋一体化”除尘技术。

10. AD【点评解析】本题主要考查含萘废气的常用处理方法。《环境影响评价技术方法》一书中没有相关内容，有一定难度。关键是要清楚萘的物理化学性质和特点，萘在常温下为白色易挥发晶体（升华），又具有脂溶性。萘是一种有机气体，根据“相似相溶”原理，有机溶剂吸收是可以达到处理效果的；活性炭可吸附大分子有机物，常用于低浓度没有回收价值的有毒有害气体处理。所以 A 和 D 理论上都可行。煤焦油加工是一种裂解过程，主副产物都是含有多种苯环有机物的混合物，相应废气中也含有多种苯环有机物。如果回收价值大，用 D 好；如果回收价值小，可能 A 法更适合一点。水洗涤和布袋除尘不适用含萘废气的处理，因其不溶于水且无颗粒状。

11. ABCD【点评解析】本题实际考查洁净煤燃烧技术的内容。见单项选择题第 2 题说明。

12. ABC 【点评解析】本题实际考查袋式除尘器的清灰方式。即所选三种，即机械振动清灰、脉冲喷吹清灰、逆气流清灰。蒸汽喷吹清灰不是袋式除尘器的清灰方式，易造成结灰。

13. AB【点评解析】本题主要考查减轻垃圾焚烧大气污染的措施。垃圾预处理是另一种处理技术，垃圾分类收集不是处理处置技术。

14. A【点评解析】本题主要考查热电厂锅炉烟气拟可采用的除尘器。由于热电厂锅炉排放的烟尘颗粒粒径比较小，一般须采用“电袋一体化”除尘技术。

15. B【点评解析】本题主要考查烟气干法脱硫措施。显而易见，烟气干法脱硫措施只有活性炭法，其他三种方法均属于湿法，考生务必理解。见第 6 题 SO_2 控制技术方法分类图。

16. AD【点评解析】本题主要考查适宜大风量、低浓度有机废气的治理技术方法。吸附法适合于低浓度、大气量有机废气处理。吸收法虽然是较常用的方法，但单级吸收通常不彻底，排气中还会含有一定浓度废气污染物。冷凝法常用于高浓度、组分单一的废气的治理工段前端，作为预处理的方法之一，以减轻后续工艺的处理负担。根据环保部公告 2013 年 31 日《挥发性有机物（VOCs）污染防治技术政策》第十五条“对于含低浓度 VOCs 的废气，有回收价值时可采取吸附技术、吸收技术对有机溶剂回收后达标排放；不宜回收时，可采用吸附浓缩燃烧技术、生物技术、吸收技术、等离子体技术或紫外光高级氧化技术等净化后达标排放”。膜分离法适用较高浓度挥发性有机物废气的分离与回收。

17. AC【点评解析】本题主要考查大气量、高浓度酸性废气的处理方法。显然，氯化氢处理适合水洗或碱洗，因为氯化氢易溶于水，与碱液发生中和反应。吸收和吸附等物理化学方法在资源回收利用和卤化物深度处理上工艺技术相对成熟，优先使用物理化学方法处理物理化学方法气体。吸收法治理含氯或氯化氢废气时，适合采用碱液吸收法。垃圾焚烧尾气中的含氯废气适合采用碱液或碳酸钠溶液吸收处理。氯化氢浓度过高，易杀死生化菌，对活性炭有腐蚀作用。

18. BC【点评解析】本题主要考查恶臭治理的方法。除臭的方法较多，必须结合当地的自然环境条件进行多方案的比较，在技术经济可行，满足环境评价、生态环境和社会环境要求的基础上，选择适宜的除臭方法。目前除臭的主要方法有物理法、化学法和生物法三类。常见的物理方法有掩蔽法、稀释法、冷凝法和吸附法等。常见的化学法有燃烧法、氧化法和化学吸收法等。恶臭污染治理应进行多方案的技术经济比较后确定，应优先考虑生物除臭方法。

19. ABD【点评解析】本题主要考查二氧化硫治理的方法。二氧化硫治理工艺划分为湿法、干法和半干法，常用工艺包括石灰石/石灰—石膏法、烟气循环流化床法、氨法、镁法、海水法、吸附法、炉内喷钙法、旋转喷雾法、有机胺法、氧化锌法和亚硫酸钠法等。选择性催化还原法（SCR）用于 NO_x 治理。

20. D【点评解析】本题主要考查高浓度有机废气的处理方法。生物过滤和活性炭吸附只适合低浓度有机废气。催化氧化可以处理高浓度有机废气，但不能回收。溶剂吸收是最适合高浓度有机废气回收的，吸收后蒸馏回收。

21. AD【点评解析】本题主要考查环保投资内容。烟气除尘系统属于环保设施；环境监测仪器费用属于环保管理部分。职工住宅建设和电厂的自用电成本与环保无关。

22. BCD【点评解析】本题主要考查恶臭污染治理方法的分类。恶臭气体的基础及处理技术主要有三类：一是物理学方法，主要有水洗法、物理吸附法、稀释法和掩蔽法；二是化学方法，主要有药液吸收（氧化吸收、酸碱液吸收）法、化学吸附（离子交换树脂、碱性气体吸附剂和酸性气体吸附剂）法和燃烧法；三是生物学方法，主要有生物过滤法、生物吸收法和生物滴滤法。

23. AC【点评解析】本题主要考查城市生活垃圾填埋场填埋区需要控制的大气污染物。城市生活垃圾填埋场产生的主要气体是甲烷和二氧化碳，此外还有少量的一氧化碳、氢、硫化氢、氨、氮和氧等。氯化氢和氮氧化物不是填埋气体。

24. CD【点评解析】本题主要考查含铅烟气的处理方法。碱液吸收法适用于净化化铅锅、冶炼炉产生的含铅烟气。酸液吸收法适用于净化氧化铅和蓄电池、熔化铅产生的含铅烟气。

25. ABCD【点评解析】本题主要考查焚烧烟气中二噁英控制措施。控制入炉物料含氯量和减少烟气在 400～600℃温区的滞留时间为源头控制；燃烧温度高于 1 200℃为过程控制；在脱酸设备和除尘器之间喷入活性炭粉为末端控制。

26. ABD【点评解析】本题主要考查废气污染物的控制措施。显然，以净化燃料气替代燃料油和电加热炉替代燃油加热炉为替代措施；改用低氮燃烧喷嘴可减少氮氧化物的排放量。增高排气筒的高度不能减少污染物排放量，只是利用大气稀释能力。

27. B【点评解析】本题主要考查挥发性有机化合物（VOCs）的治理方法选用原则。挥发性有机化合物（VOCs）的体积分数约在 0.5%（高浓度）以上时优先采用冷凝法；在 0.1%（较高浓度）以上时优先采用膜分离法。吸附法适用于低浓度有机化合物（VOCs）；生物法适用于在常温、处理低浓度、生物降解性好的各类挥发性有机化合物废气。

第三节 环境噪声与振动污染防治

一、单项选择题（每题的备选项中，只有一个最符合题意）

1. 根据环境噪声户外声衰减的特点，为避免产生新的环境噪声污染，在各种防治对策中，优先考虑的是（ ）。（2006 年考题）

A. 降低声源的辐射声级　　B. 传播途径中采取降噪措施

C. 合理的规划和布局　　D. 明确噪声控制距离

2. 对空气柱振动引发的空气动力性噪声的治理，一般采用（ ）的措施。（2007 年考题）

A. 安装减振垫　　B. 安装消声器

C. 加装隔声罩　　D. 设置声屏障

3. 环境噪声的防治措施优先考虑的环节为（ ）。（2007 年考题）

A. 受体保护　　B. 从声源上和传播途径上降低噪声

C. 从声源上降低噪声和受体保护　　D. 从传播途径上降低噪声和受体保护

4. 声屏障对位于声影区内的敏感建筑物有降噪作用。在高速公路侧 20 m 处建有 20 层、高 60 m 的楼房（路基高为 2 m），拟在路边设 3 m 高直立式声屏障，该措施对 8 层以上住宅（ ）。（2009 年考题）

A. 有明显的降噪作用　　B. 有负效应

C. 有一定的降噪作用　　D. 无降噪作用

5. 以噪声影响为主的建设项目，为减轻其对周边居住人群的影响，应优先采用的噪声防治措施是（ ）。（2010 年考题）

A. 居住人群搬迁　　B. 设置声屏障

C. 加大噪声源与居住区的距离　　D. 选用低噪声设备

6. 消声器主要用来降低（　）。(2010 年考题)

A. 机械噪声　　B. 电磁噪声

C. 空气动力性噪声　　D. 撞击噪声

7. 从声源上降低噪声的措施是（　）。(2010 年考题)

A. 敏感目标防护　　B. 选用低噪声设备

C. 将噪声源置于地下　　D. 调整声源与敏感目标距离

8. 按工程可研方案，新增的冷却塔噪声会导致相邻居住区噪声超标，可优先考虑的噪声防治措施是（　）。(2011 年考题)

A. 居住人群搬迁　　B. 减少冷却水量

C. 调整冷却塔位置　　D. 冷却塔排风口安装消声器

9. 降低风机排风口空气动力性噪声的有效设施是（　）。(2011 年考题)

A. 消声器　　B. 隔声罩

C. 吸声板　　D. 减振垫

10. 某村庄距新建双向 6 车道高速公路中心线 50 m，预测近期噪声超标 5 dB(A)，超标户数较多且分布较集中，房屋为一层平房（相对路基标高为-0.5 m），对该村庄应优先采用的噪声污染防治措施是（　）。(2014 年考题)

A. 平房安装隔声窗

B. 在高速公路和村庄之间植树造林

C. 修建居民区栅栏

D. 设置声屏障

11. 高层住宅楼一层安装供热水泵后，楼上多层居民室内噪声超标。宜采取的降噪措施是（　）。(2015 年考题)

A. 对水泵进行隔声　　B. 为居民安装隔声窗

C. 在居民室内安装吸声材料　　D. 对水泵和供热装置进行隔振

12. 房间内的吸声措施主要用于降低（　）。(2015 年考题)

A. 室内墙面反射的混响声　　B. 声源辐射的直达声

C. 振动引起的结构噪声　　D. 消声器的再生噪声

13. 某电厂凉水塔噪声对居民点产生影响，在凉水塔外侧安装了消声装置，为得到该装置对居民点的实际降噪效果，需测量的是（　）。(2016 年考题)

A. 该装置的隔声量　　B. 该装置的消声量

C. 该装置安装前后敏感点的声级　　D. 该装置安装前后的通风量

二、不定项选择题（每题的备选项中至少有一个符合题意）

1. 为使环境质量符合标准要求，采取的噪声防治方法有（　　）。（2006 年考题）

A. 治理安排功能分区和噪声控制距离

B. 对噪声源采取措施降低噪声

C. 在传播途径上采用措施降低噪声

D. 针对保护对象本身采取防噪声措施

2. 对降低空气动力性噪声有效的技术措施有（　　）。（2008 年考题）

A. 吸声　　B. 隔声

C. 消声　　D. 减振

3. 从声源上降低噪声，可采取的方法有（　　）。（2008 年考题）

A. 选用低噪声设备　　B. 保持设备良好运转状态

C. 采用天然地形遮挡声源　　D. 合理安排建筑物平面布局

4. 城市道路建设项目防治噪声污染的基本途径有（　　）。（2009 年考题）

A. 敏感建筑物自身防护　　B. 从传播途径上降低噪声

C. 调整城市建成区功能　　D. 敏感建筑物功能置换

5. 某新建铁路拟穿越城区集中居住区，两侧住宅高度在 30 m 以上，对住宅高层可考虑的噪声防治对策有（　　）。（2009 年考题）

A. 铁路改线

B. 铁路侧加 3 m 高的声屏障

C. 居民住宅加装隔声窗

D. 穿越居民区路段加装封闭的隔声设施

6. 某公司拟在距离厂界 10 m 处安装 4 台小型方体冷却塔，预测表明厂外敏感点噪声超标。通常采用的噪声治理方法有（　　）。（2010 年考题）

A. 设置声屏障　　B. 选用低噪声冷却塔

C. 调整冷却塔的位置　　D. 进风口安装百叶窗式消声器

7. 为降低厂房外噪声，可选用的降噪措施有（　　）。（2010 年考题）

A. 厂房内安装吸声板（或垫）　　B. 重质砖墙改为等厚轻质砖墙

C. 减少门窗面积　　D. 安装隔声门窗

8. 对鼓风机噪声可采取的治理方法有（　　）。（2010 年考题）

A. 进气消声器　　B. 排气消声器

C. 减振垫　　D. 隔声罩

9. 伴有振动的室外锅炉鼓风机，其进风口直接和大气相通，出风口通过管和锅炉炉膛相连。为降低鼓风机引起的噪声，可采取的降噪声措施有（　　）。（2011 年

考题）

A. 鼓风机进风口加装消声器　　B. 鼓风机与基座之间装减振垫

C. 鼓风机出风口和风管之间软连接　　D. 鼓风机设置隔声罩

10. 为降低固定噪声源对周边居民的影响，可采取的主动降噪措施有（　）。（2011 年考题）

A. 居民住宅加装隔声窗　　B. 选用低噪声设备

C. 噪声源加装隔声罩　　D. 调整声源与居民住宅距离

11. 声环境敏感建筑物受到拟建项目固定噪声源影响时，从传播途径上降低噪声影响的方法有（　）。（2011 年考题）

A. 选择低噪声设备

B. 在噪声源与敏感建筑物间建声屏障

C. 增加噪声源与敏感建筑物间的距离

D. 调整敏感建筑物的使用功能

12. 为降低拟建企业对厂界外居民点的噪声影响，可采取的噪声防治方法有（　）。（2011 年考题）

A. 加大噪声源与居民点的距离　　B. 减少厂区内室外噪声源

C. 增加厂区主要声源高度　　D. 选用低噪声设备

13. 某污水处理工程采用罗茨鼓风机曝气，为降低罗茨鼓风机及其风管辐射至厂界的噪声，可采用的方法有（　）。（2013 年考题）

A. 风管与风机间采取软连接　　B. 风机加装隔声罩

C. 风机进气口安装消声器　　D. 风管外侧阻尼包扎

14. 消声器消声性能评价指标有（　）。（2014 年考题）

A. 插入损失　　B. 压力损失

C. 声压级降低量　　D. 传递损失

15. 在热电厂厂址确定后，可采取的噪声控制措施有（　）。（2015 年考题）

A. 调整总图布置　　B. 在声音传播途径上设置声屏障

C. 对敏感建筑物进行防护　　D. 夜间停止运行

16. 消声器设计中，主要考虑的因素有（　）。（2015 年考题）

A. 消声量　　B. 压力损失

C. 再生噪音　　D. 排气方式

17. 某引风机置于硬质水泥地面上，有利于隔声罩效果的措施包括（　）。（2016 年考题）

A. 进排风管与隔声罩壁采用软连接　　B. 隔声罩充分密闭

C. 隔声罩内部采取吸声处理　　D. 隔声罩和地面之间刚性联接

18. 在环境影响评价中，可采取的噪声控制措施有（ ）。（2016 年考题）

A. 声源源强控制　　B. 声波传播途径控制

C. 敏感点防护措施　　D. 接收者个人防护措施

参考答案

一、单项选择题

1. C【点评解析】本题主要考查噪声防治措施。注意题干是“为避免产生新的环境噪声污染”，很显然，优先考虑的是合理的规划和布局，其次是降低声源的辐射声级，然后是传播途径中采取降噪措施，最终是明确噪声控制距离。考生务必理解，并运用到实际案例中去。

2. B【点评解析】本题实际考查空气动力性噪声的治理。消声器用于消除空气动力性噪声。减振垫用于消除振动噪声。隔声罩和声屏障用于消除低频噪声，如机械噪声、交通噪声等。

3. B【点评解析】本题实际考查优先考虑的环境噪声的防治措施。环境噪声的防治措施优先考虑主动控制措施，即从声源上和传播途径上降低噪声；其次为受体保护，其为被动保护，为一种不得已的手段和措施，也即末端措施。

4. D【点评解析】本题主要考查声屏障的降噪作用。由于 8 层以上住宅位于声影区外，故无降噪作用。

5. C【点评解析】本题主要考查优先采用的噪声防治措施。显然，首先是加大噪声源与居住区的距离，其次是选用低噪声设备，再就是设置声屏障，最后不得已居住人群搬迁。

6. C【点评解析】本题主要考查消声器的作用。消声器主要用来降低空气动力性噪声。为高频考点。

7. B【点评解析】本题主要考查从声源上降低噪声的措施。选用低噪声设备是从声源上降低噪声的首选措施。其他选项是从传播途径和受体上降低噪声的措施。

8. C【点评解析】本题主要考查噪声防治措施的选择。仍然是“先避后控”，首先调整冷却塔位置（从布局上考虑），其次是冷却塔排风口安装消声器和减少冷却水量，最后不得已居住人群搬迁。

9. A【点评解析】本题主要考查空气动力性噪声的降噪措施。消声器是首选措施，减振垫用于消除振动噪声。由于空气动力性噪声频率较高，吸声板和隔声罩基本无作用，其用于消除低频噪声。

10. D【点评解析】本题主要考查采用的噪声污染防治措施。公路、城市道路交通噪声影响主要对象是线路两侧的以人群生活（包括居住、学习等）为主的环境敏感目标。其防治对策和措施主要有：线路优化比选，进行线路和敏感建筑物之间距离的调整；线路路面结构、路面材料改变；道路和敏感建筑物之间的土地利用规划以及临街建筑物使用功能的变更、声屏障和敏感建筑物本身的防护或拆迁安置等。一般人工设计的声屏障可以达到5～12 dB实际降噪效果，这是指在屏障后一定距离内的效果，近距离效果好，远距离效果差，因为声波有绕射作用。就题中所述的村庄距公路中心线50 m，距离很近，且预期噪声超标为5 dB（A），超标户数较为集中，房屋为一层平房，所以，设置声屏障是首选的噪声污染防治措施。

11. D【点评解析】本题主要考查降噪措施的选择。楼上多层居民室内噪声超标的原因是水泵和供热装置的振动通过墙体和楼板传播所形成的“固体声”，故应进行隔振处理。

12. A【点评解析】本题主要考查房间内吸声措施的原理。其主要用于降低室内墙面反射的混响声。声音传播到采取了吸声措施的墙面，可以减少声音的反射，从而减少室内墙面反射的混响声。其降噪量一般不超过10 dB；故在声源附近，以降低直达声为主的噪声的噪声控制工程不能单纯采用吸声处理的方法。

13. C【点评解析】本题主要考查噪声控制措施的性能指标。噪声与振动控制工程的性能通常采用插入损失、传递损失或声压级降低量来检测。

二、不定项选择题

1. ABCD【点评解析】本题主要考查噪声防治方法。为使环境质量符合标准要求，采取的噪声防治方法首先是治理安排功能分区和噪声控制距离（宏观布局上），其次从声音“三要素”（具体对象上），即对噪声源采取措施降低噪声、在传播途径上采用措施降低噪声、针对保护对象本身采取防噪声措施。考生务必理解记忆并灵活运用。

2. C【点评解析】本题实际考查空气动力性噪声的治理。消声器用于消除空气动力性噪声。减振垫用于消除振动噪声。隔声罩和吸声板用于消除低频噪声。

3. AB【点评解析】本题主要考查噪声治理方法。前两项从声源上降低噪声，后两项从途径上降低噪声。

4. ABD【点评解析】本题主要考查城市道路建设项目防治噪声污染的基本途径。调整城市建成区功能是政府部门的事情，建成区功能一般已定。此题知识点非常重要，在案例分析考试中经常出现。一般防治噪声污染的基本途径有三种：① 从声源上根治噪声，如选用低噪声设备；② 从传播途径上降低噪声，如采用吸声、隔声、消声、隔振和阻尼等方法；③ 在噪声接受点进行防护，如自身防护、敏感建筑物功能置换等。此外，做好城市规划是从宏观上防治噪声污染的最根本途径。

5. ACD【点评解析】本题主要考查新建铁路项目的噪声防治对策。由于铁路侧加 3 m 高的声屏障，对住宅高层的噪声防治无作用，故不选。其他 3 项均是可考虑的噪声防治对策。

6. ABCD【点评解析】本题实际考查通常采用的噪声治理方法。首选是调整冷却塔的位置，其次是选用低噪声冷却塔并在进风口安装百叶窗式消声器，最后是设置声屏障。万不得已，可在厂外敏感点设置隔声窗。关键是进风口安装百叶窗式消声器有疑义，其实在实际工程案例中也有采用的。

7. ACD【点评解析】本题主要考查降噪措施的选择。重质砖墙改为等厚轻质砖墙不利于降噪，反过来才可以。其他 3 项均是可选的噪声防治措施。

8. ABCD【点评解析】本题实际考查对鼓风机噪声可采取的治理方法。鼓风机降噪措施有：进风口加装消声器，与基座之间安装减振垫，出风口与风管之间软连接，设置隔声罩，风管外侧阻尼包扎等。

9. ABCD【点评解析】本题主要考查鼓风机降噪声措施。见第 8 题说明。

10. BCD【点评解析】本题主要考查主动降噪措施。显而易见，居民住宅加装隔声窗属于被动措施。其他 3 项均是可采取的主动降噪措施。

11. BC【点评解析】本题主要考查影响从传播途径上降低噪声影响的方法。在噪声源与敏感建筑物间建声屏障和增加噪声源与敏感建筑物间的距离是从传播途径上降低噪声影响的方法。选择低噪声设备属于从声源上降低，调整敏感建筑物的使用功能属于从受体上降低。

12. ABD【点评解析】本题主要考查噪声防治方法。由于声源的发散性，增加厂区主要声源高度无任何作用。其他 3 项均是可采取的噪声防治方法。

13. ABCD【点评解析】本题主要考查罗茨鼓风机及其风管的噪声处理措施。见第 8 题说明。

14. ACD【点评解析】本题主要考查消声器消声性能评价指标。评价消声器声学性能好坏的量主要有四种：① 插入损失；② 传声损失；③ 减噪量；④ 衰减量。消声器空气动力性能的评价指标通常为压力损失或阻力系数。

15. ABC【点评解析】本题主要考查噪声控制措施。为使环境质量符合标准要求，采取的噪声防治方法首先是治理安排功能分区和噪声控制距离（宏观布局上），即调整总图布置；其次从声音“三要素”（具体对象上），即对噪声源采取措施降低噪声、在传播途径上采用措施降低噪声、针对保护对象本身采取防噪声措施。夜间停止运行是管理手段，不是噪声控制措施。

16. ABC【点评解析】本题主要考查消声器设计的因素。消声器设计或选用应满足以下要求：①应根据噪声源的特点，在所需要消声的频率范围内有足够大的消声量。②消声器的附加阻力损失必须控制在设备运行的允许范围内。③良好的消声器结构应设计科学、小型高效、造型美观、坚固耐用、维护方便、使用寿命长。④对于降噪要求较高的管道系统，应通过合理控制管道和消声器截面尺寸及介质流速，使流体再生噪声得到合理控制。

17. ABC【点评解析】本题主要考查降噪措施。无外乎有三：声源上降低噪声的措施、噪声传播途径上降低噪声的措施、敏感目标自身防护措施。隔声罩和地面之间软性联接才有利。

18. ABC【点评解析】本题主要考查环评中的噪声控制措施。为使环境质量符合标准要求，采取的噪声防治方法首先是合理安排功能分区和噪声控制距离（宏观布局上），即调整总图布置；其次从声音“三要素”（具体对象）上，即对噪声源采取措施降低噪声、在传播途径上采取措施降低噪声、针对保护对象本身采取防噪声措施。敏感目标自身防护措施包括受声者自身增设吸声、隔声等措施。接收者个人防护措施属于劳动保护措施。

第四节　固体废物污染控制

一、单项选择题（每题的备选项中，只有一个最符合题意）

1. 拟建危险废物填埋场的天然基础层饱和渗透系数大于 1.0×10^{-6}cm/s，应选择渗透系数不大于（　　）的人工合成材料进行防渗处理。（2007 年考题）

A. 1.0×10^{-7}cm/s　　B. 1.0×10^{-9}cm/s

C. 1.0×10^{-12}cm/s　　D. 1.0×10^{-11}cm/s

2. 适用于处理炼化项目干化污泥、油泥、废油渣的焚烧炉炉型是（　　）。（2016 年考题）

A. 炉排式焚烧炉　　B. 流化床式焚烧炉

C. 回转窑焚烧炉　　D. 固定床焚烧炉

3. 可在一般工业固体废物填埋场进行填埋处置的固体废物是（　　）。（2016 年考题）

A. 油泥　　B. 危险废物焚烧飞灰

C. 医疗废物　　D. 粉煤灰

二、不定项选择题（每题的备选项中至少有一个符合题意）

1. 城市生活垃圾卫生填埋场中的渗滤液处理设施，（　　）。（2005 年考题）

A. 与填埋场同步设计和建设　　B. 与填埋场同步运行

C. 封场时可同步停止运行　　　　D. 封场后仍需继续稳定运行

2. 建设城市垃圾卫生填埋场时，对导气设施的要求是（　　）。（2005 年、2006 年考题）

A. 应与填埋场同步设计和建设　　　　B. 应与填埋场同步运行

C. 封场时应同步关闭　　　　D. 封场后应继续保持正常运行

3. 危险废物处理过程中，需要进行稳定化和固化处理的有（　　）。（2006 年考题）

A. 危险废物焚烧炉产生的飞灰

B. 液态危险废物脱毒或中和处理产生的污泥

C. 废酸

D. 回收的重金属

4. 在固体废物填埋场中，控制渗滤液产生量的措施有（　　）。（2009 年考题）

A. 防止雨水在场内积聚　　　　B. 采取防渗措施防止地下水渗入

C. 防止地表径流进入场区　　　　D. 最终盖层采用防渗材料

5. 在固废填埋场中，控制渗滤液产生量的措施有（　　）。（2007 年考题）

A. 防止雨水在场地积聚　　　　B. 将地表径流引出场地

C. 最终盖层采用防渗材料　　　　D. 采取防渗措施防止地下水渗入

6. 已敷设人工防渗衬垫的填埋场，可能导致衬垫损坏的主要因素有（　　）。（2007 年考题）

A. 浅层地下水水位升高　　　　B. 地面沉陷

C. 地层断裂　　　　D. 地下水流向

7. 为预防拟建固体废物填埋场对地下水的影响，应采取的措施包括（　　）。（2011 年考题）

A. 合理选址　　　　B. 工程防渗

C. 地下水分层开采　　　　D. 划定饮用水源保护区

8. 属于工业固废处置方案的有（　　）。（2012 年考题）

A. 电炉钢渣用于生产水泥　　　　B. 废电机的拆解

C. 含银废液中提取氯化银　　　　D. 棉织品丝光废碱液回收

9. 关于焚烧炉炉型适用范围的说法，正确的有（　　）。（2014 年考题）

A. 炉排式焚烧炉适用于生活垃圾

B. 流化床式焚烧炉适用于未经预处理的一般工业固废

C. 固定床焚烧炉适用于规模小的固废处理工程

D. 回转窑焚烧炉适用于热值较低的一般工业固废

参考答案

一、单项选择题

1. C【点评解析】本题主要考查危险废物填埋场的防渗要求，实际考查《危险废物填埋污染控制标准》（GB 18598—2001）。此知识点非常重要，也为高频考点，在案例分析中经常出现，考生务必理解记忆。人工合成材料衬层一般可以采用高密度聚乙烯（HDPE），其渗透系数不大于 10^{-12}cm/s，厚度不小于 1.5 mm。

2. C【点评解析】本题主要考查焚烧炉炉型的适用范围。炉排式焚烧炉适用于生活垃圾焚烧；流化床式焚烧炉适用于处理污泥、预处理后的生活垃圾及一般工业固体废物；回转窑焚烧炉适用于处理成分复杂、热值较高的一般工业固体废物；固定床等其他类型的焚烧炉适用于一些处理规模较小的固体废物处理工程。

3. D【点评解析】本题主要考查固体废物的分类。粉煤灰为一般工业固体废物的Ⅱ类，其他三项均为危险废物。

二、不定项选择题

1. ABD【点评解析】本题实际考查渗滤液处理设施“三同时”。由于填埋场封场后，渗滤液和有机气体等还继续产生，故仍需继续稳定运行。城市生活垃圾卫生填埋场中的渗滤液处理设施，与填埋场同步设计和建设、填埋场同步运行、封场后仍需继续稳定运行。

2. ABD【点评解析】本题实际考查渗滤液处理设施“三同时”。建设城市垃圾卫生填埋场时，对导气设施的要求是：应与填埋场同步设计和建设，应与填埋场同步运行，封场后应继续保持正常运行。由于填埋场封场后，渗滤液和有机气体等还继续产生，故仍需继续稳定运行。

3. ABD【点评解析】本题主要考查需要进行稳定化和固化处理的危险废物。废酸进行中和处理即可，属于一般物化处理方法。污泥需要进行稳定化处理，飞灰和回收的重金属需要进行固化处理。

4. ABCD【点评解析】本题主要考查控制固体废物填埋场渗滤液产生量的措施。解题的关键是厘清渗滤液产生量的来源与途径；无非是内外因素以及水平衡分析。此题知识点非常重要，在案例分析考试中经常出现。在固体废物填埋场中，控制渗滤液产生量的措施有：① 入场废物含水率的控制；② 控制地表水的入渗量，对包括降雨、暴雨地表径流、间歇河和上升泉等的所有地表水进行控制；③ 控制地下水的入渗量，如设置隔离层法、设置地下水排水管法、抽取地下水法。

5. ABCD【点评解析】本题实际考查控制渗滤液产生量的措施。与第 4 题相似。

6. ABC【点评解析】本题主要考查可能导致填埋场衬垫损坏的主要因素。可能导致衬垫损坏的主要因素与地下水流向无关。其他 3 项均为主要因素。考生务必理解记忆，案例分析考试有可能涉及。

7. AB【点评解析】本题实际考查预防拟建固体废物填埋场对地下水的影响应采取的措施。地下水分层开采是被动应付，不是主动措施。划定饮用水水源保护区在涉及饮用水时才考虑，而且是政府部门的事情，与项目无关。其他 2 项均为应采取的措施。

8. ACD【点评解析】本题主要考查工业固废处置方案。废电机属于城市固体废物，故废电机的拆解不属于工业固废处置方案。电炉钢渣、含银废液中提取氯化银、棉织品丝光废碱液均属于工业固废。

9. AC【点评解析】本题主要考查焚烧炉炉型的适用范围。焚烧炉型应根据废物种类和特征选择。炉排式焚烧炉适用于生活垃圾焚烧，不适用于处理含水率高的污泥。流化床式焚烧炉对物料的理化特性有较高要求，适用于处理污泥、预处理后的生活垃圾及一般工业固体废物。回转窑焚烧炉适用于处理成分复杂、热值较高的一般工业固体废物。固定床等其他类型的焚烧炉适用于一些处理规模较小的固体废物处理工程。

第五节　生态保护措施

一、单项选择题（每题的备选项中，只有一个最符合题意）

1. 封场后坡度大于 15°的渣场，在生态恢复设计时应优先考虑恢复为（　）。（2005 年考题）

A. 耕地　　B. 果园
C. 林业用地　　D. 公共游乐场所

2. 对于普遍存在的再生周期短的资源损失情况，当其基本条件没有发生逆转时，（　）。（2006 年考题）

A. 必须制定补偿措施　　B. 必须制定替代措施
C. 不必制定补偿措施　　D. 必须提出可靠的保护措施

3. 地处农业区的某尾矿库复垦后，其坡度小于 15°，地面稳定，当地降雨充分，表层土壤大于 30 cm，应优先考虑将这块土地作为（　）。（2007 年考题）

A. 农田　　B. 林地　　C. 草地　　D. 建设用地

4. 对敏感生态保护目标可采取生态补偿、选址选线避让和使生态影响最小化等措施，其采用顺序应该是（ ）。（2007 年考题）

A. 选址选线避让—生态影响最小化—生态补偿

B. 生态补偿—选址选线避让—生态影响最小化

C. 生态影响最小化—生态补偿—选址选线避让

D. 生态影响最小化—选址选线避让—生态补偿

5. 植被破坏的生态补偿量不应少于破坏量，具体补偿量确定原则为（ ）。（2009 年考题）

A. 等面积补偿　　B. 等当量生物质补偿

C. 等植株数量补偿　　D. 等植物种类补偿

6. 为弥补某码头工程港池开挖过程带来的鱼卵仔鱼、底栖生物等水生生物资源损失，应采取的措施是（ ）。（2009 年考题）

A. 生态补偿　　B. 污染治理

C. 生态监测　　D. 污染预防

7. 输气管道建成后，适合在其上方覆土绿化的植物物种是（ ）。（2010 年考题）

A. 松树　　B. 柠条

C. 杨树　　D. 苜蓿

8. 西南山区某拟建风电场，其选址位于候鸟迁徙通道上，为避免风电场建设对候鸟迁徙造成影响，应优先采取的措施是（ ）。（2012 年考题）

A. 减少风机高度　　B. 减少占地面积

C. 减少风机数量　　D. 风电场另行选址

9. 输油管线工程建设过程中，减少工程施工对植被影响的重要措施是（ ）。（2012 年考题）

A. 加快施工进度　　B. 减少施工机械数量

C. 缩短作业时段　　D. 缩小作业带宽度

10. 从占地类型分析，下列土地类型中，可首选作为公路建设渣场的是（ ）。（2016 年考题）

A. 耕地　　B. 林地

C. 河滩地　　D. 荒草地

11. 某新建项目拟穿越省级自然保护区的试验区，下列生态影响防护与恢复措施中，应优先考虑的是（ ）。（2016 年考题）

A. 避让　　B. 补偿

C. 减缓　　D. 重建

12. 某需进行打桩作业的建设项目位于越冬鸟类栖息地附近，施工期打桩作业时间不应安排在（ ）。（2016 年考题）

A. 春季　　B. 夏季

C. 秋季　　D. 冬季

13. 某项目建设临时占用 10 亩湖滨芦苇滩地。项目建成后该临时占地应恢复为（ ）。（2016 年考题）

A. 林地　　B. 草地

C. 园地　　D. 湿地

二、不定项选择题（每题的备选项中至少有一个符合题意）

1. 生态恢复的关键技术有（ ）。（2005 年考题）

A. 生物生存与繁衍的介质（环境）恢复技术

B. 适宜的生物群落（种群）恢复技术

C. 修订土地利用规划，使之符合区域总体发展战略

D. 生态系统的结构与功能恢复技术

2. 某新建公路项目在选线中遇到了 1 株古树，可采取的正确做法有（ ）。（2006 年考题）

A. 修改选线方案，避绕古树

B. 报有关主管部门批准，砍伐古树

C. 报有关主管部门批准，整体移植古树

D. 将古树砍伐在其他地方补种同种树木 10 株

3. 制定生态影响型项目营运期生态跟踪监测方案时，以（ ）作为监测对象。（2007 年考题）

A. 植被　　B. 国家重点保护物种

C. 地区特有物种　　D. 对环境变化敏感的物种

4. 公路建设项目环境影响评价中，减少占用耕地可行的工程措施有（ ）。（2007 年考题）

A. 优化线路方案　　B. 高填方路段收缩路基边坡

C. 以桥梁代替路基　　D. 编制基本农田保护方案

5. 生态影响型建设项目评价中，制定营运期生态监测计划的目的主要有（ ）。（2010 年考题）

A. 调查生态背景　　B. 跟踪生态动态

C. 识别未预测到的生态影响　　D. 为制定生态补救措施提供依据

6. 拟建高速公路穿越两栖动物栖息地，对两栖动物可采取的保护措施有（　　）。（2010 年考题）

A. 增加路基高度　　B. 降低路基高度

C. 收缩路基边坡　　D. 增设桥涵

7. 某新建公路连接甲、乙两城市，选线方案中经过国家重点保护植物集中分布地的方案是路径最短、最经济的方案。为保护环境，工程方案中应优先考虑的措施是（　　）。（2011 年考题）

A. 迁地保护　　B. 育种种植

C. 货币补偿　　D. 选线避让

8. 减少公路建设占用耕地可行的措施有（　　）。（2011 年考题）

A. 调整线路　　B. 经济补偿

C. 以桥梁代替路基　　D. 高填方路段收缩路基边坡

9. 某拟建铁路局部路段穿越野生苏铁集中分布区，为保护野生苏铁，应优先采取的措施是（　　）。（2012 年考题）

A. 迁地保护　　B. 采种育苗

C. 缴纳征占费用　　D. 铁路选线避让

10. 为减缓大型河流梯级电站建设对鱼类的影响，可采取的措施有（　　）。（2012 年考题）

A. 保护支流　　B. 设置过鱼设施

C. 鱼类人工增殖放流　　D. 减少捕捞量

11. 某混合式电站在河道上筑拦河大坝，发电引水渠 10 km 长，大坝至电站厂房间原河道两岸分布有需从河道取水灌溉的农田，其间另有一工业取水口，电站厂房上游 1 km 处有一支流汇入河道。为保障电站运行期间河道基本需水，从大坝下泄的水量应考虑（　　）。（2012 年考题）

A. 工业取水量　　B. 农业灌溉水量

C. 河流最小生态流量　　D. 厂房上游支流汇入水量

12. 为保证堤坝式电站在建设和运行期间不造成下游河道断流，必须考虑下泄生态流量的时期有（　　）。（2012 年考题）

A. 电站初期蓄水期间　　B. 电站正常发电过程中

C. 电站机组部分停机时　　D. 电站机组全部停机时

13. 某拟建高速公路局部路段穿越农田集中分布区，为减少公路建设对农田的占用，可采取的措施有（　　）。（2012 年考题）

A. 提高路基高度　　B. 降低路基高度

C. 收缩路基边坡　　D. 以桥梁代替路基

14. 南方某硫铁矿山露天开采后，因氧化和雨水侵蚀形成的弱酸性地表径流，造成矿区迹地土壤贫瘠、土层很薄，下列生态恢复措施正确的有（　）。(2013 年考题)

A. 表层覆土

B. 种植大型乔木

C. 种植草本植物或灌木

D. 利用河泥、湖泥或农业废弃秸秆等增加土壤有机质

15. 在制定生态保护战略时，应特别注重保护的区域有（　）。(2014 年考题)

A. 人口密度大的地区

B. 生态功能特别重要的地区

C. 生态良好的地区

D. 生态系统十分脆弱并正在发生退化的地区

16. 关于生态影响保护与恢复措施的说法，正确的有（　）。(2014 年考题)

A. 应按照补偿和重建、减缓、避让的次序提出生态影响保护与恢复措施

B. 各项生态保护措施应按照项目实施阶段分别提出

C. 涉及珍稀濒危物种时，必须提出可靠的避让措施或生境替代方案

D. 应给出实施时限和估算经费

17. 下列关于矿山排土场植被恢复的说法，正确的有（　）。(2015 年考题)

A. 干旱风沙区排土场不具备植被恢复条件的，应采用砂石等材料覆盖

B. 排土场恢复为耕地，覆土厚度不低于 30 cm

C. 恢复后的植被覆盖率不应低于当地同类土地植被覆盖率

D. 植被恢复可选取各种植物进行优化配置

18. 某新建高速公路拟经过农田集中分布区，可减少公路建设对农田占用的工程措施有（　）。(2016 年考题)

A. 降低路基高度　　B. 收缩路基边坡

C. 抬升路基高度　　D. 以桥梁代替路基

19. 某新建高速公路以隧道方式穿越一植被茂密的山体，该项目运营期隧道穿越段应进行的生态监测内容有（　）。(2016 年考题)

A. 地下水水位　　B. 地下水水质

C. 鸟类生态习性　　D. 植物生长状况

参考答案

一、单项选择题

1. C【点评解析】本题主要考查渣场的生态恢复设计。一般首先应考虑农业利用，但对于封场后坡度大于15°的渣场，还应考虑地面稳定、水土流失等问题，故应优先考虑恢复为林业用地。水土流失生物措施的实施中，最为关键的是土地整治和表层土壤的覆盖问题。土地整治应考虑蓄水保土问题，也要考虑防风防洪防灾问题，还应根据未来的利用方式进行植物的设计与配套工程建设等问题。土地整治包括取土场和弃渣场整治、边坡绿化土地整治、各种非永久占地（临时占地）的整治以及工程永久占地区的土地整治（厂区绿化前的土地整治）。土地整治应考虑如下问题：

首先应考虑农业利用，即恢复为农田。凡坡度适宜（＜15°）、地面稳定、降雨或水分适宜并有足够土壤覆盖可形成耕作土壤的（一般＞30 cm），应复垦为农田。特别是弃渣场、取土场和临时占地的生态恢复，都首先应以农田为优先考虑。由此可知，环评中应十分重视事前保存表层土壤，才有利于事后的恢复。

2. C【点评解析】本题主要考查生态影响的防护与恢复措施的遵循原则。考生务必理解记忆。评价项目对环境的不利影响，即对生态的长期不利影响、潜在的不利影响和复合影响，要制定具体的生态监测措施、规划及防护和恢复措施、规划。生态影响的防护与恢复要遵守以下原则：

（1）凡涉及珍稀濒危物种和敏感地区等类生态因子发生不可逆影响时，必须提出可靠的保护措施和方案；

（2）凡涉及尽可能需要保护的生物物种和敏感地区，必须制定补偿措施加以保护；

（3）对于再生周期较长、恢复速度较慢的自然资源损失，要制定恢复和补偿措施；

（4）对于普遍存在的再生周期短的资源损失，当其恢复的基本条件没有发生逆转时，不必制定补偿措施；

（5）需要制订区域的绿化规划；

（6）要明确生态影响防护与恢复费用的数量及使用科目，同时论述其必要性。

3. A【点评解析】本题主要考查坡度小于15°的尾矿库复垦的生态恢复设计。一般首先应考虑农业利用。水土流失生物措施的实施中，最为关键的是土地整治和表层土壤的覆盖问题。土地整治应考虑蓄水保土问题，也要考虑防风防洪防灾问题，还应根据未来的利用方式进行植物的设计与配套工程建设等问题。土地整治包括取土场和弃渣场整治、边坡绿化土地整治、各种非永久占地（临时占地）的整治以及工程永久占地区的土地整治（厂区绿化前的土地整治）。见第1题解析。

4. A【点评解析】本题主要考查对敏感生态保护目标可采取措施的优先次序。显而易见，首先是选址选线避让，其次是采取措施使生态影响最小化，最终万不得已采取生态补偿措施。考生务必理解记忆，案例分析考试经常涉及。

5. B【点评解析】本题主要考查生态补偿量确定原则。等当量生物质补偿才是实质性的补偿，其他都不对等。另外，考生务必理解生态影响补偿的意义。生态影响的补偿与建设：

补偿是一种重建生态系统以补偿因开发建设活动而损失的环境功能的措施。补偿有就地补偿和异地补偿两种形式。就地补偿类似于恢复，但建立的新生态系统与原生态系统没有一致性；异地补偿则是在开发建设项目发生地无法补偿损失的生态功能时，在项目发生地以外实施补偿措施，如在区域内或流域内的适宜地点或其他规划的生态建设工程中补偿，最常见的补偿是耕地和植被的补偿。植被补偿按生物物质生产等当量的原理确定具体的补偿量。补偿措施的确定应考虑流域或区域生态功能保护的要求和优先次序，考虑建设项目对区域生态功能的最大依赖和需求。补偿措施体现社会群体等使用和保护环境的权利，也体现生态保护的特殊性要求。

6. A【点评解析】本题实际考查生态补偿措施。由于是针对工程施工行为造成的生物影响，虽然施工中需要采取一定的污染防治措施，但施工时难以避免对水生生物资源造成损失影响，已经损失的只能补偿了。

7. D【点评解析】本题主要考查绿化的植物物种选择。由于是输气管道，选择的原则是“易存活，根系浅”的植物。另外，由于其上方覆土土层薄只适应草本植物和灌木。因此，苜蓿更适合，其绿化效果相对于柠条要好。其他 3 项均为“难存活，根系深”的植物。

8. D【点评解析】本题实际考查生态优先采取的措施。显而易见，“先避后控”，首先，风电场另行选址。其次，减少风机数量和减少风机高度。减少占地面积意义不大。

9. D【点评解析】本题实际考查减少输油管线工程施工对植被影响的重要措施。首先应缩小作业带宽度；其次，减少施工机械数量，加快施工进度以缩短作业时段，而且主要是噪声影响。控制作业带宽度是线性工程项目保护生态的重要措施。本题在案例分析考试中出现过，考生务必理解。

10. D【点评解析】本题实际考查公路渣场的选址。耕地和林地是保护对象，尽可能不占或少占。河滩地禁止堆渣。首选只能是荒草地。

11. A【点评解析】本题实际考查生态影响防护与恢复措施的优先原则。应按照避让、减缓、补偿和重建的次序提出生态影响防护与恢复的措施，即“先避后减，再补终建”。

12. D【点评解析】本题实际考查建设项目对越冬鸟类栖息地的影响时期。显然，越冬鸟类在冬季需要越冬，打桩作业噪声可能影响鸟类。

13. D【点评解析】本题实际考查临时占地恢复措施。由于湖滨芦苇滩地本身就是湿地，应尽量恢复原状。

二、不定项选择题

1. ABD【点评解析】本题主要考查生态恢复的关键技术。生态恢复的关键技术有生物生存与繁衍的介质（环境）恢复技术、适宜的生物群落（种群）恢复技术、生态系统的结构与功能恢复技术等。修订土地利用规划，使之符合区域总体发展战略不是生态恢复的关键技术，而是一种手段。

2. AC【点评解析】本题主要考查建设项目中对敏感保护目标古树的处理处置方法。应用法律法规的观点，根据我国环保法的规定，禁止砍伐古树。只能修改选线方案，避绕古树；或报有关主管部门批准，整体移植古树。

3. ABCD【点评解析】本题主要考查生态影响型项目营运期生态跟踪监测对象的选择。显而易见，应针对特别对象。确定监测项目或监测对象：针对想要认识或解决的问题，选取最具代表性的或最能反映环境状况变化的生态系统或生态因子作为监测对象。例如，以法定保护的生物、珍稀濒危生物或地区特有生物为监测对象，可直接了解保护目标的动态；以对环境变化敏感的生物为监测对象，可判断环境的真实影响与变化程度；以土地利用或植被为监测对象，可了解区域城市化动态或土地利用强度，也可了解植被恢复措施的有效性等。合理选择监测对象是十分重要的。

4. ABC【点评解析】本题主要考查减少占用耕地可行的工程措施。考生务必理解记忆，在案例分析考试中经常出现。减少占用耕地可行的工程措施有：优化线路方案，高填方路段收缩路基边坡，以桥梁代替路基等。编制基本农田保护方案不是工程措施，而是规划。

5. ABCD【点评解析】本题实际考查制定营运期生态监测计划的目的。生态监测的目的有：

（1）了解背景。即继续对生态的观察和研究，认识其特点和规律。例如，对某些作为保护目标的野生生物及其栖息地的观察和研究，没有长期的过程是不可能完全把握的。

（2）验证假说。即验证环境影响评价中所做出的推论、结论是否正确，是否符合实际。这种验证不仅对评价的项目有益，而且对进行类比分析、推进生态环评工作是非常有意义的。

（3）跟踪动态。即跟踪监测实际发生的影响，发现评价中未曾预料到的重要问题，并据此采取相应的补救措施。

6. ACD【点评解析】本题实际考查对两栖动物可采取的保护措施。只有降低路基高度这一项会导致两栖动物爬上高速公路，其他三项均是对两栖动物可采取的保护措施。

7. D【点评解析】本题实际考查对国家重点保护植物集中分布地应优先考虑的保护措施。首先选线避让，其次迁地保护，不得已育种种植，货币补偿不是措施。本题在历年的案例分析考试中也屡次出现，考生务必理解。

8. ACD【点评解析】本题主要考查减少公路建设占用耕地可行的措施。经济补偿不是措施，而是一种手段。其他三项均是减少公路建设占用耕地可行的措施。考生务必理解记忆，在历年的案例分析考试中多次出现。

9. D【点评解析】本题实际考查对国家重点保护植物集中分布地应优先考虑的保护措施。首先选线避让，其次迁地保护，不得已育种种植，缴纳征占费用不是措施。本题在历年的案例分析考试中也屡次出现，考生务必理解。

10. ABC【点评解析】本题主要考查为减缓大型河流梯级电站建设对鱼类的影响可采取的措施。一般来说，可采取的措施有设置过鱼设施、鱼类人工增殖放流、保护支流水质。减少捕捞量一般在环评中不会提出。

11. ABC【点评解析】本题主要考查大坝下泄的水量。应按照生活、工农业、生态用水的次序考虑大坝下泄的水量。在案例分析考试中出现过，考生务必理解。厂房上游支流汇入水量是混合式电站的汇水。

12. AD【点评解析】本题主要考查下泄生态流量的时期。生态流量一般按 10%（当多年平均流量小于 80 m^3/s 时）或 5%（当多年平均流量大于 80 m^3/s 时），流量不会很大。水电站机组正常发电时，额定流量很大，一般都是三位数，足以满足下游生态流量。单机额定流量一般也很大，所以部分机组停机也不用考虑下游生态流量的，单机发电的流量足以满足下游的流量。只有在电站初期蓄水期间和电站机组全部停机时必须考虑下泄生态流量。

13. BCD【点评解析】本题主要考查减少公路建设对农田的占用可采取的措施。提高路基高度将破坏农田，增加农田取土，不是可采取的措施。其他三项均是可采取的措施。考生务必理解，在案例分析考试中经常出现。

14. ACD【点评解析】本题主要考查生态恢复措施的选择。由于矿区迹地土壤贫瘠、土层很薄，不适合种植大型乔木。一般来说，土壤肥沃、土层较厚的土地可种植乔木；土壤贫瘠、土层很薄的地方，则只能种植草本植物或灌木。土层薄、土壤缺乏的地方可表层覆土、种植草本植物或灌木，利用河泥、湖泥或农业废弃秸秆等增加土壤有机质。

15. BCD【点评解析】本题主要考查在制定生态保护战略时应特别注重保护的区域。生态保护战略特别注重保护三类地区：一是生态良好的地区，要预防对其破坏；二是生态系统特别重要的地区，要加强对其保护；三是资源强度利用，生态系统十分脆弱，处于高度不稳定或正在发生退化性变化的地区。人口密度大的地区一般是城市区域，不属于自然生态区域。

16. BCD【点评解析】本题主要考查提出生态影响保护与恢复措施的原则。生态影响的防护、恢复与补偿原则包括：① 应按照避让、减缓、补偿和重建的次序提出生态影响防护与恢复的措施；所采取措施的效果应有利于修复和增强区域生态功能。② 凡涉及不可替代、极具价值、极敏感、被破坏后很难恢复的敏感生态保护目标（如特殊生态敏感区、珍稀濒危物种）时，必须提出可靠的避让措施或生境替代方案。③ 涉及采取措施后可恢复或修复的生态目标时，也应尽可能提出避让措施；否则，应制定恢复、修复和补偿措施。各项生态保护措施应按项目实施阶段分别提出，并提出实施时限和估算经费。

17. AC【点评解析】本题主要考查关于矿山排土场植被恢复的有关规定。根据《矿山生态环境保护与恢复治理技术规范》，干旱风沙区排土场不具备植被恢复条件的，应采用砂石等材料覆盖；恢复农业耕作的覆土厚度不低于 50cm；因地制宜进行在植被恢复，恢复后的植被覆盖率不应低于当地同类土地植被覆盖率。不得使用外来物种进行植被恢复。

18. ABD【点评解析】本题主要考查减少公路建设对农田占用的工程措施。典型的措施是“降堤收坡，以桥代路”。抬升路基高度与降低路基高度恰恰相反。

19. ACD【点评解析】本题主要考查隧道工程的生态监测内容。由于新建高速公路以隧道方式穿越一植被茂密的山体，穿越工程需要降低地下水水位，地下水与山顶植被有关系；同时，其将影响山顶植被及其鸟类栖息。地下水水质不是生态内容。

第六节　水土保持措施

一、单项选择题（每题的备选项中，只有一个最符合题意）

1. 某拟建公路项目需选择弃渣场。下列地点适合作为弃渣场的是（　　）。（2006年考题）

A. 河道宽浅段的河滩地　　B. 集雨面积大的荒沟

C. 集雨面积小的冲沟　　D. 撂荒的农田

二、不定项选择题（每题的备选项中至少有一个符合题意）

1. 道路建设工程或管道建设工程在选择取、弃土（渣）场时，应重点考虑（　　）。（2005 年考题）

A. 土地利用现状和植被　　B. 沿线景观

C. 当地社会与经济发展概况　　D. 运输距离（施工道路等）

2. 按《开发建设项目水土保持技术规范》的要求，渣场经改造后可恢复为（　　）。（2005 年考题）

A. 农业用地　　B. 林地

C. 住房用地　　D. 草地或草坪型运动场地

3. 水土流失防治的工程措施包括（　　）。（2006 年考题）

A. 拦渣护坡　　B. 防洪坝

C. 土地整治　　D. 筑沙障

4. 水土流失治理措施包括（　　）。（2009 年考题）

A. 护坡工程　　B. 土地整治

C. 植被修复　　D. 水土流失监测

参考答案

一、单项选择题

1. C【点评解析】本题实际考查弃渣场的选址问题。河道宽浅段的河滩地和撂荒的农田，不允许设弃渣场。主要考虑水土流失的问题，相对来说，选址集雨面积小的冲沟更为合适些。集雨面积大的荒沟易造成水土流失。

二、不定项选择题

1. ABD【点评解析】本题主要考查选择取、弃土（渣）场应重点考虑的因素。从工程与环保的角度考虑，应重点考虑土地利用现状和植被、沿线景观、运输距离（施工道路等）等。

2. ABD【点评解析】本题主要考查生物治理措施。渣场经改造后可恢复为农业用地、林地、草地或草坪型运动场地；住房用地要考虑稳定性问题，不适合。

3. ABCD【点评解析】本题主要考查水土流失防治的工程措施。水土流失防治的工程措施一共有六项，包括泥石流防治工程，考生务必记忆理解并灵活运用。水土流失治理措施主要有工程治理措施和生物治理措施。

工程治理措施

建设项目水土流失治理工程可分为：

（1）拦渣工程，如拦渣坝、拦渣墙、拦渣堤、尾矿坝等；

（2）护坡工程，如削坡开级、植物护坡、砌石护坡、抛石护坡、喷浆护坡、综合措施护坡以及滑坡护坡等；

（3）土地整治工程，如回填整平、覆土和植被等；

（4）防洪排水工程，如防洪坝、排洪渠、排洪涵洞、防洪堤、护岸护滩等；

（5）防风固沙工程，如沙障、化学固沙等；

（6）泥石流防治工程等。

4. ABC【点评解析】本题主要考查水土流失防治的措施，即工程治理措施和生物治理措施。考生务必记忆理解并灵活运用。治理措施见第3题解析。

第七节　地下水污染防治

一、单项选择题（每题的备选项中，只有一个最符合题意）

1. Ⅱ类建设项目地下水环境影响评价时，减缓环境水文地质问题正确的措施是（　）。（2012年考题）

A. 采用工程措施防治地下水污染

B. 加强水资源联合调度控制地下水资源开发

C. 加强包气带对污染物的阻隔和消减作用

D. 制定不同区域的地面防渗方案

2. 地下水环境影响评价中，属于Ⅱ类项目地下水保护对策的是（　）。（2012年考题）

A. 场地地面防渗

B. 产污单元源头控制

C. 场地地下水污染物浓度监控

D. 场地地下水水位动态观测

3. 地下水污染异地处理可采用的技术是（　）。（2012年考题）

A. 含水层生物通风技术　　B. 含水层淋洗技术

C. 含水层原位强化微生物修复　　D. 抽出处理技术

4. 为防止某山谷型生活垃圾填埋场对下游1.5 km处村庄水井的污染，可以采用的地下水污染水力控制措施为（　）。（2015年考题）

A. 加强填埋场滤液导排、收集和处理　　B. 填埋场坝下进行垂直帷幕

C. 填埋场下游增设污染监控井　　D. 停止使用该填埋场

5. 下列措施中，不属于预防岩溶塌陷的是（　）。（2015年考题）

A. 塌洞回填　　B. 控制地下水开采

C. 河道改道引流，避开塌陷区　　　　　D. 建立地面塌陷监控网

二、不定项选择题（每题的备选项中至少有一个符合题意）

1. 为预防拟建固体废物填埋场对地下水的污染影响，应采取的措施包括（　　）。（2009 年考题）

A. 按有关标准要求选址　　　　　B. 防渗

C. 地下水分层开采　　　　　D. 划定饮用水源保护区

2. 为防止污染地下水，位于沟谷的危废处理场需采取的主要污染防治工程措施有（　　）。（2011 年考题）

A. 防渗系统　　　　　B. 渗滤液收集处理系统

C. 雨水截排水沟　　　　　D. 集排气系统

3. 属于地下水评价Ⅱ类项目场地环境水文地质问题减缓措施的有（　　）。（2012 年考题）

A. 提出防止地下水超采措施

B. 监测地下水水质变化

C. 监测地下水水位变化

D. 建立应对相关环境地质问题的应急预案

4. 减缓地下水过量开采影响的措施有（　　）。（2012 年考题）

A. 减少开采量　　　　　B. 优化地下水开采布局

C. 人工补给地下水　　　　　D. 地表水和地下水联合调度

5. 属于地下水污染水力控制技术方法的有（　　）。（2012 年考题）

A. 排水法　　　　　B. 注水法

C. 防渗墙法　　　　　D. 包气带土层就地恢复法

6. 影响项目场地潜水含水层易污性的因素有（　　）。（2013 年考题）

A. 地表水与地下水联系程度　　　　　B. 项目场地包气带介质

C. 项目场地分区防渗　　　　　D. 项目场地地下水污染监控

7. 下列地下水环境修复技术中，属于水力控制技术的有（　　）。（2014 年考题）

A. 生物通风技术　　　　　B. 低渗透性屏障技术

C. 植物修复技术　　　　　D. 抽注地下水技术

8. 在同一水力梯度下，下列关于潜水含水层防污性能的说法，正确的有（　　）。（2015 年考题）

A. 含水层埋深越大，防污性能越弱

B. 含水层渗透系数越大，防污性能越弱

C. 含水层厚度越大，防污性能越弱

D. 含水层介质颗粒越细，防污性能越弱

9. 可用于减缓区域地下水过量开采的措施有（ ）。（2015 年考题）

A. 地面防渗 B. 调整开采布局

C. 地表地下水联合调度 D. 建设地下水库

10. 下列技术中，属于地下水污染水力控制技术的有（ ）。（2016 年考题）

A. 抽水系统控制技术 B. 注水系统控制技术

C. 水动力屏障系统控制技术 D. 可渗透反应墙技术

参考答案

一、单项选择题

1. B【点评解析】本题实际考查Ⅱ类建设项目减缓环境水文地质问题正确的措施。显而易见，为加强水资源联合调度控制地下水资源开发。其他三项均针对Ⅰ类建设项目。Ⅱ类建设项目地下水保护与环境水文地质问题，以均衡开采为原则，提出防止地下水资源超量开采的具体措施，以及控制资源开采过程中由于地下水水位变化诱发的湿地退化、地面沉降、岩溶塌陷、地面裂缝等环境水文地质问题产生的具体措施。

2. D【点评解析】本题实际考查Ⅱ类项目地下水保护对策。属于Ⅱ类项目地下水保护对策的是场地地下水水位动态观测。其他三项属于Ⅰ类项目地下水保护对策。

3. D【点评解析】本题实际考查地下水污染异地处理的技术。只有抽出处理技术属于地下水污染异地处理。其他三项属于含水层原位处理。

4. B【点评解析】本题主要考查地下水污染水力控制措施。作为地下水污染控制的传统技术，水力控制技术包括抽注地下水、排出地下水、设置低渗透性屏障。这些方法可以单独使用或者联合使用来控制地下水污染。填埋场坝下进行垂直帷幕即为设置低渗透性屏障。

5. A【点评解析】本题主要考查预防岩溶塌陷的措施。塌陷前的预防措施主要有：合理安排厂矿企业建设总体布局；河流改道引流，避开塌陷区；修筑特厚防洪堤；控制地下水位下降速度和防止突然涌水，以减少塌陷的发生；建造防渗帷幕，避免或减少预测塌陷区的地下水位下降，防止产生地面塌陷；建立地面塌陷监测网。塌洞回填已造成岩溶塌陷，不是预防措施了，而是补救措施。

二、不定项选择题

1. AB【点评解析】本题主要考查拟建固体废物填埋场对地下水的污染影响应采

取的措施。地下水分层开采是地下水资源的利用方式。划定饮用水源保护区是政府部门的事情，与拟建固体废物填埋场项目无关。其他两项均是应采取的措施。

2. ABC【点评解析】本题主要考查危废处理场需采取的主要污染防治工程措施。集排气系统是针对填埋气体的措施，不是防止污染地下水的污染防治工程措施。其他三项均是需采取的主要污染防治工程措施：雨水截排水沟、渗滤液收集处理系统、防渗系统。

3. ACD【点评解析】本题主要考查地下水评价Ⅱ类项目场地环境水文地质问题减缓措施。显然，监测地下水水质变化属于地下水评价Ⅰ类项目场地环境水文地质问题减缓措施。Ⅱ类建设项目地下水保护与环境水文地质问题减缓措施：

a）以均衡开采为原则，提出防止地下水资源超量开采的具体措施，以及控制资源开采过程中由于地下水水位变化诱发的湿地退化、地而沉降、岩溶塌陷、地面裂缝等环境水文地质问题产生的具体措施。

b）建立地下水动态监测系统，并根据项目建设所诱发的环境水文地质问题制定相应的监测方案。

c）针对建设项目可能引发的其他环境水文地质问题提出应对预案。

4. ABCD【点评解析】本题主要考查减缓地下水过量开采影响的措施。过量开采的减缓措施：（1）人工补给；（2）调整开采井布局：① 必须严格限制严重超采区的地下水开采量，新辟水源地宜分散布局；② 控制深层地下水的开采，大力开发浅层水和合理利用微咸水；③ 兴建大中型傍河地下水水源地，激发河流补给，自然过滤泥沙，保持稳定供水；④ 实行供水与矿区排水相结合；⑤ 有控制地开采允许利用的地下水储存量；（3）地下水和地表水联合调度。

5. ABC【点评解析】本题主要考查地下水污染水力控制技术方法。显然，包气带土层就地恢复法不是地下水污染水力控制技术方法。地下水污染水力控制技术：作为地下水环境修复的传统技术，水力控制技术包括抽注地下水、排出地下水、设置低渗透性屏障。这些方法可以单独使用或者联合使用来控制地下水污染。

6. AB【点评解析】本题主要考查影响项目场地潜水含水层易污性的因素。其与项目场地分区防渗无关，其是人为因素。与项目场地地下水污染监控也无关，其监控结果仅反映项目场地潜水含水层的污染程度。影响项目场地潜水含水层易污性的因素有地表水与地下水联系程度、项目场地包气带介质等。

7. BD【点评解析】本题主要考查地下水环境修复技术的分类。作为地下水环境修复的传统技术，水力控制技术包括抽注地下水、排出地下水、设置低渗透性屏障。这些方法可以单独使用或者联合使用来控制地下水污染。生物通风技术和植物修复技术属于生物技术。

8. B【点评解析】本题主要考查潜水含水层防污性能的应用。地下水的脆弱性主要取决于地下水埋深、净补给量、含水层介质、土壤介质、地形坡度、包气带影响、水力传导系数七个因子。地下水埋深越大，污染物迁移的时间越长，污染物衰减的机会越多；含水层中介质颗粒越大、裂隙或溶隙越多，渗透性越好，污染物的衰减能力低，防污性能越差。

9. BC【点评解析】本题主要考查减缓区域地下水过量开采的措施。措施有：人工补给；调整开采布局，包括兴建河边地下水水源地；地下水地表水联合调度等。地面防渗是污染防治措施，建设地下水库不是减缓区域地下水过量开采的措施。

10. ABC【点评解析】本题主要考查地下水污染水力控制技术。地下水污染水力控制技术包括抽注地下水、排出地下水、设置低渗透性屏障，即抽水（排水）系统、注水系统、水动力屏障系统。可渗透反应墙技术是一种化学方法。

第八节　环境风险防范

不定项选择题（每题的备选项中至少有一个符合题意）

1. 化工区内新建液氯管道输送过程中的环境风险防范与减缓措施有（　　）。（2012 年考题）

A. 提高管道设计等级　　B. 规定应急疏散通道

C. 储备救援物资　　D. 管廓设防雨顶盖

2. 环境风险评价中，事故应急预案内容包括（　　）。（2012 年考题）

A. 应急响应机构　　B. 应急响应条件

C. 应急场所排查　　D. 应急培训计划

3. 新建化工项目环境风险防范措施包括（　　）。（2013 年考题）

A. 贮运的风险防范措施　　B. 项目施工的风险防范措施

C. 总图布置的风险防范措施　　D. 自动控制的风险防范措施

4. 某高速公路桥跨越的河流为Ⅱ类水体，下列说法错误的有（　　）。（2013 年考题）

A. 桥面设置雨水收集系统　　B. 桥梁两侧设置沉淀池

C. 沉淀池始终为满水状态　　D. 桥面雨水处理后直接排入该河流

5. 对于煤制烯烃项目的甲醇罐区，工程设计上应采取的环境风险防范与减缓措施有（　　）。（2015 年考题）

A. 设置紧急切断与停车系统　　B. 拱顶罐改为浮顶罐

C. 设置储罐液位报警系统　　D. 建立应急物资储存仓库

6. 制定环境风险应急预案时，应包括的内容有（　）。（2015 年考题）

A. 设置应急计划区　　B. 制定应急环境监测方案

C. 进行应急救援演练　　D. 及时发布有关信息

参考答案

不定项选择题

1. ABD【点评解析】本题主要考查环境风险防范与减缓措施。储备救援物资为事故应急预案内容。环境风险的防范与减缓措施是在环境风险评价的基础上做出的。主要环境风险防范措施为：

（1）选址、总图布置和建筑安全防范措施。厂址及周围居民区、环境保护目标设置卫生防护距离，厂区周围工矿企业、车站、码头、交通干道等设置安全防护距离和防火间距。厂区总平面布置符合防范事故要求，有应急救援设施及救援通道、应急疏散及避难所。

（2）危险化学品贮运安全防范及避难所。对贮存危险化学品数量构成危险源的贮存地点、设施和贮存量提出要求，与环境保护目标和生态敏感目标的距离符合国家有关规定。

（3）工艺技术设计安全防范措施。设自动监测、报警、紧急切断及紧急停车系统；防火、防爆、防中毒等事故处理系统；应急救援设施及救援通道，应急疏散通道及避难所。

（4）自动控制设计安全防范措施。有可燃气体、有毒气体检测报警系统和在线分析系统。

（5）电气、电讯安全防范措施。

（6）消防及火灾报警系统。

（7）紧急救援站或有毒气体防护站设计。

2. ABD【点评解析】本题主要考查事故应急预案内容。应急场所排查属于环境风险排查内容，不属于事故应急预案内容。事故应急预案内容包括应急响应机构、应急响应条件、应急培训计划等。

3. ACD【点评解析】本题主要考查新建化工项目环境风险防范措施。由于施工期无危险物质，故无项目施工的风险防范措施。其他三项均是新建化工项目环境风险防范措施。

4. CD【点评解析】本题主要考查高速公路桥跨越的河流为Ⅱ类水体的措施。由于河流敏感，沉淀池应始终为不满水状态以接纳雨水或污水，桥面雨水处理后不能设排污口直接排入该河流。为防范危险化学品运输带来的环境风险，对跨越饮用水水源二级保护区、准保护区和二类以上水体的桥梁，应在桥梁上设置桥面径流水收集系统，并在桥梁两侧设置沉淀池，对发生污染事故后的桥面径流进行处理，确保饮用水安全。

5. ABC【点评解析】本题主要考查环境风险防范与减缓措施。拱顶罐改为浮顶罐可减少甲醇挥发，避免事故发生。建立应急物资储存仓库是事故应急预案内容。

6. ABD【点评解析】本题主要考查环境风险应急预案的内容。除设置应急计划区、制定应急环境监测方案和及时发布有关信息等，还有应急救援保障，而不是进行应急救援演练。应急预案编制完成后，再根据其进行应急救援演练，是其之后的内容。

第九节　污染物排放总量控制

一、单项选择题（每题的备选项中，只有一个最符合题意）

1. 某下列污染物中，暂未列入国家大气污染物总量控制指标的是（　　）。（2015年考题）

A. SO_2　　B. NO_x

C. 烟尘、粉尘　　D. CO

二、不定项选择题（每题的备选项中至少有一个符合题意）

1. 在环境影响评价中提出的污染物总量控制指标建议值应满足的要求有（　　）。（2008 年考题）

A. 污染物达标排放　　B. 影响区的环境质量达标

C. 国家或地方有关污染物控制总量　　D. 环保投资符合项目投资概算

2. 建设项目环境影响评价中，一般应在（　　）的基础上提出拟建项目污染物排放总量建议指标。（2009 年考题）

A. 污染物达标排放　　B. 受影响区的环境质量达标

C. 国家或地方有关污染物控制要求　　D. 环保投资符合项目投资概算要求

参考答案

一、单项选择题

1. D【点评解析】本题主要考查国家大气污染物总量控制指标。国家规定的“十二五”期间污染排放总量控制指标有：①大气环境污染物：二氧化硫、氮氧化物。②水环境污染物：化学需氧量、氨氮。烟尘、粉尘为国家规定的“十一五”期间污染排放总量控制指标。显然，CO 不是国家规定的污染排放总量控制指标。另外，根据《大气污染防治行动计划》增加了烟尘、粉尘、VOCs 大气污染物总量控制指标。

二、不定项选择题

1. AC【点评解析】本题主要考查在环境影响评价中提出的污染物总量控制指标建议值应满足的要求。显然，环保投资符合项目投资概算不是要求。但影响区的环境质量达标，仅针对特殊区域（如总量控制区，水源保护区等）。在环境影响评价中提出的项目污染物总量控制建议指标必须满足以下要求：

① 符合达标排放的要求，排放不达标的污染物不能作为总量控制建议指标。

② 符合相关环保要求，比总量控制更严的环境保护要求（如特殊控制的区域与河段）。

③ 技术上可行，通过技术改造可以实现达标排放。

2. AC【点评解析】本题主要考查在环境影响评价中提出的污染物总量控制指标建议值应满足的要求。显然，环保投资符合项目投资概算不是要求。但影响区的环境质量达标，仅针对特殊区域（如总量控制区，水源保护区等）。

第十节　环境管理与环境监测

一、单项选择题（每题的备选项中，只有一个最符合题意）

1. 编制环境影响报告书的建设项目，建设单位应当向公众公开全本报告书的时间是（　　）。（2015 年考题）

A. 征求公众意见前　　B. 向环境保护主管部门报审前

C. 环境保护主管部门受理后　　D. 环境管理部门批复后

2. 某水泥项目竣工环境保护验收污染物监测期间，核查人员在中控室记录了生

产装置的小时原料进料量和尾气排气量数据，依据上述记录数据可分析出（　　）。（2015 年考题）

A. 监测期间的生产工况　　B. 生产装置的自控水平

C. 尾气排放达标情况　　D. 日常环境监测计划的执行情况

3. 制定建设项目环评公众参与调查方案时，应作为调查对象的是（　　）。（2015 年考题）

A. 建设项目筹建人员　　B. 可能受影响公众

C. 建设项目施工单位　　D. 关心项目建设的国外机构

4. 固定污染源烟气在线监测系统（CEMS）采样口应优先选择的位置是（　　）。（2016 年考题）

A. 水平管段的负压区域　　B. 垂直管段的负压区域

C. 水平管段的正压区域　　D. 垂直管段的正压区域

5. 建设项目公众参与调查的主体是（　　）。（2016 年考题）

A. 投资主管部门　　B. 环境影响评价机构

C. 环境保护主管部门　　D. 建设单位

二、不定项选择题（每题的备选项中至少有一个符合题意）

1. 某建设项目环境影响评价公开征求公众意见，可采用的公众参与方式有（　　）。（2015 年考题）

A. 入户走访调查　　B. 组织召开座谈会

C. 发放公众意见调查表　　D. 接听公众来电

参考答案

一、单项选择题

1. B【点评解析】本题主要考查建设项目环境影响评价政府信息公开指南（试行）。建设单位在向环境保护主管部门提交报审建设项目环境影响报告书、表前，应依法主动公开建设项目环境影响报告书、表全本信息，并在提交环境影响报告书、表全本同时附删除的涉及国家秘密、商业秘密等内容及删除依据和理由说明报告。征求公众意见前还未形成全本报告书。

2. A【点评解析】本题主要考查项目竣工环境保护验收污染物监测数据的分析。依据记录数据，无法看出生产装置的自控水平及日常环境监测计划的执行情况，尾气排放也只有排放量，无法知道尾气达标情况，根据记录只能分析出监测期间的生产工况。

3. B【点评解析】本题主要考查环评公众参与调查的对象。显然，作为调查对象的是影响对象，即可能受影响公众。

4. B【点评解析】本题主要考查固定污染源烟气在线监测系统（CEMS）采样口的位置选择。首先应安装在代表性位置上，其次应优先选择垂直管段和负压区域。

5. D【点评解析】本题主要考查建设项目公众参与调查的主体。建设项目环境信息公开和公众参与调查的责任主体是建设单位。

二、不定项选择题

1. ABCD【点评解析】本题主要考查公众参与方式。建设单位或者其委托的环境影响评价机构应当在发布信息公告、公开环境影响报告书的简本后，采取调查公众意见、咨询专家意见、座谈会、论证会、听证会等形式，公开征求公众意见。入户走访调查和接听公众来电是调查的方式。

第十三章　环境影响经济损益分析

一、单项选择题（每题的备选项中，只有一个最符合题意）

1. 假如一片森林的涵养水源量是 $100\times10^4\ m^3$，而在当地建设一座有效库容为 $100\times10^4\ m^3$ 的水库所需费用是 400 万元，则可以此费用表示该森林的涵养水源功能价值，此法称为（　）。（2005 年、2009 年考题）

A. 防护费用法　　B. 恢复费用法

C. 影子工程法　　D. 机会成本法

2. 对于受破坏的环境，用复制具有相似环境功能的工程所需费用来表示该环境价值的方法称为（　）。（2006 年考题）

A. 防护费用法　　B. 人力资本法

C. 影子工程法　　D. 生产力损失法

3. 某项目配套建设的硫回收设施，其环境效益可用货币量化的是（　）。（2012 年考题）

A. 工程总投资　　B. 硫的销售收入

C. 土地费用　　D. 固定资产产值

二、不定项选择题（每题的备选项中至少有一个符合题意）

1. 建设项目环境保护措施的经济论证内容包括（　）。（2008 年考题）

A. 环保措施的投资费用　　B. 环保措施的运行费用

C. 环保措施的处理效率　　D. 环保措施的环境经济效益

2. 环境的使用价值通常包含（　）。（2009 年考题）

A. 直接使用价值　　B. 间接使用价值

C. 选择价值　　D. 遗赠价值

3. 建设项目的环境经济损益分析中，费用效益分析应在财务现金流量表基础上增加（　）。（2013 年考题）

A. 销售收入　　B. 环境成本

C. 流动资金　　D. 环境效益

4. 环境经济损益分析中，需要估算建设项目环境保护措施的（　　）。(2014 年考题）

A. 现金流量　　B. 投资费用

C. 运行成本　　D. 环境效益

参考答案

一、单项选择题

1. C【点评解析】本题主要考查环境价值评估方法。从文字描述即可知是影子工程法。影子工程法：用于评估水污染造成的损失、森林生态功能价值等。用复制具有相似环境功能的工程的费用来表示该环境的价值，是重置费用法的特例。如森林具有涵养水源的生态功能，假如一片森林涵养水源量是 100 万 m^3，在当地建造一个 100 万 m^3 库容的水库的费用是 150 万元，那么，可以用这 150 万元的建库费用，来表示这片森林涵养水源生态功能的价值。

如果这种复制行为确会发生，则该费用一定小于该生态环境的价值，只能作为该价值的最低估计值。如果这种行为可能不会发生，则该费用可能大于或小于环境价值。

2. C【点评解析】本题主要考查环境价值评估方法。从文字描述即可知是影子工程法。见第 1 题说明。

3. B【点评解析】本题主要考查环境经济损益分析内容。环境效益可用货币量化的是硫的销售收入，其他三项与环境效益无关。

二、不定项选择题

1. ABD【点评解析】本题主要考查建设项目环境保护措施的经济论证内容。建设项目环境保护措施的经济论证内容包括环保措施的投资费用、环保措施的运行费用、环保措施的环境经济效益。环保措施的处理效率是技术指标，非经济论证内容。

2. ABC【点评解析】本题主要考查环境的使用价值组成。遗赠价值属于环境的非使用价值。环境的总价值包括环境的使用价值（use value）和非使用价值（nonuse value)。

环境的使用价值，是指环境被生产者或消费者使用时所表现出的价值。环境的使用价值通常包含直接使用价值、间接使用价值和选择价值。如森林的旅游价值就是森林的直接使用价值，森林防风固沙的价值就是森林的间接使用价值。选择价值（option value）是人们虽然现在不使用某一环境，但人们希望保留它，这样，将来就有可能使用它，也即保留了人们选择使用它的机会，环境所具有的这种价值就是环境的选择价值。有的研究者将选择价值看作是环境的非使用价值的一部分。

环境的非使用价值，是指人们虽然不使用某一环境物品，但该环境物品仍具有的价值。根据不同动机，环境的非使用价值又可分为遗赠价值（bequest value）和存在价值（existence value）。如濒危物种的存在，有些人认为，其本身就是有价值的，这种价值与人们是否利用该物种谋取经济利益无关。

3. BD【点评解析】本题主要考查建设项目的环境经济损益分析。显然，要与环境相关的经济分析。一般需对项目进行费用效益分析（经济分析），其中关键是将估算出的环境影响价值（环境成本或环境效益）纳入经济现金流量表。

4. BCD【点评解析】本题主要考查环境经济损益分析的内容。建设项目环境影响经济损益评价包括建设项目环境影响经济评价和环保措施的经济损益评价两部分。环境保护措施的经济论证，是要估算环境保护措施的投资费用、运行费用、取得的效益，用于多种环境保护措施的比较，以选择费用比较低的环境保护措施。

第十四章　建设项目竣工环境保护验收监测与调查

一、单项选择题（每题的备选项中，只有一个最符合题意）

1. 在建设项目竣工环保验收监测中，计算昼夜等效声级时，需要先将夜间实测等效声级值加上（　　）。（2005 年考题）

A. 5 dB　　B. 7 dB

C. 10 dB　　D. 12 dB

2. 在建设项目竣工环保验收监测中，对多型号、功能相同的多个小型环保设施，可采用随机抽样方法进行监测，随机抽测的比例不小于同类设施总数的（　　）。（2005 年考题）

A. 40%　　B. 50%

C. 65%　　D. 80%

3. 在建设项目竣工环保验收监测中，当国家环境质量标准、污染物排放标准中对分析方法没有明确规定时，应首选（　　）。（2005 年考题）

A. 有关环境监测技术规范　　B. 国家环境检测分析方法标准

C. 环境监测等效分析方法　　D. 《环境监测分析方法》中推荐的方法

4. 为保证水质监测过程的质量，在采样过程中和实验分析过程中一般应采集并加入不少于（　　）的平行样。（2005 年考题）

A. 5%　　B. 10%

C. 15%　　D. 20%

5. 工业企业厂界噪声监测点位应分布在其法定厂界（　　）以上对应被测声源，距任意反射面不小于 1 m 的位置，厂界如有围墙，测点应高于围墙。（2005 年考题）

A. 外 1 m、高 1.2 m　　B. 外 1 m、高 1.5 m

C. 外 1 m、高 2 m　　D. 外 1.5 m、高 1.2 m

6. 在高速公路建设项目竣工环保验收监测时，在公路两侧距路肩（　　）m 范围内应选取有代表性的噪声敏感目标分别设点监测。（2005 年考题）

A. 100　　B. 200

C. 300　　D. 400

7. 在建设项目竣工环保验收监测中，对有明显生产周期的废气排放源，采样和测试一般应选择（　）个生产周期为宜。（2007 年考题）

A. 1　　B. 2～3　　C. 4～5　　D. 6～7

8. 对公路建设项目进行环境保护验收，为获取噪声衰减规律，监测断面上各测点需（　）布设。（2007 年考题）

A. 任意　　B. 按敏感点分布

C. 在建筑物前　　D. 按倍距离

9. 建设项目竣工环境保护验收监测时，采用的验收标准是（　）。（2009 年考题）

A. 初步设计时确定的设计指标

B. 环境影响评价时依据的标准

C. 项目投产时的国家或地方污染物排放标准

D. 现行的国家或地方污染物排放标准

10. 某高速公路建设项目竣工环保验收调查时，进行了噪声衰减监测和声环境敏感区监测，未进行车流量监测。由监测统计分析结果可以给出噪声衰减规律和（　）。（2010 年考题）

A. 设计工况环境保护目标达标状况　　B. 噪声影响状况

C. 防护措施降噪效果　　D. 设计工况声环境达标距离

11. 某高速公路建设项目竣工环保验收调查时，对公路垂直方向噪声衰减情况及声环境敏感区的环境噪声进行了监测，但未记录监测时的车流量。由监测统计分析结果可以确定（　）。（2011 年考题）

A. 公路噪声源强　　B. 防护措施降噪效果

C. 公路噪声衰减规律　　D. 设计工况下的声环境达标距离

12. 使用醋酸等异味化学品的 PTA 项目，竣工环境保护验收时，要调查（　）。（2012 年考题）

A. 项目财务决算表　　B. 项目施工图

C. 试生产期间环保投诉事件　　D. 可行性研究报告评估意见

二、不定项选择题（每题的备选项中至少有一个符合题意）

1. 在建设项目竣工环保验收监测与调查中，选用的评估依据有（　）。（2005 年考题）

A. 国家地方环境保护行政主管部门对项目环评批准执行的环境标准

B. 地方环境保护行政主管部门下达的污染物排放总量指标

C. 建设项目环保初步设计中确定的环保设施设计指标

D. 环境监测方法标准应选择与环境质量排放标准相配套的方法标准

2. 工程项目竣工环境保护验收调查中有关声环境的主要内容包括（　　）。(2006年考题)

A. 噪声治理措施的落实情况

B. 噪声治理措施的降噪效果

C. 噪声治理设施的制作、施工安装质量

D. 声环境敏感点的达标情况

E. 声环境管理制度的执行和落实情况

3. 建设项目竣工环境保护验收的生态影响调查要考虑的主要内容有（　　）。(2008年考题)

A. 落实环评文件及主管部门批复意见所要求的生态保护措施

B. 生态保护措施的实施效果

C. 公众意见

D. 对已产生的生态破坏采取的补救措施及效果

4. 建设项目竣工环境保护验收监测包含的主要内容有（　　）。(2008年考题)

A. 环保设施运行效果测试　　B. 污染物排放达标情况监测

C. 敏感点环境质量监测　　D. 区域污染源监测

5. 露天矿开采项目竣工环保验收中，生态影响调查选择的环境危害因子有（　　）。(2008年考题)

A. 局地气候变化　　B. 废水

C. 土地资源退化　　D. 废气

6. 建设项目竣工环境保护验收中，为计算排气筒废气污染物排放总量，必须获取的参数是（　　）。(2009年考题)

A. 污染物排放浓度　　B. 排气筒高度

C. 废气排放速率　　D. 年工作时间

7. 生活垃圾填埋场竣工环境保护验收调查的内容应包括（　　）。(2010年考题)

A. 封场地表处理情况　　B. 渗滤液导排系统有效性

C. 填埋场防渗措施的有效性　　D. 填埋气体导排系统有效性

8. 某炼化项目试生产3个月后委托有资质的单位开展竣工环境保护验收工作，需要现场验收检查（　　）。(2012年考题)

A. 可行性研究报告　　B. 环保监测仪器设备

C. 总排水口在线监测设备　　D. 企业环境管理制度

9. 高速公路竣工环境保护验收调查报告中，下列要求正确的是（　　）。(2012年考题)

A. 对不稳定的弃渣场，提出补救措施

B. 对未恢复的取、弃土场、施工营地等临时用地，提出恢复的具体要求

C. 异地开垦基本农田措施未完全落实，按“基本农田占一补一”原则尽快落实

D. 环评报告书和批复文件中遗漏的环境敏感点，受公路影响噪声超标，要求进行跟踪监测，并提出解决方案

10. 某铁路工程施工中改变一处车站选址。整体项目竣工环境保护验收生态调查应包括（　　）。(2012 年考题)

A. 车站改址的情况

B. 改址后的车站环境影响评价

C. 设计文件中的环境保护措施落实情况

D. 环评批复文件中生态保护措施的落实情况

11. 某铅酸蓄电池厂竣工环境保护验收通过的条件应包括（　　）。(2013 年考题)

A. “三废”排放达标

B. 敏感点特征污染物环境质量达标

C. 铅排放总量符合环评批复要求

D. 环评中提出的环保设施和污染防治措施落实到位

12. 某坝后式水电站的竣工环保验收调查内容应包括（　　）。(2013 年考题)

A. 坝下河段的水生态调查　　B. 库区的鱼类调查

C. 工程总投资执行情况　　D. 移民安置影响调查

13. 某煤矿开发项目进行竣工环境保护验收调查时，应选取的生态影响调查因子有（　　）。(2014 年考题)

A. 植被覆盖率　　B. “三废”排放

C. 土地资源损失量　　D. 野生动物栖息地

14. 某制糖项目废水总排放口的竣工环境保护验收监测与调查应开展的核查工作有（　　）。(2015 年考题)

A. 验收期间生产负荷　　B. 在线监测仪器安装使用情况

C. 单位产品废水回用率　　D. 废水污染物排放达标情况

参考答案

一、单项选择题

1. C【点评解析】本题主要考查在建设项目竣工环保验收监测中的噪声考核。由于噪声在夜间比昼间影响大，计算昼夜等效声级时，需要先将夜间实测等效声级

值加上 10 dB 再计算，正好相差 2 个单位（5 dB），与标准值相同。

2. B【点评解析】本题主要考查废气监测技术要求。对多型号、功能相同的多个小型环保设施，随机抽测的比例不小于同类设施总数的 50%，考生需要记忆。

3. B【点评解析】本题主要考查验收监测与调查标准选用的原则。应首选国家环境检测分析方法标准。考生需要了解。环境监测方法应选择与环境质量标准、排放标准相配套的方法。若质量标准、排放标准未做明确规定，应首选国家或行业标准监测分析方法，其次选发达国家的标准方法或权威书籍、杂志登载的分析方法。

4. B【点评解析】本题主要考查验收监测中质量保证和质量控制。一般都取 10% 的平行样，实际做环境监测工作的技术人员均应熟知。考生需要记忆。

5. A【点评解析】本题主要考查厂界噪声监测技术要求。外 1 m、高 1.2 m 为消除反射面，测量高度符合人体高度，考生需要记忆。

6. B【点评解析】本题主要考查噪声监测技术要求中高速公路交通噪声的监测点位布设。考生需要记忆，高速公路噪声评价范围一般在公路两侧距路肩 200 m 范围内，即评价范围内。

7. B【点评解析】本题主要考查建设项目竣工环保验收监测中废气监测技术要求。考生务必记忆。对有明显生产周期的废气排放源，采样和测试一般应选择 2～3 个生产周期为宜。

8. D【点评解析】本题主要考查公路建设项目进行环境保护验收中噪声衰减布点。一般在公路垂直方向距路肩 20 m、40 m、60 m、80 m、120 m 设点进行噪声衰减测量，即按倍距离。考生务必记忆，案例分析考试经常涉及。

9. B【点评解析】本题主要考查建设项目竣工环境保护验收监测时采用的验收标准。建设项目竣工环境保护验收监测时，采用的验收标准是环境影响评价时依据的标准；其他标准（包括新颁标准）均作为参考标准。考生务必理解记忆，案例分析考试曾经考过。

10. B【点评解析】本题主要考查高速公路建设项目竣工环保验收调查结果分析。由于未进行车流量监测，工况不知；也未进行声屏障噪声监测，防护措施降噪效果不清楚；只能得知噪声影响状况。考生务必理解，并灵活运用到案例中。

11. C【点评解析】本题主要考查高速公路建设项目竣工环保验收调查结果分析。由于未进行车流量监测，公路噪声源强不知，更不知设计工况下的声环境达标距离；也未进行声屏障噪声监测，防护措施降噪效果不清楚；只能得知公路噪声衰减规律。

12. C【点评解析】本题主要考查污染型项目竣工环境保护验收调查内容。试生产期间环保投诉事件为公众调查内容，其他三项与项目竣工环境保护验收调查关系不大。

二、不定项选择题

1. ABCD【点评解析】本题主要考查在建设项目竣工环保验收监测与调查中选用的评估依据。由于是建成后评估，尽可能采用各方面的评估依据，以利于全面检查与验收。验收监测与调查标准选用的原则：

（1）依据国家、地方环境保护主管部门对建设项目环境影响评价批复的环境质量标准和排放标准。如环评未做具体要求，应核实污染物排放受纳区域的环境区域类别、环境保护敏感点所处地区的环境功能区划情况，套用相应的执行标准（包括级别或类别）。环境质量标准仅用于考核环境保护敏感点环境质量达标情况，有害物质限值由建设项目环境保护敏感点所处环境功能区确定。

（2）依据地方环境保护主管部门有关环境影响评价执行标准的批复以及下达的污染物排放总量控制指标。

（3）依据建设项目初步设计环保篇章中确定的环保设施的设计指标：处理效率，处理能力，环保设施进、出口污染物浓度，排气筒高度等。对既是环保设施又是生产环节的装置，工程设计指标可作为环保设施的设计指标。化工、石化项目多有此类情况，如磷铵工程硫黄制硫酸工艺转换器和吸收塔既是生产环节又是环保设施，起到降低 SO_2、硫酸雾排放浓度的作用，转换器转换率、吸收塔吸收率两项工程设计指标即是环保设施的设计指标。

（4）环境监测方法应选择与环境质量标准、排放标准相配套的方法。若质量标准、排放标准未做明确规定，应首选国家或行业标准监测分析方法，其次选发达国家的标准方法或权威书籍、杂志登载的分析方法。

（5）综合性排放标准与行业排放标准不交叉执行。如国家已经有行业污染物排放标准的，应按行业污染物排放标准执行；有地方环境标准的，优先执行地方标准。

2. ABCDE【点评解析】本题主要考查工程项目竣工环境保护验收调查中有关声环境的主要内容。根据一般工程项目竣工环境保护验收调查的主要内容，再针对声环境即可。考生务必理解记忆，为高频考点，案例分析考试中经常涉及。

建设项目竣工环境保护验收监测与调查主要包括下述内容：

（1）检查建设项目环境管理制度的执行和落实情况，各项环保设施或工程的实际建设、管理、运行状况以及各项环保治理措施的落实情况。

（2）监测分析评价治理设施处理效果或治理工程的环境效益。

（3）监测分析建设项目废水、废气、固体废物等排放达标情况和噪声达标情况。

（4）监测必要的环境保护敏感点的环境质量。

（5）监测统计国家规定的总量控制污染物排放指标的达标情况。

（6）调查分析评价生态保护以及环境敏感目标保护措施情况。

3. ABCD【点评解析】本题主要考查建设项目竣工环境保护验收的生态影响调查要考虑的主要内容。建设项目竣工环境保护验收的生态调查要考虑的主要内容有：① 落实环评文件及主管部门批复意见所要求的生态保护措施；② 对已产生的生态破坏采取的补救措施及其效果；③ 生态保护措施的实施效果；④ 公众意见。

4. ABC【点评解析】本题主要考查建设项目竣工环境保护验收监测包含的主要内容。主要针对建设项目，不需要进行区域污染源监测。建设项目竣工环境保护验收监测包含的主要内容有：① 检查环评文件及主管部门批复意见所要求的环境保护措施；② 环保设施运行效果测试；③ 污染物排放达标情况监测；④ 敏感点环境质量监测；⑤ 清洁生产指标检查。

5. BD【点评解析】本题实际考查生态影响调查的环境危害因子。生态影响调查因子分为资源影响、环境危害、生态影响、景观影响四大类，考生务必理解记忆。见下表：

生态影响调查因子选择

项目	调查因子			
	资源影响	环境危害	生态影响	景观影响
矿产开采	矿产资源储量、土地资源损失量、资源开采强度、区域土地生产力、经济影响	废水、废气、噪声污染	水土流失，地形、地貌、植被、水系、气候、土壤、土壤侵蚀类别、野生动植物种类、植被覆盖率、野生动物栖息地等与生态影响相关的因子，特别是生物多样性、各类湿地、自然保护区、水源地等	区域景观类型；项目区景观要素；景观敏感度；景观改良措施
交通运输	土地利用格局、土地资源占用量、农业生产损失	废水、废气、交通噪声污染		
水利水电工程	土地淹没量、下游湿地损失、农业生产力、经济影响	水环境变化、水涝、土壤盐渍化		
土地利用开发	区域资源总量、资源损失量、土地生产力、经济影响	土地资源退化		
森林开采	木材积蓄量、野生生物、资源开采强度、资源再生力、可持续性	局地气候变化		
旅游资源开发	旅游资源评估、人类活动压力、环境影响方式、可持续性	“三废”排放		
海洋和海岸带开发	资源储蓄量、资源开采强度、湿地损失、防护林带损失、资源再生力、可持续性	“三废”排放、海岸带水土流失		
其他项目	涉及空间区域的参照土地开发项目；涉及线型区域的参照交通运输项目			

6. CD【点评解析】本题实际考查排气筒废气污染物排放总量。废气排放速率×

年工作时间即为废气污染物年排放总量。与污染物排放浓度和排气筒高度无关，除非不知道废气排放速率，废气排放速率为污染物排放浓度×废气排放量。

7. ABCD【点评解析】本题实际考查生活垃圾填埋场竣工环境保护验收调查的内容。封场地表处理情况涉及渗滤液的产生。在生活垃圾填埋场竣工环境保护验收调查中，应对已建成的防渗衬层系统的完整性、渗滤液导排系统、填埋气体导排系统和地下水的导排系统的有效性进行验收；同时验收场址选择、勘查、征地、设计、施工、运行管理制度、监测计划等全过程的技术和管理文件资料。

8. BCD【点评解析】本题主要考查竣工环境保护验收现场验收检查的主要内容。主要针对环境方面，故不检查可行性研究报告。现场验收检查：按照建设项目布局特点或工艺特点，安排现场检查，内容主要包括水、气、声（振动）、固体废物污染源及其配套的处理设施、排污口的规范化、环境敏感目标及相应的监测点位，在线监测设备监测结果，水土保持、生态保护、自然景观恢复措施等的实施效果。

核查建设项目环境管理档案资料，内容包括：环保组织机构、各项环境管理规章制度、施工期环境监理资料、日常监测计划（监测手段、监测人员及实验室配备、检测项目及频次）等。

9. ABC【点评解析】本题主要考查竣工环境保护验收调查报告的内容。遗漏的环境敏感点受公路影响噪声超标，应该是采取降噪措施，而不是跟踪监测。异地开垦基本农田措施未完全落实，按“基本农田占一补一”原则尽快落实，负责开垦或缴纳耕地开垦费。在案例分析考试中有可能出现，考生务必理解。见下说明：

第十六条　经国务院批准占用基本农田的，当地人民政府应当按照国务院的批准文件修改土地利用总体规划，并补充划入数量和质量相当的基本农田。占用单位应当按照占多少、垦多少的原则，负责开垦与所占基本农田的数量与质量相当的耕地；没有条件开垦或者开垦的耕地不符合要求的，应当按照省、自治区、直辖市的规定缴纳耕地开垦费，专款用于开垦新的耕地。

占用基本农田的单位应当按照县级以土地方人民政府的要求，将所占用基本农田耕作层的土壤用于新开垦耕地、劣质地或者其他耕地的土壤改良。

10. ABCD【点评解析】本题主要考查竣工环境保护验收调查报告的内容。全部都有。尤其是工程变更情况，需要重点调查与分析。建设项目竣工环境保护验收的生态调查要考虑的主要内容有：① 落实环评文件及主管部门批复意见所要求的生态保护措施；② 对已产生的生态破坏采取的补救措施及其效果；③ 生态保护措施的实施效果；④ 公众意见。

11. ABCD【点评解析】本题主要考查污染型项目竣工环境保护验收通过的条件。验收监测与调查的主要内容有：① 环境保护管理检查（包括环评中提出的环保设施和污染防治措施落实到位，铅排放总量符合环评批复要求）；② 环境保护设施运行效果运行效果测试；③ 污染物达标排放监测（“三废”排放达标）；④ 环境敏感点环境质量的监测（敏感点特征污染物环境质量达标）；⑤ 清洁生产调查。

12. ABD【点评解析】本题主要考查水电站的竣工环保验收调查内容。工程总投资执行情况虽然属于工程概况调查内容，但竣工环保验收关注的是环保投资执行情况。生态类项目的竣工环保验收调查内容包括：环境敏感目标调查、工程调查、环境保护措施落实情况调查、生态影响调查、水环境影响调查、大气环境影响调查、声环境影响调查、固体废物调查、环境振动影响调查、电磁环境影响调查、社会影响调查、清洁生产调查、风险事故防范及应急措施调查、环境管理状况及监控计划落实情况调查、公众意见调查等。

13. AD【点评解析】本题主要考查竣工环境保护验收调查时应选取的生态影响调查因子。在建设项目竣工环境保护验收调查时，验收调查因子的选取原则上应根据项目所处区域环境特点和项目的环境影响性质来确定。见第 5 题说明。土地资源损失量属于资源影响因子。“三废”排放属于环境危害因子。

14. ABD【点评解析】本题主要考查竣工环境保护验收监测与调查应开展的核查工作。调查验收期间生产负荷才能确定是否可以监测（一般要求生产负荷 75%以上）。废水总排放口的竣工环境保护验收监测与调查工作还涉及在线监测仪器安装使用情况和废水污染物排放达标情况。单位产品废水回用率为整个制糖项目竣工环境保护验收监测的核查工作。